全国高职高专规划教材

分析化学

（第二版）

主　编　蒋云霞

副主编　张孟存　丁敏娟

主　审　张颂培

中国环境出版集团·北京

图书在版编目（CIP）数据

分析化学/蒋云霞主编．—2 版．—北京：中国环境出版集团，2015.2（2023.1 重印）

全国高职高专规划教材

ISBN 978-7-5111-2255-1

Ⅰ．①分… Ⅱ．①蒋… Ⅲ．①分析化学—高等职业教育—教材 Ⅳ．①O65

中国版本图书馆 CIP 数据核字（2015）第 030147 号

出版人 武德凯
责任编辑 黄晓燕
责任校对 任 丽
封面设计 宋 瑞

出版发行 中国环境出版集团
（100062 北京市东城区广渠门内大街 16 号）
网 址：http://www.cesp.com.cn
电子邮箱：bjgl@cesp.com.cn
联系电话：010-67112765（编辑管理部）
010-67112735（第一分社）
发行热线：010-67125803，010-67113405（传真）

印 刷 北京市联华印刷厂
经 销 各地新华书店
版 次 2007 年 10 月第 1 版 2015 年 2 月第 2 版
印 次 2023 年 1 月第 5 次印刷
开 本 787×960 1/16
印 张 23
字 数 460 千字
定 价 39.00 元

【版权所有。未经许可，请勿翻印、转载，违者必究。】
如有缺页、破损、倒装等印装质量问题，请寄回本集团更换

中国环境出版集团郑重承诺：
中国环境出版集团合作的印刷单位、材料单位均具有中国环境标志产品认证。

编 审 人 员

主　编　蒋云霞

副主编　张孟存　丁敏娟

主　审　张颂培

参　编　王有龙　陈　忠　赵军峰　黄　玲　庞宏建　庞海雁

前 言

本教材自2007年出版以来，多次印刷，广泛应用于全国多所高职高专院校，受到用书单位教师和学生的普遍好评。为适应高等职业教育教学改革的新形势，编者组织骨干教师进行了本教材的第二版编写工作。

在本教材第二版编写过程中，以高等职业教育培养高素质劳动者和技术技能型人才的目标为出发点，充分听取第一版教材使用学校师生的意见和建议，并聘请行业企业相关专家与一线专业教师，共同对分析检验岗位的能力要求进行分解，提炼出完成岗位典型工作任务需要的知识和能力，建立起以职业能力、职业素养培养为目标，以工作任务为核心的内容体系。依据化学检验工的国家标准，结合近年生源素质的变化情况，在保持第一版教材优点和结构不变的基础上，对内容进行了修订。本教材以化学分析内容为主，同时介绍了仪器分析中应用最广，也是与化学分析结合最为紧密的吸光光度法。化学分析作为基础分析，其理论部分以必需、实用、够用、能用并兼顾学生可持续发展为原则，适当降低难度，以例释理，强化理论和方法在实际中的应用。在实训部分强化实训技能及职业素质的培养，根据教学过程对接工作过程的要求，对实训项目的编排及项目内容进行了优化，使实训内容更接近岗位工作实际，并对接了最新的国家标准、行业标准。在编写中注重保持教材的科学性和先进性，对第一版教材的漏误和欠妥之处进行了修改，并对部分习题进行了更新和增补，书后增加了部分习题参考答案供查阅。

参与第二版教材编写的学校有南通科技职业学院、河北邢台职业技术学院、长沙环境保护职业技术学院、河南工程学院、广东环境保护工程职业学院、黄河水利职业技术学院、江苏建筑职业技术学院、扬州职业大学等院校。

本教材由南通科技职业学院蒋云霞担任主编，河北邢台职业技术学院张孟存、南通科技职业学院丁敏娟担任副主编，全书由主编统稿、定稿。

本书的编写和出版得到了参编学校和中国环境出版社黄晓燕、任海燕编辑的大力支持，编写过程中借鉴、参考了大量书籍、网站资料，在此一并表示感谢！

本教材适用于高职高专化工、环保、医药、食品、农林等专业的教学。

限于编者的水平，错误和不当之处在所难免，敬请读者批评指正。

编　者

2014 年 10 月

目　录

上篇　理论部分

下篇　实验部分

上篇

理论部分

第一章
绪　论

【知识目标】

本章要求熟悉分析化学的定义和任务；理解分析方法的分类依据；掌握分析方法的分类和各类方法的特点；了解分析化学在国民经济发展和科学研究中的地位、作用；了解分析化学的发展概况和分析化学发展的主要特点；了解分析化学课程的任务和要求。

【能力目标】

通过对本章的学习，能对分析方法进行分类，并能根据分析方法的特点选择不同的应用范围；能初步查阅化学文献资料；能结合实际认识分析化学课程重要性，树立学好分析化学的信心和决心。

第一节　分析化学的定义、任务和作用

分析化学（analytical chemistry）是研究获得物质的组成、含量、结构和形态等化学信息的分析方法及有关理论的一门学科。

分析化学的主要任务是运用各种各样的方法和手段，获取分析信息，得到分析数据，鉴定物质体系的化学组成，测定其中有关成分的含量和确定体系中物质的结构和形态，解决关于物质体系构成及其性质的问题。其所要解决的问题是物质是由哪些组分组成的，这些组分在物质中是如何存在的，以及各组分的含量有多少。

分析化学作为化学学科的一个重要分支，是研究物质及其变化的重要方法之一。对化学学科本身的发展以及在与化学相关的科学领域中，分析化学都具有一定的作用。化学科学中元素的发现、相对原子质量的测定、元素周期律的建立等许多化学定理、理论的发现和确证都有分析化学的重要贡献。它在涉及化学现象的各个学科中发挥着重要的作用，如矿物学、地质学、生理学、医学、农学、物理学、生物学等，都要用到分析化学。几乎任何科学研究，只要涉及化学现象，分析化学至少会作为一种手段而被运用到其研究工作中去。分析化学无论在科学技术方面还是在经济建设方面都发挥着重要作用。表 1-1 列举了分析化学在工农业生产、国防建设、

医药卫生等方面的一些作用。

表 1-1 分析化学的作用

应用范畴	应用
生命科学	DNA 测序、细胞分析、蛋白质组成分析
农业生产	土壤成分及性质的测定、化肥及农药的分析、作物生长过程的研究
工业生产	资源勘探、矿山开发、原料选择、流程控制、新产品试制、成品检验
国防建设	武器装备的生产和研制、敌特犯罪活动的侦破、反恐
化妆品安全	质量监控、毒副作用研究
公共安全	重大疾病防治、突发公共卫生事件处理
药物分析	新药研制、药物安全性检验、药效研究
临床分析	诊断依据、药物使用
法庭分析	执法取证、刑侦破案
材料分析	质量、性能、化学组成、结构
食品分析	质量控制中添加剂、违禁药物检测
体育运动分析	运动员违禁药物、兴奋剂检测
过程分析	流程控制、生产自动化

在环境保护方面，分析化学有着更重要的作用。当代全球存在着十大环境问题，它们分别是大气污染、臭氧层破坏、全球变暖、海洋污染、淡水资源紧张和污染、土地退化和沙漠化、森林锐减、生物多样性减少、环境公害、有毒化学品和危险废物污染。由于这些问题直接或间接地与化学物质污染有关，因而要利用化学分析的手段去研究环境污染物的种类和成分，并对它们做定性、定量和结构分析。另外，在对大气、水质变化的连续监测，生态平衡的研究，环境评价以及对废气、废水、废渣的处理和综合利用过程中都需要分析化学发挥其作用。分析化学能在解决环境中的化学问题时起关键作用，在认识环境过程和保护环境中起核心作用。因此在环境类专业中更要加强分析化学的教学。分析化学是一门重要的专业基础课，其理论知识和实验技能在仪器分析、分析质量控制、水环境监测、气固声监测、水污染控制、固体废弃物处理与处置等各门课程中都有广泛的应用。

因此，分析化学相当于一门工具科学，与很多学科息息相关，在科学研究、工农业生产、经济建设等诸多领域，起着“眼睛”的作用。其应用范围涉及经济和社会发展的各个方面，在解决各种理论和实际问题上起着较大的作用。

第二节 分析方法的分类

根据分析任务、分析对象、分析目的、测定原理、操作方法的不同，分析化学的分析方法可分为多种类型。

一、定性分析、定量分析、结构分析和形态分析

根据分析任务的不同，可分为定性分析、定量分析、结构分析和形态分析。

（1）定性分析（qualitative analysis）。确定分析对象由哪些组分（元素、原子团或化合物等）所组成。

（2）定量分析（quantitative analysis）。确定分析对象中有关组分的含量是多少。

（3）结构分析（structure analysis）。研究物质中原子、分子的排列方式，确定分子结构或晶体结构。

（4）形态分析（configuration analysis）。研究物质的存在形态（氧化-还原态、化合态、结晶态等）及各种形态的含量。

本书主要讲述定量分析部分的内容。

二、无机分析和有机分析

根据分析对象的不同，分析化学可分为无机分析和有机分析。

（1）无机分析（inorganic analysis）。分析对象是无机物的称无机分析。由于组成无机物的元素多种多样，无机分析通常要求鉴定试样是由哪些元素、离子、原子团或化合物组成，以及各组分的含量。

（2）有机分析（organic analysis）。分析对象是有机物的称有机分析。虽然组成有机物的元素种类并不多，主要是碳、氢、氧、氮、硫和卤素等，但有机物的化学结构却很复杂，有机分析的重点往往是官能团分析及结构分析。

三、常量分析、半微量分析、微量分析和超微量分析

根据试样用量的多少，分析方法可以分为常量分析、半微量分析、微量分析和超微量分析。各种分析方法所需试样用量见表 1-2。

表 1-2 各种分析方法的试样用量

分析方法	试样质量	试液体积/mL
常量分析法	＞0.1 g	＞10
半微量分析法	0.01～0.1 g	1～10
微量分析法	0.1～10 mg	0.01～1
超微量分析法	＜0.1 mg	＜0.01

四、常量组分分析、微量组分分析和痕量组分分析

根据分析试样中待测组分的含量多少，分析方法可分为常量组分分析、微量组

分分析和痕量组分分析。分类方法见表 1-3。

表 1-3　分析方法按待测组分含量分类

分析方法	待测组分含量/%
常量组分分析	＞1
微量组分分析	0.01～1
痕量组分分析	＜0.01

五、化学分析和仪器分析

根据测定原理和操作方式不同，分析方法可分为化学分析法和仪器分析法。

（一）化学分析法

化学分析法（chemical analysis）是以物质的化学反应为基础的分析方法。化学分析法历史悠久，是分析化学的基础，主要分为重量分析法和滴定分析法，其主要仪器见图 1-1。

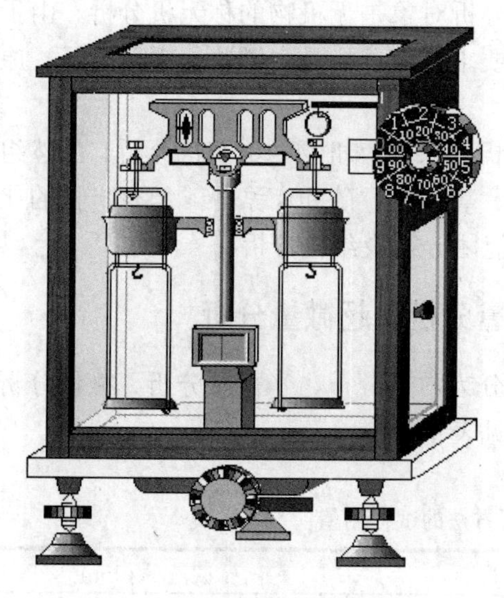

（a）分析天平

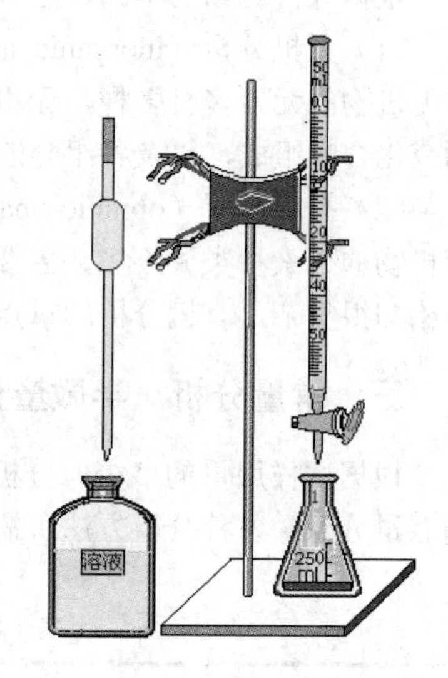

（b）滴定分析仪器

图 1-1　重量分析法、滴定分析法的主要仪器示例

（1）重量分析法。通过化学反应及一系列操作步骤使试样中的待测组分转化为另一种组成恒定的化合物，再称量该化合物的质量，从而计算出待测组分的含量，这样的分析方法称为重量分析法。

（2）滴定分析法。将一种已知准确浓度的标准溶液，滴加到被测溶液中，直到所加的标准溶液与被测物质按化学计量关系定量反应为止。根据标准溶液的浓度和所消耗的体积，计算出待测物质的含量。这种定量分析的方法称为滴定分析法，它是一种简便、快速和应用广泛的定量分析方法，在常量分析中有较高的准确度。

化学分析法常用于常量组分测定，一般为常量分析，其特点是准确度高，误差一般小于 0.2%，仪器简单。

（二）仪器分析法

仪器分析法（instrumental analysis）是以物质的物理性质和物理化学性质为基础的分析方法。这类方法常需要有特殊的仪器，所以一般称为仪器分析法，示例见图 1-2。常用的仪器分析法如下。

（1）光学分析法。光学分析法主要是根据物质的光学性质所建立的分析方法。主要有分子光谱法，如可见和紫外分光光度法、红外光谱法、分子荧光及磷光分析法；原子光谱法，如原子发射光谱法、原子吸收光谱法。

图 1-2 仪器分析法仪器示例

（2）电化学分析法。电化学分析法是根据物质的电化学性质所建立的分析方法。主要有电位分析法、电导分析法、电解分析法、极谱法和库仑分析法。

（3）色谱分析法。色谱分析法是根据物质的物理与物理化学性质差异进行分离富集，而后进行测定的分析方法。主要有气相色谱法、液相色谱法以及离子色谱法。

随着科学技术的发展，近年来质谱法、核磁共振法、X 射线法、电子显微镜分析以及毛细管电泳等新的分析方法的出现，使得仪器分析方法得到迅速发展。

仪器分析法灵敏度较高，分析速度快，适用于微量组分、痕量组分的测定，一般进行微量分析及超微量分析。

六、例行分析、快速分析和仲裁分析

根据分析工作性质的不同，可分为例行分析、快速分析和仲裁分析。

（1）例行分析。指一般实验室在日常工作中的分析，又称常规分析。

（2）快速分析。指一些简易、能在短时间内获得结果的分析。如田间作物的营养诊断、土壤速测、炉前分析等。

（3）仲裁分析。通常指不同单位对某一产品的分析结果有争议时，由权威单位用指定的方法进行准确的分析，以裁决原分析结果准确与否。

第三节　分析化学的发展

分析化学是随着化学学科和其他相关学科的发展而不断发展的。一般认为分析化学学科的发展经历了三次巨大变革。

第一次变革是在 20 世纪初，由于物理化学及溶液中“四大平衡”理论的确立，建立了分析化学理论体系，使分析化学从一门技术发展成为一门科学。

第二次变革是在 20 世纪 40 年代以后，由于物理学和电子学的发展，促进了分析化学中物理方法的发展，出现了以光谱分析、极谱分析为代表的仪器分析方法，同时丰富了这些分析方法的理论体系，改变了以经典的化学分析法为主的局面。

现在，分析化学正处于第三次大变革时期，生命科学、环境科学、新材料科学等发展的要求，生物学、信息科学、计算机技术的引入，使分析化学进入了一个崭新的阶段，也对分析化学提出了更高的要求，在确定物质组成和含量的基础上要求提供更多、更全面的信息。

诸多学科的理论和实际问题的解决越来越需要分析化学的参与。一方面，分析化学的主导作用在生命科学、食品安全、环境保护、突发事件处理等许多涉及人类健康和生命安全的领域得到了充分发挥。另一方面，各学科的现代理论和技术的发展，尤其是以计算机为代表的新技术的迅速发展，为分析化学建立高灵敏度、高选择性、自动化或智能化的新方法创造了条件，丰富了分析化学的内容，使分析化学有了飞速的发展。图 1-3 列出了分析化学的发展趋向。

分析化学又是发展和应用各种方法、仪器和策略以获得有关物质在空间和时间上的组成和性质的一门学科。随着分析理论、方法、仪器和技术的飞跃发展，分析化学正在发展成为一门与数学、物理学、计算机科学、生物学相结合的多学科性的综合性科学。1991 年 IUPAC 国际分析科学会议主席 Niki 教授曾经说过，21 世纪是

光明还是黑暗取决于人类在能源与资源科学、信息科学、生命科学与环境科学四大领域的进步，而取得这些领域进步的关键问题的解决离不开分析科学。

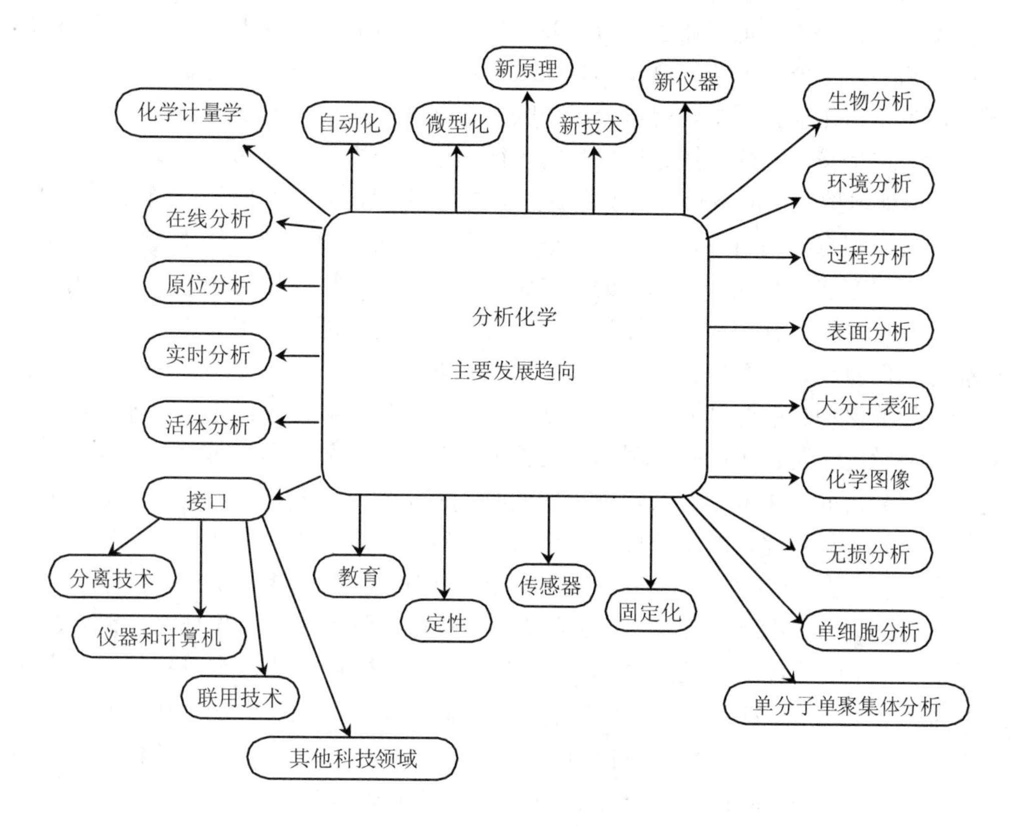

图 1-3　分析化学的发展趋向

尽管仪器分析是分析学的主要发展方向，但化学分析仍是目前分析化学的基础。不仅许多仪器分析方法离不开化学处理，而且化学分析法能很好地解决常量组分的分析问题。经典的分析方法无论是在教育价值上还是实用价值上都是不可忽视的。一个缺乏分析化学基础理论和基本知识的分析工作者是不可能仅靠现代分析仪器解决日趋复杂的分析问题的。学习分析化学首先要学好基础化学分析。

第四节　分析化学的学习目的与任务

分析化学是高等学校化学、生物学、医学、材料学、环境科学等专业的主干基础课之一。讲授的主要内容是测定物质的化学组成、含量、结构和状态的各种理论、方法和仪器，既有很强的实用性，又有严密的系统理论，是理论和实际密切结合的学科。分析化学的基本原理与方法不仅是分析科学的基础，也是从事生物、环境、医药、化学其他分支学科以及化学教育等相关工作的基础。

本书主要介绍了定量化学分析的基本理论、基本概念、基本计算和分析方法，同时介绍了定量分析中的分离富集方法、定量分析的一般步骤和仪器分析法中应用最广，也是与化学分析结合得最紧密的吸光光度法。通过学习掌握常用分析方法的原理和测定步骤，充分掌握无机化学的平衡理论在分析化学中的具体体现和实际应用；知道如何控制反应条件，实现定量分析的目的；学会各种分析方法的有关计算；初步具备对测定结果用数理统计方法进行数据评价的能力；初步学会常用分析化学文献的查阅方法；掌握分析化学处理问题的方法，牢固树立量的概念，以形成严谨的作风；培养运用分析化学的知识解决分析化学问题的能力；培养进一步获取知识的能力和创新思维的习惯；了解分析化学在工业生产、国防建设、医药保健、社会法制、环境保护、能源开发、生命科学等领域中的应用和发展；了解其他学科发展对分析科学的作用；了解分析科学发展的方向。在本课程的学习过程中，要在掌握定量化学分析的基本概念和基本理论的同时，懂得建立这些概念和理论的处理方法与思维方式，注意理论的系统性和方法的实用性两者之间的有机结合。

分析化学是一门实践性极强的学科，以解决实际问题为目的。分析化学课程必须特别注重培养实践能力，不仅要掌握常用分析仪器的基本操作技巧，而且应注重培养分析问题和解决问题的能力。本书主要介绍称量技能、容量技能、滴定操作技能、比色分析技能以及数据分析和处理技能等内容。分析化学基本操作技能需要通过多次循序渐进的实验进行培养。从社会发展要求看，高职教育培养的中高级专门人才必须具有较强的实践能力和一定的创新精神，而这两方面在分析化学的实践中能得到很好的培养和锻炼。通过分析化学实验、实训，要初步具备查阅文献资料、选择分析方法、拟订实验方案、熟练使用仪器的能力。实验中培养观察、分析和解决问题的能力，养成严格认真的工作态度、实事求是的工作作风、团结向上的合作意识。并为“化学检验工”“化学分析工”及相关工种的考核打下坚实的基础。

随着社会向信息时代的迈进，科学技术的大众化，社会经济的加速增长，给高职教育带来了良好的发展机遇。高职教育的蓬勃发展是高等教育大众化的标志之一，而人才竞争、就业压力的存在，要求在高职教育中不但要重视知识和能力的培养，而且要更加重视综合素质的培养。因此在分析化学的学习中，在掌握分析化学基本知识和操作技能的基础上，建立准确的量的概念和创新意识，培养自主的学习能力、灵活的应用能力、科学的思维能力、清晰的表达能力、敏锐的洞察能力、综合的分析能力、协调的合作能力和突发事件的应变能力，并培养求实敬业、脚踏实地、精心细致、一丝不苟、机智勇敢、百折不挠、坚忍顽强、艰苦奋斗的科学精神。

复习与思考题

1. 什么是分析化学？分析化学的主要任务是什么？
2. 结合实际谈谈分析化学在经济建设中所起的主要作用。
3. 分析方法分类的主要依据有哪些？如何分类？
4. 你对学好分析化学有什么认识和想法？
5. 分析化学课程学习的目的与任务是什么？
6. 查阅期刊或网站，了解分析化学的起源、发展和最新发展情况，并完成一篇相关内容的论文。

【阅读资料】

分析化学部分杂志和网站

一、有关杂志

1. 分析化学（Chinese Journal of Analytical Chemistry）
2. 分析测试技术与仪器（Analysis and Testing Technology and Instruments）
3. 分析科学学报（Journal of Analytical Science）
4. 分析实验室（Chinese Journal of Analysis Laboratory）
5. 分析测试学报（Journal of Instrumental Analysis）
6. 理化检验——化学分册（Physical Testing and Chemical Analysis，Part B Chemical Analysis）
7. 冶金分析（Metallurgical Analysis）
8. 药物分析杂志（Chinese Journal of Pharmaceutical Analysis）
9. 中国无机分析化学文摘（Inorganic analytical abstracts of China）
10. 化学分析计量（Chemical Analysis and Meterage）
11. 现代仪器（Modern Instruments）
12. 高等学校化学学报（Chemical Journal of Chinese Universities）

二、有关网站

1. 分析化学网：http://www.33ge.com/
2. 中国分析网：http://www.analysis.org.cn/nac.asp
3. 中国分析仪器网：http://www.5upc.com/index.asp
4. 仪器信息网：http://www.instrument.com.cn/

著名分析化学家和教育家——梁树权

梁树权，男，生于1912年9月17日。1933年燕京大学理学院化学系毕业，获理学学士学位。1937年德国明兴(Munchen)大学化学系毕业，获自然哲学博士学位。1955年被选聘为中国科学院院士（学部委员）、中国科学院化学研究所研究员。2006年12月9日，因病去世，享年94岁。

梁树权教授从事分析化学科学研究和教育60余年，成果丰硕。早在20世纪30年代，他以化学法精确测出铁的原子量为55.850，此项数据为国际化学界作出了贡献，被国际原子量委员会采纳并沿用至今。新中国成立初期负责解决包头钢铁公司所用的白云铁矿石的全部分析方法，因组成复杂，一般方法不适用，从而研究建立了一套适合此矿石的分析方法，为国家建设作出了重要贡献。1954年及1955年又分别在抚顺和鞍钢现场对环境污染进行研究，对因烧结及冶炼含氟铁矿石所引起的环境污染问题做了最早的研究，开发我国环境化学分析的先河，为环境保护提供了科学依据。多年来他解决了许多无机元素的分析问题，由早期的经典法解决硫酸钡沉淀污染问题的研究，比色法测定氟，纸层析分离各种金属离子，溶剂萃取分离多种金属离子等工作，到研究建立多种富集和测定多种金属的方法，如泡沫浮升法、负载树脂法、熔融萃取法、微晶析出法等进行痕量元素的测定。近年又研究发展了新型的高分子显色剂，用于金属离子的分析，在选择性和灵敏度方面有很大提高。为有机分析试剂的发展提供了一条新途径。他在国内外期刊上发表学术论文130多篇，还著、译出版了分析化学专著10余册，培养多名研究生和青年科研人员。

梁树权教授为我国科学与教育事业的发展和振兴，尤其为我国的分析化学的开拓和发展作出了重大贡献。1992年，梁树权先生出资设立中国分析化学领域的最高奖项——中国化学会分析化学基础研究梁树权奖。该奖项自1993年开始实施，每三年评选一次，旨在鼓励我国中、青年分析化学工作者献身于分析化学学科的基础研究和教育事业，培养优秀人才，促进和推动我国分析化学学科的发展。该奖励为国内分析化学基础研究成果个人奖。2006年10月26日，第五届“中国化学会分析化学基础研究梁树权奖”评选结果揭晓，南开大学严秀平教授、北京大学邵元华教授获此殊荣。截至2006年，共有10位学者获奖。

第二章

定量分析误差和数据处理

【知识目标】

本章要求熟悉误差的种类、来源及减小方法；理解准确度、精密度的概念，准确度与精密度的关系；掌握误差的表示方法；掌握有效数字的概念、规则及运算方法；了解系统误差的特点和偶然误差的分布规律；了解各种误差及偏差的计算方法；了解可疑值的取舍方法。

【能力目标】

通过对本章的学习，能根据误差出现的规律进行误差的减免，能正确表示误差；能熟练地运用有效数字的规则进行数据记录和运算，树立量的概念；能对分析数据进行简单处理；能用 Q 值检验法和四倍法对分析数据中的可疑值进行取舍；初步具备数据的评价能力。

第一节　定量分析的误差及减免方法

定量分析的任务是测定试样中组分的含量，要求测定结果有一定的准确度，否则会导致资源浪费、产品报废，甚至在科学上得出错误的结论。

但是在实际工作中，由于主、客观条件的限制，测定结果不可能和真实值完全一致，总伴有一定误差。同时一个定量分析，并不是一次简单的测量，往往要经过一系列步骤，每步测量的误差都有可能影响到分析结果的准确性。即使技术很熟练的人，用最恰当的分析方法和最精密的仪器，对同一试样进行多次分析，也不可能得到完全一致的分析结果。这就说明误差是客观存在的。测定的结果只是趋近于被测组分的真实含量，而不是被测组分的真实含量。因此，我们应该了解分析过程中产生误差的原因及误差出现的规律，并采取相应的措施来减小误差，使测定结果尽量接近真实含量。

一、误差的分类及产生原因

误差按其性质可分为两类：系统误差和偶然误差。

（一）系统误差

系统误差（systematic errors）是由某种固定的因素造成的，它具有单向性，即正负、大小都有一定的规律性。当重复进行测定时系统误差会重复出现。若能找出原因，并设法加以校正，系统误差就可以消除，因此也称为可测误差。系统误差产生的主要原因有以下几个方面。

1．方法误差

分析方法本身不够完善所造成的误差。例如滴定分析中，由指示剂确定的滴定终点与化学计量点不完全符合、副反应的发生等，都将系统地使测定结果偏高或偏低。重量分析中选择的沉淀形式溶解度较大或称量形式不稳定等都会引起系统误差。

2．仪器误差

主要是仪器本身不够准确或未经校准所引起的误差。如砝码未经校正、容量器皿刻度不准等，在使用过程中就会使测定结果产生误差。

3．试剂误差

由于试剂不纯或蒸馏水中含有微量待测组分等引起的误差。

4．操作误差

由于操作人员的主观原因造成。如对终点颜色变化判断时不同人的敏锐程度不同，有人敏锐，有人迟钝；滴定管读数时最后一位估读不够准确，有的人偏高、有的人偏低等。

（二）偶然误差

偶然误差（accidental errors）是由一些随机的偶然因素造成的。如测量时环境的温度、湿度和气压的微小波动等；仪器的微小变化；分析人员对各份试样处理时的微小差别等。这些不可避免的偶然因素，都将使分析结果在一定范围内波动，引起偶然误差。由于偶然误差是由一些不确定的偶然因素造成的，因而是可变的，有时大，有时小，有时正，有时负，所以偶然误差又称随机误差。随机误差在分析操作中是无法避免的。例如一个很有经验的人，进行很仔细的操作，对同一试样进行多次分析，得到的分析结果却不能完全一致，而是有高有低。

偶然误差的产生难以找出确定的原因，似乎没有规律性，但如果进行很多次测定，便会发现数据的分布符合一般的统计规律，即大误差出现的概率小，小误差出现的概率大，大小相等的正、负误差出现的概率大体相等，它们之间常能部分或完全抵消。这种规律是“概率统计学”研究的重要内容。

二、误差的表示方法

（一）准确度与误差

准确度（accuracy）是指分析结果与真实值相接近的程度。它们之间的差值越小，则分析结果的准确度越高。准确度的高低用误差来衡量，误差表示测定结果与真实值的差异。差值越小，误差就越小，即准确度越高。

误差有正、负之分，当误差为正值时，表示测定结果偏高；误差为负值时，表示测定结果偏低。误差可用绝对误差和相对误差表示。

1．绝对误差（absolute errors）

绝对误差 E_a 是表示测定值 X_i 与真实值μ之差。即：

$$E_a=X_i-\mu \tag{2-1}$$

例如，用分析天平称量两物体 A 和 B，其绝对误差如下：

A 物品测得值 X_i=2.175 0 g，而真实值μ =2.175 1 g，绝对误差 E_{aA}=−0.000 1 g，B 物品测得值 X_i=0.217 5 g，而真实值μ =0.217 6 g，绝对误差 E_{aB}=−0.000 1 g，由于绝对误差相同，不能反映出测定的准确度高低，因此用另一种误差来表示。

2．相对误差（relative errors）

$$E_r=\frac{E_a}{\mu}\times 100\% \tag{2-2}$$

根据上例的数值可得，E_{rA}=−0.005%，E_{rB}=−0.05%

从上例中可看出，相对误差更能反映误差在测定结果中所占的百分率，更能反映测定结果的准确度，也更具有实际意义；另外，使用相对误差能够比较不同物理量单位的测量数据。

（二）精密度与偏差

在许多实际分析中，被测组分的真实值往往是不知道的，通常是对分析试样进行多次平行测定后，求其算术平均值作为分析结果。为了获得可靠的分析结果，在实际分析中，人们总是在相同条件下对试样平行测定几份，然后取其平均值，如果几个数据比较接近，说明分析的精密度高。所谓精密度（precision）就是指多次平行测定结果相互接近的程度。通常用偏差来衡量所得分析结果的精密度。

1．偏差（deviation）

当对同一试样在相同条件下反复测定 n 次时，就会得到 x_1，x_2，…，x_n，n 个测定结果，实际工作中一般的测定次数要 3 次以上，多的 5～9 次。各次测定值与平均值之差称为偏差。偏差可用绝对偏差和相对偏差来表示：

$$\text{绝对偏差：}d_i=x_i-\bar{x} \tag{2-3}$$

$$相对偏差：d_r=\frac{d_i}{\bar{x}}\times 100\% \quad (2\text{-}4)$$

其中：$\bar{x}=\frac{1}{n}\sum_{i=1}^{n}x_i$ 。

2．平均偏差（average deviation）

由于在多次平行测定中各次测定的偏差有正有负，有些可能为零。为了说明分析结果的精密度，以单次测定偏差的绝对值的平均值，即平均偏差$\bar{d}$来表示其精密度。

平均偏差：以单次测量偏差的绝对值的平均值表示：

$$\bar{d}=\frac{\sum_{i=1}^{n}|x-\bar{x}|}{n} \quad (2\text{-}5)$$

3．相对平均偏差（relative average deviation）

单次测量结果的相对平均偏差为：

$$\bar{d}_r=\frac{\bar{d}}{\bar{x}}\times 100\% \quad (2\text{-}6)$$

用平均偏差表示精密度时，对于个别较大偏差还不能很好地体现，而采用标准偏差就可以突出较大偏差的影响。

4．标准偏差（standard deviation）

在一般的分析工作中，有限测定次数（$n\leqslant 20$）时的标准偏差S表达式为：

$$S=\sqrt{\frac{\sum_{i=1}^{n}(x_i-\bar{x})^2}{n-1}} \quad (2\text{-}7)$$

5．相对标准偏差（relative standard deviation）

标准偏差占测量平均值的百分率称为相对标准偏差，也称变异系数（coefficient of variation），其计算式表示为：

$$CV=\frac{S}{\bar{x}}\times 100\% \quad (2\text{-}8)$$

【例 2-1】 用 EDTA 滴定法测得纯 $FeSO_4\cdot 7H_2O$ 中铁的质量分数为 20.01%、20.03%、20.04%、20.05%，计算分析结果的平均值、平均偏差和标准偏差。

解：计算分析结果的算术平均值为：

（20.01%+20.03%+20.04%+20.05%）/4=20.03%

计算分析结果的偏差见下表：

测定序号	测定值/%	算术平均值/%	测定值的偏差/%
1	20.01	20.03	−0.02
2	20.03		0.00
3	20.04		+ 0.01
4	20.05		+ 0.02

则分析结果的平均偏差为：

（|−0.02%| + |0.00% |+ |0.01%| +| 0.02%|）/4=0.01%

分析结果的标准偏差 S 为：

$$S=\sqrt{\frac{\sum_{i=1}^{n}(x_i-\bar{x})^2}{n-1}}=0.02\%$$

用标准偏差表示精密度比用平均偏差好，因为单次测定的偏差平方之后，较大的偏差更明显地反映出来，这样便能更好地说明数据的分散程度。

例如，甲、乙两组数据，其各次测定的偏差分别为：

甲组：+0.1、+0.4、0.0、−0.3、+0.2、−0.3、+0.2、−0.2、−0.4、+0.3

甲组平均偏差为 0.24。

乙组：−0.1、−0.2、+0.9*、0.0、+0.1、+0.1、0.0、+0.1、−0.7*、−0.2

乙组平均偏差为 0.24。

两批数据的平均偏差相等，但明显地看出乙组数据较为分散，其中两个偏差较大（上角标有*号者）。所以算术平均偏差反映不出这两批数据的好坏。而用标准偏差表示时，情况便更清楚了。它们的标准偏差分别为：

甲的标准偏差：$S_{甲}=\sqrt{\frac{\sum_{i=1}^{n}(x_i-\bar{x})^2}{n-1}}=0.28$

乙的标准偏差：$S_{乙}=\sqrt{\frac{\sum_{i=1}^{n}(x_i-\bar{x})^2}{n-1}}=0.40$

可见：$S_{甲}<S_{乙}$，甲组数据的精密度较好。

在一般的分析工作中，通常多采用平均偏差来表示测量的精密度。而考虑一种分析方法达到的精密度，判断一批分析结果的分散程度则常采用标准偏差。

6. 极差(range)

极差是指一组数据中最大值（x_{max}）与最小值（x_{min}）之差，用 R 表示。

$$R=x_{max}-x_{min}$$

7. 允许差

由前述可知，误差与偏差具有不同的含义，前者是以真实含量为标准，后者是以多次测定值的算术平均结果为标准。但是严格来说，由于任何物质的“真实值”无法准确知道，人们只能通过多次反复测定，得到一个接近真实含量的平均结果，用这个平均值代替真实值计算误差。因此生产部门并不强调误差与偏差两个概念的区别，一般均称为“误差”，并用“公差”范围来表示允许误差的大小。

公差是生产部门对于分析结果允许误差的一种表示方法。如果分析结果超出允许的公差范围，称为“超差”，遇到这种情况，则该项分析应该重做。公差范围的确定一般是根据生产的需要和实际具体情况而制定的。例如一般工业分析，允许相对误差常在百分之几到千分之几；农业分析中土壤、肥料分析，亦在百分之几；对于食品、饲料等要求百分之十几即可。而实际情况是指试样的组成和方法的准确程度。试样组成、分析方法越复杂，引起的误差的可能性越大。所以允许的公差范围要宽一些。另外，各种分析方法能够达到的准确度不同，其公差的范围也不相同。

（三）准确度与精密度的关系

从以上的分析中可知，系统误差是定量分析误差的主要来源，它影响分析结果的准确度；偶然误差影响分析结果的精密度。准确度与精密度之间存在一定的联系。对一组平行测定结果的评价，要同时考虑其准确度和精密度。图 2-1 表示甲、乙、丙、丁四人测定同一标准试样中某组分的质量分数时所得的结果（设其真值为27.40%）。其中甲的结果的准确度和精密度均很好，结果可靠；乙的分析结果精密度很好，但准确度低；丙的准确度和精密度都低；丁的精密度很差，数据的可信度低，虽然其平均值接近真值，但纯属偶然，因而丁的分析结果也是不可靠的。

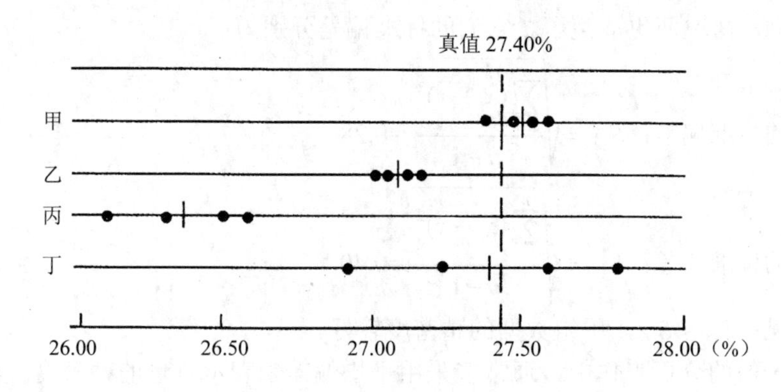

• 表示个别测定值，| 表示平均值

图 2-1 甲、乙、丙、丁四人分析结果的比较

上述情况表明：

（1）精密度是保证准确度的先决条件。精密度差，所测结果不可靠，就失去了衡量准确度的前提。准确度高，一定要保证精密度高。对于教学实验来说，首先要重视测量数据的精密度。

（2）高的精密度不一定能保证高的准确度，但可以找出精密度不高的原因，而后加以校正，从而提高分析结果的准确度和精密度，使测定结果既精密又准确。

（四）提高分析结果准确度和精密度的方法

要提高分析结果的准确度和精密度，就必须采取措施，减少分析过程中的系统误差和偶然误差。

1．选择合适的分析方法

由于各种分析方法的准确度、灵敏度不相同，各种试样的性质、分析测试要求也不一样。因此，在分析之前必须根据试样的组成和要求的公差范围，综合分析选择最合适的分析方法。例如，高含量组分分析一般应选用相对误差较小的重量分析法或滴定分析法；而低含量组分分析应选用灵敏度比较高的仪器分析法，尽管仪器分析法的相对误差较大，但低含量组分分析允许相对误差也较大，因而一般能满足要求。

2．减小测量误差

为了保证分析结果的准确度必须尽量减小各步的测量误差。如在重量分析中应减少称量误差，方法是在可能的条件下增大称样量和称量形式的质量以减小称量的相对误差；万分之一分析天平的称量误差是±0.000 1 g，用减量法称两次，可能引起的最大误差是 0.000 2 g，为了使称量时的相对误差在 0.1%以下，试样质量就不能太小。从相对误差的计算可得到试样称量的最小质量 m 为：

$$m=\frac{0.000\,2}{0.1\%}=0.2\ \text{g}$$

所以如果用减量法称量试样，试样称量必须在 0.2 g 以上才能保证称量的相对误差在 0.1%以内。

在滴定分析中，测量误差主要来源于滴定体积的度量上，为了减少测量的相对误差，一般滴定管可有±0.01 mL 的绝对误差，一次滴定需两次读数，因此可能产生的最大误差是 0.02 mL，为了使滴定读数的相对误差≤0.1%，一般应控制滴定体积在 20～40 mL。

3．增加测定次数，减小偶然误差

根据偶然误差的分布规律，在消除了系统误差的前提下，平行测定次数越多，其平均值越接近于真实值。在一般的化学分析中，通常要求对同一试样进行 2～4 次平行分析，以获得较为准确的分析结果。更多的测定次数因耗时太多，对一般的分

析要求也没有必要。

4．消除测定过程中的系统误差

（1）对照试验

对照试验是采用已知被测组分含量的标准物质（其组成应与被测样品相近），按被测样品同样的分析方法和条件进行平行测定以便对照。也可用其他可靠的分析方法，或者由不同单位的化验人员分析同一试样来互相对照。对照试验是检查系统误差的有效方法。

标准物质由国家部门组织研制生产，分析结果准确可靠。由于标准物质的数量和品种有限，价格也比较高，所以有些单位又自制一些所谓“管理样”以此代替标准试样进行对照分析。“管理样”一般都事先经过若干单位反复多次分析，其有关组分含量也比较可靠。

如果没有适当的标准物质和“管理样”，有时可以自己制备人工合成试样来进行对照分析。人工合成试样是根据试样的大致成分由纯化合物配制而成，被测组分系准确加入，所以含量是准确知道的。

当进行对照分析而对试样组成又不完全清楚时，可以采用“对照回收法”进行对照试验。这种方法是向试样内加入已知量的被测组分的纯物质，然后进行对照试验，根据加入已知量的被测组分定量回收情况，判断方法是否有系统误差。

$$回收率=\frac{加入纯物质后的测量值-加入前的测量值}{已知加入量}\times100\%$$

一般回收率在95%～105%可认为不存在系统误差，即方法可靠。回收率越接近100%，系统误差越小。该法常在微量组分分析中应用，回收率也用于判断试样处理过程中待测组分是否有损失或沾污。

用其他可靠的方法进行对照试验也是经常采用的一种方法。作为对照试验用的分析方法必须可靠，一般选用国家颁布的标准分析方法或经典分析方法。在许多生产单位中，为了检查分析人员是否存在系统误差和其他问题，常在试样分析时，将一部分试样在不同分析人员之间，互相进行“密码”对照试验。这种方法称为“内检”；有时又将部分试样送交其他单位进行对照分析，这种方法称为“外检”。

（2）空白试验

做空白试验可消除试剂、器皿、蒸馏水和环境带进杂质所造成的系统误差。

所谓空白试验，就是在不加试样的情况下，按照试样分析的操作步骤和条件进行分析试验，试验的结果称为“空白值”，从试样分析结果中减去“空白值”，可消除由于上述原因所造成的误差。空白值不宜很大。当空白值较大时，应通过提纯试剂、使用合格蒸馏水或改用其他器皿等途径减小空白值。

（3）校准仪器

当要求分析结果相对误差较小时，必须校准测量仪器，如滴定管体积、砝码重量、单标线吸管与容量瓶的体积等，求出校正值，并应用到分析结果的计算中，以消除因仪器不准所带来的误差。

（4）校正方法

某些分析方法的系统误差可用其他方法加以校正。例如，在重量法测定试样中的 SiO_2 时，为了得到比较准确的结果，可用比色法回收滤液中残存的少量硅酸，并把比色结果加到重量法结果中。

第二节　有效数字及分析数据的处理

一、有效数字

（一）有效数字

为了得到准确的分析结果，不仅要准确地进行测量，而且还要正确地进行记录。这里主要是指测定中能正确记录数字的位数。因为分析数据不仅表示数量的大小，也能反映测量的精确程度。

1. 有效数字的意义

有效数字，就是指分析工作中实际测量到的数字。如滴定时从滴定管上读取的消耗标准溶液的体积数字，称量时从天平上读取的物质的质量数字等都是有效数字。

2. 有效数字的记录原则

原始记录是指未经过任何处理的记录，是分析工作中最重要的资料。认真做好原始记录是保证有关数据可靠的重要条件。所有原始数据都应边实验边准确地记录在专用的实验记录本上，而不要待实验结束后补记，也不要将原始数据记录在草稿本或其他地方。不能凭主观意愿删去自己不喜欢的数据，更不能随意更改数据。记录实验原始数据时，必须保留正确的有效数字的位数。

有效数字保留的位数，应当根据分析方法和仪器准确度来确定，应使数值中只有最后一位是可疑的（估计的或不准确的）。例如，用常量滴定管滴定时消耗标准溶液的体积应记录到小数点后两位，如 26.78 mL，其中 26.7 是确定的，0.08 是可疑的，可能为（26.78±0.01）mL；而用万分之一的分析天平称取试样时应记录到小数点后四位，如 0.203 2 g；另外，根据有效数字位数能正确选择合适的仪器。如量取 20 mL 水，则选取对应量程的量筒即可；若欲量取 20.00 mL 水，则需选取移液管、滴定管等精确量器。

3. 有效数字位数的确定

从第一个非零数字开始数，有几位就是几位有效数字。

在确定一个数值的有效数字位数时应注意以下几个问题：

（1）对数值的有效数字。如 pH=11.32 有两位有效数字，其整数部分只代表该数的方次，小数点后才是有效数字。

（2）科学计数法。如 6.02×10^{23}、3.24×10^{-8} 都有三位有效数字；1.0×10^{8} 有两位有效数字。

（3）计算中如遇到倍数、分数时，因它们非测量所得，可视为无限多位有效数字。

思考：下列记录各有几位有效数字？

1.045 6 g	1.000 2 g	（五位有效数字）
0.545 0 g	24.37%	（四位有效数字）
0.005 40 g	3.10×10^{4}	（三位有效数字）
0.54 g	pH=7.35	（两位有效数字）

（二）有效数字的修约规则

在计算中要对多余的数字进行修约，我国的国家标准对数字修约有如下的规定。

① 在拟舍弃的数字中，若左边的第一个数字小于 5（不包括 5）时，则舍去。例如，欲将 14.243 2 修约为三位有效数字，则从第四位开始的“432”就是拟舍弃的数字，其左边的第一个数字是“4”，小于 5，应舍去，所以修约后应为 14.2。

② 在拟舍弃的数字中，若左边的第一个数字大于 5（不包括 5）时，则进 1。例如，欲将 26.484 36 修约为三位有效数字，则“8436”就是拟舍弃的数字，其左边的第一个数字 8 大于 5，应进 1，所以修约后应为 26.5。

③ 在拟舍弃的数字中，若左边的第一个数字等于 5，其右边的数字并非全部为零时，则进 1。例如，1.050 1 修约为两位有效数字应是 1.1。

④ 在拟舍弃的数字中，若左边的第一个数字等于 5，其右边的数字皆为零时，所拟保留的末位数字若为奇数则进 1，若为偶数（包括“0”）则不进。例如，把下面的数字修约为三位有效数字的结果分别为：

0.423 5→0.424　　　　12.25→12.2

1 225.0→1.22×10^{3}　　　　1 235.0→1.24×10^{3}

⑤ 所拟舍去的数字，若为两位以上数字时，不得连续进行多次修约。例如，需将 215.454 6 修约为三位有效数字，应一次修约为 215。若 215.454 6→215.455→215.46→215.5→216，则是不正确的。

综上所述，有效数字的修约规则是四舍六入五留双。

（三）有效数字的运算规则

1. 加减运算

当几个数据相加或相减时，它们的和或差只能保留一位可疑数字，应以小数点后位数最少（即绝对误差最大）的数据为依据。例如，53.2、7.45 和 0.663 82 三数相加，若各数据都按有效数字规定所记录，最后一位均为可疑数字，则 53.2 中的“2”已是可疑数字，因此三数相加后第一位小数已属可疑，它决定了总和的绝对误差，因此上述数据之和，不应写作 61.313 82，而应修约为 61.3。

2. 乘除运算

几个数据相乘除时，积或商的有效数字位数的保留，应以其中相对误差最大的那个数据，即有效数字位数最少的那个数据为依据。例如，计算下式：

$$\frac{0.024\,3 \times 7.105 \times 70.06}{164.2}$$

因最后一位都是可疑数字，各数据的相对误差分别为：

$$\frac{\pm 0.000\,1}{0.024\,3} \times 100\% = \pm 0.4\%$$

$$\frac{\pm 0.001}{7.105} \times 100\% = \pm 0.01\%$$

$$\frac{\pm 0.01}{70.06} \times 100\% = \pm 0.01\%$$

$$\frac{\pm 0.1}{164.2} \times 100\% = \pm 0.06\%$$

可见 0.024 3 的相对误差最大（也就是有效位数最少的数据），所以上列计算式的结果，只允许保留三位有效数字：

$$\frac{0.024\,3 \times 7.10 \times 70.1}{164} = 0.073\,7$$

3. 有效数字运算注意事项

（1）若某一数据中第一位有效数字大于或等于 8，则有效数字的位数可多算一位。如 8.15 可视为四位有效数字。

（2）在分析化学计算中，经常会遇到一些倍数、分数，如 2、5、10 及 1/2、1/5、1/10 等，这里的数字可视为足够准确，不考虑其有效数字位数，计算结果的有效数字位数，应由其他测量数据来决定。

（3）在计算过程中，为了提高计算结果的可靠性，可以暂时多保留一位有效数字位数，得到最后结果时，再根据数字修约的规则，弃去多余的数字。

（4）在分析化学计算中，用对于各种化学平衡常数的计算，一般保留两位或三位有效数字。对于各种误差的计算，取一位有效数字即已足够，最多取两位。对于pH值的计算，通常只取一位或两位有效数字即可，如pH值为3.4、7.5、10.48。

（5）定量分析的结果，对于溶液的准确浓度，用四位有效数字表示。对于高含量组分（例如≥10%），要求分析结果为四位有效数字；对于中含量（1%～10%），要求有三位有效数字；对于微量组分（＜1%），一般只要求两位有效数字。通常以此为标准，报出分析结果。

使用计算器计算定量分析结果，特别要注意最后结果中有效数字的位数，应根据前述数字修约规则决定取舍，不可全部照抄计算器上显示的八位数字或十位数字。

二、定量分析数据处理及分析结果的表示方法

（一）可疑值的取舍

在重复多次测定时，有时会出现个别值远离其他值的情况，这个数值叫可疑值或离群值。若这个可疑值不是由明显的过失造成的，那么就不能随便舍弃它，而要根据随机误差的分布规律决定取舍。下面介绍两种常用的检验法。

1．四倍法

四倍法又称$4\bar{d}$检验法，其方法如下：

（1）找出离群值$Z_{可疑}$；

（2）求出除可疑值外其余数据的平均值$\bar{x}$和平均偏差$\bar{d}$；

（3）根据$Z_{可疑}$偏离平均值$\bar{x}$的大小，按下式判断离群值的弃留：

如果$|Z_{可疑}-\bar{x}|\geq 4\bar{d}$，则可疑值舍去，否则保留。

此法简单，在数理统计上不够严密，仅适用于测定4～8个数据的测量实验中，有一定的局限性。

【例2-2】 用EDTA标准溶液滴定某试液中的Zn，进行四次平行测定，消耗EDTA标准溶液的体积（mL）分别为26.32，26.40，26.44，26.42，试问26.32这个数据是否保留？

解：首先不计可疑值26.32，求得其余数据的平均值$\bar{x}$和平均偏差$\bar{d}$为：

$\bar{x}$=26.42，$\bar{d}$=0.01

可疑值与平均值的绝对差值为：

$$|26.32-26.42|=0.10>4\bar{d}\ (0.04)$$

故26.32这一数据应舍去。

用$4\bar{d}$法处理可疑数据的取舍是存有较大误差的，但是，由于这种方法比较简单，不必查表，故至今仍为人们所采用。显然，这种方法只能用于处理一些要求不高的实验数据。

2．Q 检验法

当测定次数 n 满足 $3 \leqslant n \leqslant 10$ 时，根据所要求的置信度（注：置信度是指测定值在一定的区间范围内出现的概率），按照下列步骤，检验可疑值是否应弃去。

（1）将各数据按递增的顺序排列：X_1，X_2，X_3，…，X_n；

（2）求出最大值与最小值之差（极差）：$X_n - X_1$；

（3）求出离群值与其最邻近数据之间的差（邻差）：$X_n - X_{n-1}$ 或 $X_2 - X_1$；

（4）求出 Q 值。Q=邻差/极差：

若离群值为 X_1，则 $Q=(X_2-X_1)/(X_n-X_1)$；

若离群值为 X_n，则 $Q=(X_n-X_{n-1})/(X_n-X_1)$；

（5）根据测定次数 n 和要求的置信度，查表 2-1，得 $Q_{表}$；

（6）将 Q 与 $Q_{表}$相比，若 $Q>Q_{表}$，则舍去可疑值，否则应予保留。

表 2-1　舍弃可疑数据的 Q 值（置信度 90%和 95%）

测定次数	3	4	5	6	7	8	9	10
$Q_{0.90}$	0.94	0.76	0.64	0.56	0.51	0.47	0.44	0.41
$Q_{0.95}$	1.53	1.05	0.86	0.76	0.69	0.64	0.60	0.58

在三个以上数据中，需要对一个以上的数据用 Q 检验法决定取舍时，首先检查相差较大的数。

【例 2-3】 对轴承合金中锑量进行了十次测定，得到下列结果：15.48%，15.51%，15.52%，15.53%，15.52%，15.56%，15.53%，15.54%，15.68%，15.56%，试用 Q 检验法判断有无可疑值需弃去（置信度为 90%）。

解：（1）首先将各数按递增顺序排列：15.48%，15.51%，15.52%，15.52%，15.53%，15.53%，15.54%，15.56%，15.56%，15.68%。

（2）求出最大值与最小值之差：

$$X_n - X_1 = 15.68\% - 15.48\% = 0.20\%$$

（3）求出可疑数据与最邻近数据之差：

$$X_n - X_{n-1} = 15.68\% - 15.56\% = 0.12\%$$

（4）计算 Q 值：

$$Q = (X_n - X_{n-1})/(X_n - X_1) = 0.12\%/0.20\% = 0.60$$

（5）查表 2-1，n=10 时，$Q_{0.90}$=0.41，$Q>Q_{表}$，所以最高值 15.68%必须舍去。此时，分析结果的范围为 15.48%～15.56%，n=9。

同样，可以检查最低值 15.48%：

$$Q=(15.51\%-15.48\%)/(15.56\%-15.48\%)=0.38$$

查表 2-1，n=9 时，$Q_{0.90}$=0.44，$Q<Q_{表}$，故最低值 15.48%应予保留。

（二）定量分析结果的表示方法

分析结果通常表示为试样中某组分的相对量，这就需要考虑组分的表示形式和含量的表示方法。

某种组分在试样中有一定的存在形式，如试样中的氮，可能以铵盐、硝酸盐、亚硝酸盐等形式存在，按理应以其本来的存在形式表示氮的测定结果。但有时组分的存在形式是未知的，或同时以几种形式存在，而测定时难以区别其各种存在形式，这时，结果的表示形式就不一定与存在形式一致。结果的表示形式主要从实际工作的要求和测定方法原理出发来考虑，某些行业也有特殊的或习惯上常用的表示方法。经常采用的表示方法有：

以元素表示：常用于合金和矿物的分析；

以离子表示：常用于电解质溶液的分析；

以氧化物表示：常用于含氧的复杂试样，在这类试样的全分析中，酸性氧化物、碱性氧化物和水（结晶水和结构水）的质量分数总和应是 100%，故用这种表示方法有利于核对分析结果；

以特殊形式表示：有些测定方法是按专业上的需要而拟定的，只能用特殊的形式表示结果，例如“灼烧损失”，表示在一定温度下灼烧试样所损失的质量，包括全部挥发性成分和分解了的有机物；又如监测水被污染的状况用化学需氧量（COD）表示，水中有机物由于微生物作用而进行氧化分解所消耗的溶解氧，作为水中有机污染物含量的指标。

分析结果的表示方法，常用的是被测组分的相对量，如质量分数、体积分数和质量浓度。质量单位可以用 g，也可以用它的分数单位如 mg、μg；体积单位可以用 L，也可以用它的分数单位如 mL、μL。

复习与思考题

1. 下列情况分别引起什么误差？如果是系统误差，应如何消除？

（1）砝码被腐蚀；

（2）天平的两臂不等长；

（3）滴定管未校准；

（4）容量瓶和移液管不配套；

（5）在称样时试样吸收了少量水分；

（6）试剂里含有微量的被测组分；

（7）天平的零点突然有变动；

（8）读取滴定管读数时，最后一位数字估计不准；

（9）重量法测定 SiO_2 时，试液中硅酸沉淀不完全；

（10）以含量约为 98%的 Na_2CO_3 为基准试剂来标定盐酸溶液。

2. 解释下列各名词的意义：

绝对误差，相对误差，绝对偏差，相对偏差，平均偏差，标准偏差，准确度，精密度，有效数字

3. 简述准确度与精密度的关系。

4. 下列数据各包括几位有效数字？

（1）1.052　（2）0.023 0　（3）0.003 00　（4）10.30　（5）8.7×10^4

（6）pH=5.0　（7）114.0　（8）40.02%　（9）0.50%　（10）0.000 7%

5. 将下列数据修约为两位有效数字：6.142，3.552，6.361 2，34.524 5，75.5

6. 按有效数字运算规则，计算下列结果：

（1）$7.993\,6 \div 0.996\,7 - 5.02 = ?$

（2）$2.187\times0.584 + 9.6\times10^{-5} - 0.032\,6\times0.008\,14 = ?$

（3）$0.032\,50\times5.703\times60.1 \div 126.4 = ?$

（4）$(1.276\times4.17) + (1.7\times10^{-4}) - (0.002\,176\,4\times0.012\,1) = ?$

7. 滴定管读数误差为 ± 0.01 mL，滴定体积为：（1）2.00 mL；（2）20.00 mL；（3）40.00 mL。试计算相对误差各为多少？

8. 天平称量的相对误差为 ± 0.1%，称量：（1）0.5 g；（2）1 g；（3）2 g。试计算绝对误差各为多少？

9. 有一铜矿试样，经两次测定，得知铜的质量分数为 24.87%和 24.93%，而铜的实际质量分数为 24.95%，求分析结果的绝对误差和相对误差（公差为 ± 0.10%）。

10. 某铁矿石中含铁量为 39.19%，若甲分析结果是 39.12%，39.15%，39.18%；乙分析结果是 39.18%，39.23%，39.25%。试比较甲、乙二人分析结果的准确度和精密度。

11. 按 GB 534—82 规定，检测工业硫酸中硫酸质量分数，公差（允许误差）为 ≤ ± 0.20%。今有一批硫酸，甲的测定结果为 98.05%和 98.37%；乙的测定结果为 98.10%和 98.51%。问甲、乙二人的测定结果中，哪一位合格？由合格者确定的硫酸质量分数是多少？

12. 某试样经分析测得锰的质量分数为 41.24%，41.27%，41.23%，41.26%。试计算分析结果的平均值，单次测得值的平均偏差和标准偏差。

13. 石灰石中铁含量四次测定结果为 1.61%，1.53%，1.54%，1.83%。试用 Q 值检验法和 $4\bar{d}$ 检验法检验是否有应舍弃的可疑数据（置信度为 90%）。

【阅读资料】

测量结果的不确定度

一、不确定度的概念

不确定度是近十年来国际上出现的与测量结果密切相关的新概念，已经获得许多国际组织的认可。如何合理、准确和适宜地评定测量结果不确定度是分析测试人员应掌握的技能。

不确定度的含义为："表征合理地赋予被测量之值的分散性与测量结果相关联的参数"。广义而言，测量不确定度定义为对测量结果正确性的可疑程度，这样的定义直接针对测量结果（即被测量的最佳估计值）及其分散性，是完全可操作的。首先，因为测量结果就是被测量的最佳估计值，所以凡已认识的系统影响都作了修正；其次，在评估各个测量不确定度分量标准偏差时，还应包括那些系统影响修正后残留的随机变化，凡用多次重复测量的结果并用统计方法评定的实验标准差，称为A类评定不确定度；而所有用其他方法的不确定度均称B类评定不确定度，这里A类和B类都是标准偏差，数据性质并无不同，只是表明获得数据的方法不同，而测量不确定度就由A类及B类不确定度合成求得。

二、不确定度的评定方法

不确定度评定程序框图，如图2-2所示。

从图2-2中可知，不确定度评定是由被测量的通过建立的数学模型，算出输入量估计值，计算标准不确定度 $u(x_i)$，确定不确定度分量 $u_i(y)$，即A类、B类不确定度，最后求出其合成标准不确定度 $u_c(y)$。

三、不确定度与误差的区别

（1）不确定度表明被测量值的分散性，而误差表明测量结果偏离真值程度。

（2）不确定度是一个无符号的参数，而误差是一个有正、负符号的量值。

（3）不确定度可以根据实验、资料、经验进行评定，从而可以定量确定测量不确定度的值；而误差评定中，要用到真值的概念，而真值恰恰是不知道的，只能用约定值来代替。

（4）不确定度与人们对被测量和影响量及测量过程的认识有关；而误差是客观存在的，不以人的认识程度而转移。

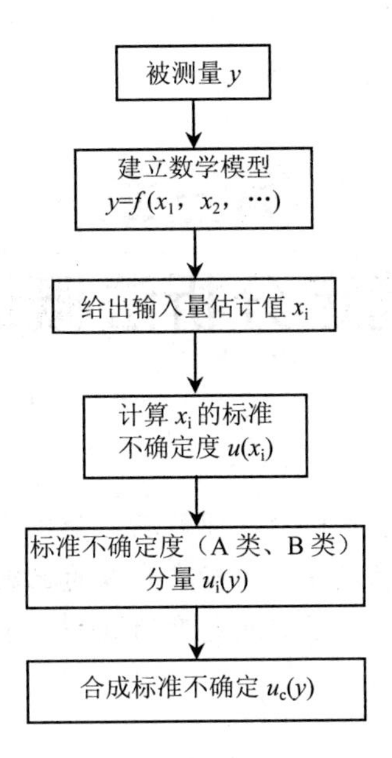

图 2-2　测量不确定度评定程序

（5）在不确定度评定计算中可根据各不确定度分量，求出合成不确定度，其结果由统一结果表示；而误差包括系统误差、随机误差和抽样误差，在评定计算时无法合成统一误差。

传统的误差评定在实践中遇到了两方面的问题：一方面，在测量结果的误差表示时遇到了新概念的麻烦，如何求其真值；另一方面，不同领域和不同的人往往对误差的处理方法各有不同的见解，以致造成方法上的不统一，所以就产生了用不确定度来统一评价测量结果。采用不确定度评定和表示这一趋势的出现，并不仅仅是将“误差”一词改用“不确定度”这么简单的事情，而是在评价测量结果及其表示上重要的观念改变，不确定度和误差是完全不同的两个概念，不能混淆和误用。

第三章

滴定分析法概述

【知识目标】

本章要求熟悉滴定分析基本概念，理解滴定分析法对化学反应的要求，理解常见的滴定分析的方式；掌握滴定分析的标准溶液的配制方法，标准溶液浓度的表示方法和基准物质应具备的条件；了解滴定度的概念；了解物质的量浓度与滴定度之间的换算关系。

【能力目标】

通过对本章的理论知识和实验技能的学习，能根据滴定分析要求选择滴定反应、滴定方式；能根据测定要求正确选择滴定分析仪器；能较熟练地使用容量瓶、移液管、吸量管、滴定管等常用仪器；能熟练运用直接法和间接法配制标准溶液；能正确表示滴定分析标准溶液的浓度；能熟练进行滴定分析的有关计算。

第一节　滴定分析概述

一、滴定分析的基本概念

滴定分析法又叫容量分析法，是将一种已知准确浓度的试剂溶液滴加到被测物质的溶液中，直到所加的已知准确浓度的溶液与被测物质按化学计量关系恰好完全反应，然后根据所加标准溶液的浓度和所消耗的体积计算出被测物质的含量。

在进行滴定分析时，这种已知准确浓度的试剂溶液称为标准溶液或滴定剂，将标准溶液用滴定管滴加到被测物质溶液中的操作过程称为滴定。当加入的标准溶液与被测物质之间恰好反应完全，即两者的物质的量正好符合反应的化学计量关系时，即称为滴定反应的化学计量点，也称等当点。由于滴定到达化学计量点时，滴定体系往往没有明显的外部特征，因此，常在被滴定溶液中加入一种辅助试剂，即指示剂，利用指示剂颜色突变来指示化学计量点的到达。在滴定过程中，当指示剂正好发生颜色变化时停止滴定，此点称为滴定终点。化学计量点是根据化学反应计量关系求得的理论值。在实际分析操作中，滴定终点与理论上的化学计量点可能不完全符合，它们之间总存在着很小的差别，由此而引起的误差称为终点误差或滴定误差。

二、滴定分析法的特点和分类

滴定分析法通常用于测定常量组分的含量，有时也可用来测定含量较低组分。该法操作简便、测定快速、仪器简单、用途广泛，可适用于各种化学反应类型的测定。分析结果准确度较高，一般常量分析的相对误差在±0.1%以内。因此，滴定分析在生产和科研中具有重要的实用价值，是分析化学中很重要的一类方法。

滴定分析法根据进行滴定的化学反应类型的不同，通常分为下列四类。

1．酸碱滴定法（又称中和法）

酸碱滴定法是以质子转移反应为基础的滴定分析方法。可用于测定酸、碱以及能直接或间接与酸、碱发生反应的物质的含量。反应实质是质子传递。例如：

强酸滴定强碱：$H_3O^+ + OH^- = 2H_2O$

强酸滴定弱碱：$H_3O^+ + A^- = HA + H_2O$

强碱滴定弱酸：$OH^- + HA = A^- + H_2O$

2．配位滴定法

配位滴定法是以配位反应为基础的滴定分析方法。可用于测定金属离子或配位剂。例如：

$$Mg^{2+} + Y^{4-} = MgY^{2-}$$

$$Ag^+ + 2CN^- = [Ag(CN)_2]^-$$　（产物为配合物或配离子）

3．氧化还原滴定法

氧化还原滴定法是以氧化还原反应为基础的滴定分析方法。可用于直接测定具有氧化或还原性的物质，或者间接测定某些不具有氧化或还原性的物质。例如：

$$Cr_2O_7^{2-} + 6Fe^{2+} + 14H^+ = 2Cr^{3+} + 6Fe^{3+} + 7H_2O$$

$$I_2 + 2S_2O_3^{2-} = 2I^- + S_4O_6^{2-}$$

4．沉淀滴定法

沉淀滴定法是以沉淀反应为基础的滴定分析方法。可用于测定 Ag^+、CN^-、SCN^- 及卤素等离子。例如：

$$Ag^+ + Cl^- = AgCl\downarrow$$　（白色）

三、滴定分析法对化学反应的要求

各种类型的化学反应虽然很多，但不一定都能用于滴定分析，为了保证滴定分析的准确度，用于滴定分析的化学反应须具备以下四个条件。

1. 反应有确定的关系式

即反应须按照一定的反应方程式进行，不发生副反应，符合确定的化学计量关系。

2. 反应须定量完成

即反应进行须完全。通常要求在化学计量点时有 99.9%以上的完全程度。反应越完全对滴定越有利。

3. 反应须迅速完成

如果反应进行得较慢将无法确定终点。对于速度较慢的反应，通常可以通过加热或加入催化剂等方法加快反应速度。

4. 须有适当的方法确定终点

即能利用滴定过程中指示剂变色或滴定溶液电位、电导等值的改变来确定滴定终点①。本书主要讨论指示剂法。

四、滴定分析法的滴定方式

按照滴定方式的不同可将滴定分析法分为下列四种。

1. 直接滴定法

凡被测物质与滴定剂之间的反应能满足上述的要求，即可在滴定剂与被测物质之间直接滴定。如用标准酸溶液滴定碱；用标准碱溶液滴定酸；用 $KMnO_4$ 标准溶液滴定 H_2O_2；用 EDTA 标准溶液滴定金属离子；用 $AgNO_3$ 标准溶液滴定 Cl^-等。直接滴定法是滴定分析中最常用和最基本的滴定方法。该法简便、快速，可能引入误差的因素较少。当滴定反应不能完全满足上述基本要求时，可采用以下方式进行滴定。

2. 返滴定法

返滴定法也称回滴定法或剩余量滴定法。当滴定剂与被测物质之间的反应速度慢或缺乏适合确定终点的方法等原因，不能采用直接滴定法时，常采用返滴定法。返滴法是先在被测物质溶液中加入一定量且过量的标准溶液，待与被测物质反应完成后，再用一种滴定剂滴定剩余的标准溶液。如碳酸钙含量测定，由于试样是固体，难溶于水，不能用 HCl 标准溶液直接滴定。此时可先于试样中加入一定量且过量的 HCl 标准溶液，加热使碳酸钙溶解完全，冷却后再用 NaOH 滴定剂滴定剩余 HCl。又如用 EDTA 滴定剂滴定 Al^{3+}时，因 Al^{3+}与 EDTA 配位反应速度慢，不能采用直接滴定法滴定 Al^{3+}，可在 Al^{3+}溶液中先加入过量的 EDTA 标准溶液并加热促使反应加速完成，冷却后再用 Zn^{2+}或 Cu^{2+}液做滴定剂滴定剩余的 EDTA，从而求得 Al^{3+}

---

① 通过测量滴定过程中由于化学反应而引起被滴定体系电极电位（或电导）的变化来确定滴定终点的方法称为电位滴定法（或电导滴定法），适合于有色溶液、混浊溶液以及缺乏合适指示剂的滴定分析。

的含量。

3．置换滴定法

有些待测物质与标准溶液的反应没有确定的化学计量关系或缺乏合适的指示剂，不能直接滴定时，可先用适当的试剂与被测物质反应，使之置换出一种能被定量滴定的物质，然后再用适当的滴定剂滴定，此法称为置换滴定法。例如，硫代硫酸钠不能直接滴定重铬酸钾及其他强氧化剂，因为在酸性溶液中，强氧化剂将 $Na_2S_2O_3$ 氧化为 $S_4O_6^{2-}$ 及 SO_4^{2-} 等混合物，而无确定的化学计量关系。但是，在 $K_2Cr_2O_7$ 酸性溶液中加入过量的 KI，$K_2Cr_2O_7$ 与 KI 定量反应后置换出的 I_2，即可用 $Na_2S_2O_3$ 直接滴定，从而便可求出 $K_2Cr_2O_7$ 的含量。

4．间接滴定法

有时被测物质不能与标准溶液直接起化学反应，但却能与另一种可以和标准溶液直接作用的物质起反应，这时便可采用间接滴定方式进行滴定。例如，用 $KMnO_4$ 溶液不能直接滴定 Ca^{2+} 的溶液，可将溶液中 Ca^{2+} 沉淀为 CaC_2O_4 沉淀，过滤，洗涤净后溶解于 H_2SO_4 中，然后再用 $KMnO_4$ 标准溶液滴定与 Ca^{2+} 等量结合的 $C_2O_4^{2-}$，即可间接测定 Ca^{2+} 的含量。

在滴定分析中返滴定、置换滴定、间接滴定等滴定方式的应用，大大拓展了滴定分析法的应用范围。

第二节　滴定分析的标准溶液

标准溶液是指已知准确浓度的溶液，在滴定分析中，不论采取何种滴定方法，都离不开标准溶液，否则就无法完成一个定量测定。

一、标准溶液的浓度表示方法

（一）物质的量的浓度

1．物质的量及其单位——摩尔

物质的量和时间、长度一样是一种物理量的名称，是国际单位制（SI）七个基本单位之一。符号为 n，单位是摩尔（mol）。根据国际单位制规定：摩尔是一系统物质的量，该系统所包含的基本单元数目与 0.012 kg ^{12}C 的原子数目相等。根据实验测定 0.012 kg ^{12}C 中约含有 6.02×10^{23} 个碳原子。这个数值就是阿佛伽德罗常数，符号为 N_A。在使用摩尔时，应注明基本单元是原子、分子、离子、电子及其他粒子或是这些粒子的特定组合。

根据上述定义，当物质 B 所含有的基本单元数目与 0.012 kg ^{12}C 的原子数目一样时，物质B的物质的量n_B就是1 mol。也就是说物质B所含有的基本单元数目是0.012 kg ^{12}C的原子数目的几倍，物质B的物质的量n_B就是几摩尔。

2．摩尔质量和物质的量的浓度

（1）摩尔质量

1 mol某物质的质量叫做该物质的摩尔质量，即以物质B的质量m_B除以物质B的物质的量n_B即为该物质的摩尔质量M_B，单位为g·mol^{-1}。

$$M_B=\frac{m_B}{n_B} \tag{3-1}$$

其值与所选定的基本单元有关，因此使用摩尔为单位时，必须根据摩尔的定义，将基本单元指明。基本单元选择不同时，摩尔质量的值不同，一定质量的某物质，其物质的量用不同基本单元表示时，其值也不相同。

例如，硫酸的基本单元可以是H_2SO_4，也可以是$\frac{1}{2}H_2SO_4$，基本单元不同，摩尔质量也不同。当选H_2SO_4做基本单元时，$M(H_2SO_4)=98.08$ g·mol^{-1}，则98.08 g的H_2SO_4的物质的量为$n(H_2SO_4)=1$ mol，当选$\frac{1}{2}H_2SO_4$为基本单元时，$M(\frac{1}{2}H_2SO_4)=$ 49.04 g·mol^{-1}，98.08 g H_2SO_4的物质的量表示为$n(\frac{1}{2}H_2SO_4)=2$ mol。某选定基本单元物质的摩尔质量在数值上即为该基本单元对应物质的式量。

（2）物质的量浓度

标准溶液的浓度通常用物质的量浓度表示，物质的量浓度简称浓度，是指单位体积溶液中所含溶质的物质的量，单位为mol·L^{-1}。

物质B的物质的量浓度表达式为：

$$c_B=\frac{n_B}{V} \tag{3-2}$$

式中，c_B —— 物质的量的浓度，mol·L^{-1}；

n_B —— 物质的量，mol；

V —— 溶液的体积，L。

由式（3-2）得出溶质的物质的量为：

$$n_B=c_B\times V \tag{3-3}$$

由式（3-1）可得：

$$m_B=c_B\times V\times M_B \tag{3-4}$$

【例3-1】 求质量分数为37%的盐酸（密度为1.19 g·mL^{-1}）的物质的量浓度。

解：$n_{HCl}=\frac{m_{HCl}}{M_{HCl}}=\frac{1.19\times1\,000\times37\%}{36.46}\approx12\ mol$

$$c_{HCl}=\frac{n_{HCl}}{V_{HCl}}=\frac{12}{1.0}=12\ mol\cdot L^{-1}$$

物质的量浓度 c_B 是由物质的量 n_B 导出，所以在使用物质的量浓度时也必须指明基本单元。例如，每升 H_2SO_4 溶液中含 98.08 g H_2SO_4，$c(H_2SO_4)=1\ mol\cdot L^{-1}$，而 $c(\frac{1}{2}H_2SO_4)=2\ mol\cdot L^{-1}$。又如 $c(KMnO_4)=0.010\ mol\cdot L^{-1}$ 与 $c(\frac{1}{5}KMnO_4)=0.010\ mol\cdot L^{-1}$ 的两种溶液，虽然它们的浓度数值相同，但它们所表示 1 L 溶液中所含 $KMnO_4$ 的质量是不同的，分别为 1.58 g 和 0.316 g。

（二）滴定度

滴定度是指 1 mL 滴定剂相当于待测物质的质量，用 $T_{待测物质/滴定剂}$表示，单位为 $g\cdot mL^{-1}$。

例如，采用 $K_2Cr_2O_7$ 标准溶液滴定铁，$T_{Fe/K_2Cr_2O_7}=0.005\ 000\ g\cdot mL^{-1}$，它表示每毫升 $K_2Cr_2O_7$ 标准溶液相当于 0.005 000 g 铁，如果一次滴定中消耗 $K_2Cr_2O_7$ 标准溶液 24.50 mL，溶液中铁的质量就能很快求出，即 0.005 000×24.50=0.122 5 g。在实际生产中，对大批试样进行某组分的例行分析，用滴定度表示十分方便。

有时滴定度也可用每毫升标准溶液中所含的溶质的质量（g）来表示。例如 $T_{NaOH}=0.002\ 00$ g/mL，即表示每毫升 NaOH 标准溶液中含有 NaOH 0.002 00 g。这种表示方法在配制专用标准溶液时广泛使用。

二、标准溶液和基准物质

在滴定分析中，不论采用何种滴定方法都必须使用标准溶液，最后要通过标准溶液的浓度和用量，来计算被测物质的含量。所谓标准溶液是一种已知准确浓度的溶液。但不是所有试剂都可以直接配制标准溶液。能直接配制标准溶液或标定标准溶液的物质，称为基准物质（standard substance）。基准物质应符合下列条件。

（1）实际的组成应与它的化学式完全相符。若含结晶水，如硼砂 $Na_2B_4O_7\cdot10H_2O$，其结晶水的含量也应与化学式完全相符。

（2）试剂的纯度应足够高。一般要求其纯度在 99.9%以上，而杂质的含量应少到不影响分析的准确度。

（3）试剂性质应稳定。如不与空气中的组分发生反应，不易吸湿、不易丢失结晶水，烘干时不易分解等。

（4）尽可能有比较大的摩尔质量，以减小称量时的相对误差。

常用的基准物质有纯金属和纯化合物，如 Ag、Cu、Zn、Cd、Si、Ge、Al、Co、

Ni、Fe 和 NaCl、$K_2Cr_2O_7$、Na_2CO_3、$KHC_8H_4O_4$、$Na_2B_4O_7 \cdot 10H_2O$、As_2O_3、$CaCO_3$等。它们的含量一般在 99.9%以上，甚至可达 99.99%以上。有些超纯物质和光谱纯试剂的纯度很高，但这只说明其中金属杂质的含量很低而已，并不表明它的主要成分的含量在 99.9%以上，有时候因为其中含有不定组成的水分和气体杂质，以及试剂本身的组成不固定等原因，使主成分的含量达不到 99.9%以上，这时就不能用做基准物质了。所以，不要随意选择基准物质。

表 3-1 列出了几种最常见的基准物质的干燥条件和应用。

表 3-1 常用基准物质的干燥条件和应用

基准物质		干燥后的组成	干燥条件/℃	标定对象
名 称	分子式			
碳酸氢钠	$NaHCO_3$	Na_2CO_3	270～300	酸
十水合碳酸钠	$Na_2CO_3 \cdot 10H_2O$	Na_2CO_3	270～300	酸
硼砂	$Na_2B_4O_7 \cdot 10H_2O$	$Na_2B_4O_7$	放在装有NaCl和蔗糖饱和溶液的干燥器中	酸
碳酸氢钾	$KHCO_3$	K_2CO_3	270～300	酸
二水合草酸	$H_2C_2O_4 \cdot 2H_2O$	$H_2C_2O_4 \cdot 2H_2O$	室温空气干燥	碱或 $KMnO_4$
邻苯二甲酸氢钾	$KHC_8H_4O_4$	$KHC_8H_4O_4$	110～120	碱
重铬酸钾	$K_2Cr_2O_7$	$K_2Cr_2O_7$	140～150	还原剂
溴酸钾	$KBrO_3$	$KBrO_3$	130	还原剂
碘酸钾	KIO_3	KIO_3	130	还原剂
铜	Cu	Cu	室温干燥器中保存	还原剂
三氧化二砷	As_2O_3	As_2O_3	室温干燥器中保存	氧化剂
草酸钠	$Na_2C_2O_4$	$Na_2C_2O_4$	130	氧化剂
碳酸钙	$CaCO_3$	$CaCO_3$	110	EDTA
锌	Zn	Zn	室温干燥器中保存	EDTA
氧化锌	ZnO	ZnO	900～1000	EDTA
氯化钠	NaCl	NaCl	500～600	$AgNO_3$
氯化钾	KCl	KCl	500～600	$AgNO_3$
硝酸银	$AgNO_3$	$AgNO_3$	220～250	氯化物

三、标准溶液的配制

由于滴定过程中离不开标准溶液，因此，正确地配制标准溶液、准确地标定标准溶液的浓度以及对标准溶液的妥善保管，对提高滴定分析结果的准确度有着十分重要的意义。标准溶液的配制一般可采用下述两种方法。

1. 直接配制法

准确称取一定量的基准物质，溶解后定量转移到容量瓶中，稀释至一定体积，根据称取物质的质量和容量瓶的体积即可计算出该标准溶液的浓度。这样配成的标准溶液称为基准溶液，可用它来标定其他标准溶液的浓度。例如，欲配制 $0.01\ mol \cdot L^{-1}$

$K_2Cr_2O_7$ 标准溶液 1 L，首先在分析天平上精确称取优级纯的重铬酸钾（$K_2Cr_2O_7$）2.942 0 g，置于烧杯中，加适量水溶解后转移到 1 000 mL 容量瓶中，再用水稀释至刻度即得浓度为 0.010 00 mol · L^{-1} 的 $K_2Cr_2O_7$ 标准溶液。

直接配制法的优点是简便，一经配好即可使用，但必须用基准物质配制。

2．间接配制法——标定法

许多物质由于达不到基准物质的要求，如 $KMnO_4$、$Na_2S_2O_3$、NaOH、HCl 等，其标准溶液不能采用直接法配制。对这类物质只能采用间接法配制，即粗略地称取一定量物质或量取一定量体积溶液，配制成接近所需浓度的溶液（称为待标定溶液，简称待标液），其准确浓度未知，必须用基准物质或另一种标准溶液来测定。这种利用基准物质或已知准确浓度的溶液来测定待标液浓度的操作过程称为标定。

四、标准溶液的标定

1．用基准物质标定——直接标定法

准确称取一定量的基准物质，溶解后用待标液滴定，根据基准物质的质量和待标液的体积，即可计算出待标液的准确浓度。大多数标准溶液用基准物质来标定其准确浓度。

例如，NaOH 标准溶液常用邻苯二甲酸氢钾、草酸等基准物质来标定其准确浓度。

2．用另一种标准溶液标定——比较标定法

准确吸取一定量的待标液，用已知准确浓度的标准溶液滴定，或准确吸取一定量标准溶液，用待标液滴定，根据两种溶液的体积和标准溶液的浓度来计算待标液浓度。这种用标准溶液来测定待标液准确浓度的操作过程称为比较标定法。显然，这种方法不如直接标定的方法好，因为标准溶液的浓度不准确就会直接影响待标定溶液浓度的准确性。因此，标定时应尽量采用直接标定法。

标定时，不论采用哪种方法应注意以下几点。

（1）一般要求应平行测定 3～4 次，至少 2～3 次，相对偏差要求不大于 0.2%。

（2）为了减小测量误差，称取基准物质的量不应太少；滴定时消耗标准溶液的体积也不应太小。

（3）配制和标定溶液时用的量器（如滴定管、移液管和容量瓶等），必要时需进行校正。

（4）标定后的标准溶液应妥善保存。

值得注意的是，间接配制和直接配制所使用的仪器有差别。例如，间接配制时可使用量筒、托盘天平等仪器，而直接配制时必须使用移液管、分析天平、容量瓶等仪器。

第三节　滴定分析法的计算

滴定分析中涉及一系列的计算问题，如标准溶液的配制和浓度的标定，标准溶液和待测物质之间的计量关系及分析结果的计算等。在计算时首先要明确滴定分析中的计量关系。

一、滴定分析中的计量关系

在滴定分析中，当两种反应物质作用完全到达计量点时，两者的物质的量之间的关系应符合其化学反应式中所表示的化学计量关系，这是滴定分析计算的依据。虽然滴定分析有不同的滴定方法，滴定结果计算方法也不尽相同。但都是根据滴定剂用量及由反应物质间化学计量关系计算被测物的物质的量及其含量。所以，首先要写出正确的化学反应式，明确其中的化学计量关系。

设被滴定物质 A 与滴定剂 B 之间的滴定反应为：

$$a\mathrm{A}+b\mathrm{B}=c\mathrm{C}+d\mathrm{D}$$

当 A 和 B 作用完全时，它们物质的量之间的关系恰好符合该化学反应式所表达的化学计量关系，亦即 A、B 的物质的量 n_A、n_B 之比等于反应系数之比，即：

$$\frac{n_\mathrm{A}}{n_\mathrm{B}}=\frac{a}{b}\text{ 或 }n_\mathrm{A}=n_\mathrm{B}\times\frac{a}{b} \tag{3-5}$$

若被滴定的物质为溶液，设浓度为 c_A，取体积 V_A，而滴定剂的浓度已知为 c_B，到达化学计量点时消耗的体积为 V_B。

根据

$$n_\mathrm{A}=c_\mathrm{A}\times V_\mathrm{A},\ n_\mathrm{B}=c_\mathrm{B}\times V_\mathrm{B}$$

则有

$$c_\mathrm{A}\times V_\mathrm{A}=c_\mathrm{B}\times V_\mathrm{B}\times\frac{a}{b} \tag{3-6}$$

通过测量滴定剂的体积 V_B，便可以由式（3-6）求得被滴定物的未知浓度 c_A。

如欲测定被滴定物质 A 的质量 m_A，可根据摩尔质量 $M_\mathrm{A}=m_\mathrm{A}/n_\mathrm{A}$，得：

$$m_\mathrm{A}=n_\mathrm{A}\times M_\mathrm{A}=c_\mathrm{B}\times V_\mathrm{B}\times\frac{a}{b}\times M_\mathrm{A} \tag{3-7}$$

若被滴定物质 A 是某未知试样的组分之一，测定时试样的称样量为 m_S，就可以进一步计算得到物质 A 在试样中的质量分数 w_A 为：

$$w_A=\frac{m_A}{m_S}=\frac{a}{b}\times\frac{c_B\times V_B\times M_A}{m_S\times 1\,000} \quad (3\text{-}8)$$

式中，分母乘以 1 000 是由于滴定剂的体积 V_B 一般以 mL 为单位，而浓度的单位为 $mol\cdot L^{-1}$，摩尔质量的单位为 $g\cdot mol^{-1}$，称量 m_S 的单位为 g，因此必须进行单位换算。上式若用百分含量表示为：

$$w_A=\frac{m_A}{m_S}\times 100\%=\frac{a}{b}\times\frac{c_B\times V_B\times M_A}{m_S\times 1\,000}\times 100\% \quad (3\text{-}9)$$

如果滴定反应是对滴定剂 B 的浓度 c_B 进行标定，被滴定物质 A 是准确称量的基准物质，其称取量为 m_A，摩尔质量为 M_A，根据以上关系则有：

$$\frac{m_A}{M_A}=c_B\times V_B\times\frac{a}{b}$$

式中，V_B 为标定到达化学计量点时所消耗的滴定剂体积，于是可得：

$$c_B=\frac{bm_A}{aM_AV_B} \quad (3\text{-}10)$$

【例 3-2】 写出用 Na_2CO_3 做基准物质标定 HCl 溶液浓度的计算式。

解：按滴定反应：

$$2HCl+Na_2CO_3=\!=2NaCl+H_2CO_3$$

$$n(HCl)=\!=2n(Na_2CO_3)$$

设基准物质 Na_2CO_3 的称样量为 m（g）则其物质的量：

$$n(Na_2CO_3)=\frac{m(Na_2CO_3)}{M(Na_2CO_3)}$$

若将 n_{HCl} 用待标定的 HCl 溶液的浓度 c_{HCl} 和滴定到达化学计量点的体积 V_{HCl} 表示，则：

$$n_{HCl}=c_{HCl}\times V_{HCl}$$

于是得：

$$c(HCl)=\frac{2m(Na_2CO_3)}{M(Na_2CO_3)\times V(HCl)}$$

由于滴定体积一般以 mL 计。考虑到单位换算，写作：

$$c(HCl)=\frac{2\,000\times m(Na_2CO_3)}{M(Na_2CO_3)\times V(HCl)}$$

在置换滴定和间接滴定等分析方法中，涉及两个或两个以上的反应，这时，应从总的反应中找出有关各物质的物质的量之间的关系，最终把握住被测物质与滴定剂的物质的量之间的关系。

【例 3-3】 应用 $KMnO_4$ 法测试样中 Ca^{2+} 的含量，试写出试样中钙的百分含量的计算式。

解：本滴定为间接滴定，通过以下步骤：

$$Ca^{2+} + C_2O_4^{2-} = CaC_2O_4 \downarrow$$

将 CaC_2O_4 沉淀洗涤过滤后，溶于 H_2SO_4 溶液中，再以 $KMnO_4$ 标准溶液滴定，反应为：

$$5C_2O_4^{2-} + 2MnO_4^- + 16H^+ = 10CO_2 + 2Mn^{2+} + 8H_2O$$

此处 1 mol Ca^{2+} 与 1 mol $C_2O_4^{2-}$ 反应，1 mol $C_2O_4^{2-}$ 与 $\frac{2}{5}$ mol $KMnO_4$ 反应，所以，总的反应中，Ca^{2+} 与 $KMnO_4$ 的关系为：

$$n(Ca^{2+}) = \frac{5}{2} n(KMnO_4)$$

进一步可计算得试样中钙的百分含量为：

$$w(Ca) = \frac{\frac{5}{2} \times c(KMnO_4) \times V(KMnO_4) \times M(Ca)}{m_S \times 1\,000} \times 100\%$$

二、滴定分析法的有关计算

从上面的分析中可以看到，掌握了物质的量 n、质量 m、摩尔质量 M、物质的量的浓度 c 及质量分数 w 的定义及量的相互关系式，利用反应方程式计量关系就能正确进行滴定计算。

（一）标准溶液浓度的计算

1. 直接配制法浓度的计算

基本公式：$m_B = M_B \times c_B \times V_B / 1\,000$

【例 3-4】 欲配制 1.0 mol·L^{-1} 的 NaCl 溶液 500 mL，应称取基准物质 NaCl 多少克？

解：$m_B = \frac{M_B \times c_B \times V_B}{1\,000} = \frac{58.5 \times 1.0 \times 500}{1\,000} = 29.3$ g

【例 3-5】 在稀硫酸溶液中，用 0.020 12 mol·L^{-1} 的 $KMnO_4$ 溶液滴定某草酸钠溶液，如欲两者消耗的体积相等，则草酸钠溶液的浓度为多少？若需配制该溶液 100.0 mL，应称取草酸钠多少克？

解：$5C_2O_4^{2-} + 2MnO_4^- + 16H^+ = 10CO_2 + 2Mn^{2+} + 8H_2O$

因此
$$n(Na_2C_2O_4) = \frac{5}{2} n(KMnO_4)$$

$$(cV)(Na_2C_2O_4)=\frac{5}{2}(cV)(KMnO_4)$$

根据题意，$V(Na_2C_2O_4)=V(KMnO_4)$

$$c(Na_2C_2O_4)=\frac{5}{2}\ c(KMnO_4)=2.5\times0.021\ 2=0.050\ 30\ mol \cdot L^{-1}$$

$$m(Na_2C_2O_4)=(cVM)(Na_2C_2O_4)$$
$$=0.050\ 30\times100.0\times134.00/1\ 000$$
$$=0.674\ 0\ g$$

2. 间接配制法浓度的计算

基本公式：$c_A\times V_A=c_B\times V_B\times\frac{a}{b}$

【例 3-6】 用 $Na_2B_4O_7 \cdot 10H_2O$ 标定 HCl 溶液的浓度，称取 0.480 6 g 硼砂，滴定至终点时消耗 HCl 溶液 25.20 mL，计算 HCl 溶液的浓度。

解：
$$Na_2B_4O_7 \cdot 10H_2O+2HCl=4H_3BO_3+2NaCl+5H_2O$$

$$n(Na_2B_4O_7 \cdot 10H_2O)=\frac{1}{2}n(HCl)$$

$$\frac{m}{M(Na_2B_4O_7 \cdot 10H_2O)}=\frac{1}{2}c_{HCl}V_{HCl}$$

$$c(HCl)=\frac{0.480\ 6}{381.4}\times2\div25.20\times1\ 000=0.100\ 0\ mol \cdot L^{-1}$$

【例 3-7】 要求在标定时用去 0.20 mol·L^{-1} NaOH 溶液 20～25 mL，问应称取基准试剂邻苯二甲酸氢钾（$KHC_8H_4O_4$）多少克？如果改用二水合草酸做基准物质，又应称取多少克？

解：
$$n(KHC_8H_4O_4)=n(NaOH)$$

$$n(H_2C_2O_4 \cdot 2H_2O)=\frac{1}{2}n(NaOH)$$

$$m_B=n_B\times M_B$$

由此可计算得：需 $KHC_8H_4O_4$ 称量 0.80～1.0 g，需二水合草酸称量 0.26～0.32 g。

（二）物质的量浓度与滴定度之间的换算

基本公式：

$$T_{A/B}=\frac{m_A}{V_B}=\frac{a}{b}\times c_B\times M_A\times10^{-3}$$

【例 3-8】 试计算 0.020 00 mol·L^{-1} $K_2Cr_2O_7$ 溶液对 Fe 和 Fe_2O_3 的滴定度。

解：$Cr_2O_7^{2-}+6Fe^{2+}+14H^+=2Cr^{3+}+6Fe^{3+}+7H_2O$

则

$$T_{\mathrm{Fe/K_2Cr_2O_7}} = 6c(\mathrm{K_2Cr_2O_7}) \times M(\mathrm{Fe}) \times 10^{-3}$$

$$= 6 \times 0.020\,00 \times 55.85 \times 10^{-3}$$

$$=0.006\,702 \text{ g/mL}$$

同理可得：

$$T_{\mathrm{Fe_2O_3/K_2Cr_2O_7}} = 3c(\mathrm{K_2Cr_2O_7}) \times M(\mathrm{Fe_2O_3}) \times 10^{-3}$$

$$= 3 \times 0.020\,00 \times 159.7 \times 10^{-3}$$

$$=0.009\,581 \text{ g/mL}$$

（三）待测物质含量的计算

基本公式：$w_A = \dfrac{a}{b} \times \dfrac{c_B \times V_B \times M_A}{m_S \times 1\,000} \times 100\%$

【例 3-9】 称取铁矿石试样 0.156 2 g，试样经分解后，经预处理使铁试样呈 Fe^{2+} 状态，用 0.012 14 mol/L $K_2Cr_2O_7$ 标准溶液滴定，消耗 $K_2Cr_2O_7$ 的体积 20.32 mL，计算试样中 Fe 的质量分数。若用 Fe_2O_3 表示，其质量分数又为多少？

解：

$$Cr_2O_7^{2-} + 6Fe^{2+} + 14H^+ = 2Cr^{3+} + 6Fe^{3+} + 7H_2O$$

$$\frac{n(\mathrm{Fe})}{n(\mathrm{K_2Cr_2O_7})} = 6$$

$$w(\mathrm{Fe}) = \frac{6c(\mathrm{K_2Cr_2O_7}) \times V(\mathrm{K_2Cr_2O_7}) \times M(\mathrm{Fe})}{m_S} \times 100\%$$

$$= \frac{6 \times 0.012\,14 \times 20.32 \times 55.85}{0.156\,2 \times 1\,000} \times 100\% = 52.92\%$$

$$w(\mathrm{Fe_2O_3}) = \frac{3 \times 0.012\,14 \times 20.32 \times 159.7}{0.156\,2 \times 1\,000} \times 100\% = 75.66\%$$

复习与思考题

1. 什么是滴定分析？它有什么特点？它的主要滴定方式有哪些？
2. 滴定分析法的分类有哪些？根据什么进行分类？
3. 用于滴定分析的化学反应必须符合哪些条件？

4. 化学计量点与滴定终点有什么区别？

5. 什么是终点误差？

6. 什么叫基准物质？作为基准物质必须具备什么条件？

7. 解释滴定度的概念。滴定度与物质的量浓度之间应如何进行换算？

8. 简述标准溶液的配制和标定方法。

9. 滴定分析的基准物质，为什么要有较大的摩尔质量？

10. 配制 1 mol • L^{-1} NaOH 溶液 5 000 mL，应称取多少克固体 NaOH？

11. 4.1800 g Na_2CO_3 溶于水配成 150.0 mL 溶液，计算 $c_{Na_2CO_3}$ 和 $c(\frac{1}{2}Na_2CO_3)$ 各为多少 mol • L^{-1}？

12. 称取基准物 Na_2CO_3 0.158 0 g，标定 HCl 溶液的浓度，消耗 V_{HCl} 24.80 mL，计算此 HCl 溶液的浓度为多少？

13. 计算下列溶液的滴定度，以 g • mL^{-1} 表示：

（1）0.2615 mol • L^{-1} HCl 溶液，用来测定 $Ba(OH)_2$ 和 $Ca(OH)_2$；

（2）0.1032 mol • L^{-1} NaOH 溶液，用来测定 H_2SO_4 和 CH_3COOH。

14. 采用 $KHC_2O_4 \cdot H_2C_2O_4 \cdot 2H_2O$ 基准物质 2.369 g，标定 NaOH 溶液时，消耗 NaOH 溶液的体积为 29.05 mL，计算 NaOH 溶液的浓度。

15. 应称取多少克邻苯二甲酸氢钾来配制 500 mL 0.100 0 mol • L^{-1} 的溶液？再准确移取上述溶液 25.00 mL 用于标定 NaOH 溶液，消耗 V_{NaOH} 24.84 mL，问 c_{NaOH} 应为多少？

16. 已知 H_2SO_4 质量分数为 96%，相对密度为 1.84，欲配制 0.5 L 0.10 mol • L^{-1} 的 H_2SO_4 溶液，试计算需多少毫升 H_2SO_4？

17. 分析不纯的碳酸钙（$CaCO_3$，其中不含干扰物质），称取试样 0.300 0 g，加入浓度为 0.250 0 mol •L^{-1} 的 HCl 标准溶液 25.00 mL，煮沸除去 CO_2，用 0.201 2 mol •L^{-1} 的 NaOH 溶液返滴定过量的 HCl 溶液，消耗 NaOH 溶液 5.84 mL，计算试样中 $CaCO_3$ 的质量分数。

18. 用硼砂（$Na_2B_4O_7 \cdot 10H_2O$）0.470 9 g 标定 HCl 溶液，滴定至化学计量点时，消耗 V_{HCl} 25.20 mL，求 c_{HCl} 为多少？

提示：$Na_2B_4O_7 \cdot 10H_2O + 2HCl = 4H_3BO_3 + 2NaCl + 5H_2O$

19. 称取大理石试样 0.230 3 g，溶于酸中，调节酸度后加入过量的$(NH_4)_2C_2O_4$ 溶液，使 Ca^{2+}沉淀为 CaC_2O_4。过滤、洗净，将沉淀于稀 H_2SO_4 中。溶解后的溶液用 $c(KMnO_4) = 0.020\ 12$ mol • L^{-1} 的 $KMnO_4$ 标准溶液滴定，消耗 22.30 mL，计算大理石中 $CaCO_3$ 的质量分数。

20. 测定氮肥中 N 的含量。称取试样 1.616 0 g，溶解后在 250 mL 容量瓶中定容，移取 25.00 mL，加入过量 NaOH 溶液，将产生的 NH_3 导入 40.00 mL，$c(H_2SO_4) =$

0.102 0 mol • L^{-1}的H_2SO_4标准溶液吸收，剩余的H_2SO_4需 17.00 mL 0.096 00 mol • L^{-1} NaOH 溶液中和。计算氮肥中 N 的质量分数。

21. 称取铁矿石试样 0.200 0 g，用 0.008 400 mol • L^{-1} $K_2Cr_2O_7$标准溶液滴定，到达终点时消耗$K_2Cr_2O_7$溶液 26.78 mL，计算Fe_2O_3的质量分数。

22. 称取铝盐试样 1.250 g，溶解后加 0.050 00 mol • L^{-1} EDTA 溶液 25.00 mL，在适当条件下反应后，调节溶液 pH 为 5 ~ 6，以二甲酚橙为指示剂，用 0.020 00 mol •L^{-1} Zn^{2+}标准溶液回滴过量的 EDTA，耗用Zn^{2+}溶液 21.50 mL，计算铝盐中铝的质量分数。

【阅读资料】

滴定分析法的发展历程

1729 年法国人日夫鲁瓦（C. J. Geoffroy）最早使用容量分析。他为测醋酸浓度，以碳酸钾为标准物，把醋酸一滴一滴地加到碳酸钾溶液中，一直加到不发生气泡为止。根据所消耗的碳酸钾的量的多少，衡量醋酸的相对浓度。容量分析法产生后，由于方法较简便，在 19 世纪前半叶获得迅速发展。19 世纪中叶的容量分析法主要是滴定法，最早出现的是沉淀滴定法，此后是氧化还原滴定法，配位滴定法创自于这一时期，但广泛使用则是 20 世纪有机合成工业化以后。酸碱滴定法由于找不到合适的指示剂，进展一直不大。直到 19 世纪 70 年代合成指示剂出现以后，才使酸碱滴定法得到了广泛应用。

现在人们把盖•吕萨克奉为滴定分析法的创始人。主要是由于他最先提出了沉淀滴定法，并且至今还在使用。另外他继承前人的分析成果，对滴定分析作了深入地研究，进一步发展了滴定分析法，特别是在提高准确度方面作出了贡献。

氧化还原滴定法中的碘量法在 19 世纪中叶已经具有了今天我们沿用的各种形式。1795 年法国人德克劳西以靛蓝的硫酸溶液滴定次氯酸，至溶液颜色变绿为止，成为最早的氧化还原滴定法。以后在 1826 年比拉狄厄（H. Billardiere）制得碘化钠，以淀粉为指示剂，用于次氯酸钙滴定，开创了碘量法的应用和研究。从此这种分析方法得到发展和完善。1853 年赫培尔报道了用高锰酸钾标准溶液滴定草酸。这一方法为以后一些直接和间接方法的建立打下了基础。

酸碱滴定改用滴定管，首推法国人德克劳西（H. Descroiziles）于 1786 年发明的“碱量计”，以后改进为滴定管。在 18 世纪末，酸碱滴定的基本形式和原则已经确定，但发展不快，直到 19 世纪 70 年代以后，有机合成化学以惊人的速度发展起来，其中尤以合成染料工业的兴起最引人注目。在这些合成染料中，很多化合物都能够起到指示剂的作用。第一个可供使用和真正获得成功的合成指示剂是酚酞，1877 年吕克（E.

Luck）首先提出在酸碱中和反应里使用酚酞做指示剂，第二年伦奇（G. Lunge）又提出在酸碱滴定中使用甲基橙。到了 1893 年，有论文记载的合成指示剂已经达到了 14 种之多。在人工合成指示剂出现以后，酸碱滴定法获得较大的应用价值，扩大了应用范围。

最早的配位滴定创自于 19 世纪中叶，用于测定银或氰化物，但由于缺乏合适的滴定剂和指示剂，发展不快。直到 1945 年，G. K. 施瓦岑巴赫和贝德曼相继发现紫脲酸胺和铬黑 T 可作为滴定钙和镁的指示剂，并提出金属指示剂的概念，才正式建立了配位滴定法。20 世纪有机合成工业发展后，配位滴定法得到广泛应用。

第四章

酸碱滴定法

【知识目标】

本章要求熟悉酸碱质子理论中的酸碱概念，熟悉酸碱缓冲溶液的缓冲范围及缓冲溶液的选择与配制，熟悉不同类型酸碱滴定过程中 pH 值变化规律；理解酸碱质子理论，理解酸碱平衡理论在酸碱滴定中的应用，理解酸碱指示剂的变色原理；掌握酸碱水溶液 pH 值的计算，掌握常用酸碱指示剂的变色范围和选择原则，掌握酸碱标准溶液的配制和标定方法；了解各类酸碱滴定曲线的特征；了解酸碱滴定法在实际中的应用。

【能力目标】

通过对本章的理论知识和实验技能学习，能熟练使用酸碱滴定管进行酸碱滴定操作，并能准确判断滴定终点；能较熟练地应用酸碱质子理论判断酸碱类别；能熟练计算各种不同酸碱溶液的 pH 值；能熟练配制和标定常用酸碱标准溶液；能确定缓冲溶液的缓冲范围，并能正确选择缓冲溶液；能计算酸碱滴定过程中溶液的 pH 值并能正确选择对应的酸碱指示剂；能运用酸碱滴定法知识来解决一些实际问题。

第一节　酸碱质子理论

一、酸碱质子理论

众所周知，根据酸碱电离理论，电解质离解时所生成的阳离子全部是 H^+ 的化合物是酸；离解时所生成的阴离子全部是 OH^- 的化合物是碱，例如：

酸：$HAc \rightleftharpoons H^+ + Ac^-$

碱：$NaOH = Na^+ + OH^-$

酸碱发生中和反应生成盐和水：

$$NaOH + HAc = NaAc + H_2O$$

但电离理论有一定的局限性，它只适用于水溶液，不适用于非水溶液。而且自由质子（H^+）在任何溶剂中几乎不存在，在水溶液中结合成水合质子 H_3O^+。另外也不能解释有的物质（如 NH_3 等）不含有 OH^-，但却具有碱性的事实。为了进一步认识酸碱反应的本质和便于对水溶液与非水溶液中的酸碱平衡问题统一加以考虑，在这里简单介绍酸碱质子理论。

（一）酸碱的定义

1923 年，布朗斯特（Brnsted）在酸碱电离理论的基础上，提出了酸碱质子理论。该理论保留了电离理论的完整性，接受了电离理论长期积累的数据和实验资料，在概念上更为广泛；溶剂不限于水，也适合非水溶剂。布朗斯特简单地定义为：凡是能给出质子（H^+）的物质是酸；凡是能接受质子（H^+）的物质是碱，它们之间的关系可用下式表示：

$$\text{酸} \rightleftharpoons \text{质子} + \text{碱}$$

例如：

$$HAc \rightleftharpoons H^+ + Ac^-$$

式中，HAc 是酸，它给出质子（H^+）后，剩下的（Ac^-）对于质子具有一定的亲和力，能接受质子，因而是一种碱。酸与碱的这种相互依存的关系叫做共轭关系。这种因一个质子的得失而相互转变的每一对酸碱，称为共轭酸碱对。因此酸碱也可以认为是同一种物质在质子得失过程中的不同状态。

共轭酸碱对可再举例如下：

$$HClO_4 \rightleftharpoons H^+ + ClO_4^-$$

$$HSO_4^- \rightleftharpoons H^+ + SO_4^{2-}$$

$$NH_4^+ \rightleftharpoons H^+ + NH_3$$

$$H_6Y^{2+} \rightleftharpoons H^+ + H_5Y^+$$

可见酸碱可以是阴离子、阳离子，也可以是中性分子。酸较其共轭碱多一个质子。

上面各个共轭酸碱对的质子得失反应，称为酸碱半反应。在酸碱半反应中，HB（酸）失去一个质子后，转化为它的共轭碱 B^-，B^-（碱）得到质子后转化为它的共轭酸（HB）。

（二）酸碱反应

由于质子的半径极小，电荷密度极高，它不可能在水溶液中独立存在（或者说只能瞬间存在），因此上述的各种酸碱半反应，只是一种概念的描述，实际上不能单独进行，而是酸给出质子必须有另一种接受质子的碱存在才能实现。例如：

HAc在水溶液中离解反应可表示如下：

酸的半反应1：　$HAc（酸_1） \rightleftharpoons Ac^-（碱_1）+ H^+$

碱的半反应2：　$H^+ + H_2O（碱_2） \rightleftharpoons H_3O^+（酸_2）$

总反应：　$HAc + H_2O \rightleftharpoons H_3O^+ + Ac^-$

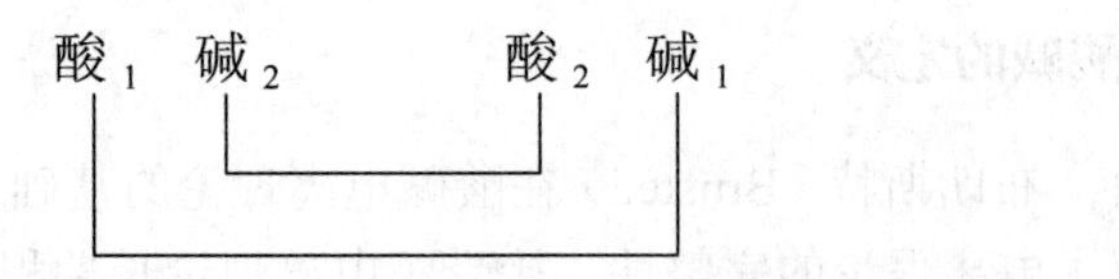

此处溶剂H_2O起着碱的作用，HAc给出质子得以实现，其结果是质子从HAc转移到H_2O，所以酸碱反应实际上是两对共轭酸碱对共同作用的结果，其实质是质子的转移。为书写方便，通常将H_3O^+写作H^+，以上反应式常简化为：

$$HAc \rightleftharpoons H^+ + Ac^-$$

注意：这一简化式代表的是一个完整的酸碱反应，不要把它看做是酸碱半反应，即不可忘记溶剂水所起的作用。

同样，碱在水溶液中接受质子的过程，也必须有溶剂水参加。

以NH_3为例：

碱的半反应1：　$H^+ + NH_3（碱_1） \rightleftharpoons NH_4^+（酸_1）$

酸的半反应2：　$H_2O（酸_2） \rightleftharpoons OH^-（碱_2）+ H^+$

总反应：　$NH_3 + H_2O \rightleftharpoons OH^- + NH_4^+$

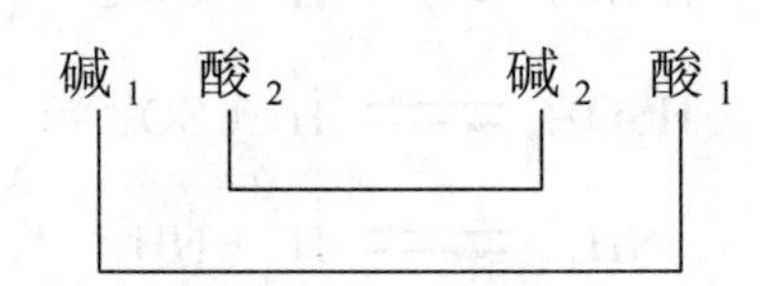

也是两个共轭酸碱对相互作用而达到平衡。在这个平衡中作为溶剂的水起了酸的作用。

根据质子理论，酸和碱的中和反应也是一种质子的转移过程。例如：

$$HCl + NH_3 \rightleftharpoons NH_4^+ + Cl^-$$

反应的结果是各反应物转化为它们各自的共轭酸或共轭碱，因此不存在“盐”这个概念。

按传统叫法称为“盐的水解”的反应，也是质子转移反应。例如：

$$NH_4^+ + H_2O \rightleftharpoons NH_3 + H_3O^+$$

$$Ac^- + H_2O \rightleftharpoons OH^- + HAc$$

实际上仍是弱碱（Ac^-）和弱酸（NH_4^+）在水中的离解，因此就不再提“盐的水解”了。

总之，各种酸碱反应过程都是质子转移过程，因此运用质子理论就可以找出各种酸碱反应的共同基本特征。

（三）水的质子自递反应

从以上的讨论可知，作为溶剂的水，既能给出质子起酸的作用，又能接受质子起水的作用，因此水实际上是一种两性物质，水分子之间也可以发生质子的传递反应：

$$\underset{\text{酸}_1}{H_2O} + \underset{\text{碱}_2}{H_2O} \rightleftharpoons \underset{\text{酸}_2}{H_3O^+} + \underset{\text{碱}_1}{OH^-}$$

这个酸碱反应称为水的质子自递反应，当反应达到平衡时

$$K = \frac{[H_3O^+][OH^-]}{[H_2O_{\text{酸}_1}][H_2O_{\text{碱}_2}]}$$

由于水微弱电离，离解度很小，故可将$[H_2O_{\text{酸}_1}]$和$[H_2O_{\text{碱}_2}]$看成常数，则

$$K\left[H_2O\right] = [H_3O^+][OH^-]$$

用K_w代表$K[H_2O]$，$[H_3O^+]$简写成$[H^+]$，则

$$K_w = [H^+][OH^-] \tag{4-1}$$

$$=1.00\times10^{-14}\text{（298 K）}$$

$$pK_w = 14.00$$

K_w称为水的质子自递常数，或称水的离子积常数。

K_w随温度的升高而增大，如 373 K 时，$K_w=1.00\times10^{-12}$。水的离子积不仅适用于纯水，也适用于所有稀的水溶液。

二、酸碱解离平衡及溶液 pH 值的计算

（一）酸碱解离平衡

1．酸和碱的离解常数

根据酸碱质子理论，酸（或碱）在水中的电离实际上是酸（或碱）和水之间的质子转移的酸碱反应：

$$HB + H_2O \rightleftharpoons H_3O^+ + B^-$$

平衡常数用 K_a 表示：

$$K_a = \frac{[H^+][B^-]}{[HB]} \tag{4-2}$$

K_a 常称为酸的解离常数，在一定温度下为一定值。

$$B^- + H_2O \rightleftharpoons HB + OH^-$$

平衡常数用 K_b 表示：

$$K_b = \frac{[HB][OH^-]}{[B^-]} \tag{4-3}$$

K_b 常称为碱的解离常数，在一定温度下为一定值。

2．水溶液中酸碱的强弱

在水溶液中，酸的强度取决于它将质子给予水分子的能力，而碱的强度则取决于它从水分子中夺取质子的能力。酸碱的强度通常用它们在水中的解离常数（K_a 或 K_b）的大小来衡量。

$$HCl + H_2O = H_3O^+ + Cl^- \qquad K_a \gg 1$$
$$HAc + H_2O \rightleftharpoons H_3O^+ + Ac^- \qquad K_a = 1.8\times10^{-5}$$
$$H_2S + H_2O \rightleftharpoons H_3O^+ + HS^- \qquad K_a = 1.3\times10^{-7}$$

解离常数愈大，说明反应愈完全，酸性或碱性就愈强。显然上述 3 种酸的强弱顺序为 $HCl > HAc > H_2S$。酸的 K_a 值愈大，其共轭碱的碱性愈弱（K_b 值愈小）。上述 3 种酸的共轭碱强弱顺序为 $HS^- > Ac^- > Cl^-$。

3．共轭酸碱对 K_a 与 K_b 的关系

既然共轭酸碱具有相互依存的关系，那么 K_a 与 K_b 之间也必然存在一定的关系。例如：

$$HAc + H_2O \rightleftharpoons H_3O^+ + Ac^- \quad K_a = \frac{[H^+][Ac^-]}{[HAc]} \tag{4-4}$$

HAc 共轭碱的离解常数 K_b 为：

$$Ac^- + H_2O \rightleftharpoons OH^- + HAc \quad K_b = \frac{[HAc][OH^-]}{[Ac^-]} \tag{4-5}$$

显然，共轭酸碱对 K_a 与 K_b 有下列关系（25℃）：

$$K_a \cdot K_b = [H^+][OH^-] = K_w = 1.0\times10^{-14}$$

或

$$pK_a + pK_b = pK_w$$

因此，对于共轭酸碱对来说，如果酸的酸性越强，则其对应碱的碱性越弱；反之，酸的酸性越弱，则其对应碱的碱性越强。

（二）溶液 pH 值的计算

酸碱滴定的过程，也就是溶液 pH 值不断变化的过程。为揭示滴定过程中溶液 pH 值的变化规律，首先要学习几类典型酸碱溶液 pH 值的计算方法。在使用近似值公式或最简式进行计算时，必须注意有关公式的应用条件，这样才能保证计算结果的准确度（按本书所列应用条件使用各类近似公式计算溶液 pH 值时，由此引入的误差一般小于 5%）。

基本公式：
$$pH = -\lg[H^+] \tag{4-6}$$

溶液的酸碱性也可用 pOH 表示：
$$pOH = -\lg[OH^-] \tag{4-7}$$

又因为
$$K_w = [H^+][OH^-] = 1.0\times10^{-14}$$

所以
$$pK_w = pH + pOH = 14 \tag{4-8}$$

1．强酸强碱溶液

强酸（强碱）在溶液中全部解离，只要强酸（强碱）的浓度不是很低（$c \geqslant 10^{-6}$ mol·L^{-1}），可忽略水的解离，溶液的酸（碱）度由强酸（强碱）的解离决定。

例如室温时，0.01 mol·L^{-1} HCl 溶液，其$[H^+]$ = 0.01 mol·L^{-1}，

$$pH=-\lg[H^+]=-\lg 0.01=2.0$$

而 0.01 mol·L^{-1} NaOH 溶液，其$[OH^-]$=0.01 mol·L^{-1}，

则
$$[H^+]=\frac{K_w}{[OH^-]}=\frac{1.0\times10^{-14}}{0.01}=1.0\times10^{-12}，pH=12.0$$

或
$$pOH=-\lg[OH^-]=-\lg 0.01=2.0$$
$$pH=pK_w-pOH=14-2.0=12.0$$

2．一元弱酸、弱碱溶液

设弱酸 HB 的浓度为 c（mol·L^{-1}），它在溶液中有下列解离平衡：

$$HB \rightleftharpoons H^+ + B^-$$

解离达平衡时，平衡浓度分别为$[H^+]$、$[B^-]$和$[HB]$。同时溶液中还存在水的解离平衡：

$$H_2O \rightleftharpoons H^+ + OH^-$$

对于浓度不是太稀和强度不是太弱的弱酸溶液，可忽略水本身解离的影响（判

别条件$cK_a \geqslant 20K_w$），溶液中$[H^+]$由弱酸的解离决定。

由一元弱酸解离平衡知

$$[H^+]=[B^-]$$

$$[HB]=c-[B^-]=c-[H^+]$$

$$K_a=\frac{[H^+][B^-]}{[HB]}=\frac{[H^+]^2}{c-[H^+]}$$

整理 $$[H^+]^2+K_a[H^+]-K_ac=0$$

$$[H^+]=\frac{-K_a+\sqrt{K_a^2+4K_ac}}{2} \tag{4-9}$$

式（4-9）是计算一元弱酸溶液中$[H^+]$的近似公式，应用条件为：$cK_a \geqslant 20K_w$时忽略水的解离，但$c/K_a<500$时需考虑弱酸的解离对弱酸平衡浓度的影响。

若平衡时溶液中$[H^+]$的浓度远小于弱酸的原始浓度，则：

$[HB]=c-[H^+]\approx c$（忽略弱酸的解离对弱酸平衡浓度的影响）

此时

$$\frac{[H^+][B^-]}{[HB]}=\frac{[H^+]^2}{c}=K_a$$

$$[H^+]=\sqrt{K_ac} \tag{4-10}$$

式（4-10）是计算一元弱酸溶液中$[H^+]$浓度的最简公式，当$cK_a \geqslant 20K_w$，而且$c/K_a \geqslant 500$时，即可采用最简公式进行计算。

【例 4-1】 计算溶液 0.10 mol·L^{-1} HAc 溶液的 pH 值。

解：已知$K_a=1.80\times10^{-5}$，$c_{HAc}=0.10$ mol·L^{-1}

则$cK_a>20K_w$，$c/K_a>500$，故采用最简公式（4-10）计算

$$[H^+]=\sqrt{K_ac}=\sqrt{1.80\times10^{-5}\times0.10}=1.3\times10^{-3}\ \text{mol}\cdot\text{L}^{-1}$$

$$\text{pH}=2.89$$

【例 4-2】 有一弱酸，其浓度为 0.001 0 mol·L^{-1}，$K_a=1.0\times10^{-4}$，计算溶液的 pH 值。

解：已知$c=0.001\ 0$ mol·L^{-1}，$K_a=1.0\times10^{-4}$

则$cK_a>20K_w$，$c/K_a<500$，应用近似公式（4-9）计算，求得

$$[H^+]=\frac{-K_a+\sqrt{K_a^2+4K_ac}}{2}=2.7\times10^{-4}\ \text{mol}\cdot\text{L}^{-1}$$

$$pH=3.57$$

若采用最简公式（4-10）计算：

$$[H^+]=\sqrt{K_a c}=3.16\times10^{-4}\ mol \cdot L^{-1}$$

用最简公式计算所得结果的相对误差为：

$$\frac{3.16\times10^{-4}-2.70\times10^{-4}}{2.7\times10^{-4}}\times100\%=13\%$$

显然，此弱酸的酸度不应该用最简公式计算。

同理，可推导出一元弱碱溶液中 OH^-浓度的计算公式。

设弱碱的浓度为 $c\ mol \cdot L^{-1}$，

近似式：

$$[OH^-]=\frac{-K_b+\sqrt{K_b^{\ 2}+4K_b c}}{2}\quad（应用条件\ cK_b \geqslant 20K_w，c/K_b<500）\qquad（4-11）$$

最简式：

$$[OH^-]=\sqrt{K_b c}\quad（应用条件\ cK_b \geqslant 20K_w，c/K_b \geqslant 500）\qquad（4-12）$$

3．多元弱酸、弱碱溶液

多元弱酸（碱）在溶液中是分步解离的，现以 $c\ mol \cdot L^{-1}$ 的二元弱酸 H_2B 为例，它在溶液中解离如下：

$$H_2B \rightleftharpoons H^+ + HB^- \qquad K_{a_1}=\frac{[H^+][HB^-]}{[H_2B]} \qquad（4-13）$$

$$HB^- \rightleftharpoons H^+ + B^{2-} \qquad K_{a_2}=\frac{[H^+][B^{2-}]}{[HB^-]} \qquad（4-14）$$

若 $K_{a_1}/K_{a_2} \geqslant 10^2$，可认为溶液中 H^+浓度主要来自 H_2B 的第一级解离，忽略第二级解离的 H^+，则此二元弱酸可按一元弱酸处理：

当 $cK_{a_1} \geqslant 20K_w$，$c/K_{a_1} \geqslant 500$ 时，则

$$[H^+]=\sqrt{K_{a_1} c} \qquad（4-15）$$

当 $cK_{a_1} \geqslant 20K_w$，$c/K_{a_1} < 500$ 时，则

$$[H^+]=\frac{-K_{a_1}+\sqrt{K_{a_1}^{\ 2}+4K_{a_1} c}}{2} \qquad（4-16）$$

同理，二元以上酸也按上述办法处理。

【例 4-3】 室温时，H_2CO_3 的饱和溶液的浓度约为 $0.050\ mol \cdot L^{-1}$，计算溶液

的 pH 值。

解：已知 K_{a_1}=4.2×10^{-7}，K_{a_2}=5.6×10^{-11}，$K_{a_1} \gg K_{a_2}$，可按一元弱酸处理：

$cK_{a_1} > 20K_w$，$\dfrac{c}{K_{a_1}} = \dfrac{0.050}{4.2\times10^{-7}} > 500$，故采用最简式（4-15）计算

$$[H^+]=\sqrt{K_{a_1}c}=\sqrt{0.050\times4.2\times10^{-7}}=3.0\times10^{-4}\ mol \cdot L^{-1}$$

$$pH=3.52$$

多元碱的处理方法与多元酸的处理方法相同。例如二元弱碱，若 $K_{b_1} \gg K_{b_2}$，$cK_{b_1} \geqslant 20K_w$，$c/K_{b_1} \geqslant 500$，就可采用最简式计算溶液中 OH^-的浓度：

$$[OH^-]=\sqrt{K_{b_1}c} \tag{4-17}$$

三、缓冲溶液

在化学分析工作中，有些反应需要在一定的 pH 值范围内进行。将反应调整到需要的 pH 值较为容易。若反应中需要维持溶液的 pH 恒定，则需要用到缓冲溶液。缓冲溶液指能对抗外来少量酸或碱，而本身 pH 值几乎不变的溶液。它能对溶液的酸度起稳定作用，它的酸度不因外加少量的酸或碱或反应中产生的少量酸或碱而显著变化，也不因稀释而发生显著变化。

缓冲溶液就其作用而言，可以分为两类。一类是用于控制溶液酸度的一般酸碱缓冲溶液，它们大多是由浓度较大的弱酸及其共轭碱（如 HAc-NaAc）或由浓度较大的弱碱及其共轭酸（如 $NH_3 \cdot H_2O$-NH_4Cl）组成。这种类型的缓冲溶液除了具有抗外加适量强酸、强碱的作用外，还有抗稀释的作用。在高浓度的强酸或强碱溶液中，由于 H^+和 OH^-的浓度本来就很高，外加少量酸或碱不会对溶液的酸度产生太大的影响，因此强酸（pH＜2）、强碱（pH＞12）也可作缓冲溶液，但这类缓冲溶液不具有抗稀释作用。另一类是酸碱标准缓冲溶液，它们是由规定浓度的某些逐级解离常数相差较小的单一两性物质（如酒石酸氢钾等），或由不同型体的两性物质所组成（如 $H_2PO_4^-$和 HPO_4^{2-}等）。标准缓冲溶液的 pH 值是在一定温度下通过实验测定的，标准缓冲溶液用做测量溶液 pH 值时的参照溶液。

（一）缓冲作用原理

现以 HAc-NaAc 缓冲体系为例说明其作用原理，它们在水溶液中按下式反应进行：

$$HAc \rightleftharpoons H^+ + Ac^-$$

$$NaAc \longrightarrow Na^+ + Ac^-$$

该缓冲体系的主要成分是 HAc 和 Ac^-。

当向此溶液中加少量强酸如 HCl 时，加入的 H^+与溶液中主要成分 Ac^-反应生成难解离的 HAc，使 HAc 的解离平衡向左移动，溶液中［H^+］增加极少，即 pH 值改变不显著，Ac^-称为抗酸成分。

$$NaAc \longrightarrow \boxed{Ac^-} + Na^+$$
$$HCl \longrightarrow \boxed{H^+} + Cl^-$$
$$\Downarrow$$
$$HAc$$

当向此溶液中加少量强碱如 NaOH 时，加入的 OH^-与溶液中 H^+反应生成 H_2O，促使 HAc 继续解离，平衡向右移动，溶液中［H^+］降低也不多，pH 值没有明显变化，称 HAc 为抗碱成分。

$$HAc \rightleftharpoons \boxed{H^+} + Ac^-$$
$$NaOH \longrightarrow \boxed{OH^-} + Na^+$$
$$\Downarrow$$
$$H_2O$$

如果将溶液适当稀释，HAc 和 Ac^-的浓度都相应降低，使 HAc 的解离度相应增大，将在一定程度上抵消因溶液稀释而引起的［H^+］下降，因此［H^+］或 pH 值变化仍然很小。

由上述可知，缓冲溶液有备而不用的酸和备而不用的碱，即抗酸成分和抗碱成分，当遇到外加少量酸或碱，仅仅造成了弱电解质的解离平衡的移动，实现了抗酸抗碱成分的互变，借此控制溶液的［H^+］。

（二）缓冲溶液的 pH 值计算

对于弱酸及其共轭碱，如 HA-A^-组成的缓冲溶液，存在着下列解离平衡：

$$HA \rightleftharpoons H^+ + A^-$$

$$K_a = \frac{[H^+][A^-]}{[HA]} \qquad [H^+] = K_a\frac{[HA]}{[A^-]}$$

如果弱酸的浓度为 c_{HA}，共轭碱的浓度为 c_{A^-}，由于缓冲剂的浓度较大，通常可以认为[HA]≈c_{HA}，[A^-]≈c_{A^-}，因此，常用的最简式为：

$$[H^+] = K_a\frac{c_{HA}}{c_{A^-}}$$

$$pH = pK_a - \lg\frac{c_{HA}}{c_{A^-}}$$

即

$$pH = pK_a - \lg\frac{c_{酸}}{c_{盐}} \quad (4\text{-}18)$$

同理可推导出弱碱及其共轭酸：

$$pOH = pK_b - \lg\frac{c_{碱}}{c_{盐}} \quad (4\text{-}19)$$

【例 4-4】 计算 0.10 mol · L^{-1} NH_4Cl 和 0.20 mol · L^{-1} $NH_3 \cdot H_2O$ 缓冲溶液的 pH 值。

解：已知 $NH_3 \cdot H_2O$ 的 $K_b=1.8\times10^{-5}$，$c_{NH_4^+}$和 c_{NH_3} 均为较大，故采用式（4-19）计算，求得

$$pOH = pK_b - \lg\frac{c_{NH_3}}{c_{NH_4^+}} = 4.74 - \lg\frac{0.20}{0.10} = 4.44 \quad (4\text{-}20)$$

$$pH = pK_w - pOH = 14.00 - 4.44 = 9.56$$

【例 4-5】 0.800 mol · L^{-1} HAc 及 0.400 mol · L^{-1} NaAc 组成缓冲溶液，计算溶液的 pH 值。若向 1 L 此缓冲溶液中加入 0.40 mol · L^{-1} HCl 10 mL，计算 pH 的变化。

解：$pH = pK_a - \lg\frac{c_{HAc}}{c_{NaAc}} = 4.74 - \lg\frac{0.800}{0.400} = 4.44$

加入 10 mL 0.4 mol · L^{-1} HCl 后，新生成的 $n_{HAc}=0.400\times0.01=0.004$ mol

$$c_{HAc} = \frac{0.800 + 0.004}{1 + 0.01} = 0.796\ \text{mol} \cdot L^{-1}$$

$$c_{NaAc} = \frac{0.400 - 0.004}{1 + 0.01} = 0.392\ \text{mol} \cdot L^{-1}$$

$$pH = 4.47 - \lg\frac{0.796}{0.392} = 4.43$$

$$\Delta pH = 0.01$$

从计算实例可以看出：缓冲溶液的 pH 值与组成缓冲溶液的弱酸或弱碱的解离常数有关，也与弱酸及其共轭碱或弱碱及其共轭酸的浓度比有关。由于浓度比的对数值相对于 pK_a 或 pK_b 来说是一个较小的数值，所以缓冲溶液的 pH 值主要由 pK_a 或 pK_b 决定。

对于同一缓冲溶液，pK_a 或 pK_b 为常数，溶液的 pH 值随溶液的浓度比改变而改变。因此适当地改变浓度比值，就可以在一定范围内配制不同 pH 值的缓冲溶液。

（三）缓冲范围及缓冲溶液的选择

当向缓冲溶液加入少量强酸或强碱或将其稍加稀释时，溶液的 pH 值基本保持不变。但是，继续加入强酸或强碱，缓冲溶液对酸或碱的抵抗能力就会减小，甚至失去缓冲作用。可见，一切缓冲溶液的缓冲作用都是有限度的。就每一种缓冲溶液而言，只能加入一定量的酸或碱，才能保持溶液的 pH 值基本不变。因此每种缓冲溶液只具有一定的缓冲能力。

缓冲容量是衡量缓冲溶液缓冲能力大小的尺度，它的物理意义是使 1 L 缓冲溶液的值增加 1 个单位时所需加入强碱的物质的量，或使 1 L 溶液的 pH 值减少一个单位时所需要加入强酸的物质的量。

缓冲溶液的缓冲容量越大，其缓冲能力就越强。缓冲容量的大小与缓冲组分的总浓度及其比值有关，当缓冲组分浓度比一定时，总浓度越大，缓冲容量就越大，所以过度的稀释将导致缓冲溶液的缓冲能力显著降低。而当缓冲组分总浓度比一定时，缓冲组分的浓度比越接近 1，缓冲容量就越大。缓冲组分总浓度一定时，缓冲组分浓度比离 1 越远，缓冲容量越小，甚至可能失去缓冲作用，因此缓冲溶液的缓冲作用都有一个有效的 pH 值范围。在实际应用中，常用缓冲组分的浓度比为 $\frac{1}{10}$～10 作为缓冲溶液 pH 值的缓冲范围，因而缓冲溶液 pH 值的缓冲范围为：

$$pH = pK_a \pm 1 \tag{4-21}$$

对于碱式缓冲溶液，缓冲范围则为：

$$pH = 14 - (pK_b \pm 1) \tag{4-22}$$

例如，HAc-NaAc 缓冲体系，pK_a=4.74，其缓冲为 pH=3.74～5.74；又如 NH_3-NH_4Cl 缓冲体系，pK_b=4.74，其缓冲范围为 pH=8.26～10.26。

分析化学中用于控制溶液酸度的缓冲溶液很多，通常根据实际情况选择不同的缓冲溶液。缓冲溶液的选择原则是：

（1）缓冲溶液对测定过程应没有干扰；

（2）缓冲溶液应具有足够的缓冲容量，通常缓冲组分的浓度一般在 0.01～1.0 mol・L^{-1}，以满足实际工作的需要；

（3）所需控制的 pH 值应在缓冲溶液的缓冲范围之内。如果缓冲溶液是由弱酸及其共轭碱组成，则 pK_a 值应尽量与所控制的 pH 值一致，即 pH≈pK_a；如果缓冲溶液是由弱碱及其共轭酸组成，则 pK_b 应尽量与所控制的 pOH 值一致，即 pOH≈pK_b。

一般来讲：

pH 值为 0～2，用强酸控制酸度；

pH 值为 2～12，用弱酸及其共轭碱或弱碱及其共轭酸组成的缓冲溶液来控制酸度。

pH 值为 12～14，用强碱控制酸度。

例如，若要控制溶液的酸度在 pH=5 左右，可以选择 HAc-NaAc 缓冲溶液；亦可选择$(CH_2)_6N_4$-HCl 体系。若需要 pH=9.5 左右的缓冲溶液时，可选择 NH_3-NH_4Cl 体系。

（四）标准缓冲溶液

标准缓冲溶液的 pH 值是在一定温度下经过实验测得的 H^+的负对数。当使用酸度计测量溶液的 pH 值时，选取与被测溶液 pH 值范围接近的标准缓冲溶液来校正仪器，可以提高测量的准确度，同时还必须注意测量时的温度。几种常用的标准缓冲溶液列于表 4-1 中。

表 4-1 几种常用的标准缓冲溶液

标准缓冲溶液	pH 值（实验值 298 K）
饱和酒石酸氢钾（0.034 mol・L^{-1}）	3.56
0.050 mol・L^{-1} 邻苯二甲酸氢钾	4.01
0.025 mol・L^{-1} KH_2PO_4－0.025 mol・L^{-1} Na_2HPO_4	6.86
0.010 mol・L^{-1} 硼砂	9.18

第二节 酸碱指示剂

能够利用其本身颜色的改变来指示溶液 pH 值变化的物质，称为酸碱指示剂。酸碱滴定过程中，一般没有明显的外观变化，常借助酸碱指示剂颜色的变化来指示终点。

一、指示剂的作用原理

常用的酸碱指示剂一般都是有机弱酸或有机弱碱。它们的酸式（或碱式）和共轭碱式（或共轭酸式）具有不同的结构，不同的颜色，当溶液 pH 值发生改变时，指示剂失去质子由酸式变为共轭碱式，或者得到质子由碱式变为共轭酸式，从而引起颜色变化，这种变化是可逆的。

现以甲基橙为例，说明指示剂的变色原理。设 HIn 为甲基橙的酸式，呈红色；In^-为碱式，呈黄色。在溶液中有如下平衡；

$$\underset{\text{酸式色}}{\mathrm{HIn}} \rightleftharpoons \underset{\text{碱式色}}{\mathrm{H^+ + In^-}}$$

当溶液 H^+浓度增加时，平衡向左移动，溶液由黄色变成红色；反之，当加入碱时，OH^-与 H^+结合生成 H_2O，使平衡向右移动，此时，溶液由红色变成黄色。由此可见，酸碱指示剂的变色与指示剂本身的结构和溶液 pH 的改变有关。酸碱指示剂变色的内因是指示剂本身结构的变化；外因则是溶液 pH 的变化。

用 K_{HIn} 表示指示剂的离解常数，在溶液达到平衡时则有：

$$K_{\mathrm{HIn}} = \frac{[\mathrm{H^+}][\mathrm{In^-}]}{[\mathrm{HIn}]}$$

$$\frac{[\mathrm{In^-}]}{[\mathrm{HIn}]} = \frac{K_{\mathrm{HIn}}}{[\mathrm{H^+}]}$$

由此可见，比值 $\frac{[\mathrm{In^-}]}{[\mathrm{HIn}]}$ 是 H^+浓度的函数，在 pH 值较小的溶液中，[HIn]多，所以呈红色；在 pH 值较大的溶液中，$[In^-]$多，所以呈黄色，因此$[In^-]$与[HIn]之比代表了溶液的颜色，即溶液 pH 值的任何改变都能影响[HIn]与$[In^-]$的比值，指示剂颜色也相应发生变化。

当$[In^-]$=[HIn]时，$[\mathrm{H^+}] = K_{\mathrm{HIn}}$，这时溶液的 pH 值就是指示剂的理论变色点。

甲基橙的酸式和碱式均有颜色而称为双色指示剂。又如酚酞（PP），在酸性溶液中无色，在碱性溶液中转化为醌式后显红色，但在浓碱溶液中它会转变成无色的羧酸盐式。类似酚酞，在酸式或碱式型体中仅有一种型体具有颜色的指示剂，称为单色指示剂。

二、酸碱指示剂的变色范围

配制一系列不同 pH 值的缓冲溶液，各加入 1 滴甲基橙指示剂，用肉眼观察可以得出如下结论：

pH＜3.1 时溶液呈红色；

pH＞4.4 时溶液呈黄色；

pH 在 3.1～4.4 的溶液呈不同程度的橙色。

我们把甲基橙只在 pH 值为 3.1～4.4 区间发生的颜色改变，称为指示剂的变色范围。

一般来说，当两种颜色混合存在时，肉眼只有当一种颜色的浓度大于另一种颜色的浓度 10 倍以上时，才能观察出其中较浓的那种颜色。

$$\frac{[\mathrm{In}^-]}{[\mathrm{HIn}]}=\cdots \quad \frac{1}{20} \quad \cdots \quad \frac{1}{11} \;\Big|\; \frac{1}{10} \quad \cdots \quad 10 \;\Big|\; \frac{11}{1} \quad \cdots \quad \frac{20}{1}\cdots$$

纯酸式色 | 混合色 | 纯碱式色

可见，我们只能在一定浓度比范围内看到指示剂的颜色变化，这一范围就是由：

$$\frac{[\mathrm{In}^-]}{[\mathrm{HIn}]}=\frac{1}{10} \quad 到 \quad \frac{[\mathrm{In}^-]}{[\mathrm{HIn}]}=10$$

如果用溶液的 pH 值表示：

$$\frac{[\mathrm{In}^-]}{[\mathrm{HIn}]}=\frac{K_{\mathrm{HIn}}}{[\mathrm{H}^+]}\leqslant\frac{1}{10}；[\mathrm{H}^+]\geqslant 10K_{\mathrm{HIn}}；\mathrm{pH}\leqslant \mathrm{p}K_{\mathrm{HIn}}-1$$

$$\frac{[\mathrm{In}^-]}{[\mathrm{HIn}]}=\frac{K_{\mathrm{HIn}}}{[\mathrm{H}^+]}\geqslant 10；[\mathrm{H}^+]\leqslant\frac{1}{10}K_{\mathrm{HIn}}；\mathrm{pH}\geqslant \mathrm{p}K_{\mathrm{HIn}}+1$$

指示剂的变色范围即是 $\mathrm{pH}=\mathrm{p}K_{\mathrm{HIn}}\pm1$，也就是说 pH 值在 $\mathrm{p}K_{\mathrm{HIn}}+1$ 以上时，溶液只显示指示剂碱式色，再加碱，就看不到变化了。同样 pH 值在 $\mathrm{p}K_{\mathrm{HIn}}-1$ 以下时，溶液只显示酸式色。只有 pH 在 $\mathrm{p}K_{\mathrm{HIn}}-1\sim\mathrm{p}K_{\mathrm{HIn}}+1$，我们才能看到指示剂的颜色变化情况。这种可以看到指示剂颜色变化的 pH 值间隔叫做指示剂的变色范围。根据以上推算，指示剂的变色范围是 2 个 pH 单位。那为什么实验测得的甲基橙的变色范围在 pH 3.1～4.4，只有 1.3 个 pH 单位呢？这主要是人的眼睛对混合色调中两种颜色的敏锐程度不同形成的。下面的计算可帮助我们更好地理解这个问题。

当 pH=3.1 时，$[\mathrm{H}^+]=8\times10^{-4}\ \mathrm{mol\cdot L^{-1}}$

则甲基橙 $\mathrm{p}K_{\mathrm{HIn}}=3.1$，$K_{\mathrm{HIn}}=4\times10^{-4}$

$$\frac{[\mathrm{In}^-]}{[\mathrm{HIn}]}=\frac{K_{\mathrm{HIn}}}{[\mathrm{H}^+]}=\frac{4\times10^{-4}}{8\times10^{-4}}=\frac{1}{2}$$

当 pH=4.4 时，$[\mathrm{H}^+]=4\times10^{-5}\ \mathrm{mol\cdot L^{-1}}$

则

$$\frac{[\mathrm{In}^-]}{[\mathrm{HIn}]}=\frac{K_{\mathrm{HIn}}}{[\mathrm{H}^+]}=\frac{4\times10^{-4}}{4\times10^{-5}}=10$$

上述计算表明，甲基橙的酸式色的浓度大于碱式色 2 倍时，就能看到纯酸式色（即红色），而要看到纯碱式色（即黄色）则甲基橙的碱式色浓度必须是酸式色浓度 10 倍以上。这是由于人的眼睛对红色特别敏感的缘故，也就是说在黄色中分辨红色容易，而要在红色中分辨黄色较困难。一般地在浅色中分辨深色较易，而在深色中分辨浅色较难，所以甲基橙的变色范围在酸式端就窄一些。

在实际应用时，指示剂的变色范围越窄越好，这样在酸碱反应到达等当点时，pH 微有变化，指示剂可立即由一种颜色变到另一种颜色。

综上所述，可以得出如下结论：（1）指示剂的变色范围不是恰好位于 pH 值为 7

的左右，而是随着各种指示剂常数值 K_{HIn} 的不同而不同；（2）各种指示剂在变色范围内显示逐渐变化的过渡颜色；（3）各种指示剂的变色范围值的幅度各不相同，但一般来说，不大于两个 pH 值单位，也不小于 1 个 pH 值单位。

三、影响指示剂变色范围的因素

1．指示剂本身性质

指示剂在不同溶液中其解离常数是不同的，其变色范围也不同。如甲基橙在水溶液中 $pK_a=3.4$，而在甲醛中则为 $pK_a=3.8$。

2．指示剂的用量

指示剂用量过多（或浓度过高）会使终点颜色变化不明显，而且指示剂本身也会多消耗一些滴定剂，从而带来误差，因此在不影响指示剂变色灵敏度的条件下，一般以用量少一点为佳。另外指示剂用量多少会影响单色指示剂的变色范围，如酚酞，它的酸式无色，碱式红色。设实验者能观察出红色形式酚酞的最低浓度为 c_0 人们就能据此判断滴定终点，而这一最低浓度应该是一定的。又假设指示剂的总浓度为 c，由指示剂的离解平衡式可以看出：

$$\frac{K_a}{[H^+]}=\frac{[In^-]}{[HIn]}=\frac{c_0}{c-c_0}$$

如果 c 增大了，因为 K_a、c_0 都是定值，所以 H^+浓度就会相应地增大。也就是说，指示剂会在较低的 pH 值时变色。如在 50～100 mL 溶液中加 2～3 滴 0.1%酚酞，pH≈9 时出现微红，而在同样情况下加 10 滴酚酞，则在 pH≈8 时出现微红。

3．温度

温度的改变会引起指示剂的解离常数的变化，因此指示剂的变色范围也随之变动。例如在 18℃，甲基橙的变色范围 3.1～4.4；而在 100℃，则为 2.5～3.7。一般酸碱滴定都在室温下进行，若有必要加热煮沸，也须在溶液冷却后再滴定。

4．滴定顺序

为了达到更好的观测效果，在滴定时，应根据指示剂的颜色变化及肉眼对各种颜色的敏感度的差别来确定滴定顺序。例如酚酞由酸式无色变为碱式红色，颜色变化十分明显，易于辨别，因此比较适宜在强碱做滴定剂时使用。同理，若采用甲基橙或甲基红做指示剂，由于碱式黄色变成酸式红色，颜色变化易于观察，终点颜色变化明显，因此，用强酸滴定强碱时，采用甲基橙较适宜。

四、混合指示剂

表 4-2 列出的都是单一指示剂，其变色范围一般都比较宽。在某些酸碱滴定中，为了达到一定的准确度，需要将滴定终点限制在很窄的 pH 值范围内（如对弱酸、

弱碱的滴定），这时可采用混合指示剂。混合指示剂利用了颜色之间的互补作用，具有很窄的变色范围，且变色更加敏锐。

表 4-2 常用酸碱指示剂及其变色范围

指示剂	pH 值变色范围	颜色		pK_{HIn}	浓 度
		酸色	碱色		
百里酚蓝（第一次变色）	1.2～2.8	红	黄	1.6	0.1%（20%乙醇溶液）
甲基黄	2.9～4.0	红	黄	3.3	0.1%（90%乙醇溶液）
甲基橙	3.1～4.4	红	黄	3.4	0.05%水溶液
溴酚蓝	3.1～4.6	黄	紫	4.1	0.1%（20%乙醇溶液），或指示剂钠盐的水溶液
溴甲酚绿	3.8～5.4	黄	蓝	4.9	0.1%水溶液，每 100 mg 指示剂加 0.05 $mol \cdot L^{-1}$ NaOH 2.9 mL
甲基红	4.4～6.2	红	黄	5.2	0.1%（60%乙醇溶液），或指示剂钠盐的水溶液
溴百里酚蓝	6.0～7.6	黄	蓝	7.3	0.1%（20%乙醇溶液），或指示剂钠盐的水溶液
中性红	6.8～8.0	红	黄橙	7.4	0.1%（60%乙醇溶液）
酚红	6.7～8.4	黄	红	8.0	0.1%（60%乙醇溶液），或指示剂钠盐的水溶液
酚酞	8.0～10.0	无	红	9.1	0.1%（90%乙醇溶液）
百里酚蓝（第二次变色）	8.0～9.6	黄	蓝	8.9	0.1%（20%乙醇溶液）
百里酚酞	9.4～10.6	无	蓝	10.0	0.1%（90%乙醇溶液）

混合指示剂有两类。一类是同时使用两种（或多种）pK_a 值比较接近的指示剂，按一定比例混合使用，例如，0.1%溴甲酚绿乙醇溶液（pK_a =4.9）和 0.2%甲基红乙醇溶液（pK_a =5.2）组成的混合指示剂（3∶1），其颜色随溶液 pH 值变色的情况如下：

溶液的酸度	溴甲酚绿	甲基红	溴甲酚绿+甲基红
pH＜4.0	黄	红	酒红
pH=5.1	绿	橙	灰
pH＞6.2	蓝	黄	绿

pH=5.1 时，溴甲酚绿的绿色和甲基红的橙色相互叠合，溶液呈灰色（近乎无色），色调变化极为敏锐。另一类混合指示剂是由指示剂与惰性染料（其颜色不随溶液中 H^+浓度变化而变化）组成的。例如，甲基橙（0.1%）和靛蓝二磺酸钠（0.25%）组成的混合指示剂（1∶1），靛蓝二磺酸钠在滴定过程中不变色（蓝色），只作为甲基橙变色的背景。该混合指示剂随溶液 pH 值的改变而发生如下颜色变化：

溶液的酸度	甲基橙	甲基橙+靛蓝二磺酸钠
pH≥4.4	黄	绿色

pH=4.0　　　　橙　　　　　　灰色

pH≤3.1　　　　红　　　　　　紫色

可见此混合指示剂由绿色（紫色）变化为紫色（绿色），中间为近乎无色的灰色，颜色变化明显，变色范围窄，表 4-3 是常用混合指示剂。

在配制混合指示剂时，应严格控制两种组分的比例，否则颜色变化将不显著。

表 4-3　常用混合指示剂

指示剂组成	配制比例	变色点	颜色		备注
			酸色	碱色	
1 g·L^{-1} 甲基黄溶液 1 g·L^{-1} 次甲基蓝酒精溶液	1∶1	3.25	蓝紫	绿	pH=3.4 绿色 pH =3.2 蓝紫色
1 g·L^{-1} 甲基橙水溶液 2 g·L^{-1} 靛蓝二磺酸水溶液	1∶1	4.1	紫	黄绿	
1 g·L^{-1} 溴甲酚绿酒精溶液 1 g·L^{-1} 甲基红酒精溶液	3∶1	5.1	酒红	绿	
1 g·L^{-1} 甲基红酒精溶液 1 g·L^{-1} 次甲基蓝酒精溶液	2∶1	5.4	红紫	绿	pH =5.2 红紫，pH =5.4 暗蓝 pH =5.6 紫
1 g·L^{-1} 溴甲酚绿钠盐水溶液 1 g·L^{-1} 氯酚红钠盐水溶液	1∶1	6.1	黄绿	蓝紫	pH=5.4 蓝绿，pH=5.4 暗蓝 pH=6.0 蓝带紫，pH=6.2 蓝紫
1 g·L^{-1} 中性红酒精溶液 1 g·L^{-1} 次甲基蓝酒精溶液	1∶1	7.0	蓝紫	绿	pH =7.0 紫蓝
1 g·L^{-1} 甲酚红钠盐水溶液 1 g·L^{-1} 百里酚蓝钠盐水溶液	1∶3	8.3	黄	紫	pH =8.2 玫瑰红 pH =8.4 紫色
1 g·L^{-1} 百里酚蓝 50%酒精溶液 1 g·L^{-1} 酚酞 50%酒精溶液	1∶3	9.0	黄	紫	从黄到绿再到紫
1 g·L^{-1} 百里酚酞酒精溶液 1 g·L^{-1} 茜素黄酒精溶液	2∶1	10.2	黄	紫	

第三节　酸碱滴定的基本原理

在酸碱滴定过程中，随着滴定剂不断地加入到被滴定溶液中，溶液中 pH 值不断变化。我们必须了解滴定过程中溶液 pH 值的变化规律，才能选择合适的指示剂，正确地指示滴定终点，获得准确的测量结果。根据前面讲到的酸碱平衡原理，通过计算，以溶液的 pH 值为纵坐标，以滴定剂的加入量为横坐标，绘制滴定曲线，它能展示滴定过程中 pH 值的变化规律。下面分别讨论各种类型的滴定曲线，以了解被测定物质的浓度、解离常数等因素对滴定突跃的影响及如何正确选择指示剂等。

一、强酸（碱）的滴定

酸碱滴定中的滴定剂一般选用强酸或强碱。

现以 0.100 0 mol・L^{-1} NaOH 溶液滴定 20.00 mL 浓度为 0.100 0 mol・L^{-1} 的 HCl 溶液为例进行讨论。

滴定反应为：$H^{+}+OH^{-}=H_2O$，整个滴定过程可分为四阶段分别考虑。

1．滴定开始前

滴定开始前，溶液中未加入 NaOH，溶液的组成为 HCl，即溶液的 pH 值取决于 HCl 的起始浓度：

$$[H^{+}]=c_{HCl}=0.100\,0\ mol\cdot L^{-1}$$

$$pH=1.00$$

2．滴定开始至化学计量点之前

滴定开始，随着 NaOH 溶液的不断加入，溶液中 HCl 的量将逐渐减少，溶液的组成为 HCl+NaOH，其 pH 值取决于剩余 HCl 的量。当加入 NaOH 溶液 19.98 mL 时（−0.1%相对误差）：

$$[H^{+}]=\frac{20.00-19.98}{20.00+19.98}\times 0.100\,0=5.0\times 10^{-5}\ mol\cdot L^{-1}$$

$$pH=4.30$$

从滴定开始至化学计量点前的各点的 pH 值都同样计算。

3．化学计量点时

当加入 20.00 mL NaOH 溶液时，到达化学计量点，NaOH 和 HCl 恰好完全反应，溶液的组成为 $NaCl+H_2O$，溶液呈现中性。此时：

$$[H^{+}]=[OH^{-}]=1.0\times 10^{-7}\ mol\cdot L^{-1}$$

$$pH=7.00$$

4．化学计量点之后

化学计量点后，HCl 被中和完毕，NaOH 过量，溶液的组成为 NaCl + NaOH，pH 值由过量 NaOH 的量决定，当滴入 20.02 mL NaOH 溶液时（+0.1%相对误差）：

$$[OH^{-}]=\frac{20.02-20.00}{20.02+20.00}\times 0.100\,0=5.0\times 10^{-5}\ mol\cdot L^{-1}$$

$$pOH=4.30$$

$$pH=pK_w-pOH=14-4.30=9.70$$

化学计量点后的各点的 pH 值都同样计算。

将上述结果列入表 4-4 中，然后以 NaOH 加入量为横坐标（或滴定分数），对应的 pH 值为纵坐标，绘制滴定曲线，如图 4-1 所示。

由图 4-1 和表 4-4 知，在滴定过程中的不同阶段，加入单位体积的滴定剂，溶液 pH 值变化的快慢是不相同的。

表 4-4 用 0.100 0 mol·L^{-1} NaOH 滴定 20.00 mL 相同浓度的 HCl

加入标准 NaOH		剩余 HCl 溶液的体积/mL	过量 NaOH 溶液的体积/mL	pH 值
滴定分数 a	V/mL			
0.000	0.00	20.00		1.00
0.900	18.00	2.00		2.28
0.990	19.80	0.20		3.30
0.998	19.96	0.04		4.00
0.999 } 突跃范围	19.98	0.02		4.30
1.000 } 突跃范围	20.00	0.00		7.00
1.001 } 突跃范围	20.02		0.02	9.70
1.002	20.04		0.04	10.00
0.010	20.20		0.20	10.70
1.100	22.00		2.00	11.70
2.000	40.00		20.00	12.52

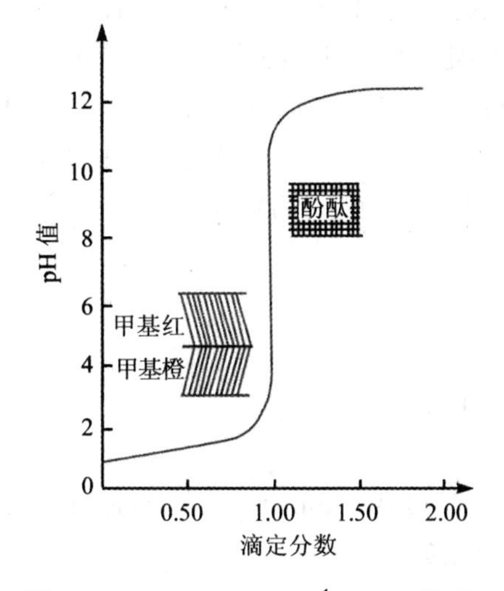

图 4-1 0.100 0 mol·L^{-1} NaOH 滴定 0.100 0 mol·L^{-1} HCl 的滴定曲线

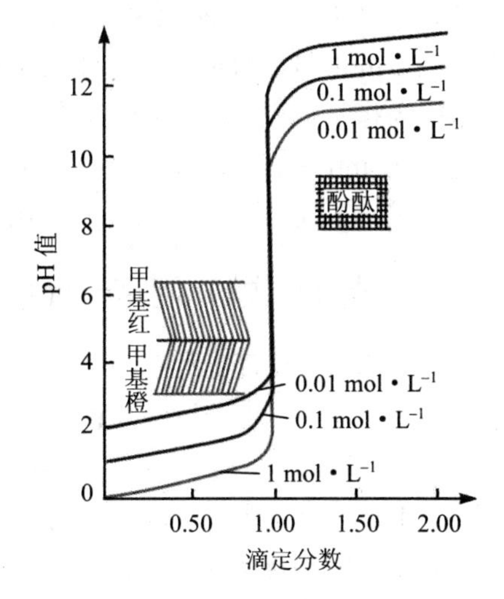

图 4-2 不同浓度 NaOH 滴定不同浓度 HCl 时的滴定曲线

① 滴定开始时，溶液中还存在较多的 HCl，酸度较大，加入 NaOH 后，溶液 pH 值的改变是缓慢的，该段曲线比较平坦。随着 NaOH 不断滴入，HCl 的量逐渐减少，pH 值逐渐增大。

② 在化学计量点前后，当 NaOH 的加入量从 19.98 mL（−0.1%相对误差）到 20.02 mL（+0.1%相对误差），总共加入 0.04 mL NaOH 溶液（约 1 滴的量），溶液的 pH 由 4.30 急剧升高到 9.70，这种在化学计量点附近溶液 pH 值发生显著变化的现象称为滴定的 pH 值突跃。在化学计量点前后相对误差为−0.1%～+0.1%的范围内，溶液 pH 值的变化范围称为滴定突跃范围，简称突跃范围。

③ 在化学计量点后，继续加入 NaOH 溶液，随着溶液中 OH^- 浓度增加，pH 值的变化逐渐减缓，滴定曲线又趋于平坦。

④ 若用 HCl 滴定 NaOH 溶液（条件与前相同），可同样求取其滴定曲线，与上述曲线互相对称，但溶液 pH 值变化的方向相反。滴定突跃由 pH=9.70 降至 4.30。

根据上述分析可以看出，滴定到化学计量点附近时，溶液 pH 值所发生的突跃现象是有重要的实际意义的，它是选择指示剂的依据。凡是指示剂变色的 pH 值范围全部或大部分落在滴定突跃范围之内的酸碱指示剂都可以用来指示滴定终点。在本例中，凡在突跃范围（pH=4.30～9.70）以内发生颜色变化的指示剂如酚酞、甲基红、甲基橙（滴定至黄色）、溴百里酚蓝、酚红等均可使用。虽然使用这些指示剂确定的终点并非化学计量点，但是可以保证由此差别引起的误差不超过±0.1%。

通过计算，可以得到不同浓度的 NaOH 滴定不同浓度的 HCl 的滴定曲线（图 4-2）。

由图 4-2 可知，酸碱溶液的浓度越大，滴定突跃范围越大，可供选择的指示剂越多。用 1 $mol \cdot L^{-1}$ NaOH 滴定 1 $mol \cdot L^{-1}$ HCl，滴定突跃范围为 3.3～10.7，此时若以甲基橙为指示剂，滴定至黄色为终点，滴定误差将小于 0.1%，若用 0.01 $mol \cdot L^{-1}$ NaOH 滴定 0.01 $mol \cdot L^{-1}$ HCl，滴定突跃范围减小为 5.3～8.7，这时若仍采用甲基橙为指示剂，滴定误差将大于 1%，只能用酚酞、甲基红等，才能符合滴定分析的要求。

二、强碱（酸）滴定一元弱酸（碱）

这一类型的滴定反应为：

$$OH^- + HB \rightleftharpoons B^- + H_2O$$

$$H^+ + B^- \rightleftharpoons HB$$

式中，HB 表示弱酸，B^-表示弱碱。现以浓度为 0.100 0 $mol \cdot L^{-1}$ 的 NaOH 滴定 20.00 mL 的 0.100 0 $mol \cdot L^{-1}$ HAc 为例，计算讨论如下。

1. 滴定开始前

滴定开始前，溶液中未加入 NaOH，溶液的组成为 HAc，即溶液的 pH 值取决于 HAc 的起始浓度，其 H^+浓度及 pH 值为：

$$[H^+]=\sqrt{K_a c}=\sqrt{1.80\times10^{-5}\times0.100\,0}=1.34\times10^{-3}\ mol\cdot L^{-1}$$

$$pH=2.87$$

2．滴定开始至化学计量点之前

滴定开始，由于 NaOH 的滴入，溶液中未反应的 HAc 和反应生成的 NaAc 组成缓冲体系，其 pH 值可按式（4-18）进行计算。

$$pH=pK_a-\lg\frac{c_{HA}}{c_{A^-}}$$

当滴入 19.98 mL NaOH 溶液时：

$$c_{HAc}=\frac{20.00-19.98}{20.00+19.98}\times0.100\,0=5.0\times10^{-5}\ mol\cdot L^{-1}$$

$$c_{Ac^-}=\frac{19.98}{20.00+19.98}\times0.100\,0=5.0\times10^{-2}\ mol\cdot L^{-1}$$

$$pH=4.74-\lg\frac{5.0\times10^{-5}}{5.0\times10^{-2}}=7.74$$

3．化学计量点时

化学计量点时，HAc 与 NaOH 定量反应，全部生成 NaAc，按式（4-12）计算其 pH 值，此时，NaAc 的浓度为 0.050 0 mol・L^{-1}。于是：

$$[OH^-]=\sqrt{c_{Ac^-}K_b}=\sqrt{c_{Ac^-}\frac{K_w}{K_a}}=\sqrt{0.050\times\frac{1.0\times10^{-14}}{1.8\times10^{-5}}}=5.3\times10^{-6}\ mol\cdot L^{-1}$$

pOH=5.28，pH=8.72

4．化学计量点后

化学计量点后，溶液由 NaAc 和过量的 NaOH 组成，由于 NaOH 过量，抑制了 NaAc 的水解，溶液的 pH 值主要由过量的 NaOH 决定，其计算方法与强碱滴定强酸相同。当加入 NaOH 20.02 mL，溶液 pH 值为 9.70。

将滴定过程中 pH 变化数据列于表 4-5 中，并绘制滴定曲线（图 4-3 中虚线所示）。

与滴定 HCl 相比较，NaOH 滴定 HAc 的滴定曲线有如下特点。

① 由于 HAc 是弱酸，滴定前，溶液中的 H^+浓度比同浓度的 HCl 中 H^+浓度要低，因此滴定曲线起点的 pH 值要高一些。

② 化学计量点之前，溶液中未反应的 HAc 和反应产物 NaAc 组成缓冲体系，pH 值的变化相对较缓。

③ 化学计量点时，由于滴定产物 NaAc 的水解，溶液呈碱性，pH=8.72。被滴定的酸越弱，化学计量点的 pH 值越大。

④ 化学计量点附近，溶液的 pH 值发生突跃，滴定突跃范围为 pH=7.74～9.7，处于碱性范围内，较 NaOH 滴定等浓度的 HCl 溶液的突跃范围（pH=4.30～9.70）减小了很多，因此只能选择在弱碱性范围内变色的指示剂，如酚酞、百里酚酞等来指示滴定终点，而甲基橙、甲基红等不能使用。

表 4-5　0.100 0 $mol \cdot L^{-1}$ NaOH 滴定 20.00 mL 0.100 0 $mol \cdot L^{-1}$ HAc

加入标准 NaOH		剩余 HAc 溶液的体积/mL	过量 NaOH 溶液的体积/mL	pH 值
滴定分数 a	V/mL			
0.000	0.00	20.00		2.89
0.900	18.00	2.00		5.70
0.990	19.80	0.20		6.74
0.999 突跃范围	19.98	0.02		7.74
1.000 突跃范围	20.00	0.00		8.72
1.001 突跃范围	20.02		0.02	9.70
1.010	20.20		0.20	10.70
1.100	22.00		2.00	11.70
2.000	40.00		20.00	12.50

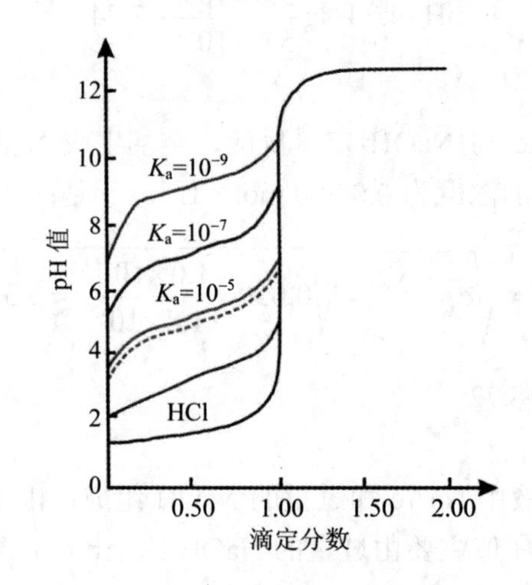

图 4-3　用强碱滴定 0.1 $mol \cdot L^{-1}$ 各种强度的酸的滴定曲线（其中虚线为 HAc）

滴定弱酸（碱），一般先计算出化学计量点时的 pH 值，选择那些变色点尽可能接近化学计量点的指示剂来确定终点，这样比较简便。

用强碱滴定不同的一元弱酸时滴定突跃的大小，与弱酸的解离常数 K_a 和浓度 c 有关，当弱酸的浓度一定时，如图 4-3 所示，弱酸的 K_a 值越小，滴定突跃范围越小；对于同一种弱酸，酸的浓度越大，滴定突跃也越大。当 $cK_a \geqslant 10^{-8}$ 时，可产生不小于 0.4 个 pH 值单位的滴定突跃，肉眼可以辨别出指示剂颜色能被强碱溶液直接目视准确滴定的条件是：$cK_a \geqslant 10^{-8}$。

关于强酸滴定弱碱，例如，用 0.100 0 mol·L^{-1} HCl 滴定 20.00 mL 0.100 0 mol·L^{-1} $NH_3 \cdot H_2O$ 溶液：

$$H^+ + NH_3 \longrightarrow NH_4^+$$

也可以采用分四个滴定阶段的思路求取其滴定曲线，曲线与 NaOH 滴定 HAc 的相似，但 pH 值变化的方向相反。化学计量点时是 NH_4^+的水溶液呈酸性（pH=5.28）滴定突跃范围为（pH=6.25～4.30），可选甲基红、溴甲酚绿为指示剂。

强酸滴定弱碱时，滴定突跃范围的大小与弱碱的解离常数 K_b 及浓度有关。当 $cK_b \geqslant 10^{-8}$ 时，此弱碱才能用标准强酸溶液直接滴定。

三、多元酸（碱）的滴定

常见的多元酸多数是弱酸，它们在水溶液中分步离解，在多元酸的滴定中要考虑两个问题：

① 多元酸能滴定的原则是什么？

② 如何选择指示剂？

通过大量实践证明，可按下述原则判断：

（1）当 $cK_{a_1} \geqslant 10^{-8}$，且 $K_{a_1}/K_{a_2} > 10^5$ 时酸的第一级解离的 H^+和第二级解离的 H^+不会同时与碱作用，因此在第一等当点附近出现滴定突跃。第二级解离的 H^+被滴定后能否出现第二个滴定突跃则取决于是否满足 $cK_{a_2} \geqslant 10^{-8}$，如果大于 10^{-8} 则有第二个突跃。

（2）如果 $cK_{a_1} \geqslant 10^{-8}$，$cK_{a_2} \geqslant 10^{-8}$，且 $K_{a_1}/K_{a_2} < 10^5$，滴定时两个滴定突跃将混在一起，这时就只有一个滴定突跃。

根据上述原则，以 NaOH 滴定 H_3PO_4 为例来进行讨论：

H_3PO_4 是三元酸，各级解离常数为：

$$H_3PO_4 \rightleftharpoons H^+ + H_2PO_4^- \qquad K_{a_1} = 7.5 \times 10^{-3}$$

$$H_2PO_4^- \rightleftharpoons H^+ + HPO_4^{2-} \qquad K_{a_2} = 6.3 \times 10^{-8}$$

$$HPO_4^{2-} \rightleftharpoons H^+ + PO_4^{3-} \qquad K_{a_3} = 4.4 \times 10^{-13}$$

当用 0.10 mol·L^{-1} NaOH 滴定 0.10 mol·L^{-1} H_3PO_4 时，

$\because cK_{a_1} = 0.1 \times 7.5 \times 10^{-3} \gg 10^{-8}$，且 $K_{a_1} / K_{a_2} = 1.56 \times 10^5 > 10^5$

$\therefore$ 当 H_3PO_4 被滴定到 $H_2PO_4^-$时出现第一个突跃；

又 $\because cK_{a_2} = 0.05 \times 6.3 \times 10^{-8} \approx 10^{-8}$，且 $K_{a_2} / K_{a_3} = 1.2 \times 10^5 > 10^5$

∴当 $H_2PO_4^-$被滴定到 HPO_4^{2-}时出现第二个突跃；

但∵$cK_{a_3} \ll 10^{-8}$

∴得不到第三个滴定突跃，说明不能用碱继续直接滴定。

多元酸滴定曲线计算比较复杂，在实际工作中，为了选择指示剂，通常只需计算等当点时的 pH 值，然后在此值附近选择指示剂即可。也可用 pH 计记录滴定过程中 pH 值的变化得出滴定曲线，如图 4-4 所示。

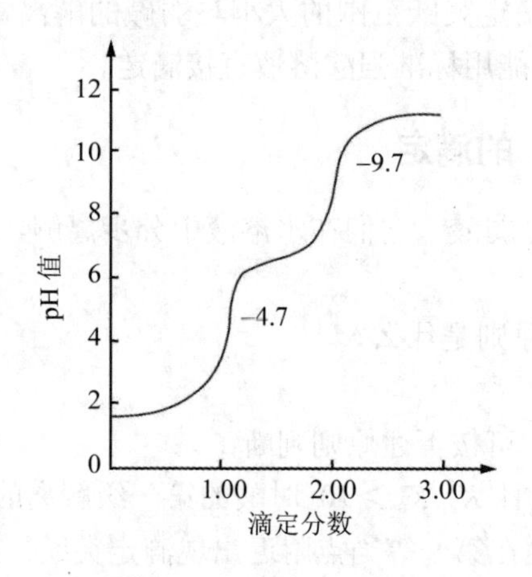

图 4-4 H_3PO_4 的滴定曲线

多元碱的滴定和多元酸的滴定相类似，也要先满足 $cK_b \geqslant 10^{-8}$ 才可被滴定，如果 $K_{b_1}/K_{b_2} > 10^5$，则可以分步滴定。

第四节 酸碱滴定法的应用

酸碱滴定法可用来测定各种酸、碱以及能够与酸碱起作用的物质，还可以用间接的方法测定一些既非酸又非碱的物质，也可用于非水溶液。因此，酸碱滴定法的应用非常广泛。

一、标准酸碱溶液的配制和标定

在酸碱滴定法中常用强酸、强碱配制标准溶液，但大多数的强酸、强碱不符合基准物质条件，不能直接配制成标准溶液，只能先配制成近似浓度的溶液，再用基准物质标定。

常用的酸标准滴定溶液有盐酸和硫酸溶液，尤其是盐酸溶液，因其价格低廉，易于得到，稀盐酸溶液无氧化还原性质，酸性强且稳定，因此用得较多。HNO_3 具有氧化性，本身稳定性也较差，所以应用很少。

碱标准滴定溶液多用 NaOH，有时也用 KOH。

（一）盐酸标准溶液的配制与标定

市售盐酸密度为 $1.19\ g \cdot mL^{-1}$，含 HCl 约 37%，其物质的量浓度约 $12\ mol \cdot L^{-1}$。因此，需将浓 HCl 稀释成所需近似浓度，然后用基准物质进行标定，考虑到浓盐酸中 HCl 的挥发性，配制时所取浓盐酸的量应适当多一些。

标定盐酸溶液常用的基准物质有无水 Na_2CO_3 和硼砂。

1．无水 Na_2CO_3 标定 HCl 溶液

Na_2CO_3 作为基准物质的优点是容易提纯，价格便宜；缺点是分子量较小，易吸潮，使用前应在 270～300℃干燥（温度过高，如超过 400℃时，开始失去 CO_2 变成 Na_2O）至质量恒定，然后密封于瓶内，保存于干燥器中备用。用时称量速度要快，以免吸收空气中水分而引入误差。

标定原理：

$$Na_2CO_3 + 2HCl \!=\!\!=\! 2NaCl + CO_2\uparrow + H_2O$$

化学计量点时溶液的 pH 值为 3.89，可选用甲基橙做指示剂，近终点煮沸赶出 CO_2，冷却后继续滴定至终点。若采用甲基红和溴甲酚绿混合指示剂，变色点 pH 值约为 5.1，终点时溶液由绿变为暗红色，近终点也应煮沸赶出 CO_2。

结果计算及表示：

$$c(\mathrm{HCl}) = \frac{2m(\mathrm{Na_2CO_3}) \times 1\,000}{V(\mathrm{HCl})M(\mathrm{Na_2CO_3})}$$

式中，$c(\mathrm{HCl})$ —— HCl 标准滴定溶液的浓度，$mol \cdot L^{-1}$；

$V(\mathrm{HCl})$ —— 滴定时消耗 HCl 标准滴定溶液的体积，mL；

$m(\mathrm{Na_2CO_3})$ —— Na_2CO_3 基准物质的质量，g；

$M(\mathrm{Na_2CO_3})$ —— Na_2CO_3 基准物质的摩尔质量，$g \cdot mol^{-1}$。

2．硼砂（$Na_2B_4O_7 \cdot 10H_2O$）标定 HCl 溶液

硼砂作为基准物质的优点是容易制得纯品、分子量大、不易吸水，但当空气中相对湿度小于 39%时，易失去结晶水，因此，在准确分析工作中硼砂常保存在盛有饱和蔗糖和 NaCl 溶液（保持相对湿度为 60%～70%）的恒温容器中。

标定原理：

$$B_4O_7^{2-} + 5H_2O \!=\!\!=\! 2H_3BO_3 + 2H_2BO_3^-$$

$$2H_2BO_3^- + 2HCl \!=\!\!=\! 2H_3BO_3 + 2Cl^-$$

总反应：$Na_2B_4O_7 \cdot 10H_2O + 2HCl = 4H_3BO_3 + 2NaCl + 5H_2O$

由于反应产物是 H_3BO_3，故化学计量点时溶液的 pH 由 H_3BO_3 的浓度决定。假设 $c_{H_3BO_3}$=0.10 mol · L^{-1}，已知 H_3BO_3 的 $K_{a_1}=5.8\times10^{-10}$，则化学计量点的 H^+为：

$$[H^+] = \sqrt{cK_{a_1}} = \sqrt{0.10 \times 5.8 \times 10^{-10}} = 7.6 \times 10^{-6}\ \text{mol} \cdot L^{-1}$$

pH=5.12

显然，以甲基红（pH 4.4～6.2）为指示剂为宜，溶液由黄色变为橙红色即为终点。

由于硼砂的摩尔质量（381.4 g · mol^{-1}）较 Na_2CO_3 大，标定同样浓度的盐酸所需硼砂质量比 Na_2CO_3 多，因而称量的相对误差小些。

结果计算及表示：

$$c(HCl) = \frac{2 \times m(Na_2B_4O_7 \cdot 10H_2O) \times 1\,000}{M(Na_2B_4O_7 \cdot 10H_2O) \times V(HCl)}$$

式中，c(HCl) —— HCl 标准滴定溶液的浓度，mol · L^{-1}；

V(HCl) —— 滴定时消耗 HCl 标准滴定溶液的体积，mL；

$m(Na_2B_4O_7 \cdot 10H_2O)$ —— $Na_2B_4O_7$ 基准物质的质量，g；

$M(Na_2B_4O_7 \cdot 10H_2O)$ —— $Na_2B_4O_7$ 基准物质的摩尔质量，g · mol^{-1}。

除上述两种基准物质外，还有 $KHCO_3$、酒石酸氢钾等基准物质用于标定 HCl 溶液。

（二）氢氧化钠标准溶液的配制与标定

固体 NaOH 具有很强的吸湿性，也容易吸收空气中的 CO_2，因此常含有少量 Na_2CO_3。此外，还含有少量杂质如硅酸盐、氯化物、硫酸盐等。因而只能采用间接法配制标准溶液，再以基准物质标定其浓度。

由于 NaOH 中 Na_2CO_3 的存在，影响酸碱滴定的准确度。制备不含 Na_2CO_3 的 NaOH 溶液可以采用下列任一种方法。

① 将氢氧化钠制成（1+1）饱和溶液，此溶液氢氧化钠的浓度约为 10 mol · L^{-1}。在这种浓碱液中，Na_2CO_3 几乎不溶解而沉淀下来，取上层澄清液，用无 CO_2 的蒸馏水稀释至所需浓度。

② 预先配制一种较浓的 NaOH（如 1 mol · L^{-1}），加入 $Ba(OH)_2$ 或 $BaCl_2$ 使 Na_2CO_3 生成 $BaCO_3$ 沉淀。取出上述澄清溶液用无 CO_2 的蒸馏水稀释。

③ 称取比需要量多的 NaOH 固体于烧杯中，用少量新鲜的蒸馏水迅速洗涤 2～3 次，以除去 NaOH 表面上少量的 Na_2CO_3，然后溶解在无 CO_2 的蒸馏水中。

NaOH 溶液易腐蚀玻璃，最好贮存于塑料瓶中，一般情况下，稀溶液也可贮存于玻璃瓶中，但必须用橡皮塞而不能用玻璃塞，以免瓶塞被粘住。

常用标定 NaOH 溶液的基准物质有邻苯二甲酸氢钾和草酸。

1．邻苯二甲酸氢钾标定 NaOH 溶液

标定 NaOH 溶液，最常用的基准物是邻苯二甲酸氢钾。这种基准物的优点是容易用重结晶法制得纯品，不含结晶水，在空气中性质稳定，不吸潮，摩尔质量较大，是较好的基准物质。使用前应在 110～120℃干燥 2～3 h。

反应原理：$C_6H_4(COOK)(COOH) + NaOH = C_6H_4(COOK)(COONa) + H_2O$

化学计量点时，邻苯二甲酸钾钠溶液呈碱性（二元碱）。已知邻苯二甲酸氢钾的 $K_{a_2}=3.9\times10^{-6}$，设用 0.100 0 mol • L^{-1} 浓度的邻苯二甲酸氢钾溶液标定浓度为 0.1 mol • L^{-1} NaOH 溶液，则化学计量点时有：

$$[OH^-]=\sqrt{cK_{b_1}}=\sqrt{\frac{cK_w}{K_{a_2}}}=\sqrt{\frac{0.100\,0\times1.0\times10^{-14}}{2\times3.9\times10^{-6}}}=1.13\times10^{-5}\ mol\cdot L^{-1}$$

pOH=4.95　　pH=9.05

可选酚酞或百里酚酞为指示剂。

结果计算及表示：

$$c(NaOH)=\frac{m(KHC_8H_4O_4)\times1\,000}{M(KHC_8H_4O_4)\times V(NaOH)}$$

式中，c(NaOH) —— NaOH 标准滴定溶液的浓度，mol • L^{-1}；

V(NaOH) —— 滴定时消耗 NaOH 标准滴定溶液的体积，mL；

$m(KHC_8H_4O_4)$ —— $KHC_8H_4O_4$ 基准物质的质量，g；

$M(KHC_8H_4O_4)$ —— $KHC_8H_4O_4$ 基准物质的摩尔质量，g • mol^{-1}。

2．草酸标定 NaOH 溶液

草酸（$H_2C_2O_4\cdot2H_2O$）的优点是易提纯，稳定性很好，其基准物质常用来标定 NaOH 溶液。

草酸是二元酸，$K_{a_1}=5.9\times10^{-2}$，$K_{a_2}=6.4\times10^{-5}$，$K_{a_1}/K_{a_2}<10^4$，两个 K 值相差不够大，且其 cK 值均大于 10^{-8}，用 NaOH 滴定时，两级解离的 H^+同时被中和，只出现一个突跃。

反应原理：

$$H_2C_2O_4+2NaOH=Na_2C_2O_4+2H_2O$$

则化学计量点时，设用 0.100 0 mol • L^{-1} 浓度的草酸溶液标定浓度为 0.1 mol • L^{-1}

NaOH 溶液，有：

$$[OH^-]=\sqrt{cK_{b_1}}=\sqrt{\frac{cK_w}{K_{a_2}}}=\sqrt{\frac{0.100\,0\times1.0\times10^{-14}}{3\times6.4\times10^{-5}}}=2.3\times10^{-6}\ \text{mol}\cdot\text{L}^{-1}$$

pOH=5.64　　pH=8.36

可选用酚酞做指示剂。

草酸溶液不稳定，能自行分解，见光也易分解。所以在制成溶液后，应立即用 NaOH 溶液滴定。

除上述两种基准物质外，还有苯甲酸、硫酸肼（$N_2H_4\cdot H_2SO_4$）等基准物质可用于标定 NaOH 溶液。

（三）酸碱滴定中 CO_2 的影响

CO_2 是酸碱滴定误差的重要来源。

NaOH 试剂中常含有一些 Na_2CO_3，它的存在使滴定突跃变小，影响了准确滴定。同时，在标定 NaOH 溶液时，一般是以有机弱酸为基准物质，选用酚酞为指示剂，此时 CO_3^{2-} 被中和为 HCO_3^-。当以此 NaOH 溶液做滴定剂时，若滴定突跃处于酸性范围，应当选用甲基橙（或甲基红）为指示剂，此时 CO_3^{2-} 被中和为 H_2CO_3，但这样可导致误差。因此，配制 NaOH 溶液时，必须除去 CO_3^{2-}。

除去 CO_3^{2-} 后，配制并已标定好的 NaOH 溶液，在保存不当时还会从空气中吸收 CO_2。用这样的 NaOH 溶液做滴定剂时，如果采用甲基橙做指示剂，其所吸收的 CO_2 最终又以 CO_2 的形式放出，对测定结果无影响。为避免空气中 CO_2 的干扰，应尽可能地选用酸性范围变色的指示剂。

另外，蒸馏水（或去离子水）中含有 CO_2，它在溶液中的平衡为：

$$CO_2+H_2O=\!=H_2CO_3\qquad K=\frac{[H_2CO_3]}{[CO_2]}=2.16\times10^{-3}$$

能与碱起反应的是 H_2CO_3（不是 CO_2），它在水溶液中仅占 0.3%，同时它与碱的反应速度不太快。因此，当以酚酞为指示剂，滴定至粉红色时，稍微放置，CO_2 又会转变为 H_2CO_3，使粉红色褪去。这样就得不到稳定的终点，直到溶液中的 CO_2 转化完毕为止。所以，如果以酚酞为指示剂，所用的蒸馏水（或去离子水）必须煮沸除去 CO_2。

配制不含 CO_3^{2-} 的 NaOH 溶液的常用方法如下。

（1）先配成饱和的 NaOH 溶液（约为 50%），因为 Na_2CO_3 在饱和的 NaOH 溶液中溶解度很小，可作为不溶物质下沉到溶液底部。然后，取上清液用煮沸除去 CO_2 的蒸馏水（或去离子水）稀释至所需浓度。

（2）在较浓的 NaOH 溶液中加入 $BaCl_2$ 或 $Ba(OH)_2$ 以沉淀 CO_3^{2-}，然后取上清液稀释即可（在 Ba^{2+}不干扰测定时才能采用）。

配制成的 NaOH 标准溶液应当保存在装有虹吸管及碱石灰管[含 $Ca(OH)_2$]的瓶中，防止吸收空气中的 CO_2。放置时间过长，NaOH 溶液的浓度会发生变化，应重新标定。

二、应用实例

（一）直接滴定法

1．混合碱的测定

（1）烧碱中 NaOH 和 Na_2CO_3 含量的测定

氢氧化钠俗称烧碱，在生产和贮藏过程中，由于吸收空气中的 CO_2 而生成 Na_2CO_3，因此，经常要对烧碱进行 NaOH 和 Na_2CO_3 的测定。常用的有以下两种方法。

① 氯化钡法。准确称取一定量试样，将其溶解于已除去了 CO_2 的蒸馏水中，稀释至指定体积。

取一份烧碱溶液用甲基橙做指示剂（设每份滴定溶液中含试样 m_s g），用标准 HCl 溶液滴定，测定其总碱度，反应如下：

$$NaOH + HCl = NaCl + H_2O$$

$$Na_2CO_3 + 2HCl = 2NaCl + CO_2 \uparrow + H_2O$$

终点为橙红色，消耗 HCl 的体积为 V_1。

另取等体积的烧碱溶液，加入足量 $BaCl_2$ 溶液使 Na_2CO_3 生成 Ba_2CO_3 沉淀：

$$Na_2CO_3 + BaCl_2 = Ba_2CO_3 \downarrow + 2\ NaCl$$

然后以酚酞为指示剂，用 HCl 标准溶液滴定该溶液中的 NaOH，消耗 HCl 的体积为 V_2。滴定第二份溶液显然不能用甲基橙做指示剂，因为甲基橙变色点在 pH=4 左右，此时将有部分 $BaCO_3$ 溶解，使滴定结果不准确。从 V_2 可求得 NaOH 的质量分数：

$$w_{NaOH} = \frac{c_{HCl}V_2M_{NaOH}}{m_s} \times 100\%$$

滴定混合碱中 Na_2CO_3 所消耗 HCl 的体积为（V_1-V_2），所以：

$$w_{Na_2CO_3} = \frac{\frac{1}{2}c_{HCl}(V_1 - V_2)M_{Na_2CO_3}}{m_s} \times 100\%$$

此法比较准确，但略费时。

② 双指示剂法。准确称取一定量试样 m_s，溶解后，以酚酞为指示剂，用 HCl 标准溶液滴定至红色刚消失，记录用去 HCl 的体积 V_1，这时 NaOH 全部被中和，而 Na_2CO_3 仅被中和到 $NaHCO_3$。

$$NaOH + HCl = NaCl + H_2O$$

$$Na_2CO_3 + HCl = NaCl + NaHCO_3$$

然后向溶液中加入甲基橙，继续用 HCl 滴定至橙红色（为了使观察终点明显，在终点前可暂停滴定，加热除去 CO_2），记下用去 HCl 的体积 V_2，V_2 是滴定 $NaHCO_3$ 所消耗 HCl 的体积。

$$NaHCO_3 + HCl = NaCl + CO_2\uparrow + H_2O$$

滴定过程和 HCl 标准溶液用量可图解如下：

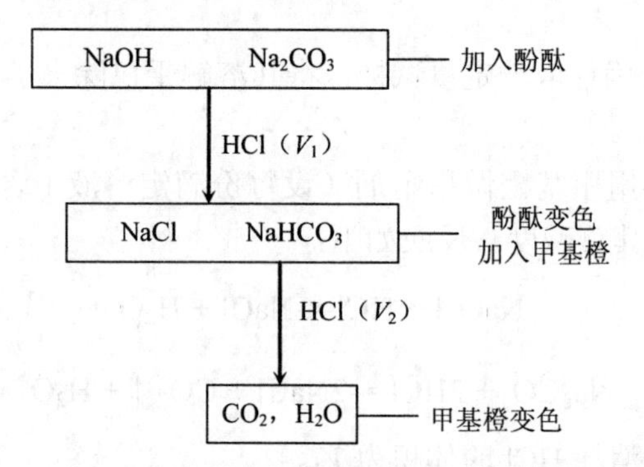

由计算关系知，Na_2CO_3 被中和至 $NaHCO_3$ 以及 $NaHCO_3$ 被中和至 H_2CO_3 所消耗 HCl 的体积是相等的。所以：

$$w_{Na_2CO_3} = \frac{c_{HCl}V_2M_{Na_2CO_3}}{m_s}\times 100\%$$

$$w_{NaOH} = \frac{c_{HCl}(V_1 - V_2)M_{NaOH}}{m_s}\times 100\%$$

双指示剂法操作简便，但滴定至第一化学计量点时，终点不明显，约有 1%的误差，工业分析中多用此法进行测定。

（2）纯碱中 Na_2CO_3 和 $NaHCO_3$ 的测定

纯碱又叫苏打，是由 $NaHCO_3$ 转化而得，所以 Na_2CO_3 中往往含少量 $NaHCO_3$。

① 氯化钡法。先取一份试样溶液，以甲基橙为指示剂，用 HCl 标准溶液滴定至橙色，记下消耗 HCl 的体积 V，溶液中的 Na_2CO_3 和 $NaHCO_3$ 全部被中和。

另取等体积试样溶液，于试液中加入过量的 NaOH 标准溶液，将试液中的 $NaHCO_3$ 转变为 Na_2CO_3，然后用 $BaCl_2$ 溶液沉淀 Na_2CO_3，再以酚酞为指示剂，用 HCl 标准滴定溶液滴定剩余的 NaOH。若 c_1、V_1 和 c_2、V_2 分别为 HCl 和 NaOH 的浓度和体积，则试液中：

$$n_{NaHCO_3} = c_2V_2 - c_1V_1$$

$$n_{Na_2CO_3} = \frac{1}{2}[c_1V - (c_2V_2 - c_1V_1)]$$

② 双指示剂法。测定方法与测定烧碱相同。以酚酞为指示剂时，消耗 HCl 标准溶液的体积为 V_1；再加甲基橙指示剂，继续用 HCl 滴定时消耗 HCl 的体积为 V_2，则试液中：

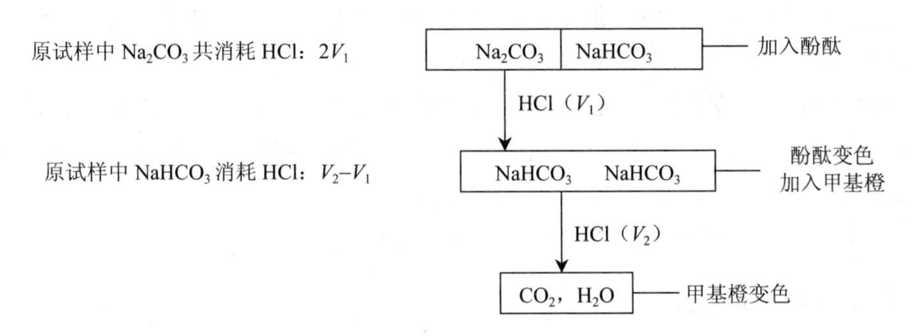

2．水的碱度测定

水样碱度是指水中所含能与强酸定量作用的物质的总量。

天然水中碱度的存在主要是由于重碳酸盐、碳酸盐和氢氧化物而引起的，其中重碳酸盐是水中碱度的主要物质。硼酸盐、硅酸盐和磷酸盐也会产生一定的碱度，但它们在天然水中的含量一般不多，常可忽略不计。

废水和受污染的水中，产生碱度的物质因污染来源不同而异，可能会含有各种强碱、弱碱、有机碱和有机酸的盐类、金属水解性盐类等。

水中碱度的测定是用盐酸标准溶液滴定水样，由耗去的盐酸的量求得水样碱度，以 $m\ mol \cdot L^{-1}$ 表示，如果以酚酞做指示剂，当用酸液滴定至水样由粉红变为无色时，所得碱度称为“酚酞碱度”。如果以甲基橙做指示剂，滴定水样由黄色变为橙色时，所得碱度称“甲基橙碱度”。这时水中所有的碱性物质都被酸中和，因此甲基橙碱度就是总碱度。

3．乙酰水杨酸的测定

阿司匹林（乙酰水杨酸）是常用的解热镇痛药，它属于芳酸酯类药物。在乙酰水杨酸的分子结构中含有羧基，可作为一元酸（pK_a =3.5），故可用 NaOH 标准滴定溶液直接滴定，测定其含量。

反应式为：

$$C_6H_4(COOH)(OCOCH_3) + NaOH \longrightarrow C_6H_4(COONa)(OCOCH_3) + H_2O$$

乙酰水杨酸中的乙酰基很容易水解生成乙酸和水杨酸（pK_{a_1}=3.0，pK_{a_2}=13.45）由此反应可知，用 NaOH 标准溶液滴定时，NaOH 还会与其水解产物反应，使分析结果偏高。乙酰水杨酸的水解反应式为：

$$C_6H_4(COOH)(OCOCH_3) + H_2O \longrightarrow C_6H_4(COOH)(OH) + CH_3COOH$$

为防止乙酰基水解，可根据阿司匹林微溶于水、易溶于乙醇的性质，在中性乙醇溶液中（10℃时），用 NaOH 标准滴定溶液滴定可以得到满意的结果。

4．食醋中总酸度的测定

HAc 是一种重要的农产加工品，又是合成有机农药的一种重要原料。而食醋的主要成分是 HAc，也有少量其他弱酸，如乳酸等。

测定时，将食醋用不含 CO_2 的蒸馏水适当稀释后，用标准 NaOH 溶液滴定。中和后产物为 NaAc，化学计量点时 pH=8.7 左右，应该用酚酞为指示剂，滴定至呈现红色即为终点。

由所消耗的标准溶液的体积及浓度计算总浓度。

（二）间接滴定法

1．铵盐中氮含量的测定

常见的铵盐有硫酸铵、氯化铵、硝酸铵、碳酸氢铵等。这些铵盐中 NH_4HCO_3 可用酸标准溶液直接滴定。其他铵盐的水溶液酸性很弱（NH_4^+，$K_h=5.6\times10^{-10}$），不能直接用碱标准溶液滴定，可采用下述方法间接测定。

（1）蒸馏法。向铵盐试样溶液中加入过量的浓碱溶液，加热使 NH_3 逸出，并用过量的 H_3BO_3 溶液吸收，然后用 HCl 标准溶液滴定硼酸吸收液。

$$NH_4^+ + OH^- = NH_3\uparrow + H_2O$$
$$NH_3 + H_3BO_3 = H_2BO_3^- + NH_4^+$$
$$H_2BO_3^- + H^+ = H_3BO_3$$

终点的产物是 H_3BO_3 和 NH_4^+（混合弱酸），pH≈5，可用甲基红做指示剂，也可采用甲基红-溴甲酚绿混合指示剂。H_3BO_3 的酸性极弱，它可以吸收 NH_3，但不影响滴定，不必定量加入。

也可以用标准 HCl 或 H_2SO_4 吸收，过量的酸以 NaOH 标准溶液返滴，以甲基红或甲基橙为指示剂。

在环境监测中，水中氨氮含量较高时可采用酸碱滴定法测定。水中氨氮的来源主要为生活污水、某些工业废水，如焦化废水和合成氨工业废水以及农田排水。氨氮以游离氨和铵盐形式存在于水中，两者的比例取决于水的 pH 值。测定水中氨氮，有助于评价水体受污染和自净的状况。先将水样进行蒸馏预处理，调节水样 pH 值在 6.0～7.4 的范围，加入 MgO 使呈微碱性，加热蒸馏，释放出的氨用硼酸溶液吸收，以甲基红-溴甲酚绿为指示剂，用酸标准溶液滴定。

（2）甲醛法。甲醛与铵盐作用，生成质子化六亚甲基四胺和酸，用碱标准溶液滴定。

$$4NH_4^+ + 6HCHO = (CH_2)_6N_4H^+ + 3H^+ + 6H_2O$$

$$(CH_2)_6N_4H^+ + 3H^+ + 4OH^- = (CH_2)_6N_4 + 4H_2O$$

六亚甲基四胺为弱碱，$K_b = 1.4\times10^{-9}$，应选酚酞指示剂，如果试样中含有游离酸，需事先以甲基红为指示剂，用 NaOH 进行中和。

2. 硼酸纯度的测定

硼酸是极弱的酸，$K_a = 5.8\times10^{-10}$，不能用 NaOH 直接滴定。如果在硼酸溶液中加入一些甘油或甘露醇等多元醇，可与硼酸根形成稳定的配合物，从而增加硼酸在水溶液中的解离，使硼酸转变成为中强酸。例如，当溶液中有较大量甘露醇存在时，硼酸将按下式生成配合物：

$$2\ \begin{matrix} & H & \\ & | & \\ R- & C & -OH \\ & | & \\ R- & C & -OH \\ & | & \\ & H & \end{matrix} + H_3BO_3 \rightleftharpoons \left[\begin{matrix} & H & & & & H & \\ & | & & & & | & \\ R- & C & -O & & O- & C & -R \\ & | & & B & & | & \\ R- & C & -O & & O- & C & -R \\ & | & & & & | & \\ & H & & & & H & \end{matrix}\right]^- H^+ + 3H_2O$$

该配合物的酸性很强，$pK_a = 4.26$，可用 NaOH 准确滴定，以酚酞做指示剂。

复习与思考题

1. 按质子理论，说明什么是酸？什么是碱？PO_4^{3-}，NH_4^+，H_2O，HCO_3^-，S^{2-}，Ac^-中，哪些是碱？它们的共轭酸是什么？哪些是酸？它们的共轭碱是什么？哪些是两性物质？

2. 上题中的各种酸和碱中，哪个是最强的酸？哪个是最强的碱？试按强弱顺序把它们排列起来。

3. 酸碱反应的实质是什么？

4. 欲使溶液的 pH 值由 3 增加到 5，问需要加酸还是加碱？

5. 酸碱指示剂为什么能变色？指示剂变色范围是怎样产生的？

6. 何谓滴定突跃？它的大小与哪些因素有关？酸碱滴定中指示剂的选择原则是什么？

7. 用已吸收少量水的无水碳酸钠标定盐酸溶液的浓度，问所标出的浓度是偏高还是偏低？

8. 怎样配制不含 CO_2 的 NaOH 溶液？

9. 已知下列各种弱酸的 pK_a 值，求它们共轭碱的 pK_b 值：

（1）HCN（9.21）　（2）HCOOH（3.74）

（3）苯酚（9.95）　（4）苯甲酸（4.21）

10. 将下列水溶液中的$[H^+]$和$[OH^-]$换算成 pH 值（25℃）：

（1）$[H^+]=0.000\,1\ mol \cdot L^{-1}$　（2）$[H^+]=2.8\times10^{-4}\ mol \cdot L^{-1}$

（3）$[H^+]=5.8\times10^{-12}\ mol \cdot L^{-1}$　（4）$[H^+]=0.20\ mol \cdot L^{-1}$

（5）$[OH^-]=7.6\times10^{-11}\ mol \cdot L^{-1}$　（6）$[OH^-]=0.015\ mol \cdot L^{-1}$

（7）$[OH^-]=1.2\times10^{-4}\ mol \cdot L^{-1}$　（8）$[OH^-]=4.3\times10^{-5}\ mol \cdot L^{-1}$

11. 计算下列溶液的 pH 值：

（1）$0.05\ mol \cdot L^{-1}$ NaAc　（2）$0.05\ mol \cdot L^{-1}$ NH_4Cl

（3）$0.05\ mol \cdot L^{-1}$ H_3BO_3　（4）$0.1\ mol \cdot L^{-1}$ NaCl

（5）$0.05\ mol \cdot L^{-1}$ $NaHCO_3$

12. 若配制 pH=10.0 的缓冲溶液 1.0 L，用去 $15\ mol \cdot L^{-1}$ 氨水 350 mL，问需要 NH_4Cl 多少克？

13. 取 25.00 mL 苯甲酸溶液，用 20.70 mL $0.100\,0\ mol \cdot L^{-1}$ NaOH 溶液滴定至化学计量点。（1）计算苯甲酸溶液的浓度；（2）求化学计量点的 pH 值。

14. 20 mL $0.20\ mol \cdot L^{-1}$ NaOH 溶液中，（1）加入 20 mL $0.20\ mol \cdot L^{-1}$ HAc 溶液；（2）加入 30 mL $0.20\ mol \cdot L^{-1}$ HAc 溶液。分别求混合溶液的 pH 值。

15. 称取无水 Na_2CO_3 基准物 0.150 0 g，标定 HCl 溶液体积 25.60 mL，计算溶液的浓度为多少？

16. 用硼砂（$Na_2B_4O_7 \cdot 10\,H_2O$）基准物质标定 HCl（约 $0.05\ mol \cdot L^{-1}$）溶液，消耗的滴定剂为 20 ~ 30 mL，应称取多少基准物质？

17. 采用 $KHC_2O_4 \cdot H_2C_2O_4 \cdot 2H_2O$ 基准物质 2.369 0 g，标定 NaOH 溶液时，消耗 NaOH 溶液的体积为 29.05 mL，计算 NaOH 溶液的浓度。

18. 滴定 0.156 0 g 草酸的试样，用去 $0.101\,1\ mol \cdot L^{-1}$ NaOH 溶液 22.60 mL。求草酸试样中 $H_2C_2O_4 \cdot 2H_2O$ 的质量分数。

$$H_2C_2O_4 + 2NaOH = Na_2C_2O_4 + 2H_2O$$

19. 分析不纯的 $CaCO_3$（其中不含干扰物质）时，称取试样 0.300 0 g，加入浓度为 $0.250\,0\ mol \cdot L^{-1}$ HCl 标准溶液 25.00 mL。煮沸除去 CO_2，用浓度为 $0.201\,2\ mol \cdot L^{-1}$ NaOH 标准溶液返滴定过量酸，消耗了 5.84 mL。计算试样中 $CaCO_3$ 的质量分数。

20. 有 Na_2CO_3 混有不与 HCl 反应的杂质，现欲测定 Na_2CO_3 含量，称这种均匀的混合物 0.501 3 g 溶于 50 mL 水中，加入 10 滴溴甲酚红-甲基红混合指示剂，用 0.500 2 mol • L^{-1} HCl 标准溶液滴定，由绿色滴至酒红色，消耗 HCl 标准溶液 16.26 mL。求混合物中 Na_2CO_3 的百分含量。

21. 取含有 Na_2CO_3 的烧碱试样 50.00 g，溶于 1 000 mL 容量瓶中定容，吸取 50.00 mL 试液两份。一份加入中性氯化钡溶液处理后用酚酞做指示剂，用 0.100 0 mol •L^{-1} HCl 标准溶液滴定至终点，消耗 HCl 标准溶液 25.00 mL；另一份用甲基橙做指示剂，消耗同浓度的 HCl 标准溶液 27.50 mL。求试样中的 Na_2CO_3 和 NaOH 的百分含量。

22. 称取混合碱试样 0.680 0 g，以酚酞为指示剂，用 0.200 0 mol • L^{-1} HCl 标准溶液滴定至终点，消耗 HCl 溶液体积 V_1=26.80 mL，然后加甲基橙指示剂滴定至终点，消耗 HCl 溶液 V_2=23.00 mL，判断混合碱的组分，并计算试样中各组分的含量。

23. 某试样 2.000 g，采用蒸馏法测氮的质量分数，蒸出的氨用 50.00 mL 0.500 0 mol • L^{-1} H_3BO_3 标准溶液吸收，然后以溴甲酚绿与甲基红为指示剂，用 0.050 0 mol • L^{-1} HCl 滴定，消耗 45 mL，计算试样中氮的质量分数。

24. 准确称取硅酸盐试样 0.108 0 g，经熔融分解，以 K_2SiF_6 沉淀后，过滤，洗涤，使之水解形成 HF，采用 0.102 4 mol • L^{-1} NaOH 标准溶液滴定，所消耗的体积为 25.54 mL，计算 SiO_2 的质量分数。

$$K_2SiO_3 + 6HF = K_2SiF_6 + 3H_2O$$

$$K_2SiF_6 + 3H_2O = 2KF + H_2SiO_3 + 4HF$$

25. 在 0.158 2 g 含不与酸作用的杂质的石灰石里加入 25.00 mL 0.147 1 mol • L^{-1} 的 HCl 溶液，充分反应后过量的酸需用 10.15 mL NaOH 溶液回滴。已知 1 mL NaOH 溶液相当于 1.032 mL HCl 溶液。求石灰石的纯度及 CO_2 的质量分数。

26. 欲检测贴有“3% H_2O_2”的旧瓶中 H_2O_2 的含量。吸取瓶中溶液 5.00 mL，加入过量 Br_2，发生下列反应：

$$H_2O_2 + Br_2 = 2H^+ + 2Br^- + O_2$$

作用 10 min 后，赶去过量的 Br_2，再以 0.316 2 mol • L^{-1} NaOH 溶液滴定上述反应产生的 H^+，需 17.08 mL 达到终点，计算瓶中 H_2O_2 的质量浓度（g/100 mL 表示）。

27. 阿司匹林即乙酰水杨酸，化学式为 $HOOCCH_2C_6H_4COOH$，其摩尔质量 M=180.16 g • mol^{-1}。现称取试样 0.250 0 g，准确加入浓度为 0.102 0 mol • L^{-1} 的 NaOH 标准溶液 50.00 mL，煮沸 10 min，冷却后需用浓度为 0.050 5 mol • L^{-1} 的 H_2SO_4 标准溶液滴定过量的 NaOH（以酚酞为指示剂），消耗 H_2SO_4 25 mL。求该试样中乙酰水杨酸的质量分数。

【阅读资料】

非水溶液中的酸碱滴定

非水溶液中的酸碱滴定是指用水以外的其他溶剂做滴定介质的一种容量分析法。因为在水溶液中，对于K_a和K_b值小于10^{-7}的弱酸和弱碱，或K_a及K_b值小于10^{-7}的弱酸盐及弱碱盐，都不能直接滴定，许多有机物在水中溶解度小，也不适应在水溶液中滴定。采用非水滴定可以大大扩展酸碱滴定的范围。

一、非水溶剂用做滴定介质的优点

（1）非水溶剂对有机化合物的溶解能力比水强。

（2）水的两性太强，能在水中滴定的酸和碱的范围很窄。

（3）水的两性和强极性使它既不能区分酸的强度，也不能区分碱的强度。

（4）本身会与水反应的某些物质只能用适宜的不含水的非水溶剂做直接滴定的介质。

二、溶剂的种类

非水溶液中的酸碱滴定使用的溶剂可以分为以下几类。

（1）两性溶剂：这类溶剂既能给出质子，有酸的性质，又能接受质子，有碱的性质，还有质子自递作用。典型的这类溶剂有甲醇、乙醇和异丙醇。

（2）酸性溶剂：这类溶剂也具有一定的两性，但这类溶剂的酸性较水强，如甲酸、冰醋酸、醋酸酐等。

（3）碱性溶剂：这类溶剂碱性较水强，易于接受质子。如乙二胺、丁胺、乙醇胺等。

（4）惰性溶剂：这类溶剂既不能给出质子，也不能接受质子。这类溶剂中质子的转移只发生在溶质分子之间，如苯、氯仿、四氯化碳、石油醚等。

在水溶液中K_a值小于10^{-7}的极弱酸不能直接滴定，却可以在碱性溶剂中直接进行滴定；在水溶液中K_b值小于10^{-7}的极弱碱不能直接滴定，却可以在酸性溶剂中直接进行滴定。

三、非水滴定的标准溶液

在非水滴定中使用的酸标准滴定溶液为高氯酸$HClO_4$的冰醋酸溶液。市售$HClO_4$含70%～72%的$HClO_4$，其余为H_2O，因此必须加乙酸酐除去水。如配制0.1 mol/L $HClO_4$的冰醋酸溶液1 L，应该取8.9 mL的市售$HClO_4$加15 mL醋酐溶解后，再用冰醋酸稀释到1 L。

$HClO_4$标准滴定溶液的标定采用邻苯二甲酸氢钾做基准物，在冰醋酸中进行滴定，以甲基紫做指示剂，颜色由蓝紫色变为黄绿色。

在非水滴定中使用的碱标准滴定溶液为甲醇钠的甲醇-苯溶液。甲醇钠由金属钠和无水甲醇反应制得。也可采用氢氧化四丁基铵的甲醇-甲苯溶液。

标定方法采用苯甲酸做基准物，指示剂为偶氮紫或百里酚蓝。偶氮紫颜色由黄色变为紫色，百里酚蓝颜色由黄色变为蓝色。

四、非水滴定应用

非水滴定主要用于在水溶液中已不能直接滴定的极弱的酸和碱。酸性物质，如高级羧酸、磺酰胺、氨基酸、酚等，都可在碱性溶剂中，用甲醇钠或氢氧化四丁基铵进行滴定。高级羧酸和氨基酸采用二甲基甲酰胺做溶剂，用氢氧化四丁基铵滴定，以百里酚蓝做指示剂，颜色由黄色变为蓝色。磺酰胺可在丁胺溶剂中，用氢氧化四丁基铵滴定，以偶氮紫做指示剂，颜色由黄色变为紫色。酚的酸性更弱，可在更强的碱性溶剂二乙胺中，以偶氮紫做指示剂，用氢氧化四丁基铵滴定。碱性物质，如胺类、生物碱、低级羧酸盐等，可在冰醋酸溶剂中或惰性溶剂氯仿中，用高氯酸进行滴定，采用甲基紫做指示剂，颜色由蓝紫色变为黄绿色。采用冰醋酸做溶剂时，滴定温度应高于 18℃，否则 $HClO_4$ 将析出。

非水滴定中，采用指示剂法确定终点有困难时，可采用电位法确定终点；或者用电位法对照来确定终点时指示剂的颜色。电位法确定滴定终点，使用玻璃电极做指示电极，甘汞电极为参比电极。

第五章

配位滴定法

【知识目标】

本章要求熟悉常用金属指示剂的选择及在 EDTA 滴定法中的应用范围；理解配位平衡中副反应对主反应的影响，理解金属指示剂的作用原理；掌握配位滴定法对配位反应的要求，掌握金属指示剂应具备的条件，掌握 EDTA 滴定法的基本原理；了解配位滴定法中滴定的 pH 条件的选择，了解 EDTA 滴定的方式，了解 EDTA 与金属离子形成配合物的特点和应用示例。

【能力目标】

通过对本章的理论知识和实验技能学习，学生能进一步熟练使用分析天平和滴定分析仪器；能熟练配制和标定 EDTA 标准溶液；能熟练应用 EDTA 法测定水的硬度或其他金属离子含量，并能正确计算和表示其分析结果；能正确处理实验测定数据；能用所学理论知识分析和解决实际问题。

第一节　概　述

在化学分析中，以配位反应为基础的滴定分析法，称为配位滴定法。

一、配位反应

能生成配位化合物的反应称为配位反应。

（一）配位滴定法对配位反应的要求

配位反应具有极大的普遍性，多数金属离子在溶液中以配离子的形式存在，但是适用于配位滴定分析的配位反应必须具备下列条件：

① 形成的配位化合物要足够的稳定；

② 配位数必须固定，即中心离子与配位剂应严格按照一定比例结合；

③ 反应要完全，反应速度要快，即按一定化学计量关系进行反应；

④ 有适当的指示剂或其他方法确定化学计量点的到达。

配位滴定法在分析中常用于测定 Ca^{2+}、Mg^{2+}、Fe^{3+}、Al^{3+}等金属离子，还能间接测定 SO_4^{2-}、PO_4^{3-}等阴离子。

从上述条件中可看出，配位反应生成的配合物必须具有足够稳定性，这样反应才能按化学计量关系进行完全。

（二）配位化合物

在 $CuSO_4$ 溶液中，加入氨水，有浅蓝色的碱式硫酸铜 $Cu_2(OH)_2SO_4$ 生成。当氨水过量时，蓝色沉淀消失，变成深蓝色溶液。在此溶液中再加入乙醇，可得到深蓝色晶体。这种深蓝色物质叫做硫酸四氨合铜（Ⅱ）$[Cu(NH_3)_4]SO_4$。

硫酸四氨合铜（Ⅱ）就是一种配位化合物，生成它的配位反应如下：

$$CuSO_4+4NH_3 \cdot H_2O = [Cu(NH_3)_4]SO_4+4H_2O$$

配位剂　　　　配合物

其组成如下图所示：

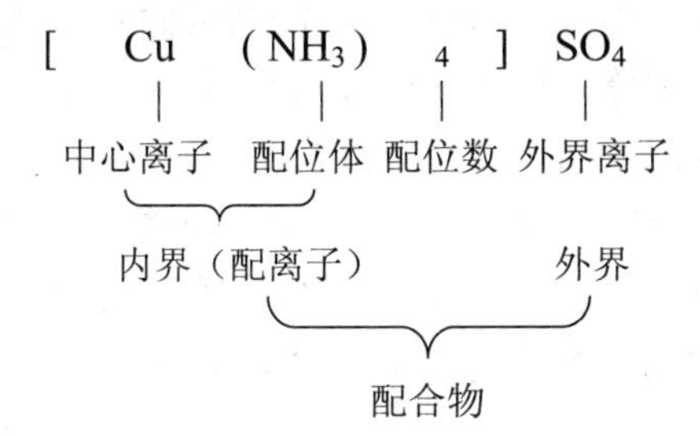

配位化合物的中心离子一般是金属离子，特别是一些过渡元素的离子（也有中性原子），结合在中心离子（原子）周围的一些中性分子或阴离子称为配位体，如上例中的 NH_3。配位体中，与中心离子（或原子）成键的原子称为配位原子，如上例中的 N 原子，常见的配位原子有 O，N，S，C 及卤素原子。只提供一个配位原子与中心离子配位的配位体称为单齿配位体，如 NH_3。提供两个或两个以上配位原子的配位体称为多齿配位体，如乙二胺（$H_2N—CH_2—CH_2—NH_2$，简称 en），是双齿配位体，乙二胺四乙酸（EDTA）则是六齿配位体。

（三）配位反应中的配位剂

配位反应中提供配位体的物质称为配位剂，配位剂可分为简单配位剂和螯合剂两类。

1．简单配位剂

无机配位剂和少数的有机配位剂，除 CN^-与 Ag^+、Cl^-与 Hg^{2+}等少数反应外，一般不用做滴定剂。其原因是：① 这类配位剂和金属离子形成的配合物大多数不够稳定，不符合配位滴定分析对配位反应的要求；② 在配位反应过程中存在逐级配位现象，且各级配合物的稳定常数相差较小，在溶液中常常同时存在多种形式的配位离子，无恒定的化学计量关系。

例如，Cu^{2+}与 NH_3 的配位反应分四级进行，存在下列四种形式：

$$Cu^{2+}+NH_3 \rightleftharpoons [Cu(NH_3)]^{2+} \rightleftharpoons [Cu(NH_3)_2]^{2+} \rightleftharpoons [Cu(NH_3)_3]^{2+} \rightleftharpoons [Cu(NH_3)_4]^{2+}$$

$$K_{稳} \quad 1.35\times10^4 \qquad 3.0\times10^3 \qquad 7.4\times10^2 \qquad 1.3\times10^2$$

其各级稳定常数相差很小，滴定时生成配合物的组成不定，化学计量关系也不恒定，所以一般不能用于滴定。

2．螯合剂

大多数有机配位剂如胺、氨羧类配位剂是多齿配位体，能提供两个或两个以上的配位原子同时与同一中心离子形成的具有环状结构的配合物，每个环都像螃蟹的螯钳，紧紧地钳住中心离子，所以将配合物形象地称为螯合物。能与金属离子形成螯合物的配位体称为螯合剂。螯合剂与金属离子的配位反应一般不存在逐级配位现象，反应时化学计量关系恒定，生成配合物的组成固定，且能与多种金属离子形成稳定的可溶性配合物。其中氨羧类配位剂，因其和大多数金属离子形成的多环螯合物的稳定性好，配位数固定，形成的配合物大多无色、易溶于水，故在配位滴定中应用较多。如乙二胺四乙酸（EDTA），乙二胺四丙酸（EDTP），环己烷二胺四乙酸（CyDTA），乙二醇二乙醚二胺四乙酸（EGTA）等，其应用最广泛的是乙二胺四乙酸，它可以直接滴定或间接滴定几十种金属离子。

二、EDTA 及其配合物

目前，结合稳定、使用最多的配合剂是氨羧类配合剂。乙二胺四乙酸是目前应用最广泛的一种配合剂。

（一）EDTA 及其二钠盐

1．化学式

乙二胺四乙酸简称 EDTA 酸或 EDTA。其结构为：

$$\begin{array}{l} HOOC-CH_2 \diagdown \qquad\qquad\qquad\qquad\qquad \diagup CH_2-COOH \\ \qquad\qquad\quad N-CH_2-CH_2-N \\ HOOC-CH_2 \diagup \qquad\qquad\qquad\qquad\qquad \diagdown CH_2-COOH \end{array}$$

2．性质

乙二胺四乙酸是多元酸，无色结晶性固体，在 240℃分解，常用 H_4Y 表示。由于该酸在水中溶解度很小（22℃时，100 mL 水能溶解 0.02 g），不溶于一般的有机溶剂，与碱金属的氢氧化物或氨水等发生中和反应，生成溶于水的盐类。因此，实际使用时，常用其二钠盐（22℃时，100 mL 水能溶解 11.1 g）做配合剂，用 $Na_2H_2Y \cdot 2H_2O$ 表示，一般也简称为 EDTA。其饱和水溶液的浓度约为 0.3 mol·L^{-1}，pH 值约为 4.5。

3．解离平衡

当 EDTA 溶解于酸度很高的水溶液中时，它的两个羧基可再接受 H^+，形成 H_6Y^{2+}，这样，EDTA 就相当于六元酸，所以，EDTA 的水溶液中存在着如下电离平衡：

$$H_6Y^{2+} \rightleftharpoons H_5Y^+ + H^+ \quad K_{a_1} = \frac{[H^+][H_5Y^+]}{[H_6Y^{2+}]} = 10^{-0.9}$$

$$H_5Y^+ \rightleftharpoons H_4Y + H^+ \quad K_{a_2} = \frac{[H^+][H_4Y]}{[H_5Y^+]} = 10^{-1.6}$$

$$H_4Y \rightleftharpoons H_3Y^- + H^+ \quad K_{a_3} = \frac{[H^+][H_3Y^-]}{[H_4Y]} = 10^{-2.0}$$

$$H_3Y^- \rightleftharpoons H_2Y^{2-} + H^+ \quad K_{a_4} = \frac{[H^+][H_2Y^{2-}]}{[H_3Y^-]} = 10^{-2.67}$$

$$H_2Y^{2-} \rightleftharpoons HY^{3-} + H^+ \quad K_{a_5} = \frac{[H^+][HY^{3-}]}{[H_2Y^{2-}]} = 10^{-6.16}$$

$$HY^{3-} \rightleftharpoons Y^{4-} + H^+ \quad K_{a_6} = \frac{[H^+][Y^{4-}]}{[HY^{3-}]} = 10^{-10.26}$$

从上式可以看出，EDTA 在水溶液中，以 H_6Y^{2+}、H_5Y^+、H_4Y、H_3Y^-、H_2Y^{2-}、HY^{3-}、Y^{4-}七种形式存在，不同酸度下，各种存在形式的浓度也不相同。通过计算可得，EDTA 在不同 pH 值时各种存在形式的分布情况如图 5-1 所示。

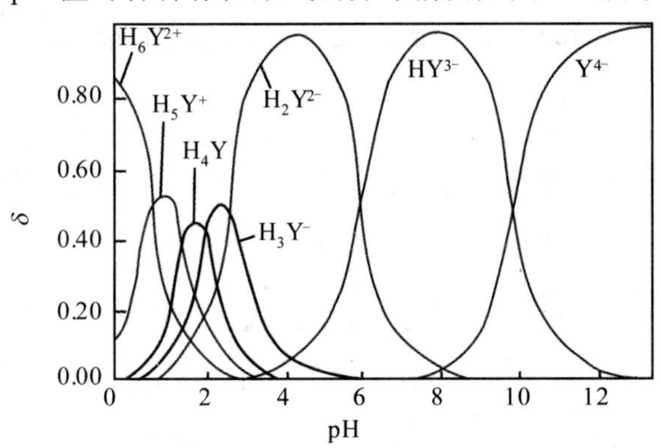

图 5-1 EDTA 各种存在形式在不同 pH 值下的分布情况

由图 5-1 可以看出，在 pH＜1 的强酸溶液中，EDTA 主要以 H_6Y^{2+}形式存在；在 pH=1～1.6 的溶液中，主要以 H_5Y^{+}形式存在；在 pH=1.6～2.0 的溶液中，主要以 H_4Y 形式存在；在 pH=2.0～2.67 的溶液中，主要以 H_3Y^{-}形式存在；在 pH=2.67～6.16 的溶液中，主要以 H_2Y^{2-}形式存在；在 pH=6.16～10.26 的溶液中，主要以 HY^{3-}形式存在；只有在 pH 值很大（≥12）时才几乎完全以 Y^{4-}形式存在。

（二）EDTA 与金属离子形成配合物的特点

EDTA 分子中具有六个可与金属离子形成配位键的原子（两个氨基氮和四个羧基氧，氮、氧原子都具有孤对电子，能与金属离子形成配位键），因此 EDTA 能与许多金属离子形成稳定的配合物。例如，EDTA 与 Ca^{2+}、Fe^{3+}的配合物结构如图 5-2 所示。

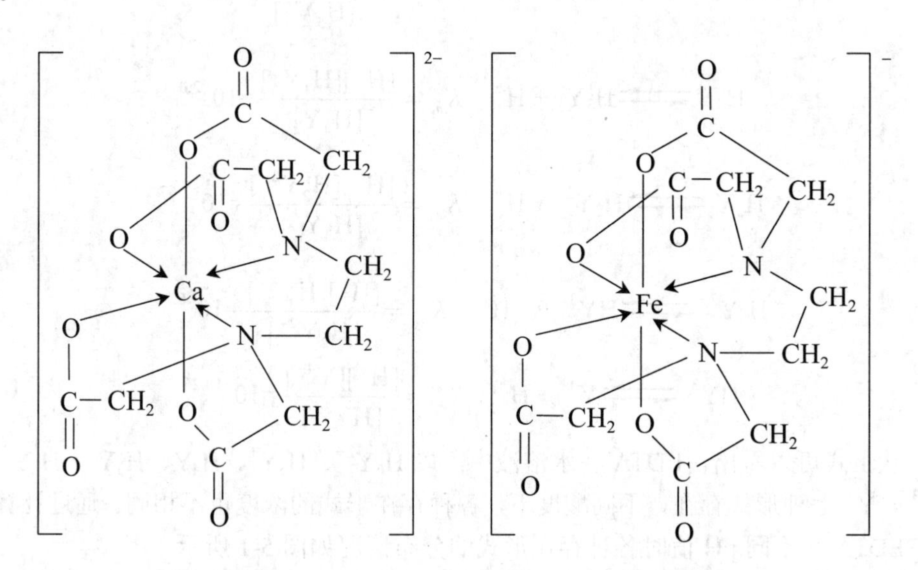

图 5-2 EDTA 与 Ca^{2+}、Fe^{3+}形成配合物的结构

EDTA 与金属离子形成配合物具有如下特点。

（1）EDTA 与多数金属离子的配合结果是生成 1∶1 的稳定配合物，反应中无逐级配位现象，定量关系明确，只有极少数金属离子[如 Zr（Ⅳ）和 Mo（Ⅵ）等]例外。

（2）它具有五个五元环（一个 $\overset{\rightarrow M \leftarrow}{N—C—C—N}$ 五环和四个 $\overset{\rightarrow M \leftarrow}{O—C—C—N}$ 五环），每一个环都像螃蟹用两只螯把中心离子钳住，相当稳定。根据对螯合物的研究知道，螯合物的稳定性与螯合环的大小和数目有关。一般来说，具有五元环或六元环的螯合物很稳定，而且形成的环愈多，螯合物愈稳定。在一定条件下，不同金属离子与 EDTA 形成的配合物都有其特定的稳定常数。其稳定性的大小，可从它的 K_{MY} 反映出来，K_{MY}越大，表示生成的配合物越稳定。常见金属离子与 EDTA 配合物的稳定常数见表 5-1。

表 5-1　EDTA 与一些常见金属离子的配合物的稳定常数

金属离子	$\lg K_{MY}$	金属离子	$\lg K_{MY}$	金属离子	$\lg K_{MY}$	金属离子	$\lg K_{MY}$
Na^{+}	1.66	Mn^{2+}	13.87	Zn^{2+}	16.50	Sn^{2+}	22.1
Li^{+}	2.79	Fe^{2+}	14.33	Pb^{2+}	18.04	Th^{4+}	23.2
Ag^{+}	7.32	La^{3+}	15.50	Y^{3+}	18.09	Cr^{3+}	23.4
Ba^{2+}	7.86	Ce^{4+}	15.98	Ni^{2+}	18.60	Fe^{3+}	25.1
Mg^{2+}	8.69	Al^{3+}	16.3	Cu^{2+}	18.80	Bi^{3+}	27.94
Sr^{2+}	8.73	Co^{2+}	16.31	Ga^{2+}	20.3	Co^{3+}	36.0
Be^{2+}	9.20	Pt^{2+}	16.31	Ti^{3+}	21.3		
Ca^{2+}	10.69	Cd^{2+}	16.46	Hg^{2+}	21.8		

注：溶液离子强度 I=0.1 mol · L^{-1}，温度为 20℃。

表 5-1 所列数据是指在不发生副反应的情况下配位反应达平衡时的稳定常数。但溶液的酸度、其他配位剂和干扰离子的存在等外界条件改变都能影响配合物的稳定性。而溶液的酸度对 EDTA 与金属离子的配合物稳定性影响尤其显著，常常是配位滴定中首先考虑的问题。

（3）EDTA 与金属离子的配合物大多带电荷，水溶性好，反应速率快。

（4）EDTA 与无色的金属离子形成无色的配合物，与有色的金属离子则形成颜色更深的螯合物，因此滴定这些离子时，试液的浓度不能过大。

（5）EDTA 几乎可以与所有金属离子形成配合物，因此，其应用非常广泛，但其选择性差。因而如何提高滴定的选择性是 EDTA 滴定中突出的问题。

上述特点说明，EDTA 与金属离子的配合反应符合滴定分析对化学反应的要求。

（三）EDTA 的配位平衡

1. 配合物的稳定常数

在 EDTA 滴定中，被测金属离子 M 与 EDTA 生成配合物 MY 的反应为主反应，即：

$M + Y \rightleftharpoons MY$（为讨论方便，反应式略去离子电荷）。

反应的平衡常数表达式为：$K_{MY}=\dfrac{[MY]}{[M][Y]}$

K_{MY}即为金属-EDTA 配合物的稳定常数，也称形成常数。对于具有相同配位数的配合物或配离子，此值越大，配合物越稳定。常见金属离子与 EDTA 形成的配合物的稳定常数 K_{MY} 见附录五。必须指出的是，如果有副反应存在，则它不能反映实际滴定过程中的真实配合物的稳定状况。

2．配位平衡中副反应对主反应的影响

在金属离子与EDTA的反应中，反应物M、Y及反应产物MY都可能与溶液中其他组分发生副反应，从而影响主反应的完全程度，造成滴定结果误差。其主、副反应关系如下：

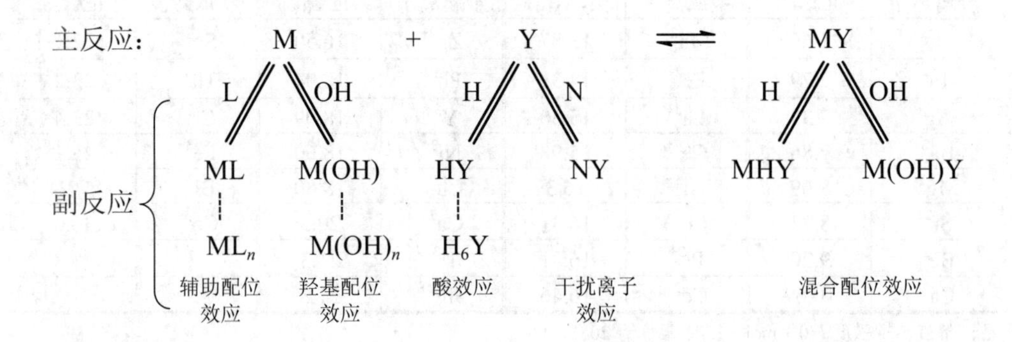

式中，N为干扰离子；L为辅助配位剂。

EDTA与H^+或干扰离子、金属离子与OH^-或辅助配位剂L发生的副反应，均不利于主反应的进行，而反应产物MY发生的副反应，有利于主反应的进行。下面着重对酸效应和配位效应加以讨论。

（1）EDTA的酸效应与酸效应系数$\alpha_{Y(H)}$。在水溶液中，EDTA有H_6Y^{2+}、H_5Y^+、H_4Y、H_3Y^-、H_2Y^{2-}、HY^{3-}和Y^{4-}七种存在形式，真正能与金属离子配位形成稳定配合物的是Y^{4-}离子。但只有当pH≥12时，EDTA才全部以Y^{4-}离子形式存在。当酸度增大时，$[Y^{4-}]$浓度降低，从而导致EDTA配位能力减弱。这种由于H^+离子与Y^{4-}离子作用而使Y^{4-}离子参与主反应能力下降的现象称为EDTA的酸效应。酸效应的大小用酸效应系数$\alpha_{Y(H)}$来衡量。

酸效应系数表示在一定pH下未参加配位反应的EDTA的各种存在形式的总浓度$[Y']$与能参加配位反应的Y^{4-}的平衡浓度之比。即：

$$\alpha_{Y(H)}=\frac{[Y']}{[Y^{4-}]} \tag{5-1}$$

$$[Y']=[Y^{4-}]+[HY^{3-}]+[H_2Y^{2-}]+[H_3Y^-]+[H_4Y]+[H_5Y^+]+[H_6Y^{2+}]$$

$$\alpha_{Y(H)}=\frac{[Y^{4-}]+[HY^{3-}]+[H_2Y^{2-}]+[H_3Y^-]+[H_4Y]+[H_5Y^+]+[H_6Y^{2+}]}{[Y^{4-}]}$$

$$=1+\frac{[H^+]}{K_6}+\frac{[H^+]^2}{K_6K_5}+\frac{[H^+]^3}{K_6K_5K_4}+\frac{[H^+]^4}{K_6K_5K_4K_3}+\frac{[H^+]^5}{K_6K_5K_4K_3K_2}+\frac{[H^+]^6}{K_6K_5K_4K_3K_2K_1} \tag{5-2}$$

由上式可以看出，在温度一定时，$\alpha_{Y(H)}$是$[H^+]$的函数。酸度越大，$\alpha_{Y(H)}$值越大，表示酸效应引起的副反应越严重。当 pH≥12 时，[Y]≈[Y′]，$\alpha_{Y(H)}$≈1，几乎无副反应发生。不同 pH 下，lg$\alpha_{Y(H)}$值见表 5-2。表中不能直接查到的数据，可采用内插法求得。

表 5-2　不同 pH 时的 lg$\alpha_{Y(H)}$

pH	lg$\alpha_{Y(H)}$	pH	lg$\alpha_{Y(H)}$	pH	lg$\alpha_{Y(H)}$	pH	lg$\alpha_{Y(H)}$	pH	lg$\alpha_{Y(H)}$
0.0	23.64	2.4	12.19	4.8	6.84	7.0	3.32	9.4	0.92
0.4	21.32	2.8	11.09	5.0	6.45	7.4	2.88	9.8	0.59
0.8	19.08	3.0	10.60	5.4	5.69	7.8	2.47	10.0	0.45
1.0	18.01	3.4	9.70	5.8	4.98	8.0	2.27	10.5	0.20
1.4	16.02	3.8	8.85	6.0	4.65	8.4	1.87	11.0	0.07
1.8	14.27	4.0	8.44	6.4	4.06	8.8	1.48	12.0	0.01
2.0	13.51	4.4	7.64	6.8	3.55	9.0	1.28	13.0	0.00

（2）金属离子的配位效应与配位效应系数α_M。当溶液中存在其他配位剂 L 时，M 与 L 发生副反应，由于 L 的存在使 M 参加主反应能力降低的现象称为配位效应，其大小用配位效应系数$\alpha_{M(L)}$表示。设[M]为游离金属离子的浓度，[M′]为 M 未与 Y 配位的 M 各种存在形式的总浓度：

$$\alpha_{M(L)}=\frac{[M']}{[M]}=\frac{[M]+[ML]+[ML_2]+\cdots+[ML_n]}{[M]} \tag{5-3}$$

另外，在配位滴定中，还存在金属离子的水解效应、干扰离子效应和混合配位效应等，由于对主反应影响相对较小，在此不予讨论。

（3）条件稳定常数。在没有副反应发生时，M 与 Y 反应进行程度可用稳定常数 K_{MY} 表示，K_{MY} 值越大，配合物越稳定。但实际上由于副反应的存在，K_{MY} 值已不能反映主反应进行的程度，因此，引入条件稳定常数表示有副反应发生时主反应进行的程度。

$$K_{MY}=\frac{[MY]}{[M][Y]} \qquad \text{稳定常数}$$

$$K'_{MY}=\frac{[MY']}{[M'][Y']} \qquad \text{条件稳定常数}$$

$$K'_{MY}=\frac{\alpha_{MY}[MY]}{\alpha_M[M]\cdot\alpha_Y[Y]}=K_{MY}\cdot\frac{\alpha_{MY}}{\alpha_M\alpha_Y}$$

$$\lg K'_{MY}=\lg K_{MY}-\lg\alpha_M-\lg\alpha_Y+\lg\alpha_{MY} \tag{5-4}$$

在一定条件下，α_M、α_Y和α_{MY}均为定值，因此K'_{MY}是个常数，它是用副反应系数校正后的实际稳定常数。因α_{MY}在多数计算中可忽略不计，则：

$$\lg K'_{MY} = \lg K_{MY} - \lg\alpha_M - \lg\alpha_Y \tag{5-5}$$

影响配合滴定主反应完全程度的因素很多，但主要影响因素是 EDTA 的酸效应。因此要使滴定反应完全，必须控制适宜的 pH 条件。

第二节　金属指示剂

在配位滴定中，常用指示剂来判断滴定终点。由于指示剂是用来指示化学计量点附近金属离子浓度的变化情况的，故称之为金属离子指示剂，简称金属指示剂。

一、金属指示剂的作用原理

金属指示剂（In）是一种有色的配合剂，而且多数是多元酸或多元碱，在不同 pH 时，其本身存在的型体和颜色也不相同。在适宜的酸度范围内，它能与金属离子（M）形成一种与指示剂本身颜色有显著差别的有色配合物（MIn）。

$$\underset{\text{甲色}}{In + M} \rightleftharpoons \underset{\text{乙色}}{MIn}$$

例如，常用金属指示剂铬黑 T（EBT）在水溶液中，当 pH＜6 时，本身为红色，当 pH＞12 时，本身为橙色，而铬黑 T 与金属离子形成的配合物（M-EBT）的颜色为酒红色。在此 pH 范围游离指示剂的颜色与配合物（M-EBT）的颜色没有显著的差别。而试验显示其 pH 在 8～11 时，在水溶液中游离指示剂的颜色显蓝色，配合物（M-EBT）的颜色为酒红色。

因此，金属指示剂只能在其颜色与 MIn 有明显区别范围内使用，在使用金属指示剂时必须注意选用合适的 pH 范围。

现以 EDTA 滴定 Mg^{2+}（pH=10），以铬黑 T 做指示剂为例，说明金属指示剂的变色原理。在 pH 8～11 范围内，铬黑 T 显纯蓝色，与 Mg^{2+}配合后生成酒红色的配合物。

$$\underset{\text{纯蓝色}}{EBT + Mg^{2+}} \rightleftharpoons \underset{\text{酒红色}}{Mg\text{-}EBT}$$

随着 EDTA 的滴加，溶液中游离的 Mg^{2+}逐步被 EDTA 配合生成无色 MgY，而整个溶液仍呈酒红色，到接近终点时，游离的 Mg^{2+}几乎被 EDTA 全部配合完。又由于 Mg-EBT 配合物不如 MgY 配合物稳定，再继续滴加 EDTA 时，EDTA 便夺取 Mg-EBT 中的 Mg^{2+}，从而使指示剂铬黑 T 游离出来，呈现 EBT 本色（纯蓝色）。

$$Mg\text{-}EBT + Y \rightleftharpoons MgY + EBT$$

酒红色 纯蓝色

即溶液由酒红色变为纯蓝色，指示滴定终点到达。

二、金属指示剂应具备的条件

从金属指示剂变色原理可知，作为金属指示剂必须具备以下条件：

（1）金属指示剂与金属离子形成的配合物的颜色应与金属指示剂本身的颜色有明显的差别，这样终点时的颜色变化才明显。

（2）金属指示剂与金属离子形成的配合物要有适当的稳定性。如果稳定性不够大，则未到化学计量点时 MIn 就会分解，使终点会提前到来。但稳定性又必须小于该金属离子与 EDTA 形成配合物的稳定性，以免到达计量点时 EDTA 仍不能将指示剂取代出来，不发生颜色变化，终点延后。一般要求二者稳定性应相差 100 倍以上，即 $\lg K'_{MY} - \lg K'_{MIn} > 2$。

（3）金属指示剂与金属离子之间的反应要灵敏、迅速，变色的可逆性好。

此外，金属指示剂还应具有一定的选择性（在一定条件下，只对某一种或某几种离子发生显色反应），易溶于水，比较稳定，便于贮存和使用。

三、指示剂的封闭与僵化

1．指示剂的封闭现象

在配位滴定时，金属指示剂与某些金属离子形成配合物（MIn），比相应的金属离子与 EDTA 形成配合物（MY）稳定，即 $K'_{MIn} > K'_{MY}$，而不能被 EDTA 置换，则溶液一直呈现 MIn 的颜色，即使到了化学计量点也不变色，这种现象称为指示剂的封闭现象。例如在 pH=10 时，以铬黑 T 为指示剂滴定 Ca^{2+}、Mg^{2+}总量时，Al^{3+}、Fe^{3+}等会封闭铬黑 T 致使终点无法确定。在实验中，往往由于试剂或蒸馏水的质量差，含有微量的上述离子使得指示剂失效。解决的办法是加入掩蔽剂，使干扰离子生成更稳定的配合物，从而不再与指示剂作用。

2．指示剂的僵化现象

有些金属指示剂或金属指示剂配合物在水中的溶解度太小，生成胶体溶液或沉淀，就会影响颜色反应的可逆性，使得滴定剂 EDTA 与金属指示剂配合物 MIn 交换缓慢，终点拖长，这种现象称为指示剂僵化。解决的办法是加入有机溶剂或加热以增大其溶解度。如用 PAN[1-(2-吡啶偶氮)-2-萘酚]做指示剂时，经常加入酒精或在加热下滴定。

3．使用金属指示剂时应注意的问题

（1）指示剂的氧化变质现象。金属指示剂大多为具有若干双键的有色化合物，

易被日光、氧化剂、空气所分解，在水溶液中多不稳定，日久会变质。

（2）指示剂发生分子聚合而失效。有些金属指示剂可用中性盐（如 NaCl 固体等）混合配成固体混合物且较稳定，保存时间较长。如果需配制成溶液，应现用现配，并在金属指示剂溶液中，加入防止其变质的试剂。例如，在铬黑 T 溶液中加入三乙醇胺防止其发生分子聚合、加入盐酸羟胺或抗坏血酸等可防止其氧化。

四、常见金属指示剂

（一）铬黑 T

简称 EBT，其化学名称为 1-(1-羟基-2-萘偶氮基)-6-硝基-2-萘酚-4-磺酸钠。

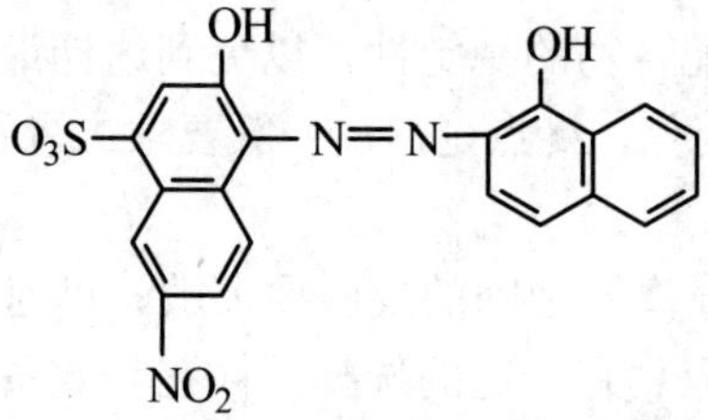

OH　OH　O_3S　N=N　NO_2

铬黑 T 的钠盐为褐色粉末，带有金属光泽，使用时最适宜 pH 值范围是 9～10.5，在此 pH 条件下，可用 EDTA 直接测 Mg^{2+}、Zn^{2+}、Cd^{2+}、Pb^{2+}、Hg^{2+}等离子，它与这些离子生成酒红色配合物，当用 EDTA 滴定时，溶液由酒红色变为纯蓝色，即为终点。一般滴定 Ca^{2+}、Mg^{2+}总量时也常用铬黑 T 做指示剂。配制方法有两种，一是 0.5 g EBT 加 20 mL 三乙醇胺用水稀释到 100 mL 得指示剂溶液；二是用 1∶100 的 EBT 和 NaCl 混合研细混匀得固态指示剂。

（二）二甲酚橙

简称 XO，其化学名称为 3,3′-双[*N*,*N*′-二(羧甲基)-氨甲基]-邻甲酚磺酞。

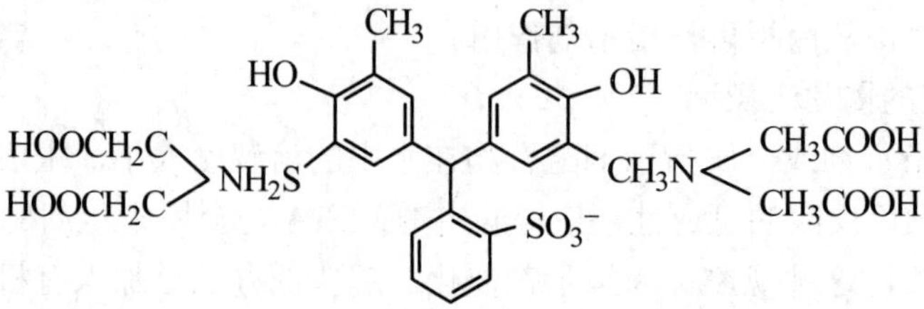

CH_3　CH_3　HO　OH　$HOOCH_2C$　$HOOCH_2C$　NH_2S　CH_3N　CH_3COOH　CH_3COOH　SO_3^-

二甲酚橙为紫色结晶，易溶于水，在 pH＜6.4 时，二甲酚橙为黄色，pH＞6.4 时，二甲酚橙为红色，二甲酚橙的配合物为紫红色。所以，只有在 pH＜6.4 时，二甲酚橙自身的颜色才与配合物颜色有明显区别。在 pH＜1 时 ZrO^{2+}，pH=1～3.5 时 Bi^{3+}、Th^{4+}，pH=5～6 时 Tl^{3+}、Zn^{2+}、Pb^{2+}、Cd^{2+}、Hg^{2+}等离子，都可以二甲酚橙做指示剂，用 EDTA 标准溶液直接滴定。通常将二甲酚橙配制成 5 g • L^{-1} 的水溶液。需要注意的是，Fe^{3+}、Al^{3+}、Ni^{2+}、Ti^{4+}等离子封闭 XO。

（三）钙指示剂

简称 NN，化学名称为 2-羟基-1-(2-羟基-4-磺酸基-1-萘偶氮)-3-萘甲酸。

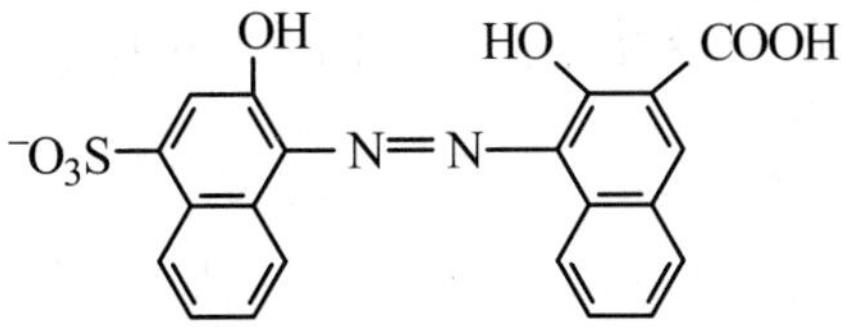

钙指示剂为黑色粉末，在 pH 值为 12～13 的条件下，它与 Ca^{2+}生成红色配合物，因此在 Ca^{2+}、Mg^{2+}离子混合液中测 Ca^{2+}离子时，首先把溶液的酸度控制在 pH≥12，使 Mg^{2+}生成 $Mg(OH)_2$ 沉淀，从溶液中除去，再加钙指示剂，到达滴定终点时，溶液由红色变为蓝色。NN 在固态时很稳定，在水溶液、乙醇溶液中均不稳定，实际应用时，常用 1∶100 的 NN 和 NaCl 混合研细混匀得固态指示剂，称之为钙红。

（四）酸性铬蓝 K

化学名称为 1,8-二羟基-2-(2-羟基-5-磺酸基-1-偶氮苯)-3,6-二磺酸萘钠。

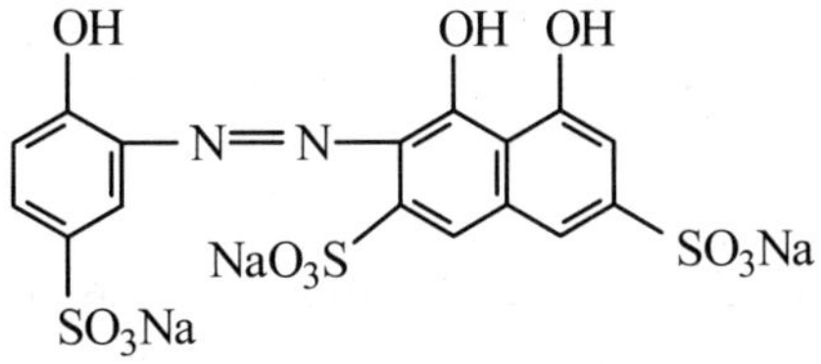

适宜酸度范围为 pH 值为 8～13，水溶液在 pH＜7 时呈玫瑰红色，在 pH 值为 8～13 时呈蓝色，在碱性溶液中与 Ca^{2+}、Mg^{2+}、Zn^{2+}、Mn^{2+}等形成红色配合物，对 Ca^{2+}的效果比铬黑 T 好。为了提高终点的敏锐性，通常将酸性铬蓝 K 与萘酚绿 B 混合（1∶2～2.5）使用，简称 KB 指示剂。萘酚绿 B 不变色，其衬托酸性铬蓝 K 变色。KB 指示剂在 pH=10 时可用于测定 Ca^{2+}、Mg^{2+}总量，在 pH=12.5 时可以单独测定 Ca^{2+}。将 KB 指示剂与固体 NaCl 或 KNO_3 等中性盐配成（1∶100）固体混合物，可长期保存。

第三节 配位滴定法的基本原理

一、滴定曲线

一般情况下，EDTA 的与金属离子 M 之间的配位比为 1∶1，则计量关系：

$$c_1V_1=c_2V_2$$

在配位滴定中，滴定曲线是以 pM 值（pM=−lg[M]）为纵坐标，以 EDTA 的加入量为横坐标。它反映了被滴定离子随配位剂的加入而变化的规律。其过程和酸碱滴定相似，现以 0.010 00 mol·L^{-1} EDTA 滴定 0.010 00 mol·L^{-1} Ca^{2+}分为四个阶段为例，讨论滴定过程中配位剂的加入量与待测金属离子浓度间的变化关系。见表 5-3。

表 5-3 pH=12 时，以 0.010 00 mol·L^{-1} EDTA 滴定 0.010 00 mol·L^{-1} Ca^{2+}过程 pCa 值计算

滴定过程	加入 EDTA 溶液		$[Ca^{2+}]$的计算公式	pCa=−lg$[Ca^{2+}]$
	mL	%		
滴定前	0.00	0	$[Ca^{2+}]=c(Ca^{2+})$	2.0
滴定开始至化学计量点前	19.98	99.9	依溶液体积变化求剩余的$[Ca^{2+}]$：$[Ca^{2+}]=0.010\,00\times\dfrac{20.00-19.98}{20.00+19.98}$ $=5.0\times10^{-6}$ mol·L^{-1}	5.3
化学计量点时	20.00	100	根据平衡关系求 $[Ca^{2+}]$：$[Ca^{2+}]=\sqrt{[CaY]/K'_{CaY}}$ $=5.3\times10^{-7}$ mol·L^{-1}	6.3
化学计量点后	20.02	100.1	溶液中$[Y]_{总}$由过量的 EDTA 决定。然后，根据平衡常数式求$[Ca^{2+}]$：$[Ca^{2+}]=\dfrac{[CaY]}{[Y]K'_{CaY}}=\dfrac{0.005\,000}{5.0\times10^{-6}\times1.8\times10^{10}}$ $=5.6\times10^{-8}$ mol·L^{-1}	7.3

将计算数据列表（表 5-4），并绘制滴定曲线，如图 5-3 所示。

表 5-4 0.010 00 mol·L^{-1} EDTA 滴定 20.00 mL 0.010 00 mol·L^{-1} Ca^{2+}的计算数据

加入 EDTA 量		被滴定 Ca^{2+}/%	过量 EDTA/%	$[Ca^{2+}]$/(mol·L^{-1})	pCa
体积/mL	相当于 Ca^{2+}/%				
0.00	0.0			0.01	2.0
18.00	90.0	90.0		5.3×10^{-4}	3.3
19.80	99.0	99.0		5.0×10^{-5}	4.3
19.98	99.9	99.9		5.0×10^{-6}	5.3
20.00	100.0	100.0		5.3×10^{-7}	6.3
20.02	100.1		0.1	5.6×10^{-8}	7.3
20.20	101.0		1.0	5.6×10^{-9}	8.3
22.00	110.0		10.0	5.6×10^{-10}	9.3
40.00	200.0		100.0	5.6×10^{-11}	10.3

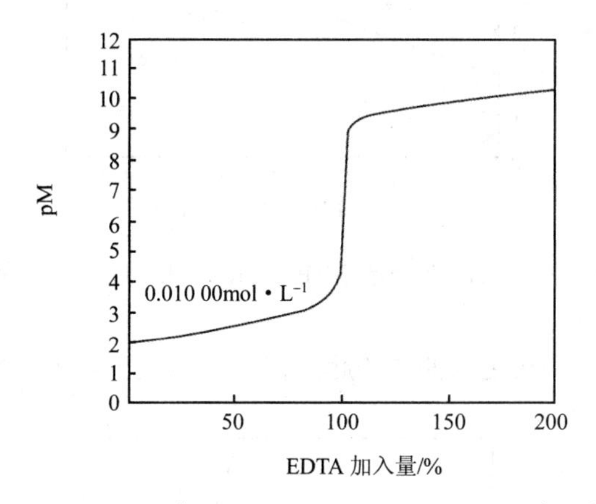

图 5-3 0.010 00 mol·L^{-1} EDTA 滴定 0.010 00 mol·L^{-1} Ca^{2+}的滴定曲线

二、滴定突跃范围

由图 5-3 可知，当加入 EDTA 的量为 99.9%～100.1%时，滴定曲线 pCa 值由 5.3 变为 7.3，pCa 值产生突跃，突跃范围为 2.0 个 pM 单位。这种现象和酸碱滴定在化学计量点附近的 pH 值突跃相类似。在配位滴定中，同酸碱滴定一样，都希望滴定曲线有较大的突跃，以利于提高滴定的准确度。从理论上讲，配位滴定终点的确定是利用金属指示剂在 pM′突跃范围中变色来实现，在指示剂的选择上，应尽量使指示剂的 $\lg K'_{MIn}$ 与 pM'_{ep} 一致，但由于金属指示剂的变色点没有一个确定值，其变色点是随被测金属离子以及测定时酸度控制等条件而变化，所以配位滴定曲线仅能说明不同酸度时，金属离子浓度在滴定过程中的变化情况，在指示剂的选择上不具有实际意义。目前选用的金属指示剂都是通过实验确定的。

通过对 EDTA 滴定突跃曲线的研究可知，影响配位滴定突跃大小的因素有以下几个方面。

主要因素是条件稳定常数 K'_{MY} 和金属离子的浓度 c_M。

（1）条件稳定常数，主要取决于溶液的酸度，酸度减小，K'_{MY} 增大，酸效应系数减小，突跃范围增大（图 5-4）。

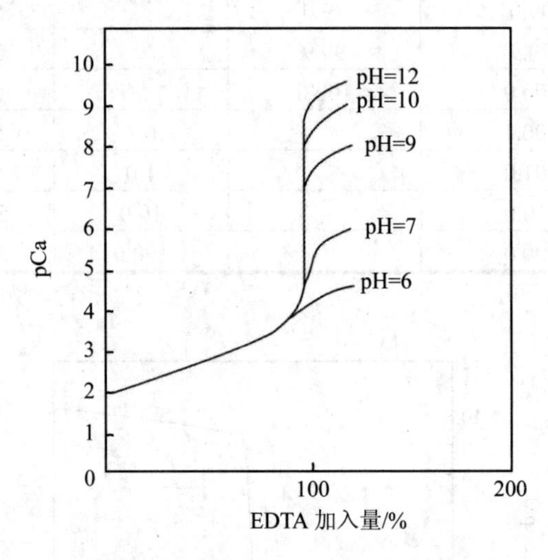

图 5-4　0.010 00 mol · L^{-1} EDTA 滴定 0.010 00 mol · L^{-1} Ca^{2+}时不同酸介质滴定曲线

（2）金属离子浓度，决定了曲线的起始位置，c_M 越大，突跃范围越大（图 5-5）。

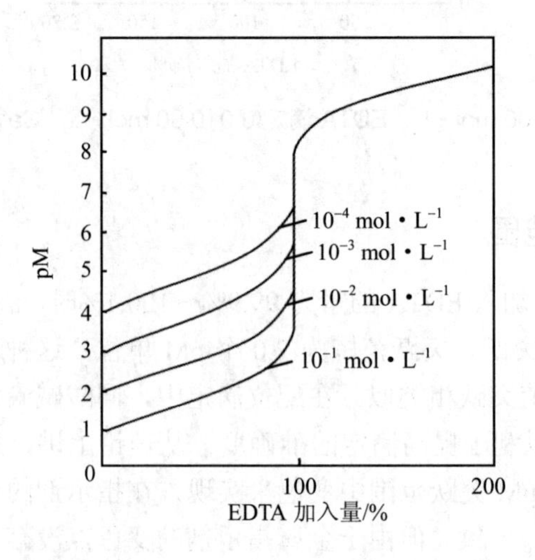

图 5-5　不同浓度 EDTA 与 M 的滴定曲线

三、配位滴定中酸度的控制

在配位滴定中适宜酸度的控制是由 EDTA 的酸效应和金属离子的羟基配位效应决定的。根据酸效应可确定滴定时允许的最高酸度，根据羟基配位效应可确定滴定时允许的最低酸度，从而得出滴定时适宜的酸度范围。

根据有关经验公式可知，要准确滴定某一种金属离子，必须满足：

$$\lg c_{\mathrm{M}} K'_{\mathrm{MY}} \geqslant 6 \tag{5-6}$$

在配位滴定中若只有 EDTA 的酸效应而没有其他副反应，根据条件稳定常数关系式，则有：

$$\lg K'_{\mathrm{MY}} = \lg K_{\mathrm{MY}} - \lg \alpha_{\mathrm{Y(H)}} \tag{5-7}$$

$$\lg c_{\mathrm{M}} + \lg K_{\mathrm{MY}} - \lg \alpha_{\mathrm{Y(H)}} \geqslant 6$$

当 $c_{\mathrm{M}}=0.01\ \mathrm{mol \cdot L^{-1}}$ 时可得：$\lg \alpha_{\mathrm{Y(H)}} \leqslant \lg K_{\mathrm{MY}} - 8$　　(5-8)

由上式可计算出 $\lg \alpha_{\mathrm{Y(H)}}$。此时，表中 $\lg \alpha_{\mathrm{Y(H)}}$ 所对应的 pH 值即最低 pH 值，也就是最高酸度。

将计算出的用 EDTA 滴定各种金属离子时的最低 pH 值标注在 EDTA 的酸效应曲线上（图 5-6），供实际工作时参考。

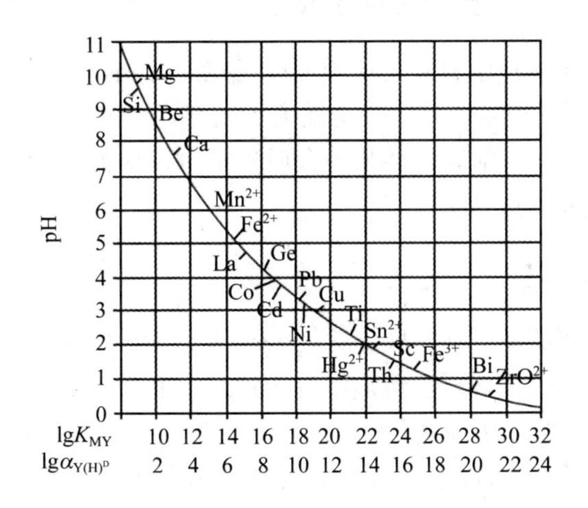

金属离子浓度 $\mathrm{mol \cdot L^{-1}}$，允许测定的相对误差为±0.1%。

图 5-6　EDTA 的酸效应曲线

pH 值越大，EDTA 的酸效应越弱，$\lg K'_{\mathrm{MY}}$ 增大，滴定的突跃范围增大，有利于滴定反应的进行。但随着 pH 值的增大，金属离子可能会发生水解，生成多羟基配合物，甚至生成氢氧化物沉淀，影响滴定反应的进行。因此，在没有辅助配位剂存在时，准确滴定某一金属离子的最低酸度（最大 pH 值）通常由金属离子氢氧化物的溶度积常数粗略求得。

【例 5-1】 计算用 0.02 mol·L^{-1} EDTA 滴定 0.02 mol·L^{-1} Fe^{3+}离子溶液时的适宜酸度范围。

解：$c(Fe^{3+})=0.02\ mol \cdot L^{-1}$

查表：$\lg K_{FeY}=25.1$

由式：$\lg c_M+\lg K_{MY}-\lg\alpha_{Y(H)}\geqslant 6$

可得：$\lg\alpha_{Y(H)}\leqslant \lg c_M+\lg K_{MY}-6=\lg 0.02+25.1-6=17.4$

查表 5-2，用内插法求得滴定 0.02 mol·L^{-1} Fe^{3+}溶液允许的最高酸度，即：

$$pH>1.2$$

根据金属离子氢氧化物的溶度积常数求得 Fe^{3+}溶液允许的最低酸度：

查表：$K_{sp}=3.5\times10^{-38}$

$$[OH^-]=\sqrt[3]{\frac{K_{sp}}{[Fe^{3+}]}}=\sqrt[3]{\frac{3.5\times10^{-38}}{0.02}}=1.2\times10^{-12}$$

即：pH=14−11.9=2.1

滴定 Fe^{3+}离子溶液时的适宜酸度范围为 pH=1.2～2.1。

四、提高配位滴定选择性的方法

由于 EDTA 能与多种金属离子作用形成稳定配合物，而得到广泛应用。但在实际分析工作中，被测试样多数是几种金属离子共存，滴定时会产生相互干扰，因此，在测定某一金属离子或分别滴定某几种金属离子时，如何消除共存离子的干扰成为配位滴定中要解决的重要问题。

（一）控制溶液酸度

当滴定某一种金属离子时，只要满足 $\lg c_M K'_{MY}\geqslant 6$ 的条件，就可以准确地进行滴定，其相对误差≤±0.1%。当溶液中有两种以上的金属离子共存时，其是否相互干扰，和相邻两种金属离子（M、N）与 EDTA 形成配合物的稳定性 K 及浓度 c 有关。如果待测离子配合物的 K'_{MY} 越大，离子配合物的 K'_{NY} 越小；待测离子的浓度 c_M 越大，离子的浓度 c_N 越小，则在离子 N 的存在下准确滴定待测离子 M 的可能性就越大。一般情况下离子 N 不干扰离子 M 的测定要求是：

$$\frac{c_M K'_{MY}}{c_N K'_{NY}}\geqslant 10^5$$

或

$$\lg c_M K'_{MY}-\lg c_N K'_{NY}\geqslant 5 \qquad (5\text{-}9)$$

当 $c_M=c_N$ 时，则：

$$\lg K'_{MY}-\lg K'_{NY}\geqslant 5 \qquad (5\text{-}10)$$

因此，在混合离子的溶液中，既要准确滴定金属离子 M，又要求金属离子 N 不干扰，必须同时满足式（5-10）和 $\lg c_M K'_{MY}\geqslant 6$ 的要求。

当溶液中有两种以上的金属离子 M、N 共存时，在满足 $\lg c_M K'_{MY}\geqslant 6$ 和 $\lg K'_{MY}-\lg K'_{NY}\geqslant 5$ 的要求时，可认为金属离子 M、N 相互无干扰，这时可通过控制酸度依次测出各组分的含量。首先被测定的应是 K_{MY} 最大的那种金属离子。可通过计算确定 K_{MY} 最大的金属离子测定的 pH 范围（在此 pH 范围，只有该种金属离子与 EDTA 形成配合物，其他金属离子与 EDTA 不配位），选择指示剂，按照与单组分测定相同的方式进行测定，其他离子依此类推。

在实际操作中，常用缓冲溶液来控制溶液酸度。如果两种金属离子与 EDTA 形成配合物的稳定性相近，则它们适宜滴定的酸度范围就会很接近，无法利用控制酸度将它们分别滴定。这就要采取其他办法来消除相互干扰，最常用的办法是加入掩蔽剂。

（二）掩蔽与解蔽

利用掩蔽剂与干扰离子反应，降低干扰离子的浓度，使其不与 EDTA 配合，从而消除干扰影响。但应注意这种方法只适合于有少量的干扰离子存在的情况，否则效果不理想。

掩蔽方法可分为配位掩蔽法、沉淀掩蔽法和氧化还原掩蔽法等，其中应用最多的是配位掩蔽法。

1. 配位掩蔽法

利用干扰离子与掩蔽剂形成稳定配合物的反应来排除干扰离子的方法。例如，用 EDTA 滴定水中的 Ca^{2+}、Mg^{2+}以测定水的硬度时，Fe^{3+}、Al^{3+}存在干扰。可先往水样中加入三乙醇胺，使 Fe^{3+}、Al^{3+}与之生成稳定的配合物，然后再调溶液 pH=10，测定水的硬度，这时，Fe^{3+}、Al^{3+}被三乙醇胺掩蔽而不会再发生干扰。

又如，在 Al^{3+}和 Zn^{2+}共存时，可用 NH_4F 掩蔽 Al^{3+}，使其生成稳定的 AlF_6^{3-}配离子，在 pH=5～6 的酸度下，可用 EDTA 滴定 Zn^{2+}而不受 Al^{3+}干扰。

由以上可以看出，用做配位掩蔽剂的物质必须具备以下条件：

（1）干扰离子与掩蔽剂形成的配合物的稳定性要远远大于干扰离子与 EDTA 形成的配合物的稳定性，且形成的配合物应为无色或浅色，不影响终点的判断。

（2）待测离子不与掩蔽剂发生配位反应，即使发生配位反应，其形成的配合物的稳定性也要远小于待测离子与 EDTA 配合物的稳定性。

（3）在使用掩蔽剂时，除了掩蔽剂的适用酸度范围应符合滴定要求的酸度范围外，还应注意掩蔽剂的性质、加入时的条件及加入量等。例如，KCN 是剧毒物，若将其加入酸性溶液中，则产生 HCN 剧毒性气体，对操作人员有严重的危害，因此，只允许在碱性溶液中使用。而滴定废液必须用 Na_2CO_3 和 $FeSO_4$ 处理。而在用三乙醇胺掩蔽 Fe^{3+}时，应在酸性溶液中加入，然后再碱化，否则 Fe^{3+}将生成沉淀而不能进行配位掩蔽。一些常见的配位掩蔽剂见表 5-5。

表 5-5 一些常见的配位掩蔽剂

掩蔽剂	pH 范围	被掩蔽离子	应用
KCN	＞8	Ag^{+}、Cu^{2+}、Cd^{2+}、Co^{2+}、Fe^{2+}、Hg^{2+}、Ni^{2+}、Zn^{2+}、Tl^{+}及 Pt 族	滴定 Pb^{2+}、Mn^{2+}、Ba^{2+}、Sr^{2+}、Ca^{2+}、Mg^{2+}等
NH_4F（比 NaF 好，加入后溶液 pH 变化不大）	4～6	Al^{3+}、Sn^{4+}、W^{6+}、Ti^{4+}、Zn^{2+}等	滴定 Pb^{2+}、Mn^{2+}、Cu^{2+}、Cd^{2+}、Zn^{2+}等
	10	Al^{3+}、Ca^{2+}、Mg^{2+}、Ba^{2+}、Sr^{2+}等	滴定 Mn^{2+}、Cu^{2+}、Cd^{2+}、Zn^{2+}、Co^{2+}、Ni^{2+}等
二巯基丙醇	10	Ag^{+}、Hg^{2+}、Cd^{2+}、Zn^{2+}、Sn^{4+}、As^{3+}、Bi^{3+}、Pb^{2+}等	滴定 Ca^{2+}、Mg^{2+}
三乙醇胺	10	Al^{3+}、Fe^{3+}、Sn^{4+}、Ti^{4+}	滴定 Mg^{2+}、Cd^{2+}、Zn^{2+}、Pb^{2+}等
	11～12	Al^{3+}、Fe^{3+}及少量 Mn^{2+}	滴定 Ca^{2+}、Mg^{2+}、Cd^{2+}、Ni^{2+}、Zn^{2+}
三乙醇胺+KCN	10	Fe^{3+}、Mn^{2+}	滴定 Ca^{2+}、Mg^{2+}
邻二氮杂菲	5～6	Cu^{2+}、Cd^{2+}、Co^{2+}、Hg^{2+}、Ni^{2+}、Zn^{2+}、Mn^{2+}	滴定 Al^{3+}、Pb^{2+}、Bi^{3+}等
硫脲	5～6	Cu^{2+}、Hg^{2+}	滴定 Zn^{2+}（二甲酚橙）
酒石酸	1.5～2	Sn^{4+}、Sb^{3+}、Cr^{3+}等	滴定 Cu^{2+}、Bi^{3+}、Pb^{2+} Fe^{3+}、Mn^{2+}等
	10	Al^{3+}、Fe^{3+}、Sn^{4+}、Sb^{3+}、Bi^{3+}等	滴定 Ca^{2+}、Mg^{2+}、Zn^{2+}、Cd^{2+}、Pb^{2+}、Mn^{2+}等

2. 沉淀掩蔽法

利用掩蔽剂与干扰离子形成沉淀，使干扰离子的浓度降低，在不分离沉淀的情况下直接进行滴定的方法。例如，在 Ca^{2+}、Mg^{2+}共存时，加入 NaOH 溶液，使 pH＞12，则 Mg^{2+}生成 $Mg(OH)_2$ 沉淀，可以用 EDTA 滴定 Ca^{2+}。

用于沉淀掩蔽法的沉淀反应必须具备以下条件：

（1）生成的沉淀溶解度要小，反应完全；

（2）生成的沉淀应是无色或浅色的，不影响终点判断；

（3）生成的沉淀应致密，最好是晶形沉淀，吸附作用很小。

由于一般的沉淀难以满足上述条件，所以，沉淀掩蔽法在实际应用中有一定的局限性。一些常用的沉淀掩蔽剂见表 5-6。

表 5-6 一些常用的沉淀掩蔽剂

掩蔽剂	pH 范围	被掩蔽离子	待测离子	指示剂
OH^-	12	Mg^{2+}	Ca^{2+}	钙指示剂
NH_4F	10	Mg^{2+}、Ca^{2+}、Ba^{2+}、Sr^{2+}、Al^{3+}、Ti^{4+}及稀土	Cu^{2+}、Co^{2+}、Ni^{2+}	紫尿酸铵
			Cd^{2+}、Zn^{2+}、Mn^{2+}（有还原剂存在）	铬黑 T
K_2CrO_4	10	Ba^{2+}	Sr^{2+}	铬黑 T+MY
H_2SO_4	1	Pb^{2+}	Bi^{3+}	二甲酚橙
$K_4[Fe(CN)_6]$	5～6	微量 Zn^{2+}	Pb^{2+}	二甲酚橙
铜试剂或 NaS	10	Cu^{2+}、Cd^{2+}、Hg^{2+}、Bi^{3+}、Pb^{2+}	Mg^{2+}、Ca^{2+}	铬黑 T

3．氧化还原掩蔽法

此法是利用氧化还原反应，改变干扰离子的价态，从而消除其干扰作用。例如，Fe^{3+}对 EDTA 滴定 Bi^{3+}、Th^{4+}、In^{3+}等离子有干扰。此时可加入抗坏血酸或羟胺，将 Fe^{3+}还原为 Fe^{2+}。由于 Fe^{2+}-EDTA 配合物的稳定常数比 Fe^{3+}-EDTA 的小得多，因而能消除 Fe^{3+}干扰。

显然，只有干扰离子易发生氧化还原反应，而且反应产物不干扰滴定时，才能用氧化还原掩蔽法消除干扰。

如果控制酸度、掩蔽等方法仍不能消除干扰，那么就需要对样品进行预处理，将干扰组分分离，或者更换滴定剂，或者改用其他分析方法。

4．利用选择性的解蔽剂

使用一种试剂破坏掩蔽某种离子所产生的配合物，使被掩蔽的离子重新释放出来，这种作用称为解蔽，所用试剂称为解蔽剂。利用某些选择性的解蔽剂，也可提高配位滴定的选择性。

例如，测定铜合金中的铅、锌时，在氨性试液中，加入 KCN 掩蔽 Cu^{2+}和 Zn^{2+}，在 pH=10 时，以铬黑 T 为指示剂，用 EDTA 滴定 Pb^{2+}。滴定后的溶液中加入甲醛做解蔽剂，破坏$[Zn(CN)_4]^{2-}$配离子。反应如下：

$$[Zn(CN)_4]^{2-} + 4HCHO + 4H_2O = Zn^{2+} + 4HOCH_2\text{-}CN + 4OH^-$$

然后用 EDTA 滴定释放出的 Zn^{2+}。$[Cu(CN)_4]^{2-}$配离子比较稳定，不易被醛类解蔽。一些常用掩蔽剂的解蔽剂见表 5-7。

表 5-7 一些常用掩蔽剂的解蔽剂

被掩蔽离子	掩蔽剂	解蔽剂
Ag^+	CN^-	H^+
	NH_3	Br^-、I^-、H^+
	$S_2O_3^{2-}$	H^+
Al^{3+}	$C_2O_4^{2-}$	OH^-
	F^-	OH^-、Be^{2+}
	酒石酸	H_2O_2+ Cu^{2+}
	EDTA	F^-
Ba^{2+}	EDTA	H^+
Cd^{2+}	CN^-	H^+、HCHO（OH^-）
Co^{2+}	EDTA	Ca^{2+}
	NO_2^-	H^+
Cu^{2+}	硫脲	H_2O_2
	$S_2O_3^{2-}$	OH^-
	CN^-	H^+、HgO
Fe^{3+}	PO_4^{3-}	OH^-
	F^-	OH^-
	CN^-	HgO、Hg^{2+}
	SCN^-	OH^-
Hg^{2+}	CN^-	Pd^{2+}
	SCN^-	Ag^+
Mg^{2+}	OH^-	H^+
	EDTA	F^-
MoO_4^{2-}	F^-	H_3BO_3
Ni^{2+}	CN^-	HCHO、HgO、H^+、Ag^+、Pb^{2+}等
Pd^{2+}	CN^-	HgO、H^+
Sn^{4+}	F^-	H_3BO_3
Zn^{2+}	EDTA	CN^-
	CN^-	$CCl_3CHO \cdot H_2O$、H^+、HCHO
各种离子	EDTA	MnO_4^-+ H^+

（三）其他滴定剂

除 EDTA 外，其他配位剂与金属离子形成配合物的稳定性各有特点，可以选择不同配位剂进行滴定，以提高滴定的选择性。如 EGTA 在 Ca^{2+}、Mg^{2+}共存时，直接滴定 Ca^{2+}。在 Zn^{2+}、Cd^{2+}、Mn^{2+}及 Mg^{2+}离子存在下，可以用 EDTP 直接滴定 Cu^{2+}等。

第四节　配位滴定法的应用

一、滴定方式

在配位滴定中，采用不同的滴定方式，既可以扩大配位滴定的应用范围，又有助于提高滴定的选择性。常用的滴定方式有以下几种。

（一）直接滴定法

直接滴定法就是直接用 EDTA 标准溶液滴定待测离子的方法。若有其他干扰离子存在，滴定前应加掩蔽剂进行掩蔽或分离除去。这种方法操作简便、迅速、引入误差少，是配位滴定中的最基本方法，因此在可能的范围内应尽可能采用直接滴定法。能采用直接滴定法进行测定的金属离子见表 5-8。

表 5-8　一些采用直接滴定法进行测定的金属离子

金属离子	pH	指示剂	其他主要条件	终点时颜色变化
Bi^{2+}	1～3	二甲酚橙	HNO_3 介质	红→黄
Ca^{2+}	12～14	钙指示剂	NaOH 介质	酒红→蓝
Cd^{2+}	10	铬黑 T	NH_3-NH_4Cl 缓冲溶液	红→蓝
	5～6	二甲酚橙	六次甲基四胺	粉红→黄
	5～6	PAN	HAc-NaAc 缓冲溶液	红紫→黄
Co^{2+}	5～6	二甲酚橙	六次甲基四胺，80℃	红紫→黄
Cu^{2+}	9.3	邻苯二酚紫	NH_3-NH_4Cl 缓冲溶液	蓝→红紫
	2.5～10	PAN		红→绿
Fe^{2+}（加 Vc）	5～6.5	二甲酚橙	六次甲基四胺	红→黄
Fe^{3+}	1.5～3	磺基水杨酸	乙酸，温热	红紫→黄
Mg^{2+}	10	铬黑 T	NH_3-NH_4Cl 缓冲溶液	红→蓝
Pb^{2+}	10	铬黑 T	NH_3-NH_4Cl 缓冲液，酒石酸，TEA，40～70℃	蓝紫→蓝
	5	二甲酚橙	HAc-NaAc 缓冲溶液	红紫→黄
	6	二甲酚橙	六次甲基四胺	红紫→黄
Sn^{2+}	5.5～6	甲基百里酚蓝	吡啶-乙酸盐，加 NaF 掩蔽 Sn^{4+}	蓝→黄
Zn^{2+}	10	铬黑 T	氨缓冲溶液	红→蓝
	5～6	二甲酚橙	六次甲基四胺	红紫→黄

但对于下列几种情况，不宜采用直接滴定法进行滴定。

（1）待测离子（如 SO_4^{2-}、PO_4^{3-}等）不能与 EDTA 形成配合物，或待测离子（如 Na^+、K^+等）与 EDTA 形成的配合物不稳定。

（2）待测离子（如 Ba^{2+}、Sr^{2+}等）虽能与 EDTA 形成稳定的配合物，但缺少符合要求的指示剂。

（3）待测离子（如 Al^{3+}、Ni^{2+}等）与 EDTA 的配合速度很慢，本身又易水解或封闭指示剂。

对不适宜采用直接滴定法进行测定的金属离子，可采用其他滴定方式进行测定。

（二）返滴定法

返滴定法就是在待测溶液中加入一定量过量的 EDTA 标准溶液，使待测离子与 EDTA 完全反应后，再用其他金属离子标准溶液滴定过量的 EDTA，从而求得被测离子的含量。

上述的第（2）和（3）种情况可采用返滴定法。例如测定 Ni^{2+}时，由于 Ni^{2+}与 EDTA 配位反应速度较慢。为此，可先加入一定量过量的 EDTA 标准溶液，调节酸度为 pH=5，煮沸溶液，使 Ni^{2+}与 EDTA 完全配位，以 PAN 为指示剂，用 $CuSO_4$ 标准溶液返滴定过量 EDTA，可测得 Ni^{2+}的含量。

又如，测定 Sr^{2+}时没有变色敏锐的指示剂，在被测溶液中加入过量的 EDTA 溶液，使 Sr^{2+}与 EDTA 完全反应后，以铬黑 T 做指示剂，用 Mg^{2+}标准溶液返滴定过量的 EDTA，可测得 Sr^{2+}的含量。

用做返滴定剂的金属离子 N 与 EDTA 形成的配合物要有适当的稳定性，且 $K_{NY}<K_{MY}$，从而保证滴定的准确性。从平衡的角度考虑，当 $K_{NY}>K_{MY}$，则会发生如下反应，影响分析结果：

$$N + MY = NY + M$$

一般在适当的酸度下，Zn^{2+}，Cu^{2+}，Mg^{2+}，Ca^{2+}等常用做返滴定剂。

（三）置换滴定法

置换滴定法是利用置换反应，置换出配合物中的金属离子或 EDTA，然后再用 EDTA 或金属离子标准溶液进行滴定，测定被置换出的金属离子或 EDTA 的方法。

上述不宜采用直接滴定法的第（2）和第（3）种情况都可采用置换滴定法。

（1）置换出 EDTA：例如，测定 Cu^{2+}、Zn^{2+}、Al^{3+}共存试液中的 Al^{3+}时，可先加入 EDTA，并加热，使 Cu^{2+}、Zn^{2+}、Al^{3+}都与 EDTA 配合，然后在 pH=5～6 时，加入二甲酚橙指示剂，用 Zn^{2+}标准溶液进行返滴定至终点，再加入 KF，使 AlY^-转变为更稳定的配合物 AlF_6^{2-}，置换出的 EDTA 再用 Zn^{2+}标准溶液进行滴定，从而可计

算出 Al^{3+}的含量。

（2）置换出金属离子：如 Ag^+与 EDTA 的配合物不稳定，不能用 EDTA 直接滴定 Ag^+，但往含有 Ag^+试液中加入过量的 $Zn(CN)_4^{2-}$，就会发生置换反应：

$$2Ag^+ + Zn(CN)_4^{2-} = 2Ag(CN)_2^- + Zn^{2+}$$

用 EDTA 滴定置换出的 Zn^{2+}，即可计算出 Ag^+的含量。

（四）间接滴定法

间接滴定法就是在待测溶液中加入一定量过量的、能与 EDTA 形成稳定配合物的金属离子做沉淀剂，以沉淀待测离子，过量的沉淀剂用 EDTA 滴定（或者将沉淀分离、再溶解后，用 EDTA 滴定其中的金属离子），最后利用沉淀待测离子消耗沉淀剂的量，间接地计算出待测离子的含量。

上述不宜采用直接滴定法的第（1）种情况，可以采用间接滴定法，例如水中 SO_4^{2-}的测定，在被测定水样中加入一定量过量的 $BaCl_2$ 标准溶液，使水样中的 SO_4^{2-}与 Ba^{2+}完全反应生成 $BaSO_4$ 沉淀。然后以铬黑 T 为指示剂，在 pH=10 的条件下，用 EDTA 标准溶液滴定过量的 Ba^{2+}，从而可计算出 SO_4^{2-}含量。

由于该方法操作烦琐，引入误差的机会增多，不是一种理想的分析方法。

二、EDTA 标准溶液的配制与标定

（一）EDTA 标准溶液的配制

乙二胺四乙酸（简称 EDTA）难溶于水，在分析中通常使用其二钠盐配制标准溶液。乙二胺四乙酸二钠盐经提纯后可作为基准物质，直接配制成标准溶液。由于乙二胺四乙酸二钠盐的提纯方法较为复杂，在实验室中常采用间接法配制 0.02 mol・L^{-1}的溶液，也有用 0.01 mol・L^{-1}和 0.05 mol・L^{-1}等浓度的该标准溶液。

EDTA 溶液应当贮存在聚乙烯塑料瓶或硬质玻璃瓶中，以防止溶解软质玻璃中的 Ca^{2+}形成 CaY^{2+}，对滴定分析结果产生影响。

（二）EDTA 标准溶液标定

标定 EDTA 溶液常用的基准物有 Zn、ZnO、$CaCO_3$、Bi、Cu、MgO、Ni、Pb 等。由于试剂中常含有少量杂质（如 Ca^{2+}、Mg^{2+}等离子），用 ZnO 做基准物质以铬黑 T 为指示剂，在 pH=10 时标定 EDTA，Ca^{2+}、Mg^{2+}等离子参加了标定反应，若用此 EDTA 溶液在 pH≥12 时测定自来水中的钙含量，结果就会偏高。为了消除由试剂、分析方法等引起的误差，通常选用与被测物组分相同的高纯物质作基准物，这样就使标定条件和滴定条件较一致，可减小误差，提高测定的准确度。

例如，在测定石灰石或白云石中 CaO、MgO 的含量，则宜用 $CaCO_3$ 为基准物标定 EDTA 溶液。准确称取一定量基准物 $CaCO_3$，加 HCl 溶液，其反应如下：

$$CaCO_3 + 2HCl = CaCl_2 + CO_2 + H_2O$$

然后把溶液定量转移到容量瓶中，稀释至刻度，配制成 Ca^{2+}标准溶液。吸取一定量 Ca^{2+}标准溶液，用 NaOH 调节溶液 pH≥12，加入钙指示剂，在溶液中，钙指示剂（HIn^{2-}）与 Ca^{2+}形成比较稳定的配离子，此时溶液呈酒红色。其反应如下：

$$\underset{\text{纯蓝色}}{HIn^{2-}} + Ca^{2+} \rightleftharpoons \underset{\text{酒红色}}{CaIn^{-}} + H^{+}$$

当用 EDTA 溶液滴定时，由于 EDTA 能与 Ca^{2+}形成比 $CaIn^{-}$配离子更稳定的配离子，因此在滴定终点附近，$CaIn^{-}$配离子不断转化为较稳定的 CaY^{2-}配离子，而钙指示剂则被游离出来，其反应可表示如下：

$$\underset{\text{酒红色}}{CaIn^{-}} + H_2Y^{2-} + OH^{-} \rightleftharpoons \underset{\text{无色}}{CaY^{2-}} + \underset{\text{纯蓝色}}{HIn^{2-}} + H_2O$$

到滴定终点时，溶液由酒红色变纯蓝色。根据滴定消耗体积计算 EDTA 溶液浓度。

若有 Mg^{2+}共存（在调节溶液酸度为 pH≥12 时，Mg^{2+}将形成 $Mg(OH)_2$ 沉淀），则 Mg^{2+}不仅不干扰钙的测定，而且使终点比 Ca^{2+}单独存在时更敏锐。当 Ca^{2+}、Mg^{2+}共存时，终点由酒红色到纯蓝色，当 Ca^{2+}单独存在时则由酒红色到紫蓝色。所以测定单独存在的 Ca^{2+}时，常常加入少量 Mg^{2+}。

在有 Mg^{2+}共存时，以 NaOH 调节溶液酸度时，用量不宜过多，否则一部分 Ca^{2+}被 $Mg(OH)_2$ 沉淀吸附，影响测定结果。

三、配位滴定法应用示例

（一）水的硬度的测定

水的硬度是指水中除碱金属外的全部金属离子浓度的总和。溶于水中的钙盐和镁盐是形成水的硬度的主要成分，所以水的硬度通常以水中 Ca^{2+}、Mg^{2+}的总量表示，把 Ca^{2+}、Mg^{2+}的总量折算成 CaO 或 $CaCO_3$ 来计算水的硬度，单位是 $mg \cdot L^{-1}$。硬度是水质指标的重要内容之一。

水的硬度常分为两种。

（1）碳酸盐硬度（称暂时硬度）：主要由水中钙、镁的重碳酸盐形成，当这种水煮沸时，钙、镁的重碳酸盐将分解形成碳酸盐沉淀，这样，水中的碳酸盐硬度大部分可被除去，故称为暂时硬度。

（2）非碳酸盐硬度（又称永久硬度）：主要是由钙、镁的硫酸盐、氯化物，如$CaSO_4$、$MgSO_4$、$CaCl_2$和$MgCl_2$等形成。由于它不能用一般煮沸的方法除去，故称为永久硬度。

在实际应用中又常用“度”来表示，以水中含有10 mg·L^{-1}的CaO称为1德国度；以水中含有10 mg·L^{-1}的$CaCO_3$称为1法国度。我国采用德国度或mg·L^{-1}（以$CaCO_3$计）单位制。根据硬度的大小可以把天然水分为：4度以下为最软水，4～8度为软水，8～16度为稍硬水，16～30度为硬水，30度以上为最硬水五类。生活用水的总硬度（以$CaCO_3$计）不超过450 mg·L^{-1}。各种工业用水对硬度要求不同，如高硬度的水不易作为锅炉用水；纺织印染工业对用水的硬度有较高要求，因为不溶性的钙盐、镁盐易附着在织物纤维上，影响印染质量。

水的硬度测定可分为水的总硬度和钙、镁硬度测定（水中Ca^{2+}的含量称为钙硬度，Mg^{2+}的含量称为镁硬度）。

1．总硬度的测定

测定水的总硬度就是测定水中的Ca^{2+}、Mg^{2+}的总量，通常用EDTA配位滴定法测定，其原理如下。

在水样中加入NH_3-NH_4Cl缓冲溶液，使pH保持在10左右，滴加指示剂铬黑T（以HIn^{2-}表示），生成酒红色配合物，反应如下：

$$\underset{\text{纯蓝色}}{HIn^{2-}} + Ca^{2+} \rightleftharpoons \underset{\text{酒红色}}{CaIn^{-}} + H^{+}$$

$$\underset{\text{纯蓝色}}{HIn^{2-}} + Mg^{2+} \rightleftharpoons \underset{\text{酒红色}}{MgIn^{-}} + H^{+}$$

再用EDTA标准溶液进行滴定，滴入的EDTA首先与游离的Ca^{2+}、Mg^{2+}配合，接近终点时，EDTA便从$CaIn^-$、$MgIn^-$中夺取Ca^{2+}、Mg^{2+}，当溶液由酒红色变为纯蓝色时，即指示终点到来。其反应如下：

$$\underset{\text{酒红色}}{CaIn^{-}} + H_2Y^{2-} \rightleftharpoons CaY + \underset{\text{纯蓝色}}{HIn^{2-}} + H^{+}$$

$$\underset{\text{酒红色}}{MgIn^{-}} + H_2Y^{2-} \rightleftharpoons MgY + \underset{\text{纯蓝色}}{HIn^{2-}} + H^{+}$$

根据所消耗EDTA标准溶液的体积及其浓度，可计算出：

$$\text{总硬度（以}CaCO_3\text{计，mg}\cdot L^{-1}\text{）} = \frac{c(\text{EDTA})\cdot V(\text{EDTA})}{V_{\text{水}}} \times 1\,000 \times 100.09 \qquad (5\text{-}11)$$

式中，c —— EDTA标准溶液的浓度，mol·L^{-1}；

V—— 测定总硬度时消耗 EDTA 标准溶液的体积，L；

$V_{水}$—— 测定时水样的体积，L；

100.09 —— $CaCO_3$的摩尔质量，g·mol^{-1}。

2．钙、镁硬度的测定

（1）钙硬度的测定：取一份水样，先加盐酸酸化，煮沸，然后加入 10%的 NaOH 溶液，控制溶液的 pH≥12，使 Mg^{2+}生成 $Mg(OH)_2$沉淀，然后加钙指示剂，用 EDTA 标准溶液滴定，终点时溶液由酒红色变纯蓝色。

钙硬度计算公式为：

$$钙硬度（以 CaCO_3 计，mg·L^{-1}）=\frac{c(EDTA)\cdot V(EDTA)}{V_{水}}\times 1000\times 100.09 \quad (5\text{-}12)$$

式中，c—— EDTA 标准溶液的浓度，mol·L^{-1}；

V—— 测定钙硬度时消耗 EDTA 标准溶液的体积，L；

$V_{水}$—— 测定时水样的体积，L；

100.09 —— $CaCO_3$的摩尔质量，g·mol^{-1}。

（2）镁硬度的测定：镁硬度（以 $CaCO_3$计，mg·L^{-1}）=总硬度－钙硬度

（二）铝盐中 Al^{3+}测定

由于 Al^{3+}与 EDTA 配位反应的速度较慢，需要加热才能配合完全，且 Al^{3+}对二甲酚橙、EBT 等指示剂有封闭作用，在 pH 不高时，水解生成一系列多核羟基配合物，影响滴定，因此 Al^{3+}不能用 EDTA 直接滴定法进行测定，但可采用返滴法和置换滴定法进行测定。

返滴法即在含 Al^{3+}的试液中，加入过量 EDTA 标准溶液，在 pH=3.5 时煮沸溶液，使其完全反应，然后将溶液冷却，并用缓冲溶液调 pH 为 5～6，加入二甲酚橙指示剂，用 Zn^{2+}标准溶液返滴过量的 EDTA。终点时溶液颜色由亮黄色变为微红色。

置换滴定法即将 Al^{3+}的试液调节 pH=3～4，加入过量 EDTA 标准溶液，煮沸使 Al^{3+}与 EDTA 完全反应，冷却、调溶液 pH 为 5～6，以二甲酚橙为指示剂，用 Zn^{2+}标准溶液滴定过量的 EDTA（不计体积）。然后加入过量的 KF，煮沸，将 Al-EDTA 中的 EDTA 定量置换出来，再用 Zn^{2+}标准溶液滴定使溶液颜色从亮黄色变为微红色即为终点。其反应式如下：

$$AlY^{-}+6F^{-}=AlF_6^{3-}+Y^{4-}$$

$$Y^{4-}+Zn^{2+}=ZnY^{2-}$$

复习与思考题

1. EDTA 与金属离子的配合物有哪些特点？

2. 在配位滴定中应如何全面考虑选择滴定时的 pH？

3. 在 EDTA 滴定过程中，讨论配位滴定曲线的目的是什么？影响滴定突跃范围大小的主要因素是什么？

4. 为什么使用金属指示剂时要限定适宜的 pH？为什么同一种指示剂用于不同金属离子滴定时，适宜的 pH 条件不一定相同？

5. 用 EDTA 滴定含有少量 Fe^{3+}的 Ca^{2+}和 Mg^{2+}试液时，用三乙醇胺、KCN 可以掩蔽 Fe^{3+}，抗坏血酸则不能掩蔽；在滴定有少量 Fe^{3+}存在的 Bi^{3+}时，恰恰相反，即抗坏血酸可以掩蔽 Fe^{3+}，而三乙醇胺、KCN 则不能掩蔽。请说明理由。

6. 如何利用掩蔽和解蔽作用来测定 Ni^{2+}、Zn^{2+}、Mg^{2+}混合溶液中各组分的含量？试拟出简要方案。

7. 配位滴定中，在什么情况下不能采用直接滴定方式？试举例说明。

8. 若配制 EDTA 溶液时所用的水中含有 Ca^{2+}，则下列情况对测定结果有何影响？

（1）以 $CaCO_3$ 为基准物质标定 EDTA 溶液，用所得 EDTA 标准溶液滴定试液中的 Zn^{2+}，以二甲酚橙为指示剂；

（2）以金属锌为基准物质，二甲酚橙为指示剂标定 EDTA 溶液，用所得 EDTA 标准溶液滴定试液中 Ca^{2+}的含量；

（3）以金属锌为基准物质，铬黑 T 为指示剂标定 EDTA 溶液，用所得 EDTA 标准溶液滴定试液中 Ca^{2+}的含量。

9. 用返滴定法测定 Al^{3+}含量时，首先在 pH=3 左右加入过量 EDTA 并加热，使 Al^{3+}配位。试说明选择此 pH 的理由。

10. 试求以 0.02 mol • L^{-1} EDTA 滴定浓度为 0.02 mol • L^{-1} 的 Fe^{3+}溶液时所允许的最小 pH。

11. 计算用 0.020 00 mol • L^{-1} EDTA 标准溶液滴定同浓度的 Cu^{2+}溶液时的适宜酸度范围。

12. 有一标准 EDTA 溶液，其浓度为 0.010 00 mol • L^{-1}，问 1 mL EDTA 溶液相当于：（1）MgO 多少毫克？（2）Al_2O_3 多少毫克？

13. 称取 0.100 1 g 纯 $CaCO_3$，用盐酸溶解后，用容量瓶配成 100 mL 溶液。准确移取 25.00 mL 溶液于锥形瓶中，在 pH≥12 时，加入钙指示剂，用 EDTA 标准溶液滴定，用去 24.90 mL。试计算：

（1）EDTA 溶液的浓度；

（2）每毫升 EDTA 溶液相当于多少克 ZnO。

14. 用配位滴定法测定氯化锌（$ZnCl_2$）的含量。称取 0.500 0 g 试样，溶于水后，稀释至 250 mL，吸取 25.00 mL，在 pH=5 ~ 6 时，用二甲酚橙做指示剂，用 0.019 24 mol • L^{-1} EDTA 标准溶液滴定，用去 18.61 mL。计算试样中含 $ZnCl_2$ 的质量分数。

15. 称取 1.045 g 氧化铝试样，溶解后移入 250 mL 容量瓶中，稀释至刻度。吸取 25.00 mL，加入 0.048 57 mol・L^{-1} 的 EDTA 标准溶液 10.00 mL，以二甲酚橙为指示剂，用 Zn^{2+}标准溶液进行返滴定，至紫红色终点，消耗 Zn^{2+}标准溶液 12.20 mL。已知 1 mL Zn^{2+}溶液相当于 0.411 8 mL EDTA 溶液。求试样中 Al_2O_3 的质量分数。

16. 用 0.018 60 mol・L^{-1} EDTA 标准溶液滴定水中的钙和镁的含量，取 100.0 mL 水样，以铬黑 T 为指示剂，在 pH=10 时滴定，消耗 EDTA 20.30 mL。另取一份 100.0 mL 水样，加 NaOH 使呈强碱性（pH≥12），使 Mg^{2+}成 $Mg(OH)_2$ 沉淀，加入钙指示剂，继续用 EDTA 滴定，消耗 13.20 mL。计算:

（1）水的总硬度（以 $CaCO_3$ mg・L^{-1} 表示）;

（2）水中钙和镁的含量 [以 $CaCO_3$（mg・L^{-1}）和 $MgCO_3$（mg・L^{-1}）表示]。

17. 称取含 Fe_2O_3 的 Al_2O_3 试样 0.201 5 g，溶解后，在 pH=2.0 时以磺基水杨酸为指示剂，加热至 50℃左右，以 0.020 08 mol・L^{-1} 的 EDTA 滴定至红色消失，消耗 EDTA 15.20 mL。然后加入上述 EDTA 标准溶液 25.00 mL，加热煮沸，调节 pH=4.5，以 PAN 为指示剂，趁热用 0.021 12 mol・L^{-1} Cu^{2+}标准溶液返滴定，用去 8.16 mL。计算试样中 Fe_2O_3 和 Al_2O_3 的质量分数。

18. 测定铝盐中的铝时，称取试样 0.250 0 g，溶解后加入 0.050 00 mol・L^{-1} EDTA 标准溶液 25.00 mL，加热反应后，调节溶液的 pH 为 5 ~ 6，加入二甲酚橙指示剂，用 0.020 00 mol・L^{-1} Zn^{2+}标准溶液滴定至红色，消耗溶液 21.50 mL，求铝的质量分数。

19. 称取干燥 $Al(OH)_3$ 凝胶 1.486 5 g，溶解后，转移至 250 mL 容量瓶中，吸取 15.00 mL，准确加入 0.049 98 mol・L^{-1} EDTA 标准溶液 20.00 mL，加热反应后，调节溶液的 pH 为 5 ~ 6，加入二甲酚橙指示剂，用 0.020 00 mol・L^{-1} Zn^{2+}标准溶液滴定至红色，用去 15.02 mL，求样品中 Al_2O_3 的质量分数。

20. 称取含锌、铝的试样 0.120 0 g，溶解后调至 pH 为 3.5，加入 50.00 mL 0.025 00 mol・L^{-1} EDTA 溶液，加热煮沸，冷却后，加醋酸缓冲溶液，此时 pH 为 5.5，以二甲酚橙为指示剂，用 0.020 00 mol・L^{-1} 标准锌溶液滴定至红色，用去 5.08 mL。加足量 NH_4F，煮沸，再用上述锌标准溶液滴定，用去 20.70 mL。计算试样中锌、铝的质量分数。

21. 测定无机盐中的 SO_4^{2-}，称取试样 3.000 g 溶解，转移到 250 mL 容量瓶中定容，用移液管取 25.00 mL，加入 0.050 00 mol・L^{-1} $BaCl_2$ 溶液 25.00 mL，过滤后，用 0.050 00 mol・L^{-1} EDTA 标准溶液滴定剩余的 Ba^{2+}，消耗 EDTA 溶液 17.15 mL，求 SO_4^{2-}的质量分数。

22. 用配位滴定法测定石灰石中 CaO 的含量。称取 0.408 6 g 试样于 100 mL 烧杯中，用酸溶解后，转移至 250 mL 容量瓶中定容，用移液管吸取 25.00 mL 试液，在 pH≥12.0 时，加入钙指示剂，以浓度为 0.020 40 mol・L^{-1} 的 EDTA 标准溶液滴定，用去 EDTA 标准溶液 17.50 mL，试求试样中 CaO 的质量分数。

23. 称取葡萄糖酸钙试样 0.550 0 g，溶解后，在 pH=10 的氨性缓冲液中用 0.049 85 mol • L^{-1} EDTA 标准溶液滴定（铬黑 T 为指示剂），用去 EDTA 标准溶液 24.50 mL，试计算葡萄糖酸钙的质量分数（分子式 $C_{12}H_{22}O_{14}Ca \cdot H_2O$）。

24. 准确称取含磷试样 2.500 0 g，溶解后，全部转移至 250 mL 的容量瓶中，加水稀释至刻度。吸取 25.00 mL 该溶液，加镁混合试剂，使磷转变成为 $MgNH_4PO_4$ 沉淀。经过滤、洗涤后再溶解。然后以 0.012 60 mol • L^{-1} EDTA 标准溶液滴定，用去 26.80 mL，求试样中 P_2O_5 的质量分数。

25. 称取工业硫酸铝 0.485 0 g，用少量盐酸溶解后定容至 100 mL。吸取 10.00 mL 于三角瓶中，用（1+1）氨水中和至 pH=4，加入 0.020 00 mol • L^{-1} 的 EDTA 标准溶液 20.00 mL，煮沸后加六次甲基四胺缓冲溶液，以二甲酚橙为指示剂，用 0.020 00 mol •L^{-1} $ZnSO_4$ 标准溶液滴定至紫红色，不计体积。再加 NH_4F 1 ~ 2 g，煮沸并冷却后，继续用 $ZnSO_4$ 标准溶液滴定至紫红色，消耗 12.50 mL，计算工业硫酸铝中铝的质量分数。

26. 配位滴定法测定橡胶中硫的质量分数，称取 0.250 0 g 胶样，用氧瓶燃烧法将硫转化为 SO_4^{2-}，加入 10 mL Ba-Mg 混合溶液，再加 10 mL pH=10 的氨缓冲溶液和几滴铬黑 T 指示剂，用 0.020 00 mol • L^{-1} 的 EDTA 标准溶液滴定至纯蓝色，消耗 10.20 mL。同时做空白试验，消耗 18.85 mL，求橡胶中硫的质量分数。

【阅读资料】

螯合剂与螯合剂的联用

氨羧配位剂与金属离子多形成螯合物，氨羧配位剂又称螯合剂。除 EDTA 外，还有一些螯合剂，它们与金属离子形成配合物的稳定性彼此差别很大，选用这些氨羧配位剂，可以提高配位滴定的选择性，若将几种螯合剂联用，可以方便地用于混合组分的测定。

一、DCTA

DCTA 是 1,2-二氨基环己烷四乙酸的简称，结构式为：

CH_2COOH
N— CH_2COOH
N— CH_2COOH
CH_2COOH

有时也记作 CDTA 或 CyDTA。一般来说，DCTA-金属螯合物比 EDTA-金属螯合物更稳定，但反应速度较慢。

二、EGTA

EGTA是乙二醇二乙醚二胺四乙酸的简称，结构式为：

$$\begin{array}{l} CH_2-O-CH_2-CH_2-\overset{H^+}{N}\begin{cases} CH_2COO^- \\ CH_2COOH \end{cases} \\ | \\ CH_2-O-CH_2-CH_2-\underset{H^+}{N}\begin{cases} CH_2COOH \\ CH_2COO^- \end{cases} \end{array}$$

EGTA-镁配合物不稳定，但与钙形成的配合物却很稳定。因此如在Mg^{2+}存在下滴定Ca^{2+}，选用EGTA做滴定剂将会提高选择性。

三、TTHA

TTHA是三乙四胺六乙酸的简称，结构式为：

$$\begin{matrix} ^-OOCH_2C \\ HOOCH_2C \end{matrix}\rangle\overset{H^+}{N}-(CH_2)_2-\underset{CH_2COO^-}{\overset{H^+}{N}}-(CH_2)_2-\underset{CH_2COO^-}{\overset{H^+}{N}}-(CH_2)_2-\overset{H^+}{N}\langle\begin{matrix} CH_2COO^- \\ CH_2COOH \end{matrix}$$

例如在镓（Ga）、铟（In）共存时，不能单独用EDTA滴定，因镓、铟与EDTA形成的配合物均为1∶1型，而两种配合物的稳定常数差别不够大，不足以分级滴定。但镓与TTHA形成的2∶1（Ga_2L）型配合物，铟与TTHA形成1∶1（InL）型配合物。因此可取等体积试液两份，分别用TTHA和EDTA滴定，因为：

$$c_{EDTA}V_{EDTA}=n_{Ga}+n_{In}$$

$$c_{TTHA}V_{TTHA}=\frac{1}{2}n_{Ga}+n_{In}$$

则

$$n_{Ga}=2（c_{EDTA}V_{EDTA}-c_{TTHA}V_{TTHA}）$$

$$n_{In}=2c_{TTHA}V_{TTHA}-c_{EDTA}V_{EDTA}$$

即可求出镓、铟的含量。

第六章

氧化还原滴定法

【知识目标】

本章要求熟悉氧化还原反应特点；熟悉氧化还原滴定法中指示剂的选择原则；理解条件电极电位的意义及其影响因素，理解氧化还原滴定过程中电极电位的变化规律及其计算方法；掌握高锰酸钾法、重铬酸钾法、碘量法的基本原理、滴定条件及其应用；了解氧化还原滴定法指示剂的性质及作用原理；掌握氧化还原滴定结果的计算。

【能力目标】

通过对本章的学习，学生能应用能斯特方程式计算电对的电极电位；能运用高锰酸钾法、重铬酸钾法、碘量法等氧化还原滴定法，进行相关测定；能正确选择氧化还原滴定法的指示剂；能对滴定终点进行正确的判断分析；能熟练进行氧化还原滴定结果的计算。能用所学氧化还原滴定知识分析和解决实际问题。

第一节　概　述

氧化还原滴定法是以氧化还原反应为基础的滴定分析法。

一、氧化还原滴定法的特点

氧化还原滴定法是以氧化还原反应为基础的滴定分析法。氧化还原滴定法能直接测定许多具有氧化性或还原性物质，如亚铁盐中铁含量的测定。还可间接测定一些能与氧化剂或还原剂定量反应的物质，如钙盐中钙含量的测定等。氧化还原滴定法的应用非常广泛。

氧化还原反应与酸碱反应和配位反应不同。酸碱反应和配位反应都是基于离子或分子的相互结合，反应简单，一般瞬时即可完成。氧化还原反应是基于电子转移的反应，比较复杂，反应常是分步进行的，需要一定时间才能完成。因此，必须注意反应速度，特别是在应用氧化还原反应进行滴定时，更应注意使滴定速度与反应速度相适应。

氧化还原反应，除主反应外，经常可能发生各种副反应，使反应物之间不是定量进行，而且反应速率一般较慢。因此必须选择适当的条件，使之符合滴定分析的基本要求。

二、氧化还原反应

氧化还原反应是指在化学反应前后，物质所含元素化合价发生改变的一类反应。物质所含元素化合价的升降是氧化还原反应的特征。元素化合价升高的反应是氧化反应，元素化合价降低的反应是还原反应。

氧化还原反应的本质是在反应中有电子的转移。得到电子的反应是还原反应，失去电子的反应是氧化反应。氧化反应和还原反应必然同时发生，且反应前后元素化合价升降的总数或得失电子的总数相等。

化学反应中，组成元素化合价升高的物质称为还原剂，还原剂在反应中失去电子，发生氧化反应（被氧化）。还原剂被氧化后的产物称氧化产物。常用的还原剂通常是化合价易升高的物质，有活泼金属，如 Na、Mg、Al、Zn 等；还有化合价较低的离子或化合物，如 $SnCl_2$、$FeSO_4$、KI、H_2S 等。

组成元素化合价降低的物质称为氧化剂，氧化剂在反应中得到电子，发生还原反应（被还原）。氧化剂被还原后的产物称还原产物。常用的氧化剂通常是化合价易降低的物质，有活泼的非金属，如氧气、卤素 X_2 等；还有化合价较高的离子或化合物，如 $KMnO_4$、$K_2Cr_2O_7$、浓 H_2SO_4、HNO_3 等。

$$2K\overset{+7}{Mn}O_4 + 10\overset{+2}{Fe}SO_4 + 8H_2SO_4 = 2\overset{+2}{Mn}SO_4 + 5\overset{+3}{Fe}_2(SO_4)_3 + K_2SO_4 + 8H_2O$$

（氧化剂）（还原剂）（还原产物）（氧化产物）

在氧化还原反应中，氧化剂与还原产物，还原剂与氧化产物分别构成共轭氧化还原关系或称氧化还原电对：

MnO_4^- / Mn^{2+}　　　Fe^{3+} / Fe^{2+}

（氧化型）（还原型）　　（氧化型）（还原型）

在氧化还原反应电对中，化合价高的物质叫氧化型物质，化合价低的物质叫还原型物质。氧化还原反应是两个电对共同作用的结果。同一元素氧化还原电对的氧化型和还原型之间的关系可用氧化还原半反应来表示。例如，MnO_4^-/Mn^{2+}、Fe^{3+}/Fe^{2+}两电对的半反应式分别为：

$$MnO_4^- + 8H^+ + 5e \rightleftharpoons Mn^{2+} + 4H_2O$$

$$Fe^{3+} + e \rightleftharpoons Fe^{2+}$$

即　　　　　　　　　　氧化型+ $ne \rightleftharpoons$ 还原型

氧化型物质的氧化能力越强，则其共轭还原型物质的还原能力越弱。同理，还原型物质的还原能力越强，则其共轭氧化型物质的氧化能力越弱。例如，在上述MnO_4^-/Mn^{2+}电对中，MnO_4^-氧化能力强，是强氧化剂，其共轭还原剂Mn^{2+}的还原能力弱，是弱还原剂。氧化还原电对氧化能力的强弱可用电极电势（亦称电极电位）来表示。

三、电极电位

（一）原电池

1．原电池的工作原理

将金属 Zn 片放入 $CuSO_4$ 溶液中，发生的置换反应为

$$Zn + Cu^{2+} = Zn^{2+} + Cu$$

Zn片逐渐溶解，蓝色的$CuSO_4$溶液的颜色逐渐变浅，Zn片上不断析出紫红色的Cu。此现象表明：Zn失去电子氧化为Zn^{2+}而溶解，Cu^{2+}得到电子还原为Cu而析出，在氧化剂和还原剂之间发生了电子转移。由于这种电子转移不是电子的定向移动，因此观察不到电流的产生，随着反应的进行，反应体系的温度升高，反应过程中化学能转变成热能。

如果设计一种装置，使 Zn 片与 $CuSO_4$ 溶液不直接接触，而是 Zn 失去的电子通过导体传递给 Cu^{2+}，在外电路中就可观察到电流的产生，这种借助于氧化还原反应，将化学能转变为电能的装置，叫做原电池。

图 6-1 是 Cu-Zn 原电池装置。在盛有 $ZnSO_4$ 溶液的烧杯中插入锌片，另盛有 $CuSO_4$ 溶液的烧杯中插入铜片，两个烧杯的溶液用盐桥（由饱和 KCl 的琼脂冻胶装入 U 形玻璃管中而成）连接起来，用金属导线将两金属片及检流计串联组成起来。观察电流计指针和锌片、铜片的变化。

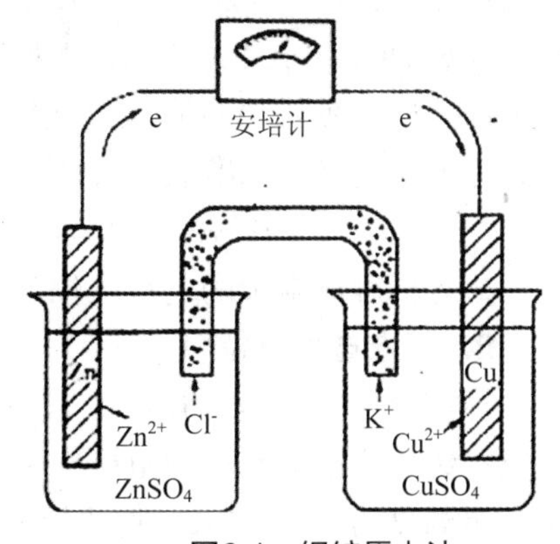

图6-1　铜锌原电池

接通电路后，电流计指针发生偏转，说明导线中有电流通过。从电流计指针偏转的方向可知，电子是从锌片经导线流向铜片（电流方向与电子流向相反），所以锌片是负极，铜片是正极。锌片失去电子成为Zn^{2+}，进入溶液，锌片上发生了氧化反应；Cu^{2+}在铜片上得到电

子，析出金属Cu，铜片上发生了还原反应。

在氧化还原过程中，$ZnSO_4$溶液会因为Zn溶解为Zn^{2+}而带上正电荷，$CuSO_4$溶液会因为Cu^{2+}变为Cu使得溶液中SO_4^{2-}过多而带上负电荷，溶液不能保持中性，阻碍原电池反应继续进行。由于盐桥的存在，盐桥中的Cl^-流到$ZnSO_4$溶液中，中和反应中产生的Zn^{2+}所带的正电荷，盐桥中K^+流到$CuSO_4$溶液中，补充由于Cu^{2+}还原为Cu原子而减少的正电荷，使两个烧杯中的溶液始终呈中性，反应得以持续进行。

2. 原电池的电极反应及电池反应

每一种原电池都是由两个“半电池”所组成的，半电池发生的反应称为电极反应（或半电池反应）。在原电池中，电子流出的电极为负极（如锌片），负极发生氧化反应；电子流入的电极为正极（如铜片），正极发生还原反应。两个半电池反应构成了原电池的总反应，也称电池反应。例如，Cu-Zn原电池中发生了如下反应：

负极（锌片）　$Zn-2\,e^- \rightleftharpoons Zn^{2+}$　氧化反应

正极（铜片）　$Cu^{2+}+2\,e^- \rightleftharpoons Cu$　还原反应

电池反应　$Zn+Cu^{2+} \rightleftharpoons Zn^{2+}+Cu$　氧化还原反应

（二）电极电位

原电池能产生电流，说明两极的电位是不相等的，即正、负极间存在着电位差。

原电池的电位可由它的两个电极的电极电位之差求得。由于目前无法由实验测定单个电极的绝对电位φ，为了比较各个电极电位的大小，我们可以选择一个电极作为参比电极，并规定它的电极电位为零。将该电极与待测电极组成原电池，通过测出该电池的电位，可求出待测电极的电极电位的相对值。通常采用标准氢电极（SHE）作为参比电极。

1. 标准氢电极

标准氢电极的装置如图 6-2 所示，将表面镀上一层多孔的铂黑的铂片，浸入氢离子浓度为 1.0 $mol \cdot L^{-1}$ 的酸溶液中（如 HCl）。在 298.15 K 时不断通入压力为 100 kPa 的纯净氢气，使铂黑吸附氢气达到饱和，这样的氢电极即为标准氢电极。标准氢电极的电极反应为：

$$2\,H^+ + 2\,e^- \rightleftharpoons H_2(g)$$

规定标准氢电极的电极电位为零。$\varphi^{\ominus}(H^+/H_2)=0.00V$

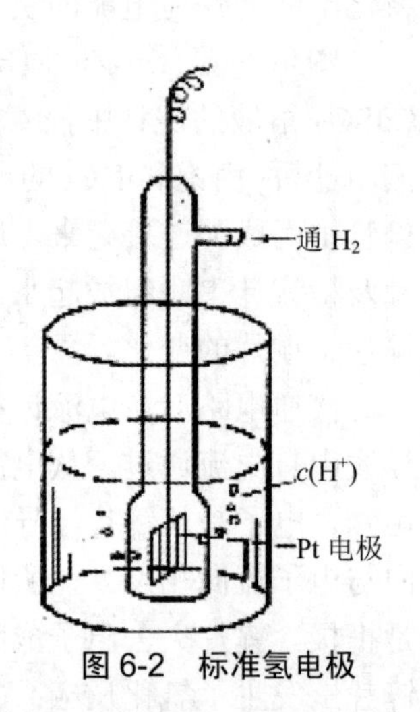

图 6-2　标准氢电极

2. 标准电极电位

标准电极电位是指在标准状态下，将该电极与标准氢电极组成原电池测得的电极电位，用$\varphi^{\ominus}$ 表示。标准状态是指温度为 298.15 K，物质皆为纯净物，组成电极的有关物质的活度（实际应为）均为 1.0 $mol \cdot L^{-1}$，气体的

压力为 100 kPa 时的状态。按这种方法，可以得出各个电极的标准电极电位的数值（参见附录六）。

3．能斯特方程

标准电极电位是在标准状态下测定的，但是绝大多数的氧化还原反应都是在非标准状态下进行的。当电极处于非标准状态时，其电极电位值的大小除由电对的本性决定外，还受温度、溶液中离子的浓度、气体的分压和溶液的酸度等因素的影响。

电极电位与反应温度、反应物的浓度（或压力）、介质之间的定量关系式可以用能斯特方程表示。对于任意的电极反应：

$$\underset{\text{氧化型}}{\mathrm{Ox}}+ne \rightleftharpoons \underset{\text{还原型}}{\mathrm{Red}}$$

能斯特方程式为：

$$\varphi = \varphi^{\ominus} + \frac{RT}{nF}\ln\frac{a_{\mathrm{Ox}}}{a_{\mathrm{Red}}} \tag{6-1}$$

式中，φ —— 电对的电位，V；

$\varphi^{\ominus}$ —— 电对的标准电位，V；

a_{Ox} —— 氧化型活度；

a_{Red} —— 还原型活度；

R —— 气体常数，其值为 8.314 J/（mol • K）；

T —— 绝对温度，K；

F —— 法拉第常数，等于 96 487℃/mol；

n —— 半反应中电子转移数。

从式（6-1）可以看到φ是温度的函数，25℃时：

$$\varphi = \varphi^{\ominus} + \frac{0.059}{n}\lg\frac{a_{\mathrm{Ox}}}{a_{\mathrm{Red}}} \tag{6-2}$$

但在实际工作中，溶液中离子强度和其他物质都会对氧化还原过程产生影响。例如，溶液中有大量强电解质存在时，H^+或 OH^-参与半电池反应，能以与电对的氧化态或还原态络合的形式存在，以及能以与电对的氧化态或还原态生成难溶化合物的形式存在等，这些外界因素都将影响电对的氧化还原能力，因此需要考虑外界因素的影响，则：

$$\varphi = \varphi^{\ominus\prime} + \frac{0.059}{n}\lg\frac{c_{\mathrm{Ox}}}{c_{\mathrm{Red}}} \tag{6-3}$$

式中，$\varphi^{\ominus\prime}$称为条件电位。它是在一定条件下，当氧化态和还原态的分析浓度均为 1 mol • L^{-1}或它们的浓度比为 1 时的实际电位。在一定条件下，它是一个常数。条件电位$\varphi^{\ominus\prime}$和标准电位$\varphi^{\ominus}$的关系与条件稳定常数 K'和稳定常数 K 的关系相似。显然在引入条件电位后，处理实际问题比较简单，也比较符合实际情况。

各种条件下电对的条件电位值常由实验测定。目前条件电位的数据还比较少。若没有相同条件的条件电位，可采用条件相近的条件电位。例如，未查到 1 mol·L^{-1} H_2SO_4溶液中 Fe^{3+}/Fe^{2+}电对的条件电位，可以用 0.5 mol·L^{-1} H_2SO_4溶液中 Fe^{3+}/Fe^{2+}电对的条件电位（0.679 V）代替。如果没有指定条件的条件电位数据，只能采用标准电位时，误差可能较大。部分电对的电极电位见附录六。

【例 6-1】 计算不同酸度下，MnO_4^-/Mn^{2+}电对的条件电位（忽略离子强度的影响）。

解：MnO_4^-在酸性溶液中的半反应为：

$$MnO_4^- + 8H^+ + 5e \rightleftharpoons Mn^{2+} + 4H_2O$$

由能斯特方程得：

$$\varphi_{MnO_4^-/Mn^{2+}} = \varphi^{\ominus}_{MnO_4^-/Mn^{2+}} + \frac{0.059}{5}\lg\frac{[MnO_4^-][H^+]^8}{[Mn^{2+}]}$$

$$= \varphi^{\ominus}_{MnO_4^-/Mn^{2+}} + \frac{0.059}{5}\lg[H^+]^8 + \frac{0.059}{5}\lg\frac{[MnO_4^-]}{[Mn^{2+}]}$$

如果不存在其他副反应，则：

$$\varphi^{\ominus\prime}_{MnO_4^-/Mn^{2+}} = \varphi^{\ominus}_{MnO_4^-/Mn^{2+}} + \frac{0.059}{5}\lg[H^+]^8$$

当$[H^+]$=1 mol/L^{-1} 时，$\varphi^{\ominus\prime}_{MnO_4^-/Mn^{2+}} = \varphi^{\ominus}_{MnO_4^-/Mn^{2+}} = 1.49\ V$

当 pH=3 时，$\varphi^{\ominus\prime}_{MnO_4^-/Mn^{2+}} = \varphi^{\ominus}_{MnO_4^-/Mn^{2+}} + \frac{0.059}{5}\lg 10^{-24} = 1.49 - 0.28 = 1.21\ V$

当 pH=6 时，$\varphi^{\ominus\prime}_{MnO_4^-/Mn^{2+}} = \varphi^{\ominus}_{MnO_4^-/Mn^{2+}} + \frac{0.059}{5}\lg 10^{-48} = 1.49 - 0.57 = 0.92\ V$

由此例可以看到，MnO_4^-/Mn^{2+}电对的反应有 H^+参加，溶液的酸度对电对值影响很大。利用这个性质可使 MnO_4^-选择性地氧化卤素离子。当 pH=5～6 时，仅 I^-被 MnO_4^-氧化为 I_2；当 pH=3 时，I^-和 Br^-都可被 MnO_4^-氧化，Cl^-不起作用；只有在更高酸度的溶液中，MnO_4^-才能氧化 Cl^-。

四、氧化还原反应进行的方向和程度

（一）氧化还原反应进行的方向

通过氧化还原反应电对的电位计算，可以大致判断氧化还原反应进行的方向。氧化还原反应是由较强的氧化剂和较强的还原剂向生成较弱的氧化剂和较弱的还原剂的方向进行。当溶液中有几种还原剂时，加入氧化剂，首先与最强的还原剂作用。

同样，溶液中含有几种氧化剂时，加入还原剂，则首先与最强的氧化剂作用。即在合适的条件下，在所有可能发生的氧化还原反应中，电极电位相差最大的电对间首先发生。

由于氧化剂和还原剂的浓度、溶液的酸度、生成沉淀和形成配合物等都对氧化还原电对的电位产生影响，因此在不同的条件下可能影响氧化还原反应进行的方向。

例如，碘量法测定 Cu^{2+}含量：

$$Cu^{2+}+e \rightleftharpoons Cu^{+} \qquad \varphi^{\ominus}_{Cu^{2+}/Cu^{+}}=0.159\ V$$

$$I_2+e \rightleftharpoons 2I^{-} \qquad \varphi^{\ominus}_{I_2/I^{-}}=0.535\ V$$

由标准电位值可知 Cu^{2+}不可能氧化 I^-为 I_2，但是加入的 I^-与 Cu^+生成了难溶的 CuI 沉淀：

$$Cu^{+}+I^{-} \rightleftharpoons CuI\downarrow$$

实际反应为：$2Cu^{2+}+4I^{-} \rightleftharpoons 2CuI+I_2$

其原因是：$\varphi=\varphi^{\ominus}_{Cu^{2+}/Cu^{+}}+0.059\lg\dfrac{[Cu^{2+}]}{[Cu^{+}]}$

$$\varphi=\varphi^{\ominus}_{Cu^{2+}/Cu^{+}}+0.059\lg\frac{[Cu^{2+}][I^{-}]}{K_{sp}}$$

$$=\varphi^{\ominus}_{Cu^{2+}/Cu^{+}}-0.059\lg K_{sp}+0.059\lg[Cu^{2+}][I^{-}]$$

若：$[I^{-}]=[Cu^{2+}]=1\ mol\cdot L^{-1}$

则：$\varphi^{\ominus\prime}_{Cu^{2+}/Cu^{+}}=0.159-0.059\lg 1.1\times10^{-12}=0.865\ V$

因为：$\varphi^{\ominus\prime}_{Cu^{2+}/Cu^{+}}>\varphi^{\ominus}_{I_2/I^{-}}$

故上述反应向生成 CuI 沉淀并析出 I_2 的方向进行。

（二）氧化还原反应进行的程度

滴定分析法要求反应定量完成，一般氧化还原反应可通过反应的平衡常数（或条件常数）来判断反应进行的程度。氧化还原反应的平衡常数 K（或条件常数 K'）可以从有关电对的标准电位（或条件电位$\varphi^{\ominus\prime}$）求得。

若氧化还原反应为：$m\mathrm{Ox}_1+n\mathrm{Red}_2 \rightleftharpoons m\mathrm{Red}_1+n\mathrm{Ox}_2(m\neq n)$　　（6-4）

电对 1： $Ox_1 + ne \rightleftharpoons Red_1 \quad \varphi_1 = \varphi_1^{\ominus'} + \frac{0.059}{n}\lg\frac{c_{Ox_1}}{c_{Red_1}}$ （6-5）

电对 2： $Ox_2 + me \rightleftharpoons Red_2 \quad \varphi_2 = \varphi_2^{\ominus'} + \frac{0.059}{m}\lg\frac{c_{Ox_2}}{c_{Red_2}}$ （6-6）

反应达到平衡时： $\varphi_1 = \varphi_2$

$$\varphi_1^{\ominus'} + \frac{0.059}{n}\lg\frac{c_{Ox_1}}{c_{Red_1}} = \varphi_2^{\ominus'} + \frac{0.059}{m}\lg\frac{c_{Ox_2}}{c_{Red_2}}$$

$$\frac{0.059}{mn}\lg\left\{\left[\frac{c_{Ox_2}}{c_{Red_2}}\right]^n\left[\frac{c_{Red_1}}{c_{Ox_1}}\right]^m\right\} = \varphi_1^{\ominus'} - \varphi_2^{\ominus'}$$

反应式（6-4）的条件常数：

$$K' = \left[\frac{c_{Ox_2}}{c_{Red_2}}\right]^n\left[\frac{c_{Red_1}}{c_{Ox_1}}\right]^m$$

$$\lg K' = \frac{mn(\varphi_1^{\ominus'} - \varphi_2^{\ominus'})}{0.059} \qquad (6\text{-}7)$$

若反应式（6-4）中 $m=n$，则：

$$K' = \frac{c_{Ox_2}}{c_{Red_2}} \times \frac{c_{Red_1}}{c_{Ox_1}}$$

$$\lg K' = \frac{n(\varphi_1^{\ominus'} - \varphi_2^{\ominus'})}{0.059} \qquad (6\text{-}8)$$

对滴定反应，一般要求反应完全程度达 99.9%以上，对于 $n=m=1$ 型的反应，滴定到终点时，要求：

$$\frac{c_{Ox_2}}{c_{Red_2}} \geqslant 10^3 \qquad \frac{c_{Ox_1}}{c_{Red_1}} \geqslant 10^3$$

则： $K' \geqslant 10^6 \qquad \lg K' \geqslant 6$

得： $\varphi_1^{\ominus'} - \varphi_2^{\ominus'} = \frac{0.059}{n}\lg K' \geqslant 0.059 \times 6\ \text{V} \approx 0.35\ \text{V}$

一般认为，两电对的条件电位之差大于 0.4 V 时反应才能用于滴定分析。

有些氧化还原反应，虽然两个电对的条件电位相差足够大，符合要求，但由于发生副反应，氧化剂与还原剂之间没有一定的化学计量关系，这样的反应不能用于滴定分析。例如 $K_2Cr_2O_7$ 和 $Na_2S_2O_3$ 反应。从它们的电位来看，反应是能够进行完全的。此时 $K_2Cr_2O_7$ 可将 $Na_2S_2O_3$ 氧化成 SO_4^{2-}，但除了这一反应外，还可能有部分被氧化至 $S_4O_6^{2-}$ 或 S 而使它们的化学计量关系不能确定。另外还要考虑反应的速度问题。

五、氧化还原反应的速度及影响因素

从氧化还原反应的条件平衡常数或两个电对的电位值，可以判断氧化还原反应的方向和完全程度。但这仅仅是指出反应进行的可能性，并没有指出反应的速度。实际上有的氧化还原反应速度较快，有的则较慢；有的反应虽然在理论上看是可以进行的，但由于反应速度太慢而可以认为氧化剂与还原剂之间并没有发生反应。

例如，水溶液中的溶解氧：

$$O_2+4H^++4e \rightleftharpoons 2H_2O \qquad \varphi^{\ominus}_{O_2/H_2O}=1.23\ V$$

从电对的电位判断，它很容易氧化一些较强的还原剂，如：

$$Sn^{4+}+2e \rightleftharpoons Sn^{2+} \qquad \varphi^{\ominus}_{Sn^{4+}/Sn^{2+}}=0.15\ V$$

$$TiO^{2+}+2H^++e \rightleftharpoons Ti^{3+}+H_2O \qquad \varphi^{\ominus}_{TiO^{2+}/Ti^{3+}}=0.1\ V$$

但实践证明，在水溶液中，这些强还原剂（Sn^{2+}，Ti^{3+}等）却有一定的稳定性。说明它们与水中的溶解氧或空气中的氧之间的氧化还原反应是缓慢的。又如在分析化学中应用的下列反应：

$$2MnO_4^-+5C_2O_4^{2-}+16H^+ = 2Mn^{2+}+10CO_2\uparrow+8H_2O$$

$$Cr_2O_7^{2-}+6I^-+14H^+ = 2Cr^{3+}+3I_2+7H_2O$$

这些反应进行较慢，需要一定时间才能完成。

所以，对于氧化还原滴定中的反应，不能单从平衡的观点来考虑反应的可能性，还应从反应速度来考虑反应的现实性。

影响氧化还原反应速度的主要因素有以下几方面。

（一）浓度

许多氧化还原反应是分步进行的，不能从总的氧化还原反应方程式来判断反应物浓度对反应速度的影响。但一般来说，增加反应物的浓度就能加快反应速度。例如，用 $K_2Cr_2O_7$ 标定 $Na_2S_2O_3$ 溶液，反应如下：

$$Cr_2O_7^{2-}+6I^-+14H^+ = 2Cr^{3+}+3I_2+7H_2O \quad （慢）$$

$$I_2+2S_2O_3^{2-} = 2I^-+S_4O_6^{2-} \quad （快）$$

提高 I^- 和 H^+ 的浓度，都能加快反应速度。但$[H^+]$也不能太高，否则空气中的氧会将 I^- 氧化而造成误差。此外，在滴定过程中，由于反应物的浓度降低，特别是接近化学计量点时，反应速度减慢，因此，滴定时应注意控制滴定速度与反应速度相适应。

（二）温度

对大多数反应来说，升高温度可以提高反应的速度。例如，酸性溶液中 MnO_4^- 和 $C_2O_4^{2-}$ 的反应，在室温下反应缓慢，加热能加快反应，通常控制在70～80℃滴定。但应考虑升高温度时可能引起的其他一些不利因素。例如，MnO_4^- 滴定 $C_2O_4^{2-}$ 的反应，温度过高会引起部分 $H_2C_2O_4$ 分解：

$$H_2C_2O_4 \xrightarrow{加热} H_2O+CO+CO_2$$

有些物质（如 I_2）易挥发，加热时会引起挥发损失；有些物质（如 Sn^{2+}，Fe^{2+} 等）加热会促使它们被空气中的氧氧化。因此，必须根据具体情况确定反应最适宜的温度。

（三）催化剂

使用催化剂是加快反应速率的有效方法之一。例如，在酸性溶液中，$KMnO_4$ 与 $H_2C_2O_4$ 反应，即使将溶液的温度升高，在滴定的最初阶段，$KMnO_4$ 褪色仍很慢，若加入少许 Mn^{2+}，反应就能很快进行。MnO_4^- 与 $C_2O_4^{2-}$ 之间的反应机理比较复杂，有一种解释认为它们之间的反应可表示如下：

$$Mn(VII) \xrightarrow{Mn(II)} Mn(VI) + Mn(III)$$

$$Mn(VI) \longrightarrow Mn(IV) + Mn(III)$$

$$Mn(IV) \xrightarrow{Mn(II)} Mn(III)$$

$$Mn(III) \xrightarrow{C_2O_4^{2-}} Mn(C_2O_4)_n^{(3-2n)} \longrightarrow Mn(II) + CO_2\uparrow$$

生成的Mn（III）与 $C_2O_4^{2-}$ 形成一系列配合物，最后分解为 Mn^{2+} 与 CO_2，可见，增加 Mn^{2+} 的浓度，可使整个反应的速率加快。这里 Mn^{2+} 起催化剂作用。

对于 $KMnO_4$ 与 $H_2C_2O_4$ 的反应，实际应用中可不外加催化剂 Mn^{2+}。因为在酸性介质中，MnO_4^- 与 $C_2O_4^{2-}$ 反应的生成物之一就是 Mn^{2+}。利用生成物本身做催化剂的反应称自动催化反应。自动催化作用有一个特点，即开始时反应速率较慢，随着反应的进行，反应生成物（催化剂）浓度逐渐增大，反应速率也越来越快，随后，由于反应物浓度越来越低，反应速率又逐渐降低。

（四）诱导反应

有些氧化还原反应在通常情况下并不发生或进行极慢，但在另一反应进行时会促进这一反应的发生。这种由于一个氧化还原反应的发生促进另一氧化还原反应进行的反应称为诱导反应。例如，在酸性溶液中，$KMnO_4$ 氧化 Cl^- 的反应速率极慢，当溶液中同时存在 Fe^{2+} 时，$KMnO_4$ 氧化 Fe^{2+} 的反应将加速 $KMnO_4$ 氧化 Cl^- 的反应。这里，Fe^{2+} 称为诱导体，MnO_4^- 称为作用体，Cl^- 称为受诱体。

诱导反应与催化反应不同，催化反应中，催化剂参加反应后恢复到原来的状态；而诱导反应中，诱导体参加反应后变成其他物质，受诱体也参加反应，以致增加了作用体的消耗量。因此用 $KMnO^-_4$ 滴定 Fe^{2+} 时，当有 Cl^- 存在时，将使 $KMnO_4$ 溶液消耗量增加，而使测定结果产生误差。如需在 HCl 介质中用 $KMnO_4$ 法测 Fe^{2+}，应在溶液中加入 $MnSO_4$-H_3PO_4-H_2SO_4 混合溶液，可防止 Cl^- 对 MnO_4^- 的还原作用，以取得正确的滴定结果。

第二节　氧化还原滴定的原理

一、氧化还原滴定曲线

氧化还原滴定法和其他滴定分析法相似，氧化还原滴定过程中，随着滴定剂的加入，溶液中氧化剂和还原剂的浓度逐渐变化，有关电对电位也随之改变。若反应中两电对都是可逆的，就可以根据能斯特方程，由两电对的条件电位计算滴定过程中溶液电位的变化，并描绘氧化还原滴定曲线，如图 6-1 所示。

以 0.100 0 $mol \cdot L^{-1}$ $Ce(SO_4)_2$ 溶液在 1 $mol \cdot L^{-1}$ H_2SO_4 溶液中滴定 20 mL 的 0.100 0 $mol \cdot L^{-1}$ Fe^{2+} 溶液为例（表 6-1）。滴定反应为：

$$Ce^{4+}+Fe^{2+}=Ce^{3+}+Fe^{3+}$$

滴定开始后，溶液中存在两个电对，根据能斯特方程，两个电对的电位分别为：

$$\varphi_{Fe^{3+}/Fe^{2+}} = \varphi^{\ominus'}_{Fe^{3+}/Fe^{2+}} + 0.059\lg\frac{c_{Fe(III)}}{c_{Fe(II)}} \qquad \varphi^{\ominus'}_{Fe^{3+}/Fe^{2+}} = 0.68\ V$$

$$\varphi_{Ce^{4+}/Ce^{3+}} = \varphi^{\ominus'}_{Ce^{4+}/Ce^{3+}} + 0.059\lg\frac{c_{Ce(IV)}}{c_{Ce(III)}} \qquad \varphi^{\ominus'}_{Ce^{4+}/Ce^{3+}} = 1.44\ V$$

在滴定过程中，每加入一定量 $Ce(SO_4)_2$，反应达到一个新的平衡，此时两个电对的电位相等，即$\varphi_{Fe^{3+}/Fe^{2+}} = \varphi_{Ce^{4+}/Ce^{3+}}$。因此，溶液中各平衡点电位可选用便于计算的任何一个电对来计算。

1．滴定前

溶液中只含 Fe^{2+}，虽然由于空气的氧化作用生成少量的 Fe^{3+}，组成 Fe^{3+}/Fe^{2+}对，但 Fe^{3+}浓度未知，故起始点的电位无法计算。

2．滴定开始至化学计量点前

滴定开始至化学计量点前，溶液中存在过量的 Fe^{2+}，加入 Ce^{4+}后几乎全部被还原为 Ce^{3+}，未反应的 Ce^{4+}的浓度很小，滴定过程中电位的变化根据 Fe^{3+}/Fe^{2+}电对计算。设 Fe^{2+}被滴定了 a%，则：

$$\varphi_{Fe^{3+}/Fe^{2+}} = \varphi^{\ominus'}_{Fe^{3+}/Fe^{2+}} + 0.059\lg\frac{c_{Fe(III)}}{c_{Fe(II)}} = \varphi^{\ominus'}_{Fe^{3+}/Fe^{2+}} + 0.059\lg\frac{a}{100-a}$$

此时，$\varphi_{Fe^{3+}/Fe^{2+}}$值随溶液中 $c_{Fe(III)}/c_{Fe(II)}$（或 a%）的改变而变化。

例如，当加入 99.9%的滴定剂，即加入 Ce^{4+}标准溶液 19.98 mL，有 99.9%的 Fe^{2+}被氧化成 Fe^{3+}时：

$$\varphi_{Fe^{3+}/Fe^{2+}} = \varphi^{\ominus'}_{Fe^{3+}/Fe^{2+}} + 0.059\lg\frac{c_{Fe(III)}}{c_{Fe(II)}} = \varphi^{\ominus'}_{Fe^{3+}/Fe^{2+}} + 0.059\lg\frac{99.9}{100-99.9}$$

$$= 0.68+0.059\times 3 = 0.86\ V$$

3．化学计量点时

化学计量点时，$c_{Ce(IV)}$、$c_{Fe(II)}$都很小，但它们的浓度相等；又由于反应达到平衡时两电对的电位相等，故可以联立起来计算。

令化学计量点时的电位为φ_{eq}，则：

$$\varphi_{eq} = \varphi^{\ominus'}_{Ce^{4+}/Ce^{3+}} + 0.059\lg\frac{c_{Ce(IV)}}{c_{Ce(III)}} = \varphi^{\ominus'}_{Fe^{3+}/Fe^{2+}} + 0.059\lg\frac{c_{Fe(III)}}{c_{Fe(II)}} \qquad (6\text{-}9)$$

又令

$$\varphi_1^{\ominus'} = \varphi^{\ominus'}_{Ce^{4+}/Ce^{3+}} \qquad \varphi_2^{\ominus'} = \varphi^{\ominus'}_{Ce^{3+}/Fe^{2+}}$$

由式（6-3）可得：$n_1\varphi_{eq}=n_1\varphi_1^{\ominus'}+0.059\lg\dfrac{c_{Ce(IV)}}{c_{Ce(III)}}$

$$n_2\varphi_{eq}=n_2\varphi_2^{\ominus'}+0.059\lg\frac{c_{Fe(III)}}{c_{Fe(II)}}$$

将上两式相加，得：

$$(n_1+n_2)\varphi_{eq}=n_1\varphi_1^{\ominus'}+n_2\varphi_2^{\ominus'}+0.059\lg\frac{c_{Ce(IV)}c_{Fe(III)}}{c_{Ce(III)}c_{Fe(II)}}$$

根据前述滴定反应，当加入 $Ce(SO_4)_2$ 的物质的量与 Fe^{2+}的物质的量相等时，$c_{Ce(IV)}=c_{Fe(II)}$，$c_{Ce(III)}=c_{Fe(III)}$，此时：

$$\lg\frac{c_{Ce(IV)}c_{Fe(III)}}{c_{Ce(III)}c_{Fe(II)}}=0$$

故

$$\varphi_{eq}=\frac{n_1\varphi_1^{\ominus'}+n_2\varphi_2^{\ominus'}}{n_1+n_2} \tag{6-10}$$

式（6-10）为可逆、对称电对在化学计量点时电位的计算通式。

对于 Ce^{4+}溶液滴定 Fe^{2+}，化学计量点时的电位为：

$$\varphi_{Lq}=\frac{\varphi^{\ominus'}_{Ce^{4+}/Ce^{3+}}+\varphi^{\ominus'}_{Fe^{3+}/Fe^{2+}}}{2}=\frac{1.44+0.68}{2}=1.06\text{ V}$$

4．化学计量点后

化学计量点后，由于加入了过量的 Ce^{4+}，溶液中的 Fe^{2+}几乎全部被氧化，因此可利用 Ce^{4+}/Ce^{3+}电对来计算。设加入了 $b\%Ce^{4+}$，则过量的 Ce^{4+}为（$b-100$）%，得：

$$\varphi_{Ce^{4+}/Ce^{3+}}=\varphi^{\ominus'}_{Ce^{4+}/Ce^{3+}}+0.059\lg\frac{c_{Ce(IV)}}{c_{Ce(III)}}=\varphi^{\ominus'}_{Ce^{4+}/Ce^{3+}}+0.059\lg\frac{b-100}{100}$$

此时，$\varphi_{Ce^{4+}/Ce^{3+}}$ 值随溶液中 $c_{Ce(IV)}/c_{Ce(III)}$（或 $b\%$）的改变而变化。

例如，当加入 100.1% Ce^{4+}滴定剂时，即加入 Ce^{4+}标准溶液 20.02 mL 时：

$$\varphi_{Ce^{4+}/Ce^{3+}}=\varphi^{\ominus'}_{Ce^{4+}/Ce^{3+}}+0.059\lg\frac{c_{Ce(IV)}}{c_{Ce(III)}}=\varphi^{\ominus'}_{Ce^{4+}/Ce^{3+}}+0.059\lg\frac{100.1-100}{100}$$

$$=1.44-0.059\times3=1.26\text{ V}$$

化学计量点前后电位突跃的位置由 Fe^{2+}剩余 0.1%和 Ce^{4+}过量 0.1%时两点的电

位所决定，即电位突跃。

由 $$\varphi_{Fe^{3+}/Fe^{2+}} = 0.68 + 0.059\lg\frac{99.9}{0.1} = 0.86\ V$$

到 $$\varphi_{Ce^{4+}/Ce^{3+}} = 1.44 + 0.059\lg\frac{0.1}{100} = 1.26\ V$$

可知在化学计量点附近有明显的电位突跃，即氧化还原滴定的滴定突跃。将计算各滴定点的电位列入表 6-1 中。

表 6-1 在 1 mol · L^{-1} H_2SO_4 溶液中用 0.100 0 mol · L^{-1} Ce^{4+} 滴定 0.100 0 mol · L^{-1} Fe^{2+}溶液电位的变化

滴定百分数/%	$c_{Fe^{3+}}/c_{Fe^{2+}}$的比值	电位/V
9	0.1	0.62
50	1	0.68
91	10	0.74
99	100	0.80
99.9	1 000	0.86
100		1.06
滴定百分数/%	$c_{Ce^{4+}}/c_{Ce^{3+}}$的比值	滴定突跃
100.1	0.001	1.26
101	0.01	1.32
110	0.1	1.38
150	0.5	1.44

根据所列数据，以滴定剂滴入的百分数为横坐标，电对的电位为纵坐标作图，可得到如图 6-3 所示的滴定曲线。

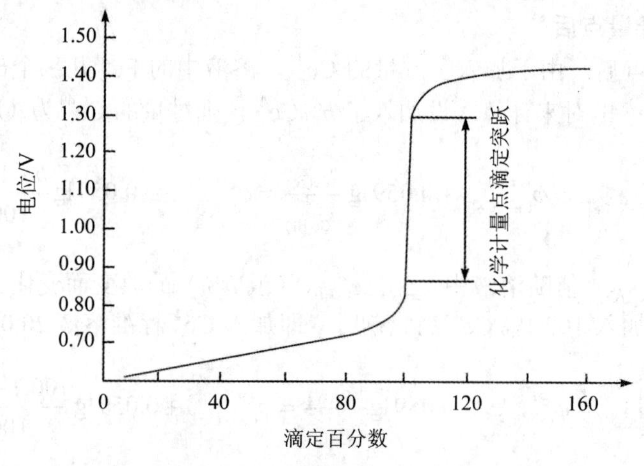

图 6-3 0.100 0 mol · L^{-1} Ce^{4+}滴定 0.100 0 mol · L^{-1} Fe^{2+}的滴定曲线（1 mol · L^{-1} H_2SO_4）

从图 6-3 可见，当 Ce^{4+}标准溶液滴入50%时的电位等于还原剂电对的条件电极电位；当 Ce^{4+}标准溶液滴入150%时的电位等于氧化剂电对的条件电极电位；滴定由99.9%～100.1%时电极电位变化范围为 1.26−0.86=0.4 V，即滴定曲线的电位突跃是0.4 V，这为判断氧化还原反应滴定的可能性和选择指示剂提供了依据。由于 Ce^{4+}滴定 Fe^{2+}的反应中，两电对电子转移数都是 1，化学计量点的电位（1.06 V）正好处于滴定突跃中间（0.86～1.26 V），整个滴定曲线基本对称。氧化还原滴定曲线突跃的大小和氧化剂/还原剂两电对的条件电极电位的差值大小有关。两电对的条件电极电位相差较大，滴定突跃就较大，反之，其滴定突跃就较小。

二、氧化还原滴定法的指示剂

在氧化还原滴定分析中，常用以下几类指示剂在化学计量点附近颜色的改变来指示滴定终点。

（一）氧化还原指示剂

这类指示剂是本身具有氧化还原性质的物质，其氧化态和还原态具有不同的颜色。在滴定过程中指示剂本身发生氧化还原反应，指示剂由氧化态转为还原态或由还原态转为氧化态时，溶液颜色随之发生改变，因而可以指示滴定终点。例如，用 $K_2Cr_2O_7$ 滴定 Fe^{2+}时，常用二苯胺磺酸钠为指示剂。二苯胺磺酸钠的还原态无色，当滴定至化学计量点时，稍过量的 $K_2Cr_2O_7$ 使二苯胺磺酸钠由还原态转变为氧化态，溶液显紫红色，指示滴定终点的到达。

每种氧化还原指示剂在一定的电极电位范围内发生颜色变化，此范围称为指示剂的电极电位变色范围。选择指示剂时应选用电极电位变色范围在滴定突跃范围内的指示剂。常用的氧化还原指示剂见表 6-2。

表 6-2　一些氧化还原指示剂的条件电位及颜色变化

指示剂	$\varphi^{\ominus\prime}$/V（$[H^+]$=1 mol·L^{-1}）	颜色变化		指示剂溶液
		氧化态	还原态	
次甲基蓝	0.36	蓝	无色	0.05%水溶液
二苯胺	0.76	紫	无色	1%浓硫酸溶液
二苯胺磺酸钠	0.84	红紫	无色	0.2%水溶液
邻苯胺基苯甲酸	0.89	红紫	无色	0.2%的 1% $NaCO_3$ 溶液
邻二氮杂菲-亚铁	1.06	浅蓝	红	0.025 mol·L^{-1} 水溶液
硝基邻二氮杂菲-亚铁	0.25	浅蓝	紫红	0.025 mol·L^{-1} 水溶液

氧化还原指示剂是氧化还原滴定的通用指示剂。选择指示剂时应注意以下两点。

（1）指示剂变色的电位范围应在滴定突跃范围之内。由于指示剂变色的电位范围很小，简单地说，可选择指示剂条件电位处于滴定突跃范围之内的指示剂。

（2）氧化还原滴定中，滴定剂和被滴定的物质常是有色的，反应前后颜色发生改变，观察到的是离子的颜色和指示剂所显示颜色的混合色，选择指示剂时应注意化学计量点前后颜色变化得是否明显。

此外，滴定过程中指示剂本身要消耗少量滴定剂，如果滴定剂的浓度较大（约 $0.1\ mol \cdot L^{-1}$），指示剂所消耗的滴定剂的量相对很小，对分析结果影响不大；如果滴定剂的浓度较小（约 $0.01\ mol \cdot L^{-1}$），则应做指示剂空白校正。

（二）自身指示剂

氧化还原滴定中，有些标准溶液或被滴定物质本身有很深的颜色，而滴定产物为无色或颜色很浅，滴定时则无须另加指示剂，它们本身颜色的变化就起着指示剂的作用。这种物质叫做自身指示剂。例如，用 $KMnO_4$ 做滴定剂，MnO_4^-本身呈深紫色。在酸性溶液中还原为几乎是无色的 Mn^{2+}，滴定到化学计量点后，稍过量的 MnO_4^-就可使溶液呈粉红色（此时 MnO_4^-的浓度约为 $2\times10^{-6}\ mol \cdot L^{-1}$），指示终点的到达。

（三）专用指示剂

专用指示剂是能与滴定剂或被滴定物质反应生成特殊颜色的物质，因而指示终点。例如，可溶性淀粉溶液与 I_2 生成深蓝色吸附化合物，当 I_2 被还原为 I^-时，深蓝色立即消失，反应极灵敏。当 I_2 溶液浓度为 $1\times10^{-5}\ mol \cdot L^{-1}$ 时，即能看到蓝色。因此可从蓝色的出现或消失指示终点。

除此之外，氧化还原滴定法常用电位法直接测量滴定过程中电对的电极电位以确定终点，其原理是利用滴定过程中电对的电极电位在化学计量点附近的突变来指示化学计量点。

第三节　氧化还原滴定中的预处理

一、预氧化和预还原

在进行氧化还原滴定之前，必须使待测组分处于一定的价态，因此往往需要对试样进行预处理。例如，测定试样中 Mn^{2+}（或 Cr^{3+}）的含量时，由于 $\varphi^{\ominus}_{MnO^-/Mn^{2+}}$ （1.51 V）和 $\varphi^{\ominus}_{Cr_2O_7^{2-}/Cr^{3+}}$ （1.33 V）都很高。要找一个电位比它们更高的氧化剂进行直接滴定是困难的。若预先将 Mn^{2+}（或 Cr^{3+}）氧化成 MnO_4^-（或 $Cr_2O_7^{2-}$），就可用还原剂标准溶液（如 Fe^{2+}）直接滴定。

用于预处理的氧化剂或还原剂必须符合下列要求：

（1）反应速度快；

（2）必须将待测组分定量地氧化或还原；

（3）反应应具有一定的选择性，例如用金属锌为预还原剂，由于$\varphi^{\ominus}_{Zn^{2+}/Zn}$值较低（−0.76 V），电位比它高的金属离子都可被还原，所以金属锌的选择性较差，而$SnCl_2$（$\varphi^{\ominus}_{Sn^{4+}/Sn^{2+}}$=+0.14 V）的选择性则较高；

（4）过量的氧化剂或还原剂要易于除去。

除去过量氧化剂或还原剂的方法有如下几种：

① 加热分解：如$(NH_4)_2S_2O_8$、H_2O_2可借加热煮沸后分解而除去；

② 过滤：如$NaBiO_3$不溶于水，可借过滤除去；

③ 利用化学反应：如用$HgCl_2$可除去过量$SnCl_2$，其反应为：

$$SnCl_2 + 2HgCl_2 = SnCl_4 + Hg_2Cl_2\downarrow$$

生成的Hg_2Cl_2沉淀不被一般滴定剂氧化，不必过滤除去。

预处理常用的氧化剂和还原剂列于表 6-3 和表 6-4 中。

表 6-3　预处理时常用的氧化剂

氧化剂	反应条件	主要应用	除去方法
$NaBiO_3$	室温 HNO_3介质 H_2SO_4介质	$Mn^{2+}\rightarrow MnO_4^-$ Ce（Ⅲ）→Ce（Ⅳ）	过滤
PbO_2	pH=2～6 焦磷酸盐缓冲液	Mn（Ⅱ）→Mn（Ⅲ） Ce（Ⅲ）→Ce（Ⅳ） Cr（Ⅲ）→Cr（Ⅳ）	过滤
$(NH_4)_2S_2O_8$	酸性 Ag^+做催化剂	Ce（Ⅲ）→Ce（Ⅳ） $Mn^{2+}\rightarrow MnO_4^-$ $VO^{2+}\rightarrow VO_3^-$	煮沸分解
H_2O_2	NaOH 介质 HCO_3^-介质 碱性介质	$Cr^{3+}\rightarrow CrO_4^{2-}$ Co（Ⅱ）→Co（Ⅲ） Mn（Ⅱ）→Mn（Ⅵ）	煮沸分解，加少量Ni^{2+}或I^-做催化剂，加速H_2O_2分解
高锰酸盐	焦磷酸盐、氟化物和 Cr（Ⅲ）存在时	Ce（Ⅲ）→Ce（Ⅳ） V（Ⅳ）→V（Ⅴ）	叠氮化钠或亚硝酸钠
高氯酸	热、浓$HClO_4$	V（Ⅳ）→V（Ⅴ） Cr（Ⅲ）→Cr（Ⅵ）	迅速冷却至室温，用水稀释

表 6-4　预处理时常用的还原剂

还原剂	反应条件	主要应用	除去方法
SO_2	有SCN^-共存，加速反应	Fe（Ⅲ）→Fe（Ⅱ） As（Ⅴ）→As（Ⅲ） Cu（Ⅱ）→Cu（Ⅰ）	煮沸，通CO_2
$SnCl_2$	酸性，加热	Fe（Ⅲ）→Fe（Ⅱ） As（Ⅴ）→As（Ⅲ） Mo（Ⅵ）→Mo（Ⅴ）	快速加入过量的$HgCl_2$ $Sn^{2+}+2HgCl_2=Sn^{4+}+Hg_2Cl_2+2Cl^-$

还原剂	反应条件	主要应用	除去方法
锌-汞齐还原柱	H_2SO_4 介质	Cr（Ⅲ）→Cr（Ⅱ） Fe（Ⅲ）→Fe（Ⅱ） V（Ⅴ）→V（Ⅱ）	
盐酸肼、硫酸肼、肼	酸性	As（Ⅴ）→As（Ⅲ）	浓 H_2SO_4 加热
汞阴极	恒定电位下	Fe（Ⅲ）→Fe（Ⅱ） Cr（Ⅲ）→Cr（Ⅱ）	

二、有机物的除去

试样中的有机物往往干扰测定。具有氧化还原性质或配合性质的有机物使溶液的电位发生变化，因此，必须将有机物除去。常用方法有干法灰化和湿法灰化等。干法灰化是在高温下使有机物被空气中的氧或纯氧（CO_2 氧瓶燃烧法）氧化而破坏。湿法灰化是使用氧化性酸，例如 H_2SO_4、HNO_3 或 $HClO_4$，在加热下将有机物分解成 CO_2 而除去。

第四节　常用氧化还原滴定法

氧化还原滴定法中，根据使用的氧化剂和还原剂不同，将氧化还原滴定法分为高锰酸钾法、重铬酸钾法、碘量法、溴酸钾法等，最常用的是前三种。

一、高锰酸钾法

（一）概述

高锰酸钾是一种强氧化剂。它在不同酸度的溶液中反应不同，在强酸性溶液中，反应为：

$$MnO_4^- + 8H^+ + 5e \rightleftharpoons Mn^{2+} + 4H_2O \qquad \varphi^\ominus = 1.491\ V$$

在微酸性、中性或弱碱性溶液中，反应为：

$$MnO_4^- + 2H_2O + 3e \rightleftharpoons MnO_2 + 4OH^- \qquad \varphi^\ominus = 0.58\ V$$

在 NaOH 浓度大于 2 mol·L^{-1} 的溶液中，很多有机物与 $KMnO_4$ 反应，此时 MnO_4^- 被还原为 MnO_4^{2-}：

$$MnO_4^- + e \rightleftharpoons MnO_4^{2-} \qquad \varphi^\ominus = 0.564\ V$$

由此可见，高锰酸钾法可在酸性、中性或碱性条件下使用。由于 $KMnO_4$ 在强酸性溶液中具有更强的氧化能力，因此一般都在强酸条件下使用。但在测定有机物时常在碱性溶液中进行，因为 MnO_4^- 与有机物的反应速度在碱性条件下比在酸性条件下更快。

高锰酸钾法可直接滴定如 Fe（Ⅱ）、H_2O_2、草酸盐、As（Ⅲ）、Sb（Ⅲ）、W（Ⅴ）、U（Ⅳ）及其他具有还原性的物质（包括有机物），也可间接测定如 MnO_2，PbO_2，Pb_3O_4，$KClO_3$，H_3VO_4 等氧化性物质，测定时可加入一定量的过量的 NaC_2O_4，反应后用 $KMnO_4$ 滴定过量的 $C_2O_4^{2-}$。又如 Ca^{2+}、Sr^{2+}、Ba^{2+}、Ni^{2+}、Zn^{2+}、Cu^{2+}、Pb^{2+}、Hg^{2+}、Bi^{3+}、Ag^+、Bi^{3+} 等离子不具有氧化性，但能与 $C_2O_4^{2-}$ 定量沉淀，在分离出沉淀和溶解沉淀后，用 $KMnO_4$ 溶液滴定 $C_2O_4^{2-}$。

高锰酸钾法的优点是 $KMnO_4$ 氧化能力强，应用广泛，又是自身指示剂。缺点是由于其氧化能力强，可以和很多还原性物质发生作用，即伴随副反应，所以干扰也比较严重，测定的选择性差。此外，试剂 $KMnO_4$ 含少量杂质，其标准溶液不能用直接法配制，另外，标准溶液不够稳定。

（二）标准溶液

（1）$KMnO_4$ 标准溶液的配制。市售的高锰酸钾常含有少量杂质，如硫酸盐、氯化物及硝酸盐等，因此不能用直接法配制标准溶液。

$KMnO_4$ 氧化力强，易与水和空气中的还原性物质作用，因此 $KMnO_4$ 溶液的浓度容易改变。为了配制较稳定的 $KMnO_4$ 溶液，可称取稍多于计算量的 $KMnO_4$ 溶于一定体积的蒸馏水中，加热煮沸，冷却后贮于棕色瓶中，于暗处放置数天，使溶液中可能存的还原性物质完全氧化。然后用砂芯漏斗过滤除去析出的 MnO_2 沉淀（注意：不能用普通滤纸），再进行标定。

使用久放的 $KMnO_4$ 溶液时应重新标定其浓度。

（2）$KMnO_4$ 溶液的标定。$KMnO_4$ 溶液可用 $H_2C_2O_4 \cdot 2H_2O$、$Na_2C_2O_4$、$(NH_4)_2Fe(SO_4)_2 \cdot 6H_2O$、纯铁丝及 As_2O_3 等基准物来标定。其中草酸钠不含结晶水，容易提纯，是最常用的基准物质。在 H_2SO_4 溶液中，MnO_4^- 与 $C_2O_4^{2-}$ 的反应为：

$$2MnO_4^- + 5C_2O_4^{2-} + 16H^+ = 2Mn^{2+} + 10CO_2\uparrow + 8H_2O$$

为使反应定量进行，应注意下述滴定条件。

① 酸度：酸度过低，MnO_4^- 部分还原为 MnO_2；酸度过高，$H_2C_2O_4$ 会促使分解。一般在滴定开始时，溶液的酸度约为 $1\ mol \cdot L^{-1}$。

② 温度：为了加快反应速度，需加热至 70～80℃滴定。

③ 滴定速度：滴定开始时，由于反应速度缓慢，应在加入一滴溶液褪色后再加入第一滴。如果滴定速度过快，$KMnO_4$ 溶液来不及与 $C_2O_4^{2-}$ 反应，就会在热的酸性溶液中发生分解而导致结果偏低：

$$4MnO_4^- + 12H^+ \longrightarrow 4Mn^{2+} + 5O_2 + 6H_2O$$

随着滴定的进行，由于生成物 Mn^{2+}起了催化作用，滴定速度可以加快。或在滴定时加入几滴 $MnSO_4$ 溶液，亦可加快滴定速度。

（三）应用示例

（1）过氧化氢的测定。商品双氧水中的过氧化氢，可用 $KMnO_4$ 标准溶液直接滴定：

$$5H_2O_2 + 2MnO_4^- + 6H^+ \rightleftharpoons 2Mn^{2+} + 5O_2 + 8H_2O$$

在室温时，滴定可在 H_2SO_4 或 HCl 介质中顺利进行，但开始时反应进行得较慢，反应产生的 Mn^{2+}可起催化作用，使以后的反应加速。

对于加入如乙酰苯胺等做稳定剂的 H_2O_2 试样，因稳定剂对滴定有干扰，宜采用碘量法或铈量法测定。

（2）钙的测定。先使 Ca^{2+}定量生成 CaC_2O_4 沉淀，经过过滤、洗涤后，将 CaC_2O_4 沉淀溶于热的稀硫酸中，即用 $KMnO_4$ 标准溶液滴定 $H_2C_2O_4$。根据消耗的 $KMnO_4$ 的量计算钙含量。为了获得颗粒较大的晶形沉淀，并保证 Ca^{2+}与 $C_2O_4^{2-}$有 1∶1 的关系，必须选择适当的沉淀条件。一般采用均相沉淀法能获得较好的效果。

（3）MnO_2 的测定。在酸性溶液中，MnO_2 与一定量过量的 $C_2O_4^{2-}$反应：

$$MnO_2 + C_2O_4^{2-} + 4H^+ \xlongequal{\triangle} Mn^{2+} + 2CO_2\uparrow + 2H_2O$$

反应完全后用 $KMnO_4$ 标准溶液滴定过量的 $C_2O_4^{2-}$。

（4）有机物的测定。在强碱性溶液中，用一定量过量的 $KMnO_4$ 标准溶液将某些有机物定量地氧化。如 $KMnO_4$ 与甲酸的反应为：

$$HCOO^- + 2MnO_4^- + 3OH^- \longrightarrow CO_3^{2-} + 2MnO_4^{2-} + 2H_2O$$

待反应完成后将溶液酸化，MnO_4^{2-}歧化为 MnO_4^-和 MnO_2。加入一定量过量的 Fe^{2+}标准溶液，使溶液中所有高价态的锰还原为 Mn（Ⅱ），再用 $KMnO_4$ 标准溶液回滴过量的 Fe^{2+}。根据两次 $KMnO_4$ 加入量和 Fe^{2+}的量计算出甲酸的含量。甲醇、羟基乙酸、酒石酸、柠檬酸、葡萄糖等可用此法测定。

二、重铬酸钾法

（一）概述

在酸性条件下的反应为：

$$Cr_2O_7^{2-}+14H^++6e \rightleftharpoons 2Cr^{3+}+7H_2O \qquad \varphi^{\ominus}=1.33\ V$$

$K_2Cr_2O_7$的氧化能力比$KMnO_4$稍弱些，但它仍是一种较强的氧化剂，可在酸性条件下测定许多无机物和有机物，它的应用范围比$KMnO_4$法窄些。但它具有如下优点：（1）$K_2Cr_2O_7$易于提纯，可以用直接法配制标准溶液；（2）$K_2Cr_2O_7$溶液稳定，只要密闭保存，浓度可长期保持不变；（3）在1 mol・L^{-1} HCl溶液中，在室温下不受Fe^{2+}还原作用的影响，可在盐酸介质中进行滴定。

重铬酸钾法也有直接法和间接法之分。对一些有机试样，常在其硫酸溶液中加入一定量过量的重铬酸钾标准溶液，加热至一定温度，冷后稀释，再用Fe^{2+}（一般用硫酸亚铁铵）标准溶液返滴定。这种间接方法可以用于电镀液中有机物的测定。

应用$K_2Cr_2O_7$标准溶液进行滴定时，常用二苯胺磺酸钠或邻苯氨基苯甲酸等氧化还原指示剂。

应该指出，$K_2Cr_2O_7$有毒，使用时应注意废液的处理，以免污染环境。

（二）应用示例

（1）铁的测定。重铬酸钾法测定铁的反应为：

$$6Fe^{2+}+Cr_2O_7^{2-}+14H^+ = 6Fe^{3+}+2Cr^{3+}+7H_2O$$

试样（铁矿石等）一般用盐酸溶液加热分解。在热的浓盐酸溶液中，将铁还原为亚铁，然后用$K_2Cr_2O_7$标准溶液滴定。铁的还原方法与$KMnO_4$法测定铁相似。但在测定步骤上有如下特点：

① 重铬酸钾的电极电位与氯的电极电位相近，因此在盐酸溶液中滴定铁时，不会因为氧化Cl^-而发生误差，因而滴定时不需加入$MnSO_4$；

② 滴定时需要采用氧化还原指示剂。如用二苯胺磺酸钠（$\varphi_{In}^{\ominus\prime}$=0.84 V）做指示剂。终点时溶液由绿色（$Cr^{3+}$的颜色）突变为紫色或紫蓝色。还需加入磷酸。因为$Fe^{3+}/Fe^{2+}$电对按$\varphi^{\ominus\prime}_{Fe^{3+}/Fe^{2+}}$=0.68 V计算，则滴定至99.9%时的电极电位为：

$$\varphi=\varphi^{\ominus\prime}_{Fe^{3+}/Fe^{2+}}+0.059\lg\frac{c_{Fe(III)}}{c_{Fe(II)}}=0.68+0.059\lg\frac{99.09}{0.1}=0.86\ V$$

可见，当滴定进行至99.9%时，电位已超过指示剂变色的电位（>0.84 V），滴定终点将过早到达。为了减少终点误差，在试液中加入H_3PO_4，使Fe^{2+}生成无色、稳定的$Fe(PO_4)_2^{3-}$络合阴离子，这样，既消除了Fe^{3+}的颜色影响，又降低了电对的电位。例如，在1 mol・L^{-1} HCl与0.25 mol・L^{-1} H_3PO_4溶液中$\varphi^{\ominus\prime}_{Fe^{3+}/Fe^{2+}}$=0.51 V，从而避免了过早氧化指示剂。

（2）水的化学耗氧量（COD）的测定。COD是测定废水中有机物质化学氧化所需要的氧量。在硫酸溶液中，加入一定量过量的$K_2Cr_2O_7$标准溶液和Ag_2SO_4催化剂，加热回流使充分反应，然后以邻二氮菲亚铁为指示剂，用Fe^{2+}标准溶液滴定。此法可用来测定水的污染程度，称为水的化学耗氧量（COD）重铬酸钾测定法。

三、碘量法

（一）概述

1．直接碘量法

碘量法是利用I_2的氧化性和I^-的还原性来进行滴定的分析方法。由于I_2在水中的溶解度很小（0.001 33 mol・L^{-1}），通常将I_2溶解在KI溶液中，此时I_2在溶液中以I_3^-形式存在：

$$I_2+I^- \rightleftharpoons I_3^-$$

半电池反应为：

$$I_3^-+2e \rightleftharpoons 3I^- \qquad \varphi^{\ominus}_{I_3^-/3I^-}=0.545\ V$$

但为方便起见，I_3^-一般仍简写为I_2。

由$I_2/2I^-$电对的条件电极电位或标准电极电位可见，I_2是一种较弱的氧化剂，能与较强的还原剂[如Sn（Ⅱ）、Sb（Ⅲ）、As_2O_3、S^{2-}、SO_3^{2-}、$S_2O_3^{2-}$等]作用，例如：

$$I_2+SO_2+2H_2O = 2I^-+SO_4^{2-}+4H^+$$

因此，可用I_2标准溶液直接滴定这类还原性物质，这种方法称为直接碘量法（或称碘滴定法）。但是，直接碘量法不能在碱性溶液中进行，当溶液的pH＞8时，部分I_2要发生歧化反应：

$$3I_2+6OH^- = IO_3^-+5I^-+3H_2O$$

这一反应会带来测定误差。在酸性溶液中也只有还原能力强而不受H^+浓度影响的物质才能发生定量反应，又由于碘的标准电极电位不高，所以直接碘量法不如间接碘量法应用广泛。

2．间接碘量法

I^-是中等强度的还原剂，能被一般氧化剂（如$K_2Cr_2O_7$、$KMnO_4$、H_2O_2、KIO_3、Cu^{2+}等）定量氧化而析出I_2，例如：

$$2MnO_4^-+10I^-+16H^+ = 2Mn^{2+}+5I_2+8H_2O$$

析出的 I_2 可用还原剂 $Na_2S_2O_3$ 标准溶液滴定：

$$I_2+2S_2O_3^{2-}=2I^-+S_4O_6^{2-}$$

因而可间接测定氧化性物质，这种方法称为间接碘量法（或称滴定碘量法）。

凡能与 KI 作用定量析出 I_2 的氧化性物质及能与过量 I_2 在碱性介质中作用的有机物质（如甲醛），都可以用间接碘量法测定。

间接碘量法的基本反应为：

$$2I^--2e=I_2$$

$$I_2+2S_2O_3^{2-}=S_4O_6^{2-}+2I^- \qquad (6\text{-}11)$$

I_2 与硫代硫酸钠定量反应生成连四硫酸钠（$Na_2S_4O_6$），反应迅速。

（二）标准溶液

（1）硫代硫酸钠（$Na_2S_2O_3 \cdot 5H_2O$）一般都含有少量杂质，如 S、Na_2SO_3、Na_2CO_3、NaCl 等，同时还容易风化、潮解，因此不能直接配制成准确浓度的溶液，只能先配制成近似浓度的溶液，然后再标定。

因此，配制 $Na_2S_2O_3$ 溶液一般采用如下步骤：称取需要量的 $Na_2S_2O_3 \cdot 5H_2O$，溶于新煮沸且冷却的蒸馏水中，这样可除去 CO_2 和灭菌，加入少量 Na_2CO_3 使溶液保持微碱性，可抑制微生物的生长，防止 $Na_2S_2O_3$ 的分解。配制的 $Na_2S_2O_3$ 溶液应贮存于棕色瓶，放置暗处，约一周后再进行标定。长时间保存的 $Na_2S_2O_3$ 标准溶液，应定期加以标定。若发现溶液变混浊或有硫析出，要过滤后再标定其浓度，或弃去重配。

标定 $Na_2S_2O_3$ 溶液的基准物质有：纯碘、KIO_3、$KBrO_3$、$K_2Cr_2O_7$、$K_3[Fe(CN)_6]$、纯铜等。这类物质除纯碘外，都能与 KI 反应而析出 I_2：

$$IO_3^-+5I^-+6H^+=3I_2+3H_2O$$

$$BrO_3^-+6I^-+6H^+=3I_2+3H_2O+Br^-$$

$$Cr_2O_7^{2-}+6I^-+14H^+=2Cr^{3+}+3I_2+7H_2O$$

$$2[Fe(CN)_6]^{3-}+2I^-=2[Fe(CN)_6]^{4-}+I_2$$

$$2Cu^{2+}+4I^-=2CuI+I_2$$

析出的 I_2 用 $Na_2S_2O_3$ 标准溶液滴定。这些标定方法是间接碘量法的应用。标定时注意以下几点：

① 溶液的酸度。$K_2Cr_2O_7$ 与 KI 反应时，溶液的酸度愈大，反应速度愈快，但酸度太大时，I^-容易被空气中的 O_2 氧化，所以在开始反应时，酸度一般以 0.2～0.4 $mol \cdot L^{-1}$ 为宜。

② 放置时间。$K_2Cr_2O_7$ 与 KI 反应速度较慢，应将溶液在暗处放置一定时间（5 min），待反应完全后再以 $Na_2S_2O_3$ 溶液滴定。KIO_3 与 KI 的反应快，不需要放置。

③ 滴定前将溶液稀释。稀释可降低溶液酸度，防止 I^-被空气氧化，减小 $Na_2S_2O_3$ 的分解作用。

④ 加入淀粉指示剂的时间。在以淀粉做指示剂时，应先以 $Na_2S_2O_3$ 溶液滴定至溶液呈浅黄色（大部分 I_2 已作用），然后加入淀粉溶液，用 $Na_2S_2O_3$ 溶液继续滴定至蓝色恰好消失，即为终点。淀粉指示剂若加入太早，大量的 I_2 与淀粉结合成蓝色物质，这一部分碘就不容易与 $Na_2S_2O_3$ 反应，因而使滴定发生误差。

滴定至终点后，再经过几分钟，溶液又会出现蓝色，这是由于空气氧化 I^-所引起的。若溶液很快变蓝，表示 $K_2Cr_2O_7$ 与 KI 反应未完全（放置时间不够），应重新标定。

$Na_2S_2O_3$ 溶液不稳定，易分解析出单质 S。原因有酸和溶解的 CO_2 的作用，空气的氧化作用和细菌的作用。如发现分解现象，应重新配制。

（2）碘标准溶液。用升华法制得的纯碘，可以直接配制标准溶液。但因 I_2 的挥发性强，准确称量较困难，通常是用市售的纯碘先配制近似浓度的溶液，然后再进行标定。

由于碘几乎不溶于水，所以配制溶液时将 I_2 溶解在过量的 KI 溶液中。

碘溶液不要与橡皮等有机物接触，要避免光和热，否则浓度将发生变化。

标准碘溶液的浓度，可用已知浓度的 $Na_2S_2O_3$ 标准溶液来标定。也可用 As_2O_3（俗名砒霜，剧毒）做基准物来标定。As_2O_3 难溶于水，但易溶于碱性溶液中，生成亚砷酸盐：

$$As_2O_3+6OH^- = 2AsO_3^{3-}+3H_2O$$

亚砷酸与碘的反应是可逆的：

$$H_3AsO_3+I_2+H_2O \rightleftharpoons H_3AsO_4+2I^-+2H^+$$

当$[H^+]>4\ mol \cdot L^{-1}$时，反应定量向左进行。在 pH≈8 时，反应定量向右进行，故应在微碱性溶中（加入 $NaHCO_3$，使溶液的 pH≈8）进行标定。

（三）碘量法应用示例

1．硫化钠总还原能力的测定

在弱酸性溶液中 I_2 能氧化 H_2S：

$$H_2S+I_2 = S^- +2H^+ +2I^-$$

这是用直接碘量法测定硫化物。为了防止 S^{2+}在酸性条件下生成 H_2S 而挥发损失，在测定时应将硫化钠试液加到一定量过量的酸性碘溶液中，反应完毕后，再用 $Na_2S_2O_3$ 标准溶液回滴多余的碘。由于硫化钠中常含有 Na_2SO_3 及 $Na_2S_2O_3$ 等还原性物质，也与 I_2 反应，因此实际上测定的是硫化钠总还原能力。

其他能与酸作用生成 H_2S 的试样（如某些含硫的矿石、石油和废水中的硫化物、钢铁中的硫以及有机物中的硫等，都可使其转化为 H_2S），可用镉盐或锌盐的氨溶液吸收它们与酸反应时生成的 H_2S，然后用碘量法测定其中的含硫量。

2．硫酸铜中铜的测定

二价铜盐与过量的 I^-反应，定量析出 I_2：

$$2Cu^{2+} +4I^- = 2CuI\downarrow +I_2$$

析出的碘用 $Na_2S_2O_3$ 标准溶液滴定，就可计算出铜的含量。由于 CuI 沉淀吸附 I_2，会使测定结果偏低。为了减少 CuI 对 I_2 的吸附，在大部分 I_2 被滴定后，加入 KSCN，使 CuI 转化为溶解度更小的 CuSCN 沉淀：

$$CuI+KSCN = CuSCN\downarrow +KI$$

由于减少了 I_2 的吸附，可提高分析结果的准确度。但是 KSCN 只能在接近终点时加入，否则 SCN^-可能被 I_2 氧化而使结果偏低。

为了防止铜盐水解，滴定必须在酸性溶液中进行（一般控制 pH 值在 3.5～4）。酸度过低，反应速度慢，终点拖长；酸度过高，则 I^-被空气氧化为 I_2 的反应被 Cu^{2+}催化而加速，使结果偏高。又因 Cl^-量大时，Cl^-与 Cu^{2+}配合，因此应用 H_2SO_4 而不用 HCl（少量 HCl 不干扰）溶液。

铜矿石、合金、炉渣或电镀液中的铜，可选用适当的溶剂溶解后，再用碘量法测定。但应注意防止其他共存离子的干扰，例如试样中常含有 Fe^{3+}，干扰铜的测定。若加入 NH_4HF_2，可使 Fe^{3+}生成稳定的 FeF_6^{3-}络离子，降低了 Fe^{3+}/Fe^{2+}电对的电位，从而可防止 Fe^{3+}氧化 I^-。NH_4HF_2 还可控制溶液的酸度，使 pH 保持在 3～4。

3．漂白粉中有效氯的测定

漂白粉主要成分是 $Ca(ClO)_2$ 和 $CaCl_2 \cdot Ca(OH)_2 \cdot H_2O$，工业上以它能释放出来的氯量（称为有效氯，以 Cl%表示）作为评价漂白粉质量的标准。常用碘量法测定有效氯。在稀 H_2SO_4 溶液中，漂白粉与过量 KI 反应：

$$ClO^- + 2I^- + 2H^+ = I_2 + Cl^- + H_2O$$

析出的 I_2 用 $Na_2S_2O_3$ 标准溶液滴定。

4．某些有机物的测定

碘量法在有机分析中广泛应用，凡能被 I_2 直接氧化的物质，只要有足够快的反应速度就可以用 I_2 直接滴定，如巯基乙酸、四乙基铅、抗坏血酸等。

间接碘量法的应用更广泛，葡萄糖、甲醛、丙酮等许多有机物可用间接法测定。

四、其他氧化还原滴定法

（一）铈量法

硫酸铈[$Ce(SO_4)_2$]是一种强氧化剂，Ce^{4+}/Ce^{3+}电对的电极电位取决于酸的浓度和阴离子的种类。由于在较低酸度溶液中 Ce^{4+}容易水解，所以需在酸度较高的溶液中使用。又因 Ce^{4+}在 $HClO_4$ 溶液中不形成配合物，在其他酸中 Ce^{4+}都可能与相应的阴离子，如 Cl^-和 SO_4^{2-}等形成配合物，所以在分析上 $Ce(SO_4)_2$ 在 $HClO_4$ 或 HNO_3 溶液中比在 H_2SO_4 溶液中使用得更为广泛。

在 H_2SO_4 介质中，$Ce(SO_4)_2$ 的条件电位介于 $KMnO_4$ 与 $K_2Cr_2O_7$ 之间，能用 $KMnO_4$ 法测定的物质，一般也能用铈量法测定。与其他方法相比，铈量法具有如下特点。

（1）Ce^{4+}还原为 Ce^{3+}时，只转移一个电子：

$$Ce^{4+} + e = Ce^{3+}$$

在还原过程中不生成中间价态的产物，反应简单，没有诱导反应。能在多种有机物（如醇类、甘油、醛类等）存在下测定 Fe^{2+}而不发生诱导氧化。

（2）能在较高浓度的盐酸中滴定 Fe^{2+}等还原剂。如滴定 Fe^{2+}时，Ce^{4+}先与 Fe^{2+}反应，到达化学计量点后，Ce^{4+}才慢慢与 Cl^-起反应，故不影响滴定。

（3）可由易于提纯的 $Ce(SO_4)_2$、硫酸铈铵[$(NH_4)_2Ce(SO_4)_3 \cdot 2H_2O$]等直接配制标准溶液，不必进行标定。铈的标准溶液很稳定，放置较长时间或加热煮沸也不易分解，而且铈不像在重铬酸钾法中六价铬那样有毒，因此在废液处理上较为方便。

（4）在酸度较低（$<1\ mol \cdot L^{-1}$）时，磷酸有干扰，它可能生成磷酸铈沉淀。

（5）$Ce(SO_4)_2$ 溶液呈橙黄色，用 $0.1\ mol \cdot L^{-1}$ $Ce(SO_4)_2$ 滴定无色溶液时，可用它自身做指示剂，但灵敏度不高。一般用邻二氮杂菲-亚铁做指示剂，终点时变色敏锐。

（二）溴酸钾法

溴酸钾法是用 $KBrO_3$ 做氧化剂的滴定方法。在酸性溶液中 $KBrO_3$ 是一种强氧化剂，其半反应为：

$$2BrO_3^- + 12H^+ + 10e \rightleftharpoons Br_2 + 6H_2O$$

$$\varphi^{\ominus}_{BrO_3^-/Br_2} = 1.44\ V$$

因 $KBrO_3$ 与还原剂的反应进行得很慢，实际使用时加入定量过量 $KBrO_3$-KBr 标准溶液（其中 KBr 又比 $KBrO_3$ 过量）。当溶液酸化时，即氧化 Br^-而析出游离 Br_2：

$$BrO_3^- + 5Br^- + 6H^+ = 3Br_2 + 3H_2O$$

此游离 Br_2 能氧化还原性物质。反应完全后，多余的 Br_2 用 KI 还原：

$$Br_2 + 2I^- = 2Br^- + I_2$$

析出的 I_2 用 $Na_2S_2O_3$ 标准溶液滴定。这种间接溴酸钾法在有机物分析中应用较多。特别是利用 Br_2 的取代反应可测定许多芳香族化合物，如测定苯酚时，向苯酚试液中加入已知过量的 $KBrO_3$-KBr 标准溶液，以 HCl 溶液酸化后，$KBrO_3$ 与 KBr 反应产生一定量的游离 Br_2，此 Br_2 与苯酚反应：

$$C_6H_5OH + 3Br_2 = C_6H_2Br_3OH \downarrow + 3H^+ + 3Br^-$$

待反应完成后，使多余的 Br_2 与 KI 作用，置换出相当量的 I_2，再用 $Na_2S_2O_3$ 标准溶液滴定。从加入 $KBrO_3$ 的量中减去剩余量，即可计算出试样中苯酚的含量。

应用相同方法还可以测定甲酚、间苯二酚及苯胺等。溴酸钾法还用于测定含不饱和键的有机物。

溴酸钾法也可用来直接测定一些能与 $KBrO_3$ 迅速反应的强还原性物质。如测定矿石中的锑含量，先将矿样溶解，将 Sb（Ⅴ）还原为 Sb（Ⅲ），在 HCl 溶液中次甲基橙为指示剂，用 $KBrO_3$ 标准溶液滴定，至溶液有微过量的 Br_2 时，甲基橙被氧化而褪色，即为终点。

$$3Sb^{3+} + BrO_3^- + 6H^+ = 3Sb^{5+} + Br^- + 3H_2O$$

另外，此法还可用来直接测定 As（Ⅲ）、Sn（Ⅱ）、Tl（Ⅰ）及联氨（N_2H_4）等。

溴酸钾很容易从水溶液中再结晶提纯，因此可用直接法配制准确浓度的标准溶液，不必进行标定。也可用基准物（如 As_2O_3）或用间接碘量法标定溴酸钾标准溶液。

第五节 氧化还原滴定结果的计算

氧化还原滴定结果的计算主要依据氧化还原反应式中的化学计量关系，现举例说明。

【例 6-2】 0.200 0 g 工业甲醇，在 H_2SO_4 溶液中与 25.00 mL 0.020 00 mol·L^{-1} $K_2Cr_2O_7$ 反应完全后，以邻苯氨基苯甲酸做指示剂，用 0.012 000 mol·L^{-1} $(NH_4)_2Fe(SO_4)_2$ 溶液滴定剩余的 $K_2Cr_2O_7$，用去 10.00 mL。求试样中甲醇的百分含量。

解：在 H_2SO_4 介质中，甲醇被过量的 $K_2Cr_2O_7$ 氧化成 CO_2 和 H_2O：

$$CH_3OH + Cr_2O_7^{2-} + 8H^+ = CO_2 + 2Cr^{3+} + 6H_2O$$

过量的 $K_2Cr_2O_7$ 以 Fe^{2+} 溶液滴定，其反应如下：

$$6Fe^{2+} + Cr_2O_7^{2-} + 14H^+ = 6Fe^{3+} + 2Cr^{3+} + 7H_2O$$

与 CH_3OH 作用的 $K_2Cr_2O_7$ 的物质的量为加入的 $K_2Cr_2O_7$ 的总物质的量减去与 Fe^{2+} 作用的 $K_2Cr_2O_7$ 的物质的量。由反应可知：

$$n_{(CH_3OH)} = n_{(Cr_2O_7^{2-})} = 1/6n_{(Fe^{2+})}$$

因此

$$w(CH_3OH) = \frac{(c_{K_2Cr_2O_7} \cdot V_{K_2Cr_2O_7} - \frac{1}{6}c_{Fe^{2+}} \cdot V_{Fe^{2+}}) \times 10^{-3} \cdot M_{CH_3OH}}{m_{样}} \times 100\%$$

$$= \frac{(0.020\,00 \times 25.00 - \frac{1}{6} \times 0.012\,00 \times 10.00) \times 10^{-3} \times 32.04}{0.200\,0} \times 100\%$$

$$= 7.69\%$$

【例 6-3】有一 $K_2Cr_2O_7$ 标准溶液，已知其浓度为 0.012 34 mol·L^{-1}，求其 $T_{Fe/K_2Cr_2O_7}$，$T_{Fe_2O_3/K_2Cr_2O_7}$。称取某含铁试样 0.240 0 g，溶解后将溶液中的 Fe^{3+} 还原为 Fe^{2+}，然后用上述 $K_2Cr_2O_7$ 标准溶液滴定，用去 23.45 mL。求试样中的铁的百分含量，分别以 $w(Fe)$ 和 $w(Fe_2O_3)$ 表示。

解：用 $K_2Cr_2O_7$ 标准溶液滴定 Fe^{2+} 的反应为：

$$6Fe^{2+} + Cr_2O_7^{2-} + 14H^+ = 6Fe^{3+} + 2Cr^{3+} + 7H_2O$$

由反应可知：

$$n_{(Fe)} = 6n_{(Cr_2O_7^{2-})}$$

则
$$n_{(Fe_2O_3)} = 3n_{(Cr_2O_7^{2-})}$$

根据浓度与滴定度之间关系：

$$T_{A/B} = \frac{a}{b} c_B \cdot M_A \times 10^{-3}\ g \cdot mL^{-1}$$

得到
$$T_{Fe/K_2Cr_2O_7} = 6c_{K_2Cr_2O_7} \cdot M_{Fe} \times 10^{-3}$$

$$= 6 \times 0.012\,34 \times 55.84 \times 10^{-3} = 0.004\,134\ \ g \cdot mL^{-1}$$

同理

$$T_{Fe_2O_3/K_2Cr_2O_7} = 3c_{K_2Cr_2O_7} \cdot M_{Fe_2O_3} \times 10^{-3}$$

$$= 3 \times 0.012\,34 \times 159.7 \times 10^{-3} = 0.005\,912\ \ g \cdot mL^{-1}$$

因此

$$w(Fe) = \frac{T_{Fe/K_2Cr_2O_7} \cdot V_{K_2Cr_2O_7}}{m_{样}} \times 100\% = \frac{0.004\,134 \times 23.45}{0.240\,0} \times 100\% = 40.39\%$$

$$w(Fe_2O_3) = \frac{T_{Fe_2O_3/K_2Cr_2O_7} \cdot V_{K_2Cr_2O_7}}{m_{样}} \times 100\% = \frac{0.005\,912 \times 23.45}{0.240\,0} \times 100\% = 57.76\%$$

【例 6-4】 称取软锰矿试样 0.500 0 g，加入 0.750 0 g $H_2C_2O_4 \cdot 2H_2O$ 及稀 H_2SO_4，加热至反应完全。过量的草酸用 30.00 mL 0.020 00 mol·L^{-1} $KMnO_4$ 滴定至终点，求软锰矿中 MnO_2 的含量。

解：此例为采用返滴定方式用高锰酸钾法测定 MnO_2。有关反应式为：

$$MnO_2 + H_2C_2O_4 + 2H^+ = Mn^{2+} + 2CO_2\uparrow + 2H_2O$$

$$2MnO_4^- + 5H_2C_2O_4 + 6H^+ = 2Mn^{2+} + 10CO_2\uparrow + 8H_2O$$

各物质之间的计量关系为：

$$5MnO_2 \sim 5H_2C_2O_4 \sim 2MnO_4^-$$

MnO_2 的含量可用下式求得：

$$w(MnO_2)=\frac{\left(\frac{m_{H_2C_2O_4\cdot 2H_2O}}{M_{H_2C_2O_4\cdot 2H_2O}}-\frac{5}{2}\times c_{KMnO_4}\times V_{KMnO_4}\right)\times M_{MnO_2}}{m_s}\times 100\%$$

$$=\frac{(\frac{0.750\,0}{126.07}-\frac{5}{2}\times 0.020\,00\times 30.00\times 10^{-3})\times 86.94}{0.500\,0}$$

$$=77.36\%$$

复习与思考题

1. 何谓条件电位？它与标准电位的关系是什么？为什么在实际工作中应采用条件电位？

2. 怎样衡量氧化还原反应进行的程度？

3. 应用于氧化还原滴定法的反应应具备什么主要条件？

4. 为什么在中性条件下，$K_2Cr_2O_7$ 与 KI 不反应？而在酸性条件下反应却能定量完成？

5. 在一般条件下 Fe^{3+}能够氧化I^-并析出 I_2，为什么加入 F^-后，Fe^{3+}就不能再氧化 I^-？

6. 氧化还原反应速度的影响因素主要有哪些？在分析化学中如何考虑加快反应速度？都用加热方法解决反应速度问题是否可行？

7. 举例说明催化剂在氧化还原滴定中的应用。

8. 怎样估计氧化还原滴定过程中电位的突跃范围？化学计量点的位置与氧化剂和还原剂的电子转移数有什么关系？

9. 氧化还原滴定中如何选择指示剂？举例说明。

10. 最常用的氧化还原滴定法有哪些？方法的原理及特点各是什么？

11. 诱导反应与催化反应有什么不同？举例说明。

12. 分别写出和配平在酸性溶液中的反应：

（1）高锰酸钾与草酸　　（2）重铬酸钾与铁（Ⅱ）

（3）高锰酸钾与铁（Ⅱ）　　（4）高锰酸钾与碘化钾

13. 用 $KMnO_4$ 滴定 $H_2C_2O_4$ 时应注意哪些条件？

14. 称取 1.808 0 g $K_2Cr_2O_7$ 基准试剂，配制成 500.00 mL 溶液，求：

（1）以 $K_2Cr_2O_7$ 为基本单元的物质的量浓度 $c(K_2Cr_2O_7)$；

（2）以$\frac{1}{6}K_2Cr_2O_7$为基本单元的物质的量浓度 $c(\frac{1}{6}K_2Cr_2O_7)$；

（3）$K_2Cr_2O_7$对 Fe 的滴定度；

（4）$K_2Cr_2O_7$对Fe_2O_3的滴定度；

（5）$K_2Cr_2O_7$对碘的滴定度。

15. 有一$KMnO_4$标准溶液，其浓度为0.024 84 mol・L^{-1}，用它滴定酸性溶液中的Fe^{2+}，求：（1）$T_{Fe/KMnO_4}$；（2）$T_{Fe_2O_3/KMnO_4}$；（3）$T_{FeSO_4\cdot 7H_2O/KMnO_4}$。

16. 在$Sn^{2+} \rightleftharpoons Sn^{4+} + 2e$的反应中，假定溶液浓度比$[Sn^{4+}]/[Sn^{2+}]$为：（1）10；（2）0.1。求25℃时电对的电极电位各为多少？

17. 在0.5 mol・L^{-1} H_2SO_4中，当浓度比值$c_{Ce^{4+}}/c_{Ce^{3+}}$为：（1）0.01；（2）0.1；（3）1；（4）10；（5）100时，$c_{Ce^{4+}}/c_{Ce^{3+}}$电对的电位为多少？

18. 计算：（1）0.1 mol・L^{-1} HCl；（2）0.5 mol・L^{-1} HCl溶液中，MnO_4^-/Mn^{2+}电对的条件电位（忽略离子强度的影响）。

19. 0.5 mol・L^{-1} H_2SO_4溶液中，用0.100 0 mol・L^{-1} $Ce(SO_4)_2$溶液滴定0.100 0 mol・L^{-1} $FeSO_4$溶液，计算：（1）滴定到95%；（2）滴定到过量5%时的氧化还原电位。

20. 在1 mol・L^{-1} H_2SO_4溶液中，用$KMnO_4$滴定Fe^{2+}，化学计量点时的电位是多少？

21. 计算在1 mol・L^{-1} HCl中，以Fe^{3+}溶液滴定Sn^{2+}的电位突跃范围。此滴定应选用什么指示剂？若用所选指示剂，滴定终点与化学计量点是否一致？

22. 称取软锰矿（主要成分是MnO_2）试样0.400 0 g，用0.500 0 g $Na_2C_2O_4$处理，剩余的$Na_2C_2O_4$用0.010 00 mol・L^{-1} $KMnO_4$标准溶液38.00 mL滴定至终点，计算试样中MnO_2的百分含量（其他杂质不干扰测定）。

23. 称取铁矿试样0.213 3 g，溶于盐酸后处理成Fe^{2+}，用0.022 34 mol・L^{-1} $KMnO_4$标准溶液17.20 mL滴定至终点，求铁的百分含量。

24. 现有硅酸盐1.000 g，用重量法测得其中Fe_2O_3共重0.500 0 g。将试样中铁还原后，用0.033 33 mol・L^{-1} $K_2Cr_2O_7$溶液滴定时需25.00 mL到达终点，求试样中Fe_2O_3及Al_2O_3的百分含量各为多少？

25. 称取0.500 g钢样，将其中铬氧化成$Cr_2O_7^{2-}$，加入25.00 mL 0.101 0 mol・L^{-1} $FeSO_4$标准溶液。然后用0.020 00 mol・L^{-1} $KMnO_4$标准溶液15.00 mL回滴过量的$FeSO_4$。求钢中铬的百分含量。

26. 取20.00 mL H_2O_2试样稀释到250.0 mL，吸取25.00 mL该溶液，调节酸度以后，用33.12 mL 0.213 0 mol・L^{-1}的$KMnO_4$标准溶液滴定至终点，计算每100 mL原始试样中含的H_2O_2质量。

27. 用$K_2Cr_2O_7$标准溶液滴定0.500 0 g褐铁矿，若所用$K_2Cr_2O_7$溶液的体积（以mL为单位）与试样中Fe_2O_3的百分含量相等，求$K_2Cr_2O_7$溶液对铁的滴定度。

28. 溶解0.200 0 g基准$K_2Cr_2O_7$，酸化并加入过量的KI，析出的I_2用44.80 mL $Na_2S_2O_3$滴定，计算$Na_2S_2O_3$溶液的浓度。

29. 用KIO_3做基准物标定$Na_2S_2O_3$溶液。称取0.150 0 g KIO_3与过量KI作用，

析出的 I_2 用 $Na_2S_2O_3$ 溶液滴定，用去 24.00 mL，求 $Na_2S_2O_3$ 溶液的浓度和对碘的滴定度。

30. 用碘量法测定漂白粉中的有效氯，称取 5.000 g 漂白粉，加水研化后，移入 250 mL 容量瓶中并稀释至刻度，仔细混匀后吸取 25.00 mL，加入 KI 和 HCl，析出的 I_2 用 38.75 mL 0.105 0 mol·L^{-1} 的 $Na_2S_2O_3$ 滴定至淀粉指示剂变色，求漂白粉中有效氯的百分率。

31. 取铜矿试样 0.800 0 g，溶解和调节酸度后，加入过量 KI，反应后用 25.00 mL $Na_2S_2O_3$ 溶液滴定至终点。已知 1 mL $Na_2S_2O_3$ 相当于 0.004 175 g $KBrO_3$。计算试样中含铜的百分率，以 Cu_2O 表示。

32. 测定某样品中的丙酮含量，称取试样 0.180 0 g 放入盛有 NaOH 溶液的碘量瓶中，振荡，准确加入 50.00 mL 0.050 00 mol·L^{-1} I_2 标准溶液，盖好。放置一定时间后，加入 H_2SO_4，调节溶液至呈微酸性，立即用 0.100 0 mol·L^{-1} $Na_2S_2O_3$ 溶液滴定至淀粉指示剂褪色，消耗 10.00 mL。丙酮与碘的反应为：

$$CH_3COCH_3+3I_2+4NaOH = CH_3COONa+3NaI+3H_2O+CHI_3$$

计算试样中丙酮的百分含量。

33. 抗坏血酸（维生素 C，摩尔质量 176.1）是一种还原剂，它能被 I_2 定量氧化，其反应为：

$$C_6H_8O_6+I_2 = C_6H_6O_6+2HI$$

取 100.0 mL 柠檬果汁样品用 H_2SO_4 酸化，并加入 20.00 mL 0.025 00 mol·L^{-1} I_2 溶液，待反应完全后，过量的 I_2 用 10.00 mL 0.010 00 mol·L^{-1} $Na_2S_2O_3$ 滴定至终点，计算每毫升柠檬果汁中抗坏血酸的含量。

【阅读资料】

有机物污染综合指标

水中有机污染物种类很多，在实际中常采用有机物污染综合指标来表征。主要有溶解氧（DO）、耗氧量（OC）或高锰酸盐指数（COD_{Mn}）、化学需氧量（COD_{Cr}）、生化需氧量（BOD_5）、总有机碳（TOC）、总需氧量（TOD）和活性炭氯仿萃取物（CCE）、紫外吸光度值（UVA）、污水的相对稳定度等（表 6-5）。其中 BOD_5、COD、TOC、TOD 是目前最常用的有机物污染综合指标。一些对人体毒害作用较大的有机污染物常采用各种物质的专用指标，如挥发酚、醛、酮、三氯甲烷等。

表 6-5　有机物污染综合指标

序号	指标	符号	含 义	常用测定方法	备 注
1	溶解氧	DO	溶解于水中的氧（mg/L）	碘量法	
2	生化需氧量	BOD	在有氧条件下，微生物降解有机物质的生物化学过程中所需要的氧量	碘量法	常用 BOD_5 即在温度20℃培养5日的生化需氧量
3	耗氧量（高锰酸盐指数）	COD_{Mn}	一定条件下，用 $KMnO_4$ 做氧化剂处理水样所消耗氧化剂的量（mg/L）	碱性高锰酸钾法 酸性高锰酸钾法	也有记为“COD_{Mn}”
4	化学需氧量	COD_{Cr}	一定条件下，用 K_2CrO_7 做氧化剂处理水样所消耗氧化剂的量（mg/L）	重铬酸钾法	
5	总有机碳	TOC	水中有机物总的碳含量（mg/L）	燃烧法	
6	总需氧量	TOD	水中有机物和还原性无机物在高温下燃烧生成稳定的氧化物时的需氧量（mg/L）	燃烧法	
7	活性炭氯仿萃取物	CCE	水中有机物在给定条件下，吸附在活性炭上，然后用氯仿（$CHCl_3$）萃取所测定的有机物量（mg/L）	萃取法	
8	紫外吸光度	UVA	某些有机物对紫外线的吸光度		适用于低浓度有机污染物测定
9	污水的相对稳定度		污水中氧的储备量（包括DO、NO_3^-、NO_2^-）与该污水某一时刻BOD的百分比		污水的相对稳定度越低，表示污水中有机物的含量越高
10	可同化有机碳	AOC	可被水中微生物所利用的有机物		微污染水的重要指标

第七章
沉淀滴定法

【知识目标】

本章要求熟悉沉淀滴定法对沉淀反应的要求，熟悉银量法的分类；掌握银量法确定终点的方法；掌握莫尔法、佛尔哈德法、法扬斯法的滴定原理、滴定条件及有关计算；理解分步沉淀、沉淀转化等沉淀平衡的有关理论在银量法中的运用；了解银量法滴定曲线的特点，了解银量法的应用。

【能力目标】

通过对本章的理论知识和实验技能的学习，能学会沉淀滴定条件的控制；能根据试样特点和测定要求，选择合适的银量法，选择合适的滴定条件；能熟练操作酸式滴定管等滴定分析仪器；能应用沉淀滴定法测定卤素离子的含量；能正确处理沉淀滴定分析数据。

第一节 概 述

沉淀滴定法是以沉淀反应为基础的一类滴定分析方法。

一、沉淀反应

有沉淀生成的反应即为沉淀反应。而沉淀和溶解这一动态平衡，存在于任何一个沉淀反应中。

（一）溶度积

1. 溶度积常数

在沉淀反应中生成沉淀的溶解度大小各不相同，沉淀滴定中希望沉淀的溶解度要小。那么在不同的沉淀反应中，沉淀的生成和溶解情况又是怎样呢？

在一定温度下，任何难溶物质（沉淀）在水中总是或多或少地溶解，存在溶解和沉淀间的平衡关系，以 AgCl 为例：

$$AgCl（固）\underset{沉淀}{\overset{溶解}{\rightleftharpoons}} Ag^{+} + Cl^{-}$$

这是一个动态平衡，当达到沉淀-溶解平衡时，其平衡常数表达式为：

$$K_{sp}=[Ag^{+}][Cl^{-}]$$

在难溶电解质的饱和溶液中，有关离子浓度（严格意义上是活度）的乘积在一定温度下是常数，用 K_{sp} 表示，K_{sp} 称为溶度积常数，简称溶度积。常见难溶电解质溶度积常数见附录八。

对于一般的沉淀溶解平衡来说：

$$A_mB_n（固）\underset{沉淀}{\overset{溶解}{\rightleftharpoons}} mA^{n+}+nB^{m-}$$

则有　　$K_{sp}= [A^{n+}]^m[B^{m-}]^n$

例如　　$Ag_2CrO_4（固）\rightleftharpoons 2\,Ag^{+} +CrO_4^{2-}$

$$K_{sp}=[Ag^{+}]^2[CrO_4^{2-}]$$

2．溶度积与溶解度的关系

溶度积 K_{sp} 和溶解度 S 都可以用来表示物质的溶解能力。它们之间可以相互换算：

对于 AB 型物质来说：

$$S=[A^{+}]=[B^{-}]=\sqrt{K_{sp}}$$

对于 A_mB_n 型物质来说：

$$S=\sqrt[m+n]{\frac{K_{sp}}{m^m n^n}}$$

必须指出，以上换算方法只适用于在溶液中不发生副反应或副反应程度不大的物质。对于相同类型的难溶强电解质（如都是 AB 型），在相同温度下，K_{sp} 越大，溶解度越大；K_{sp} 越小，溶解度越小。对不同类型的电解质，则要通过计算才能比较其溶解度的大小。

3．溶度积规则

在难溶电解质溶液中，相应离子浓度的乘积称为离子积，用 Q_c 表示。如 AgCl 中：

$$Q_c = c(Ag^{+})\cdot c(Cl^{-})$$

而　　$K_{sp} = [Ag^{+}][Cl^{-}]$

Q_c 表达式中的离子浓度为任意情况下的浓度，Q_c 的值在任意情况下是可变的，而 K_{sp} 表达式中的离子浓度是沉淀溶解平衡时的浓度，在某一温度下，K_{sp} 是一个定值。

在任何给定的溶液中，离子积 Q_c 可能有三种情况：

（1）$Q_c > K_{sp}$，生成沉淀，是过饱和溶液；

（2）$Q_c = K_{sp}$，达溶解平衡，是饱和溶液；

（3）$Q_c < K_{sp}$，无沉淀析出或沉淀溶解，是不饱和溶液。

以上规则称溶度积规则，是滴定分析中判断沉淀生成、溶解、转化的重要依据，在下面的沉淀滴定法中将分别加以说明。

（二）沉淀的生成

根据溶度积规则，沉淀生成的条件是溶液中离子浓度的乘积大于该物质的 K_{sp} 就会有这种物质的沉淀生成。一般通过加入沉淀剂使沉淀析出。例如，在 $AgNO_3$ 溶液中加入 NaCl 溶液，当$[Ag^+][Cl^-] > K_{sp}$时，就有 AgCl 沉淀析出。通过下面计算更能理解这一点。

【例 7-1】 将等体积的 0.004 0 mol·L^{-1} $AgNO_3$ 和 0.004 0 mol·L^{-1} K_2CrO_4 混合时，有无红色的沉淀析出？

解：两溶液等体积混合，体积增加一倍，浓度各减小一半，

$$[Ag^+]=0.002\,0 \text{ mol} \cdot L^{-1}，[CrO_4^{2-}]=0.002\,0 \text{ mol} \cdot L^{-1}，$$

$$Ag_2CrO_4（固） \rightleftharpoons 2Ag^+ + CrO_4^{2-}$$

$$Q_c=[Ag^+]^2[CrO_4^{2-}]= (0.002\,0)^2 \times 0.002\,0=8\times10^{-9}$$

查表：$K_{sp}=9\times10^{-12}$

因为 $Q_c > K_{sp}$，所以有沉淀生成。

当然，因为沉淀的生成会受到同离子效应、盐效应、溶液酸度等因素的影响，在此不详细讨论。总之，要析出沉淀或使沉淀完全，就要创造条件，使沉淀和溶解平衡向着生成沉淀的方向移动。

（三）分步沉淀

实践中溶液中常常同时含有几种离子，当加入某种试剂时，往往可以和多种离子生成难溶化合物而沉淀。例如，在含有 0.01 mol·L^{-1} 的 Cl^-和 I^-中，加入 $AgNO_3$ 溶液，则开始生成 AgCl 和 AgI 沉淀所需 Ag^+浓度分别为：

$$[Ag^+]_{AgCl}=\frac{K_{sp(AgCl)}}{[Cl^-]}=\frac{1.56\times10^{-10}}{0.01}=1.56\times10^{-8} \text{ mol} \cdot L^{-1}$$

$$[Ag^+]_{AgI}=\frac{K_{sp(AgI)}}{[I^-]}=\frac{1.5\times10^{-16}}{0.01}=1.5\times10^{-14} \text{ mol} \cdot L^{-1}$$

可见，沉淀 I^-所需的 Ag^+浓度比沉淀 Cl^-所需的 Ag^+浓度小得多，所以 AgI 先析

出。这种先后沉淀的现象称为分步沉淀。对于相同类型的沉淀，当它们浓度相同或相差不大时，则首先析出溶解度小的沉淀，对于不同类型的沉淀则通过相应的计算可判断沉淀的顺序。沉淀滴定中可利用分步沉淀的原理确定滴定终点。

（四）沉淀的溶解和转化

根据溶度积规则，沉淀溶解的条件是溶液中离子浓度的乘积小于该物质的溶度积。因此，创造一定条件，降低溶液中的离子浓度就可使沉淀溶解或转化为更难溶沉淀。使沉淀溶解的常用方法有以下几种：

（1）加入适当的离子，与溶液中某一离子结合生成水、弱酸或弱碱，如 $Mg(OH)_2$ 溶于 HCl、$Mg(OH)_2$ 溶于 NH_4Cl 等。

（2）加入适当物质，与溶液中某一离子作用生成微溶的气体逸出，如 $CaCO_3$ 溶于 HCl。

（3）加入氧化剂或还原剂，与溶液中某一离子发生氧化还原反应，如 CuS 溶于 HNO_3。

（4）加入适当配位剂，与溶液中某一离子生成稳定的配合物，如 AgCl 溶于 $NH_3 \cdot H_2O$。

（5）沉淀的转化：在含有沉淀的溶液中，借助于适当的试剂，可以使一种沉淀转化为另一种更难溶的沉淀的现象，称为沉淀的转化。

例如，在含有 $PbCl_2$ 沉淀的溶液中，加入 Na_2CO_3 溶液后，又生成了一种新的 $PbCO_3$ 沉淀。

$$PbCl_2(s) + Na_2CO_3 = PbCO_3(s) + 2NaCl$$

这一反应能够发生，是由于生成了更难溶解的 $PbCO_3$ 沉淀，降低了溶液中 Pb^{2+} 的浓度，破坏了 $PbCl_2$ 的溶解平衡，使 $PbCl_2$ 溶解。沉淀滴定反应中尽量避免发生沉淀的溶解和转化。

二、沉淀滴定法对沉淀反应的要求

虽然能形成沉淀的反应很多，但是能用于沉淀滴定的沉淀反应并不多，因为沉淀滴定反应必须满足下列条件：

（1）沉淀反应按一定的化学计量关系进行，反应速度要快；

（2）生成的沉淀具有恒定的化学组成，且沉淀溶解度要小；

（3）有确定化学计量点的简单方法；

（4）沉淀的吸附现象应不妨碍滴定终点的确定。

由于上述条件的限制，能用于沉淀滴定的沉淀反应并不多，目前应用较广的是生成难溶性银盐的反应，例如：

$$Ag^+ + Cl^- = AgCl \downarrow$$

$$Ag^+ + SCN^- = AgSCN \downarrow$$

利用生成难溶银盐的反应来进行测定的方法，称为银量法。银量法可以测定 Cl^-、Br^-、I^-、Ag^+、SCN^-等离子。

三、银量法的分类

（1）根据滴定方式的不同，银量法又可分为直接滴定法和返滴定法两类。

① 直接法是利用 $AgNO_3$ 做标准溶液，直接滴定被测物质。例如，在中性或弱碱性溶液中用 K_2CrO_4 做指示剂，用 $AgNO_3$ 标准溶液直接滴定 Cl^-或 Br^-。

② 返滴定法是在被测定物质的溶液中加入一定量且过量的 $AgNO_3$ 标准溶液，再利用另外一种标准溶液滴定剩余的 $AgNO_3$ 标准溶液。例如测定 Cl^-时，先将过量的 $AgNO_3$ 标准溶液加入到被测定的 Cl^-溶液中，沉淀 Cl^-后剩余的 Ag^+再用 NH_4SCN 标准溶液返滴定，以铁铵矾做指示剂。在返滴定法中采用两种标准溶液。

（2）根据确定滴定终点所采用指示剂的不同，银量法分为莫尔法（Mohr method）、佛尔哈德法（Volhard method）和法扬斯法（Fajans method）。

① 莫尔法：以铬酸钾（K_2CrO_4）做指示剂的银量法。

② 佛尔哈德法：以铁铵矾[$NH_4Fe(SO_4)_2 \cdot 12H_2O$]做指示剂的银量法。

③ 法扬斯法：以吸附指示剂确定终点的银量法。

第二节　银量法的基本原理

在沉淀滴定过程中，溶液离子浓度的变化情况同样可用滴定曲线来表示：以 pX 值（$pX=-lg[X]$）为纵坐标，以 $AgNO_3$ 标准溶液的加入量为横坐标绘制。它反映了被滴定离子浓度随 $AgNO_3$ 标准溶液的加入而变化的规律，其过程和前面的几种滴定分析法类似。下面以 0.100 0 $mol \cdot L^{-1}$ $AgNO_3$ 标准溶液滴定 20.00 mL 0.100 0 $mol \cdot L^{-1}$ NaCl 溶液为例加以说明。

一、银量法滴定中溶液 pX 值的计算

1. 滴定前

$$[Cl^-] = 0.100\,0\ mol \cdot L^{-1} \qquad pCl = -lg[Cl^-] = -lg0.100\,0 = 1.0$$

2. 滴定开始至化学计量点前

溶液中的 Cl^-浓度取决于剩余氯化钠溶液的浓度。例如，加入 $AgNO_3$ 标准溶液

19.98 mL（相对误差为−0.1%）时：

$$[Cl^-]=\frac{0.100\,0\times(20.00-V_{AgNO_3})}{20.00+V_{AgNO_3}}=\frac{0.100\,0\times0.02}{20.00+19.98}=5.0\times10^{-5}\ mol\cdot L^{-1}$$

$$pCl=-lg[Cl^-]=4.3$$

同理可算得计量点前加入不同体积 $AgNO_3$ 标准溶液时的 pCl，列于表 7-1。

3．化学计量点时

化学计量点时的溶液是 AgCl 的饱和溶液。

$$[Cl^-]=[Ag^+]=\sqrt{K_{sp(AgCl)}}=\sqrt{1.56\times10^{-10}}=1.25\times10^{-5}\ mol\cdot L^{-1}$$

$$pCl=-lg[Cl^-]=4.9$$

4．化学计量点后

溶液中的 Cl^- 来自于 AgCl 的溶解。例如，当加入 $AgNO_3$ 标准溶液 20.02 mL 时，即过量 0.02 mL 时，过量的 Ag^+ 的浓度为：

$$[Ag^+]=\frac{0.100\,0\times0.02}{20.00+20.02}=5.0\times10^{-5}\ mol\cdot L^{-1}$$

设此时 $[Cl^-]$ 为 x mol·L^{-1}，则 $[Ag^+]$ 浓度为（x+5×10^{-5}）mol·L^{-1}，

$$K_{sp}=[Ag^+][Cl^-]=(x+5\times10^{-5})\,x=1.8\times10^{-10}$$

$$[Cl^-]=x=3.6\times10^{-6}\ mol\cdot L^{-1}$$

$$pCl=-lg[Cl^-]=5.6$$

同理可算得计量点后加入不同体积时的 pCl，列于表 7-1。

表 7-1　以 0.100 0 mol·L^{-1} $AgNO_3$ 标准溶液滴定 20.00 mL NaCl 时化学计量点前后 Cl^- 浓度的变化

加入 $AgNO_3$ 量/mL	滴定百分数/%	$[Cl^-]$/（mol·L^{-1}）	pCl
0.00	0.00	0.100 0	1.0
18.00	90.0	5.0×10^{-3}	2.3
19.80	99.0	5.0×10^{-4}	3.3
19.98	99.9	5.0×10^{-5}	4.3
20.00	100.0	1.3×10^{-5}	4.9
20.02	100.1	3.4×10^{-6}	5.5
20.20	101.0	3.6×10^{-7}	6.4
22.00	110.0	3.6×10^{-8}	7.4

若用 $AgNO_3$ 标准溶液滴定 Br^-、I^-，其滴定过程中 Br^-、I^-浓度的变化情况与 Cl^- 计算过程相似。

二、滴定曲线

以 $AgNO_3$ 滴入百分数为横坐标，pX（pCl、pBr、pI）的变化为纵坐标，则得到如图 7-1 所示的滴定曲线。

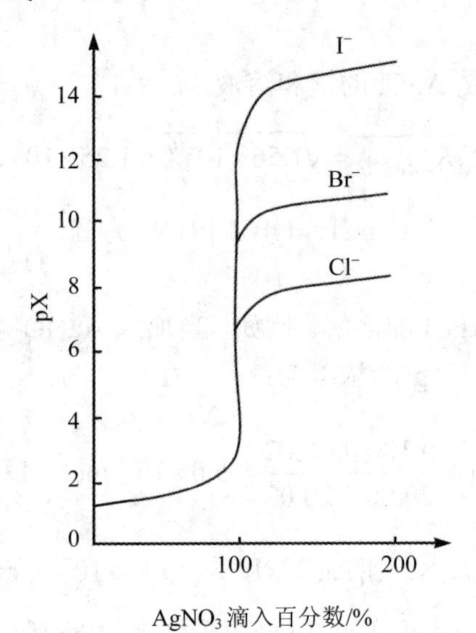

图 7-1 $AgNO_3$ 溶液滴定 Cl^-、Br^-、I^-的滴定曲线

从曲线上看出：

（1）与酸碱滴定相似，滴定开始时溶液中 X^-浓度较大，滴入 Ag^+所引起的浓度改变不大，曲线比较平坦；近化学计量点时，溶液中 X^-浓度已很小，再滴入少量 Ag^+即引起 X^-浓度发生较大变化而形成突跃。

（2）突跃范围的大小，取决于沉淀的溶度积常数 K_{sp} 和溶液的浓度。K_{sp} 越小，突跃范围越大。$K_{sp(AgCl)} > K_{sp(AgBr)} > K_{sp(AgI)}$，所以相同浓度的 Cl^-、Br^-、I^-与 Ag^+ 的滴定曲线上，突跃范围是 I^-最大，Cl^-最小。若溶液的浓度越低，则突跃范围变小。

（3）溶液中如果同时含 Cl^-、Br^-、I^-时，由于 AgCl、AgBr、AgI 的溶度积相差较大，当 Cl^-、Br^-、I^-离子浓度差别不太大时，根据分步沉淀的原理，可利用 $AgNO_3$ 溶液连续滴定，AgI 最先沉淀，AgCl 最后析出，从而测出它们各自的含量。

第三节　银量法终点指示方法

一、莫尔法

莫尔法以铬酸钾（K_2CrO_4）做指示剂指示滴定终点。

（一）原理

在测定 Cl^-时，以铬酸钾（K_2CrO_4）做指示剂，用 $AgNO_3$ 标准溶液直接滴定 Cl^-，反应如下：

滴定反应：　　$Ag^+ + Cl^- = AgCl\downarrow$（白色）

指示终点反应：$2Ag^+ + CrO_4^{2-} = Ag_2CrO_4\downarrow$（砖红色）

因为 AgCl 的溶解度小于 Ag_2CrO_4 的溶解度，根据分步沉淀原理，通过计算可知在滴定过程中 AgCl 首先沉淀出来。随着 $AgNO_3$ 溶液的不断加入，AgCl 沉淀不断生成，溶液中的 Cl^-浓度越来越小，Ag^+的浓度相应地愈来愈大，当$[Ag^+]^2[CrO_4^{2-}] > K_{sp(Ag_2CrO_4)}$时，便出现砖红色的 Ag_2CrO_4 沉淀，由此可以指示滴定的终点。

莫尔法也适用于测定氰化物和溴化物，但是 AgBr 沉淀严重吸附 Br^-，使终点提早出现，所以当滴定至终点时必须剧烈摇动。因为 AgI 吸附 I^-和 AgSCN 吸附 SCN^-更为严重，所以莫尔法不适合于碘化物和硫氰酸盐的测定。

用莫尔法测定 Ag^+时，不能直接用 NaCl 标准溶液滴定，因为先生成的 Ag_2CrO_4 沉淀凝聚之后，再转化 AgCl 的反应进行极慢，使终点出现过迟。因此，如果用莫尔法测 Ag^+时，必须采用返滴定法，即先加一定体积过量的 NaCl 标准溶液，再用标准 $AgNO_3$ 滴定剩余的 Cl^-。

（二）滴定条件

1. 指示剂用量

指示剂 CrO_4^{2-}的用量必须合适。浓度过高会使终点提前，而且 CrO_4^{2-}本身的颜色也会影响终点的观察，若浓度过低又会使终点滞后，影响滴定的准确度。

计量点时：$[Ag^+]=[Cl^-]=\sqrt{K_{sp(AgCl)}} = \sqrt{1.56\times10^{-10}} = 1.25\times10^{-5}\ mol\cdot L^{-1}$

$$[CrO_4^{2-}]=\frac{K_{sp(Ag_2CrO_4)}}{[Ag^+]^2}=\frac{K_{sp(Ag_2CrO_4)}}{K_{sp(AgCl)}}$$

$$=5\times10^{-2}\ mol\cdot L^{-1}$$

在实际滴定中，由于 K_2CrO_4 溶液呈黄色，当其浓度高时黄色太深，不易观察砖红色的出现，所以实际滴定中指示剂的浓度要略低一些。实验表明，终点时 CrO_4^{2-} 浓度约为 5×10^{-3} mol • L^{-1} 是比较适宜的浓度。K_2CrO_4 指示剂的浓度降低后，要使 Ag_2CrO_4 沉淀析出，就要多加一些 $AgNO_3$ 标准溶液，这时滴定剂过量了，终点将在化学计量点后出现，但由于产生的终点误差一般小于 0.1%，不会影响分析结果的准确度。但是如果溶液较稀，滴定误差可能较大，影响分析结果的准确度，必要时须做指示剂的空白校正。方法是以蒸馏水代替试样，加入等量的指示剂，用标准溶液滴定至同样的终点颜色，记下读数，然后从试样滴定所消耗的标准溶液的体积中扣除空白值。

2．溶液的酸度

滴定应在中性或微碱性（pH=6.5～10.5）条件下进行。若酸度较高，则 CrO_4^{2-} 有如下反应：

$$2CrO_4^{2-}+2H^+ \rightleftharpoons 2HCrO_4^- \rightleftharpoons Cr_2O_7^{2-}+H_2O$$

反应使溶液中的 CrO_4^{2-} 浓度降低，使 Ag_2CrO_4 沉淀出现过迟，甚至不沉淀；而在强碱性溶液中，则析出 Ag_2O 沉淀：

$$2Ag^+ + 2OH^- = 2AgOH\downarrow$$

$$\longrightarrow Ag_2O\downarrow + H_2O$$

因此莫尔法只能在中性或弱碱性溶液中进行滴定。如果溶液酸性太强，可用 $NaHCO_3$ 或 $Na_2B_4O_7\cdot10H_2O$ 中和；如果碱性太强，可用稀 HNO_3 中和；滴定液中如果有 $NH_3\cdot H_2O$ 或铵盐存在，则易生成 $Ag(NH_3)_2^+$ 而使 AgCl 和 Ag_2CrO_4 溶解。如果溶液中有氨存在时，必须用酸中和。当有铵盐存在时，如果溶液的碱性较强，也会增大 NH_3 的浓度。实验证明，当 $c(NH_4^+)>0.5$ mol •L^{-1} 时，溶液的 pH 以控制在 6.5～7.2 为宜。

3．滴定过程的控制

滴定中先产生的 AgCl 沉淀容易吸附溶液中的 Cl^-，使溶液中 Cl^- 的浓度降低，Ag_2CrO_4 沉淀过早出现，以致终点提前而引入误差。因此，滴定时要充分摇动。如果测定 Br^- 时，AgBr 沉淀吸附 Br^- 更为严重，所以滴定时更要剧烈摇动，否则会引入较大的误差。

凡与 Ag^+ 能生成沉淀的阴离子如 PO_4^{3-}、AsO_4^{3-}、SO_3^{2-}、S^{2-}、CO_3^{2-}、$C_2O_4^{2-}$ 等；与 CrO_4^{2-} 能生成沉淀的阳离子如 Ba^{2+}、Pb^{2+} 等；大量的有色离子 Cu^{2+}、Co^{2+}、Ni^{2+} 等；以及在中性或微碱性溶液中易发生水解的离子如 Fe^{3+}、Al^{3+} 等，都干扰测定，应预先分离。

（三）应用范围

莫尔法主要用于以 $AgNO_3$ 标准溶液直接滴定 Cl^-、Br^- 和 CN^- 的反应，如氯化物、溴化物纯度测定，以及天然水中氯含量的测定。由于 AgI 与 AgSCN 具有强烈的吸附作用，使滴定终点过早出现，造成较大的滴定误差，所以莫尔法不适用于滴定 I^- 和 SCN^-。

二、佛尔哈德法

佛尔哈德法以铁铵矾[$NH_4Fe(SO_4)_2 \cdot 12H_2O$]做指示剂指示滴定终点。

（一）原理

根据滴定方式的不同可分为直接滴定法和返滴定法。

1．直接滴定法测定 Ag^+

在酸性条件下，以铁铵矾做指示剂，用 KSCN 或 NH_4SCN 标准溶液直接滴定含 Ag^+ 的溶液，反应如下：

滴定反应：　$Ag^+ + SCN^- \longrightarrow AgSCN\downarrow$（白色）

指示终点反应：　$Fe^{3+} + SCN^- \longrightarrow [Fe(SCN)]^{2+}$（红色）

当滴定达到计量点附近时，Ag^+ 的浓度迅速降低，而 SCN^- 浓度迅速增加，计量点时微过量的 SCN^- 与 Fe^{3+} 反应生成红色 $Fe(SCN)_3$，从而指示计量点的到达。实验表明：Fe^{3+} 的浓度，一般采用 $0.015\ mol \cdot L^{-1}$ 为适宜浓度。

滴定过程中由于 AgSCN 不断产生，而 AgSCN 沉淀易吸附溶液中的 Ag^+，使终点提前出现。所以在滴定时必须剧烈摇动，使吸附的 Ag^+ 释放出来。

2．返滴定法

用返滴定法测定卤化物或 SCN^- 时，则应先加入一定量且过量的 $AgNO_3$ 标准溶液，使卤离子或 SCN^- 生成银盐沉淀，然后再以铁铵矾做指示剂，用 NH_4SCN 标准溶液滴定剩余的 $AgNO_3$ 标准溶液。如测定 Cl^- 反应如下：

滴定前反应：　$\underset{\text{定量，过量}}{Ag^+} + Cl^- \longrightarrow AgCl\downarrow$

滴定反应：　$\underset{\text{剩余量}}{Ag^+} + SCN^- \longrightarrow AgSCN\downarrow$

指示终点反应：　$Fe^{3+} + SCN^- \longrightarrow [Fe(SCN)]^{2+}$（红色）

但是必须指出，在这种情况下，经摇动之后红色即褪去，终点很难确定。产生这种现象的原因是因为溶液中发生了沉淀的转化。由于 AgCl 的溶解度（$1.3\times10^{-5}\ mol \cdot L^{-1}$）大于 AgSCN 的溶解度（$1.0\times10^{-6}\ mol \cdot L^{-1}$），所以 AgCl 沉淀

会转化为溶解度更小的 AgSCN 沉淀：$AgCl(s)+SCN^-=AgSCN(s)+Cl^-$

为了避免此误差，可采用以下措施：

（1）加入过量 $AgNO_3$ 后，加热煮沸，使 AgCl 沉淀凝聚，过滤出 AgCl，并用稀 HNO_3 洗涤，再用 NH_4SCN 标准溶液返滴定滤液中剩余的 Ag^+。

（2）滴加 NH_4SCN 之前，加入有机溶剂（硝基苯或1,2-二氯乙烷或邻苯二甲酸二丁酯）覆盖并包住 AgCl 沉淀，阻止其与滴定剂 SCN^-发生沉淀转化反应。

若用此法测定 Br^-和 I^-，则不存在以上沉淀转化的问题。因为 AgBr、AgI 的溶解度小于 AgSCN 的溶解度。但是在测定 I^-时，铁铵矾指示剂必须在加入过量 $AgNO_3$ 后才能加入，否则 Fe^{3+}会氧化 I^-：$2Fe^{3+}+2I^-=2Fe^{2+}+I_2$，影响分析结果的准确性。

（二）滴定条件

（1）用铁铵矾做指示剂的银量法，必须在酸性溶液中进行。因为在碱性或中性溶液中 Fe^{3+}将水解形成颜色较深的 $Fe(OH)^{2+}$，而影响终点的确定。能在酸性溶液中滴定，也是佛尔哈德法的优点之一。一般滴定酸度大于 0.3 mol·L^{-1}，此酸度下许多弱酸根离子如 PO_4^{3-}、AsO_4^{3-}、SO_3^{2-}、CO_3^{2-}、$C_2O_4^{2-}$不干扰滴定，方法的选择性较高。

（2）用直接法滴定 Ag^+时，为防止 AgSCN 对 Ag^+的吸附，临近终点时必须剧烈摇动；用返滴定法滴定 Cl^-时，为了避免 AgCl 沉淀发生转化，应轻轻摇动。

（3）强氧化剂、氮的低价氧化物、铜盐、汞盐等能与 SCN^-起反应，干扰测定，必须预先除去。

（三）应用范围

佛尔哈德法可以测定 Ag^+、Cl^-、Br^-、I^-及 SCN^-等。一般直接滴定法测定 Ag^+，返滴定法测定 Cl^-、Br^-、I^-及 SCN^-等。有机卤化物中的卤素采用返滴定法测定。

三、法扬斯法

法扬斯法以吸附指示剂指示滴定终点。

（一）原理

胶状沉淀具有强烈的吸附作用，能选择性地吸附与其组成有关的离子（称为构晶离子）。例如生成 AgCl 沉淀时，若溶液中 Cl^-过量，AgCl 沉淀吸附 Cl^-而使胶粒表面带负电荷；若溶液中 Ag^+过量，AgCl 沉淀吸附 Ag^+而使胶粒表面带正电荷。

吸附指示剂是一类有机染料，当它被吸附在沉淀表面上时，其结构发生改变而引起颜色的变化。在沉淀滴定中，可利用这种性质指示滴定终点。

例如，用 $AgNO_3$ 标准溶液滴定 Cl^-时，常用荧光黄做吸附指示剂。荧光黄是一种有机弱酸，可用 HFIn 表示。它的电离式如下：

$$HFIn \rightleftharpoons H^{+} + FIn^{-}（黄绿色）$$

在计量点以前，溶液中存在着过量的 Cl^{-}，AgCl 沉淀吸附 Cl^{-}，形成 $AgCl \cdot Cl^{-}$ 而带负电荷，荧光黄阴离子 FIn^{-} 也带负电荷，不会被吸附，溶液呈黄绿色。当滴定到达计量点时，微过量的 $AgNO_3$ 使溶液中出现过量的 Ag^{+}，则 AgCl 沉淀便吸附 Ag^{+} 而带正电荷，形成 $AgCl \cdot Ag^{+}$。它强烈地吸附 FIn^{-} 阴离子，荧光黄阴离子被吸附之后，结构发生了变化而呈粉红色，从而指示终点的到达。可用下面的简式表示：

$$AgCl \cdot Ag^{+} + FIn^{-}（黄绿色）\rightleftharpoons AgCl \cdot AgFIn（粉红色）$$

如果用 NaCl 滴定 $AgNO_3$，溶液颜色的变化正好相反。

（二）滴定条件

（1）由于吸附指示剂是吸附在沉淀表面上而变色，为了使终点的颜色变得更明显，就必须使沉淀有较大的表面，这就需要把 AgCl 沉淀保持溶胶状态。所以滴定时一般预先加入糊精或淀粉溶液等胶体保护剂。

（2）滴定必须在中性、弱碱性或很弱的酸性（如 HAc）溶液中进行。这是因为酸度较大时，指示剂的阴离子与 H^{+} 结合，形成不带电荷的荧光黄分子（$K_a=10^{-7}$）而不被吸附。因此一般滴定是在 pH=7～10 的条件下滴定。

对于酸性稍强一些的吸附指示剂（即电离常数大一些）。溶液的酸性也可以大一些，如二氯荧光黄（$K_a=10^{-4}$）可在 pH=4～10 内进行滴定。曙红（四溴荧光黄，$K_a=10^{-4}$）的酸性更强些，在 pH=2 时仍可以应用。

（3）因卤化银对光敏感，见光会很快转变为灰色，影响终点观察，所以应避免在强光下滴定。

（4）不同的指示剂离子被沉淀吸附的能力不同，在滴定时选择的指示剂的吸附能力要适当。沉淀对指示剂的吸附能力应小于沉淀对被测离子的吸附能力，否则在计量点之前，指示剂离子即取代了被吸附的被测离子而改变颜色，使终点提前出现。但是，如果指示剂离子吸附的能力太弱，则终点出现太晚，也会造成较大误差。卤化银对卤化物和几种吸附指示剂的吸附能力的大小顺序如下：

$$I^{-} > SCN^{-} > Br^{-} > \text{曙红} > Cl^{-} > \text{荧光黄}$$

因此用 $AgNO_3$ 标准溶液滴定 Cl^{-} 时不能选曙红做指示剂，而应选荧光黄。常用吸附指示剂见表 7-2。

表 7-2 常用吸附指示剂及其应用

指示剂	被测离子	滴定剂	滴定条件	终点颜色变化
荧光黄	Cl^-、Br^-、I^-	$AgNO_3$	pH=7～10	黄绿→粉红
二氯荧光黄	Cl^-、Br^-、I^-	$AgNO_3$	pH=4～10	黄绿→红
曙红	Br^-、I^-、SCN^-	$AgNO_3$	pH=2～10	橙黄→黄紫
溴酚蓝	生物碱盐类	$AgNO_3$	弱酸性	黄绿→灰紫
甲基紫	Ag^+	$AgNO_3$	酸性溶液	黄红→红紫

（三）应用范围

法扬斯法可用于测定 Cl^-、Br^-、I^-和 SCN^-及生物碱盐类等。

第四节 银量法的应用

银量法主要应用于化学工业、冶金工业、环境监测，如烧碱厂食盐水的测定、电解液中 Cl^-的测定、土壤中 Cl^-的测定以及天然水中 Cl^-的测定等。还可以测定经过处理而能定量地产生这些离子的有机物，如敌百虫、二氯酚等有机药物的测定。银量法的标准溶液主要是硝酸银溶液和硫氰化铵溶液。

一、标准溶液的配制和标定

1. $AgNO_3$ 标准溶液

硝酸银基准物质可用市售的一级纯硝酸银在稀硝酸中进行重结晶纯制。将基准级的硝酸银于 105～110℃时烘 2 h 后再置于干燥器内冷却至室温，然后准确称量，溶解并定容至一定体积，即得准确浓度的硝酸银溶液。因硝酸银溶液易分解，故实际工作中仍常用标定法配制，以基准级 NaCl，用与测定试样相同的方法进行标定，以消除方法误差。

$AgNO_3$ 见光易分解，保存时应装入棕色试剂瓶中。

2. NH_4SCN 标准溶液

硫氰化铵一般含有杂质，且易潮解，故只能用间接法配制。标定 NH_4SCN 的基准物可选用 $AgNO_3$ 标准溶液，采用佛尔哈德法以 NH_4SCN 直接滴定 $AgNO_3$ 即可。

二、应用实例

（1）莫尔法测定土壤中的 Cl^-。准确称取一定量风干的、过筛后的土壤试样置于碘量瓶中，加一定量水浸提振荡 3 min，过滤。准确移取一定量的滤液于锥形瓶中，

用饱和 Na_2CO_3 或稀 H_2SO_4 调节酸度恰好使酚酞褪色，溶液呈中性或弱碱性。加入 K_2CrO_4 指示剂，在强烈振荡下，用 $AgNO_3$ 标准溶液滴定，直到出现砖红色沉淀不再消失为止。

（2）天然水中氯含量的测定。天然水中几乎都含有 Cl^-，一般都用莫尔法测定。如果水中含有 SO_3^{2-}、PO_4^{3-}、S^{2-}，则要用佛尔哈德法测定。

（3）佛尔哈德法测定农药敌百虫含量。敌百虫是一种有机磷杀虫剂，其结构中含有较活泼的卤素 Cl，在一定条件下，敌百虫可与 Na_2CO_3 发生碱解脱氯反应。1 mol 敌百虫定量解脱出 1 mol 氯，并转为 Cl^- 进入溶液，于是可以用佛尔哈德法进行测定。体系中要加入足够的硝酸用以中和过量的 Na_2CO_3，并酸化溶液。滴定时，先加入已知量且过量的 $AgNO_3$ 标准溶液，然后加入硝基苯，充分振荡，保护 AgCl 沉淀。再加入铁铵矾指示剂，用 NH_4SCN 标准溶液滴定至红色出现。根据两种标准溶液的浓度和用量，即可求出试样中敌百虫的含量。

复习与思考题

1. 什么是沉淀滴定法？用于沉淀滴定的反应必须符合哪些条件？

2. 什么是银量法？银量法主要用于测定哪些物质？

3. 写出莫尔法、佛尔哈德法和法扬斯法测定 Cl^- 的主要反应，并指出各种方法选用的指示剂和酸度条件。

4. 莫尔法中 K_2CrO_4 指示剂的用量对分析结果有什么影响？为什么莫尔法要在中性或弱碱性溶液中进行滴定？

5. 在下列情况下，分析结果是偏高还是偏低？为什么？

①在 pH=4 时，以 K_2CrO_4 指示剂法测定 Cl^-。

②用佛尔哈德法测 Cl^- 时，未将沉淀过滤也未加硝基苯等。

③用佛尔哈德法测 I^- 时，先加铁铵矾指示剂，然后再加入过量的 $AgNO_3$ 标准溶液。

④用法扬斯法测定 Cl^- 时，未加糊精或淀粉等胶体保护剂。

⑤用法扬斯法测定 Cl^- 时，用曙红做指示剂。

6. 称取试样 0.600 0 g，经一系列分解处理后，得到纯的 NaCl 和 KCl 共 0.180 3 g，将这些氯化物溶于水后，加入 $AgNO_3$ 沉淀剂，得到 AgCl 沉淀 0.390 4 g，求试样中 NaCl 和 KCl 的含量。

7. 在含有相同浓度 Cl^- 和 I^- 的溶液中，逐滴加入 $AgNO_3$ 溶液，哪一种离子先沉淀？第二种离子开始沉淀时，Cl^- 与 I^- 的浓度比为多少？

8. 一定体积的 NaCl 试液，用 0.102 3 $mol \cdot L^{-1}$ $AgNO_3$ 的标准溶液滴定至终点，消耗了 27.00 mL。求 NaCl 试液中有 Cl^- 多少克？

9. 称取分析纯 KCl 1.992 0 g，加水溶解后，在 250 mL 容量瓶中定容，取出

20.00 mL，用 $AgNO_3$ 溶液滴定，用去 18.30 mL，求 $AgNO_3$ 溶液的物质的量浓度。

10. 称取银合金试样 0.300 0 g，溶解后制成溶液，加铁铵矾指示剂，用 0.100 0 mol·L^{-1} NH_4SCN 标准溶液滴定，用去 23.80 mL，计算银的百分含量。

11. 称取不纯的水溶性氯化物（不含干扰测定的离子）0.135 0 g，加入 0.112 1 mol·L^{-1} $AgNO_3$ 标准溶液 30.00 mL，然后用 0.123 1 mol·L^{-1} NH_4SCN 标准溶液滴定过量的 $AgNO_3$，用去 10.50 mL，试计算氯化物中氯的百分含量。

12. 称取纯的 0.151 0 g NaCl，溶于 20 mL 水中，加 30.00 mL$AgNO_3$ 溶液，Fe^{3+} 离子做指示剂，用 NH_4SCN 溶液滴定过量的 Ag^+，用去 4.04 mL。预先测得 $AgNO_3$ 与 NH_4SCN 溶液的体积比为 1.040。求 $AgNO_3$ 溶液的物质的量浓度。

13. 称取纯试样 KIO_x 0.500 0 g，经还原为碘化物后，以 0.100 0 mol·L^{-1} $AgNO_3$ 标准溶液滴定，消耗 23.26 mL，求该盐的化学式。

14. 称取 NaCl 基准试剂 0.117 3 g，溶解后加入 30.00 mL $AgNO_3$ 标准溶液，过量的 Ag^+需要 3.20 mL NH_4SCN 标准溶液滴定至终点。已知 20.00 mL $AgNO_3$ 标准溶液与 21.00 mL NH_4SCN 标准溶液能完全作用，计算 $AgNO_3$ 和 NH_4SCN 溶液的浓度各为多少？

15. 用移液管从食盐槽中吸取试液 25.00 mL，采用莫尔法进行测定，滴定用去 0.101 3 mol·L^{-1} $AgNO_3$ 标准溶液 25.36 mL。往液槽中加入食盐（含 NaCl 96.61%）4.500 0 kg，溶解后混匀，再吸取 25.00 mL 试液，滴定用去 $AgNO_3$ 标准溶液 28.42 mL。如吸取试液对液槽中溶液体积的影响可以忽略不计，计算液槽中食盐溶液的体积为多少升？

16. 取 0.100 0 mol·L^{-1} NaCl 溶液 50.00 mL，加入 K_2CrO_4 指示剂，用 0.100 0 mol·L^{-1} $AgNO_3$ 标准溶液滴定，在终点时溶液体积为 100.00 mL，K_2CrO_4 的浓度 5×10^{-3} mol·L^{-1}。若生成可察觉的 Ag_2CrO_4 红色沉淀，需消耗 Ag^+的物质的量为 2.6×10^{-6} mol，计算滴定误差。

【阅读资料】

莫尔小传

莫尔于 1808 年 11 月 4 日出生于德国的科布伦茨。他的父亲是一位药剂师，所以他就进了大学里的药学部，先后在波恩、海德尔贝格、柏林三个大学读书，并获得博士学位。毕业后，莫尔回到科布伦茨继承父业。他用业余时间从事各方面的科学试验，最初研究物理学，在 1837 年发表了第一篇论文《关于热的性质的看法》。

1847年莫尔独立地进行了《普鲁士药典》的修订工作。接着编写了一部《药学手册》，这部书受到国内外的重视，曾经两次被译成英文。后来，莫尔的兴趣又转到容量分析方面，还发表了很多有关这方面的论文。1855年写出了《化学分析滴定法教程》一书。这部书经过多次重版，一直到1914年还修订出版了最后版本。莫尔于1879年去世，这个版本是由别人修订的。

莫尔从事药剂师的事业是不大成功的，在1863年，当他59岁时，他的药房倒闭了，因而失业。不得已在60岁时到波恩大学当了一名讲师，最后也只做到助理教授，不久就退休了。莫尔晚年的生活比较贫困，他于1879年9月28日在波恩去世时，几乎没有引起化学界的注意。

实际上，莫尔所研究的方面非常广，有气象学、力学、毒物学、地质学，甚至对于养蜂的方法都有过研究，并且发表过论文。他在分析方面的研究是很突出的，所以，一般称他为分析化学家。德国有一种传统的习惯，凡是没有担任到正教授的人，往往不被称为科学家。尽管莫尔贡献很大，他却没有担任到正教授，所以，在当时的德国并未给他应有的地位。

容量分析的基本仪器之一是滴定管。滴定管是由莫尔（Mohr）发明的。莫尔对化学的贡献不仅于此，沉淀滴定法中的莫尔法、莫尔盐（硫酸亚铁铵）、实验室中常用的冷凝管和钻孔器都是莫尔发明的，至今还在使用。

现在人们把盖·吕萨克奉为滴定分析法的创始人，主要是由于他最先提出了沉淀滴定法。在盖·吕萨克的启发下，1856年莫尔提出了以铬酸钾为指示剂的银量法，这便是广泛应用于测定氯化物的莫尔法。1874年，佛尔哈德提出了间接沉淀滴定法，使沉淀滴定法的应用范围得以扩大。

第八章
重量分析法

【知识目标】

本章要求熟悉重量分析法的分类和特点；掌握重量分析法对沉淀的要求，沉淀条件的选择；掌握重量分析结果的计算；理解影响沉淀溶解度、沉淀纯度的因素；了解沉淀的类型及沉淀的形成过程；了解几种重量分析法的应用。

【能力目标】

通过对本章的学习，学生能根据重量分析法对沉淀的要求，正确选择沉淀条件，提高沉淀纯度；能熟练进行重量分析法的基本操作，正确使用重量分析法的相关仪器；能运用沉淀重量法测定硫酸盐中有关组分含量；能熟练进行重量分析结果的计算。

第一节　重量分析法的特点和分类

重量分析法是定量分析方法之一。它是通过称量物质的质量（习惯上称为重量）来确定被测组分含量的一种方法，又叫称量分析法。

一、重量分析法分类

在重量分析中一般是先使被测组分从试样中分离出来，转化为一定的称量形式，称量后，由称得的质量计算被测组分的含量。重量分析的过程实质上包含了分离和称量两个过程。根据分离方法的不同，重量分析法通常分为沉淀重量法、挥发重量法、提取重量法和电解重量法。

（1）沉淀重量法：是利用沉淀反应使被测组分生成溶解度很小的沉淀，将沉淀过滤，洗涤后，烘干或灼烧成为组成一定的物质，然后称其质量，再计算被测组分的含量。如测定试液中 SO_4^{2-} 含量时，在试液中加入过量的 $BaCl_2$ 溶液，使 SO_4^{2-} 完全生成难溶的 $BaSO_4$ 沉淀，经过滤、洗涤、烘干或灼烧后称量的质量，而计算试液中 SO_4^{2-} 的含量。这是重量分析的主要方法。

（2）挥发重量法：是用加热或其他方法使试样中被测组分逸出，然后根据逸出前后试样质量之差来计算被测成分的含量。试样中的湿存水或结晶水的测定多用这种方法。例如，在土壤污染物监测中，水分含量是其必测项目。测定时，根据土壤样品在 105℃烘干后所损失的质量，计算对应的水分含量。有时，也可以在被测组分逸出后，用某种吸收剂来吸收它，这时可以根据吸收剂质量的增加来计算含量。例如，试样中 CO_2 的测定，以碱石灰为吸收剂。此法只适用于测定可挥发性物质。

（3）提取重量法：是利用被测组分在两种互不相溶的溶剂中的分配比（第十章介绍）的不同进行测定的。通过加入某种提取剂，使被测组分从原来的溶剂中定量地转入提取剂中，称量剩余物的质量，从而计算被测组分含量；或将提出液中的溶剂蒸发除去，称量剩下的质量，以计算被测组分的含量。如粗脂肪的定量测定中，粗脂肪一般溶于乙醚、石油醚、苯及氯仿等，不溶于水或微溶于水，可用乙醚作为提取剂，通过索氏提取器①提取样品中的脂肪，然后蒸发除去乙醚，干燥、称重，即可得样品中粗脂肪的百分含量。

（4）电解重量法：是利用电解的原理，控制适当的电位，使被测组分（金属离子）以纯金属或难溶化合物的形式在电极上析出，通过称量沉积物的质量计算待测组分的含量，又叫电重量分析法，精度可达千分之一，分析中不需要标准物校正，直接获得测得量。常用于一些金属纯度的鉴定、仲裁分析等。例如电解法测定铜合金中铜的含量。电解法还可以用于物质的分析和分离，如果溶液中有 A、B 两种物质，只要阴极电位控制在一个合适的值，就可以实现只有 A 物质在阴极上定量析出，而 B 物质不析出。随着电解的进行，电解电流不断减小，当电解电流接近于零时表示电解已经完全。根据阴极析出的物质质量可求溶液浓度。

二、重量分析法特点

重量分析法通过直接称量获得分析结果，不需要标准溶液和基准物质，也就不需要从容量器皿中获得许多数据，这样引入的误差小。对于常量组分的测定，相对误差约为±0.1%，所以准确度高，这是重量法最显著的优点。对一些高含量组分的精确分析、某些仲裁分析和标样分析，迄今为止仍以重量分析法作为标准方法。

重量分析法是最古老的定量分析方法，一个多世纪前的所有定量分析方法几乎全是重量分析法。但是重量分析须经沉淀、过滤、洗涤、灼烧、称量等过程，操作烦琐，分析周期长（一般需数小时至十几小时），不能满足生产上快速分析的要求。同时重量分析法灵敏度低，不适于低含量组分的测定。重量分析法虽有上述不足，但利用沉淀法的有关原理及其基本操作技术，在分离干扰元素和富集痕量组分方面，

---

① 索氏提取器是由提取瓶、提取管、冷凝器三部分组成的。提取时，将待测样品包在脱脂滤纸内，放入提取管内。提取管内加入无水乙醚。加热提取瓶，无水乙醚汽化，由连接管上升进入冷凝器，凝成液体滴入提取管内，浸提样品中的脂类物质。待提取管内的无水乙醚液面达到一定高度，溶有粗脂肪的无水乙醚经虹吸管流入提取瓶。流入提取瓶的无水乙醚继续被加热汽化、上升、冷凝，滴入提取管内，如此循环往复，直到抽提完全为止。

却是目前在实际工作中经常采用的分离手段之一。对于某些常量元素如硅、硫、钨的含量，环境监测方面水体中总悬浮物含量、空气中总悬浮颗粒物含量的测定等都是用重量分析法。

本章主要讨论沉淀重量法。

第二节　沉淀重量法对沉淀的要求

利用沉淀反应进行重量分析时，往试液中加入适当的沉淀剂，使被测组分沉淀出来，所得的沉淀称为沉淀形式。沉淀经过滤、洗涤、烘干或灼烧之后，得到称量形式，然后再由称量形式的化学组成和重量，便可算出被测组分的含量。过程可表示为：

$$\text{试样}\xrightarrow{\text{沉淀剂}}\text{沉淀形沉淀}\xrightarrow{\text{过滤}}\xrightarrow{\text{洗涤}}\xrightarrow[\text{或灼烧}]{\text{烘干}}\text{称量形沉淀}\xrightarrow{\text{称量}}\text{计算}$$

沉淀形式与称量形式可以相同，也可以不相同，例如测定SO_4^{2-}时，加入沉淀剂$BaCl_2$以得到$BaSO_4$沉淀，此时沉淀形式和称量形式相同。但测定Mg^{2+}时，加入沉淀剂$(NH_4)_2HPO_4$，沉淀形式为$MgNH_4PO_4 \cdot 6H_2O$，经灼烧后得到的称量形式为$Mg_2P_2O_7$，沉淀形式与称量形式不同。沉淀重量法对沉淀形式和称量形式各有不同的要求。

一、对沉淀形式的要求

1．沉淀的溶解度要小

沉淀的溶解度小，才能使被测组分沉淀完全。要求沉淀的溶解损失不应超过分析天平的称量误差，一般应小于 0.2 mg。

2．沉淀必须纯净，且易于过滤和洗涤

沉淀必须是纯净的，不应混有沉淀剂或其他杂质，否则不能获得准确的分析结果。易过滤和洗涤，不仅便于操作，同时也是保证沉淀纯度的一个重要方面。例如$MgNH_4PO_4 \cdot 6H_2O$沉淀颗粒较粗，在过滤时不会堵塞滤纸小孔，过滤容易，而且由于其总表面积小，也不易吸附杂质，沉淀纯净且也容易洗涤。

3．沉淀易于转变为称量形式

沉淀经烘干、灼烧时，应易于转化为称量形式。

二、对称量形式的要求

（1）称量形式的组成与化学式必须完全相符，这是定量计算的基本依据，也是对称量形式最重要的要求。

（2）称量形式要有足够的化学稳定性，称量形式不吸收空气中的 CO_2、水蒸气，也不易被 O_2 所氧化，称量形式本身也不应分解或变质。

（3）称量形式的摩尔质量要尽可能大，称量形式的摩尔质量越大，由同样质量的待测组分所得到的称量形式的质量也越大，引起称量的相对误差越小，方法的准确度越高。

例如 0.100 0 mg 铝，以称量形式 Al_2O_3 计可获得 0.188 8 g，以 8-羟基喹啉铝 $Al(C_9H_6NO)_3$ 计可获得 1.704 0 g，分析天平的称量误差一般为±0.000 1 mg，即 0.000 2 mg，对于上述两种称量形式，称量的相对误差分别为：

$$Al_2O_3:\quad \frac{\pm 0.000\,2}{0.188\,8}\times 100\% = \pm 0.1\%$$

$$Al(C_9H_6NO)_3:\quad \frac{\pm 0.000\,2}{1.704\,0}\times 100\% = \pm 0.01\%$$

由此可见，以摩尔质量较大的 8-羟基喹啉铝作为称量形式比用摩尔质量较小的 Al_2O_3 作为称量形式来测定铝的准确度要高。

第三节　影响沉淀完全的因素

在利用沉淀反应进行沉淀重量分析时，被测组分沉淀越完全越好。但是，任何难溶物都有一定的溶解度，绝对不溶解的物质是没有的，所以在重量分析中要求沉淀的溶解损失越少越好。因此，如何减少沉淀的溶解损失，以保证重量分析结果的准确度，是重量分析的一个重要问题。下面就影响沉淀溶解度的主要因素进行讨论。

一、同离子效应

在已达沉淀-溶解平衡的系统中，加入含有相同离子的易溶强电解质而使沉淀溶解度降低的效应，叫做沉淀-溶解平衡中的同离子效应。为了使沉淀完全，尽可能减少溶解损失，在重量分析中沉淀时常加入过量的沉淀剂，利用同离子效应从而减小沉淀的溶解度。

例如，以 $BaSO_4$ 重量法测定 Ba^{2+}时，如果加入等物质的量的沉淀剂 SO_4^{2-}，则 $BaSO_4$ 的溶解度为：

$$S = [Ba^{2+}] = [SO_4^{2-}] = \sqrt{K_{sp(BaSO_4)}} = \sqrt{8.7\times 10^{-11}} = 9.3\times 10^{-6}\ mol \cdot L^{-1}$$

$$M(BaSO_4) = 233.4\ g \cdot mol^{-1}$$

如果在 200 mL 溶液中，$BaSO_4$ 的溶解损失量为：

$$9.3\times10^{-6}\times200\times233.4=0.4\ \text{mg}$$

此值已超过了重量分析法对沉淀溶解损失量的许可。但是，如果加入过量的 H_2SO_4，使沉淀后溶液中的$[SO_4^{2-}]=0.010\ \text{mol}\cdot\text{L}^{-1}$，则溶解度为：

$$S=[Ba^{2+}]=\frac{K_{sp(BaSO_4)}}{SO_4^{2-}}=\frac{8.7\times10^{-11}}{0.01}=8.7\times10^{-9}\ \text{mol}\cdot\text{L}^{-1}$$

则沉淀在 200 mL 溶液中的损失量为：

$$8.7\times10^{-9}\times200\times233.4=0.000\ 4\ \text{mg}$$

比较以上计算结果可知，由于同离子效应，沉淀的溶解损失大大减小。

在实际操作中，沉淀剂过量的程度，应根据沉淀剂的性质来确定。若沉淀剂在烘干或灼烧过程中容易挥发，一般可过量 50%～100%；若沉淀剂不易挥发，一般可过量 20%～30%为宜。但沉淀剂绝不能加得太多，否则可能由于盐效应、酸效应、配位效应等因素导致沉淀的溶解度增大。

二、盐效应

在难溶电解质的饱和溶液中，加入其他强电解质，会使难溶电解质的溶解度比同温度下在纯水中的溶解度大，这种效应称为盐效应。如前所述，过量太多的沉淀剂，除了同离子效应外，还会产生不利于沉淀完全的其他效应，盐效应就是其中之一。

例如，测定 Pb^{2+}时，采用 Na_2SO_4 为沉淀剂，生成 $PbSO_4$ 沉淀。不同浓度的 Na_2SO_4 溶液中 $BaSO_4$ 的溶解度变化情况见表 8-1。

表 8-1　不同浓度的 Na_2SO_4 溶液中 $BaSO_4$ 溶解度变化情况

Na_2SO_4 浓度/($\text{mol}\cdot\text{L}^{-1}$)	0	0.001	0.01	0.02	0.04	0.100	0.200	0
$BaSO_4$ 溶解度/($\text{g}\cdot\text{L}^{-1}$)	45	7.3	4.9	4.2	3.9	4.9	7.0	45

从表 8-1 可以看出，$BaSO_4$ 的溶解度并没有随着 Na_2SO_4 浓度的增大而一直降低（同离子效应），而是降低到一定程度后又逐渐增大。事实上在 $BaSO_4$ 饱和溶液中加入 Na_2SO_4，就同时存在同离子效应和盐效应，而哪种效应占优势就取决于 Na_2SO_4 的浓度。当 Na_2SO_4 的浓度小于 0.04 $\text{mol}\cdot\text{L}^{-1}$ 时，同离子效应占优势；当浓度超过 0.04 $\text{mol}\cdot\text{L}^{-1}$ 后，则盐效应增强，超过了同离子效应，$BaSO_4$ 的溶解度反而逐步增大，这进一步说明所加沉淀剂不能过量。

如果在溶液中存在着非共同离子的其他盐类，盐效应的影响必定更为显著。

三、酸效应

溶液的酸度给沉淀溶解度带来的影响称为酸效应。酸效应的发生主要是由于溶液中 H^+浓度的大小对弱酸、多元弱酸解离平衡的影响。若沉淀是强酸盐，如 $BaSO_4$、AgCl 等，其溶解度受酸效应影响不大。若沉淀是弱酸或多元弱酸盐，如 CaC_2O_4、$Ca_3(PO_4)_2$ 以及许多与有机沉淀剂形成的沉淀，当酸度增大时，组成沉淀的阴离子与 H^+结合，降低了阴离子的浓度，使沉淀的溶解度增大。

$$CaC_2O_4 \rightleftharpoons Ca^{2+} + C_2O_4^{2-}$$

$$C_2O_4^{2-} \underset{-H^+}{\overset{+H^+}{\rightleftharpoons}} HC_2O_4^- \underset{-H^+}{\overset{+H^+}{\rightleftharpoons}} H_2C_2O_4$$

四、配位效应

当溶液中存在配位剂时，它能与生成沉淀的离子形成配合物，则会使沉淀溶解度增大，甚至不产生沉淀，这种现象称为配位效应。例如用 Cl^-沉淀 Ag^+时，产生 AgCl 沉淀，若溶液中有氨水，则 NH_3 能与 Ag^+作用，生成$[Ag(NH_3)_2]^+$配离子，反应如下：

$$Ag^+ + Cl^- = AgCl\downarrow$$

$$AgCl + 2NH_3 = Ag(NH_3)_2^+ + Cl^-$$

此时 AgCl 溶解度就远大于在纯水中的溶解度。如果氨水浓度足够大，则不能生成 AgCl 沉淀。应该指出，配位效应使沉淀溶解度增大的程度与沉淀的溶度积和形成配合物稳定常数的相对大小有关。形成的配合物越稳定，配位效应越显著，沉淀的溶解度越大。

五、其他影响沉淀溶解度的因素

1. 温度的影响

溶解反应一般是吸热反应，沉淀的溶解度一般是随着温度的升高而增大。所以对于溶解度不是很小的晶形沉淀，一般在室温下进行过滤和洗涤。如果沉淀的溶解度很小[如 $Fe(OH)_3$、$Al(OH)_3$ 等]，或者沉淀的溶解度受温度的影响很小，为了过滤快些，也可以趁热过滤和洗涤。

2. 溶剂的影响

大多数无机沉淀是离子型晶体，所以它们在极性溶剂（如水）中溶解度大，而在非极性或弱极性的有机溶剂中溶解度小。对一些在水中溶解度较大的沉淀，可加入与水互溶的有机溶剂，降低溶剂的极性，以减小沉淀的溶解度。例如，$PbSO_4$ 在

20%乙醇溶液中的溶解度仅为水溶液中的 1/10。但对于有机沉淀剂形成的沉淀，在有机溶剂中的溶解度大于在水溶液中的溶解度。

3．沉淀颗粒大小的影响

同一种沉淀，在相同质量时，其颗粒越小则溶解度越大。因此，在进行沉淀时，应尽可能获得大颗粒的沉淀。这样不仅可以减少溶解损失，且易于洗涤过滤，同时沉淀的颗粒大，总表面积小，沉淀的玷污也小。

4．沉淀结构的影响

许多沉淀在初生成时的亚稳态型溶解度较大，经过放置之后转变成为稳定晶型的结构，溶解度大为降低。例如，CoS 沉淀初生成时为α型，$K_{sp}=4\times10^{-20}$，放置后转化为β型，$K_{sp}=2\times10^{-25}$。

上述各种因素，对于不同的沉淀影响也不相同，在实际操作时，应根据沉淀的性质进行具体考虑。

第四节　沉淀的纯度

重量分析法中不仅要求沉淀的溶解度要小，而且沉淀应当是纯净的。事实上当沉淀从溶液中析出时，或多或少地夹带溶液中的其他组分，使沉淀玷污，影响沉淀的纯度。

一、影响沉淀纯度的因素

影响沉淀纯度的主要因素有共沉淀和后沉淀现象，现分别讨论如下。

（一）共沉淀

当一种难溶物质从溶液中沉淀析出时，某些可溶性杂质同时沉淀下来的现象，叫做共沉淀现象。共沉淀是引起沉淀不纯的主要因素，也是重量分析法的主要误差来源。产生共沉淀现象的原因主要有以下三种。

1．表面吸附

表面吸附是在沉淀的表面上吸附了杂质。产生这种现象的原因，是由于构晶离子（与沉淀组成相同的离子）是按照同性电荷相斥、异性电荷相吸的原则排列的，晶体内部的离子都被异性电荷离子包围，沉淀内部处于静电平衡状态，而晶体表面上的离子至少一方没有被包围，由于静电引力，就有吸附溶液中带相反电荷的离子的能力。

从静电引力的作用来说，在溶液中任何带相反电荷的离子都同样有被吸附的可能性。但是，实际上表面吸附是有选择性的。例如，加过量 $BaCl_2$ 到 H_2SO_4 中，生

成 $BaSO_4$ 沉淀，溶液中有 Ba^{2+}、Cl^-、H^+。$BaSO_4$ 沉淀首先吸附与其组成有关的离子（即 Ba^{2+}）形成第一吸附层，而带上正电荷。然后沉淀表面第一吸附层中的 Ba^{2+} 又吸附溶液中带相反电荷的离子，如 Cl^-，构成第二吸附层。第一、第二吸附层共同构成包围沉淀颗粒的电中性的双电层，而随着 $BaSO_4$ 沉淀颗粒一起下沉。如图 8-1 所示。

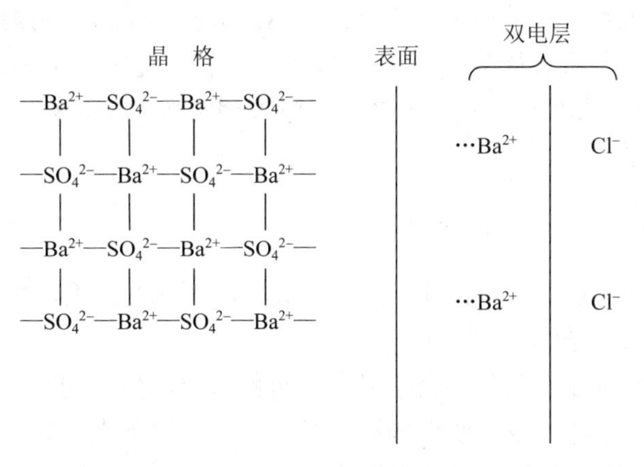

图 8-1　$BaSO_4$ 晶体表面吸附

根据吸附原理，沉淀的总表面积越大，吸附杂质的量越多；杂质离子的浓度越大，被吸附的量也越多。由于吸附作用是一个放热过程，所以溶液的温度越高，吸附的杂质量越少。

2．吸留与包夹

在沉淀过程中，当沉淀剂的浓度比较大、加入比较快时沉淀迅速长大，则先被吸附在沉淀表面的杂质离子来不及离开沉淀，于是就陷入沉淀晶体内部，这种现象称为吸留。如留在沉淀内部的是母液，则称为包夹。这种现象造成的沉淀不纯是无法洗去的，因此，在进行沉淀时应尽量避免此种现象的发生。

3．混晶

每种晶形沉淀，都具有一定的晶体结构，如果杂质离子与构晶离子的半径相近，电荷相同，而且所形成的晶体结构也相同，则它们能生成混晶体。例如，Pb^{2+} 与 Ba^{2+} 半径相近，电荷相同，在用 H_2SO_4 沉淀 Ba^{2+} 时，Pb^{2+} 能够取代 Ba^{2+} 进入晶核，形成 $BaSO_4$ 和 $PbSO_4$ 的混晶共沉淀。常见的混晶共沉淀还有 AgCl 和 AgBr，$MgNH_4PO_4 \cdot 6H_2O$ 和 $MgNH_4AsO_4 \cdot 6H_2O$ 等。也有一些杂质与沉淀具有不相同的晶体结构，如立方体的 NaCl 和四面体的 Ag_2CrO_4 晶体结构不同，也能生成混晶体。这种混晶体的形状往往不完整，当其与溶液一起放置时，杂质离子将逐渐被驱出，结晶形状慢慢变得完整些，所得到的沉淀也更纯净一些。

（二）后沉淀现象

当沉淀析出之后，在放置的过程中，溶液中的杂质离子慢慢沉淀到原沉淀表面上的现象，称为后沉淀现象。例如，在含有 Cu^{2+}、Zn^{2+}等离子的酸性溶液中，通入 H_2S 时最初得到的 CuS 沉淀中并不夹杂 ZnS。但是如果沉淀与溶液长时间地接触，则由于 CuS 沉淀表面上从溶液中吸附了 S^{2-}，而使沉淀表面上 S^{2-}浓度大大增加，致使 S^{2-}浓度与 Zn^{2+}浓度的乘积大于 Zn^{2+}的溶度积常数，于是在 CuS 沉淀的表面上，就析出 ZnS 沉淀。

二、提高沉淀纯度的措施

为了得到纯净的沉淀，应针对上述造成沉淀不纯的原因，采取下列各种措施。

1．选择适当的分析程序

如果溶液中同时存在含量相差很大的两种组分，如被测组分含量少，而杂质含量多，需要沉淀分离，则应使少量被测组分首先沉淀下来。如果先分离杂质，则由于大量沉淀的生成就会使少量被测组分随之共沉淀，从而引起较大误差。

2．降低易被吸附离子的浓度

吸附作用具有选择性，在实际分析中，应尽量使易被吸附的杂质离子除去或加以掩蔽，以减少吸附共沉淀。例如沉淀 $BaSO_4$ 时，如溶液中含有易被吸附的 Fe^{3+}时，可将 Fe^{3+}预先还原成不易被吸附的 Fe^{2+}，或加酒石酸（或柠檬酸）使之生成稳定的配合物，以减少共沉淀。

3．选择适当的洗涤剂进行洗涤

表面吸附作用是一种可逆过程，因此，洗涤可使沉淀表面吸附的杂质脱落进入洗涤液，从而达到提高沉淀纯度的目的。

4．进行再沉淀

再沉淀就是将沉淀过滤洗涤之后，再重新溶解，使沉淀中残留的杂质进入溶液，进行第二次沉淀。再沉淀时溶液中的杂质量已大为降低，它对于除去吸留的杂质特别有效。

5．选择适当的沉淀条件

沉淀的吸附作用与沉淀颗粒的大小、沉淀的类型、温度等都有关系。因此，要获得纯净的沉淀，则应根据沉淀的具体情况，选择适宜的沉淀条件。

第五节　沉淀的形成与沉淀的条件

在沉淀重量分析中为了获得易于分离和洗涤的沉淀，必须了解沉淀形成的过程和沉淀条件对颗粒大小的影响，以便控制适宜的条件得到符合重量分析要求的沉淀。

一、沉淀的类型

根据其物理性质不同可大致分为三类：晶形沉淀、凝乳状沉淀和无定形沉淀。它们的主要区别是颗粒的大小。如表 8-2 所示。

表 8-2　沉淀的类型

沉淀类型	直径大小	特点	实例
晶形沉淀	0.1～1 μm	离子有序排列，结构紧密，易沉降、过滤	$BaSO_4$
凝乳状沉淀	0.02～0.1 μm	微小晶体凝聚，结构疏松，较易过滤	AgCl
非晶形沉淀	0.02 μm 以下	离子排列杂乱，结构疏松，难以沉降、过滤	$Fe_2O_3 \cdot nH_2O$

二、沉淀的形成

沉淀的形成过程包括晶核形成和晶核长大两个过程。

将沉淀剂加入试液中，当形成沉淀的离子浓度乘积大于该条件下沉淀的溶度积时，离子之间由于互相碰撞聚集成微小的晶核，构晶离子向晶核表面扩散，并沉积在晶核上，晶核再逐渐长大成为沉淀的微粒，这些沉淀微粒可以聚集为更大的聚集体。这种聚集过程进行的快慢，称为聚集速度。

在发生聚集过程的同种构晶离子按一定的晶格排列而形成晶体。这种定向排列的速度称为定向速度。

如果聚集速度大于定向速度，离子很快聚集而成沉淀微粒，却来不及按一定的顺序排列于晶格内，这时得到的是无定形沉淀。反之，如果定向速度大于聚集速度，即离子缓慢地聚集成沉淀微粒时，仍有足够的时间按一定的顺序排列于晶格内，可以得到晶形沉淀。聚集速度主要由沉淀时的条件所决定，其中最重要的是溶液中生成沉淀物质的过饱和度。聚集速度与溶液的相对过饱和度成正比，这可用以下经验公式表示：

$$v=K(Q-S)/S \tag{8-1}$$

式中，v —— 聚集速度；

Q —— 溶液中混合反应物瞬时产生的物质总浓度；

S —— 沉淀的溶解度；

$Q-S$ —— 沉淀开始时的过饱和程度；

K —— 比例常数，它与沉淀的性质、介质、温度等因素有关。

从上式可清楚地看出，聚集速度与相对过饱和度成正比。若要聚集速度小，必须减小相对过饱和度。沉淀的溶解度 S 越大，加入沉淀剂瞬间生成沉淀物质的浓度 Q 越小，越有利于获得晶形沉淀。反之，沉淀的溶解度 S 越小，加入沉淀剂瞬间生成沉淀物质的浓度 Q 越大，越有利于获得非晶形沉淀，甚至于形成胶体。

定向速度主要取决于沉淀物质的本性。一般极性强的盐类，如 $MgNH_4PO_4$、$BaSO_4$、CaC_2O_4 等，具有较大的定向速度，易形成晶形沉淀。氢氧化物只有较小的定向速度，因此沉淀一般是非晶形的。特别是高价氢氧化物，如 $Fe(OH)_3$、$Al(OH)_3$ 等，结合的 OH^- 越多，定向排列越困难，定向速度越小，而这类沉淀的溶解度很小，沉淀时溶液的相对过饱和度较大，聚集速度大，形成非晶形沉淀或胶状沉淀。二价金属离子（如 Mg^{2+}、Zn^{2+}、Cd^{2+} 等离子）的氢氧化物含 OH^- 较少，如果条件适当，可能形成晶形沉淀。

影响沉淀聚集速度的另一个因素为沉淀物质的浓度，如不太大，则溶液的过饱和度小，聚集速度也较小，有利于生成晶形沉淀。例如 $Al(OH)_3$ 一般为无定形沉淀，但在含 $AlCl_3$ 的溶液中，加入稍过量的 NaOH 使 Al^{3+} 成为 AlO_2^- 形式存在，然后通入 CO_2 使溶液的碱性逐渐减小，最后可以得到较好的晶形 $Al(OH)_3$ 沉淀。而 $BaSO_4$ 在通常情况下为晶形沉淀。而像 $BaSO_4$ 在稀溶液中沉淀，通常都能获得细晶形沉淀，若在浓溶液中（如 0.75～3 $mol \cdot L^{-1}$），则形成胶状沉淀。

综上所述，沉淀的类型不仅取决于沉淀物质的本性，也取决于沉淀时的条件，若适当改变沉淀条件，也可能改变沉淀的类型。

三、沉淀的条件

对于不同类型的沉淀，应当选择不同的沉淀条件。

1. 晶形沉淀的沉淀条件

对于晶形沉淀来说，主要考虑的是如何获得较大的沉淀颗粒，以便使沉淀纯净并易于过滤和洗涤。但是，晶形沉淀的溶解度一般都比较大，因此还应注意沉淀的溶解损失。

（1）沉淀作用应在适当的稀溶液中进行，这样可降低相对过饱和度，使聚集速度小，而得到晶形沉淀。但是对溶解度较大的沉淀，溶液过稀，溶解损失会增加。

（2）在不断搅拌下，逐滴加入沉淀剂，这样可以防止溶液中局部过浓，使沉淀的离子不论是在全部或局部溶液中的过饱和度都不会过高，以免生成大量的晶核而不能形成颗粒大而纯净的沉淀。

（3）沉淀作用应该在热溶液中进行，这样使沉淀的溶解度略有增加，可以降低溶液的相对过饱和度，以利于生成少而大的结晶颗粒，同时，还可以减少杂质的吸附作用。为了防止沉淀在热溶液中的溶解损失，应当在沉淀作用完毕后，将溶液放冷，然后进行过滤。

（4）进行陈化。陈化就是指沉淀作用完全后，让沉淀和溶液在一起放置一段时间，这样就可以使小晶粒变成大晶粒。因为微小结晶比粗大结晶有较多的棱和角，从而使小粒结晶具有较大的溶解度。对大粒结晶饱和的溶液，对小粒结晶来说，却是未饱和的，所以小粒结晶就被溶解。结果，溶液对于大粒结晶就成了过饱和状态，因此已经溶解的小颗粒结晶又沉积在大粒结晶上而成为不饱和溶液，接下来小粒结晶又继续不断地溶解，如此继续进行，就能得到比较大的沉淀颗粒。

陈化作用还能使沉淀变得更纯净。这是因为大晶体的比表面较小，吸附杂质少，同时由于小晶体溶解，原来吸附、吸留或包夹的杂质，将重新进入溶液，因而提高了沉淀的纯度。

加热和搅拌可以增加沉淀的溶解速度和离子在溶液中的扩散速度，因此可以缩短陈化时间。

2．无定形沉淀的沉淀条件

无定形沉淀一般溶解度很小，溶液中相对过饱和度大，颗粒小，体积大，吸附杂质多，不易过滤和洗涤，甚至能够形成胶体溶液，无法沉淀出来。因此，对于无定形沉淀来说，主要考虑的是防止形成胶体、加速沉淀微粒凝聚、获得紧密沉淀、减少杂质吸附，至于沉淀的溶解损失，可以忽略不计。

（1）沉淀作用在比较浓的溶液中进行，溶液浓度大，则离子的水化程度小些，得到的沉淀比较紧密。

（2）沉淀作用在热溶液中进行，这样可以防止胶体生成，减少杂质的吸附作用，并可使生成的沉淀紧密些。

（3）溶液中加入大量的电解质，以促进沉淀凝聚，防止胶体的形成。一般加入的是可挥发性的盐类，如铵盐等。

（4）不必陈化。沉淀、洗涤作用完毕后，不必陈化，趁热过滤。这是由于这类沉淀一经放置，将会失去水分而聚集得十分紧密，不易洗涤除去所吸附的杂质。

（5）必要时进行再沉淀。无定形沉淀一般含杂质的量较多，如果准确度要求较高时，应当进行再沉淀。

四、均相沉淀法

在进行沉淀的过程中，尽管沉淀剂的加入是在不断搅拌下进行，但是在刚加入沉淀剂时，局部过浓现象总是难免的。为了消除这种现象，可改用均相沉淀法。这种方法是先控制一定的条件，使加入的沉淀剂不能立刻与被检测离子生成沉淀，而是通过一种化学反应，使沉淀剂从溶液中缓慢地、均匀地产生出来，这样就可避免局部过浓的现象，获得的沉淀是颗粒较大、吸附杂质少、易于过滤和洗涤的晶形沉淀。

例如测定 Ca^{2+}时，在中性或碱性溶液中加入沉淀剂$(NH_4)_2C_2O_4$，产生的 CaC_2O_4 是细晶形沉淀。如果先将溶液酸化之后再加入$(NH_4)_2C_2O_4$，则溶液中的草酸根主要

以 $HC_2O_4^-$ 和 $H_2C_2O_4$ 形式存在，不会产生沉淀。混合均匀后，再加入尿素，加热煮沸。尿素逐渐水解，生成 NH_3：

$$CO(NH_2)_2+H_2O=CO_2\uparrow+2NH_3$$

生成的 NH_3 中和溶液中的 H^+，酸度渐渐降低，$C_2O_4^{2-}$ 的浓度渐渐增大，最后均匀而缓慢地析出 CaC_2O_4 沉淀。这样得到的 CaC_2O_4 沉淀，便是粗大的晶形沉淀。

第六节 有机沉淀剂

在实际分析工作中，选择合适的沉淀剂是获得符合要求的沉淀的重要方面。要选用的沉淀剂生成的沉淀必须具有最小溶解度，同时要选用的沉淀剂要易通过挥发或灼烧除去，溶解度要较大，而且要具有较高的选择性。无机沉淀剂一般不具有上述特点，而有机沉淀剂则具有良好的选择性，沉淀组成恒定等优点，其应用越来越广泛。

一、有机沉淀剂的特点

有机沉淀剂较无机沉淀剂具有下列优点。

1. 选择性高

有机沉淀剂品种较多，性质各异，有些试剂在一定条件下，只与少数离子起沉淀反应。

2. 沉淀的溶解度小

由于有机沉淀的疏水性强，所以溶解度较小，有利于沉淀完全。

3. 沉淀吸附杂质少

因为沉淀表面不带电荷，所以不易吸附杂质离子，易获得纯净的沉淀。

4. 沉淀的摩尔质量大

被测组分在称量形式中占的百分比小，有利于提高分析结果的准确度。

二、有机沉淀剂的分类和应用

有机沉淀剂与金属离子通常形成螯合物沉淀和缔合物沉淀。因此，有机沉淀剂也可分为生成螯合物的沉淀剂和生成离子缔合物的沉淀剂两种类型。

1. 生成螯合物的沉淀剂

能形成螯合物沉淀的有机沉淀剂至少应具有下列两种官能团：一种是酸性官能团，如—COOH、—OH、═NOH、—SH、—SO_3H 等，这些官能团中的 H^+ 可被金属离子置换；另一种是碱性官能团，如—NH_2、═NH、═N—、═C═O、═C═S 等，这些官能团具有未被共用的电子对，可以与金属离子形成配位键而络合。

2. 生成缔合物沉淀剂

阴离子和阳离子以较强的静电引力相结合而形成的化合物，叫做缔合物。某些有机沉淀剂在水溶液中能够电离出大体积的离子，这种离子能与被测离子结合成溶解度很小的缔合物沉淀。例如，四苯硼酸阴离子与 K^+的反应：

$$K^+ + B(C_6H_5)_4^- = KB(C_6H_5)_4 \downarrow$$

$KB(C_6H_5)_4$ 的溶解度很小，组成恒定，烘干后即可直接称量，所以 $NaB(C_6H_5)_4$ 是测定 K^+的较好沉淀剂。

此外，还常用苦杏仁酸在盐酸溶液中沉淀锆；铜铁试剂沉淀 Cu^{2+}、Fe^{3+}、Ti^{4+}；α-亚硝基-β-萘酚沉淀 Co^{2+}、Pd^{2+}等。

第七节　沉淀的过滤、洗涤、烘干和灼烧

沉淀的过滤、洗涤、烘干或灼烧是重量分析中重要的操作内容，对沉淀重量法分析结果的准确度有重要的影响。

一、沉淀的过滤和洗涤

沉淀常用滤纸或玻璃砂芯过滤器过滤。对于需要灼烧的沉淀，应根据沉淀的性状选用紧密程度不同的滤纸。一般非晶形沉淀，如 $Fe(OH)_3$、$Al(OH)_3$ 等，应用疏松的快速滤纸过滤；粗粒的晶形沉淀，如 $MgNH_4PO_4 \cdot 6H_2O$ 等，可用较紧密的中速滤纸；较细粒的沉淀，如偏锡酸等，应选用最紧密的慢速滤纸，以防沉淀透过滤纸。

近年来逐渐用烘干法代替灼烧沉淀的方法，尤其是用有机沉淀剂时，烘干法应用得很多。一般用玻璃砂芯坩埚或玻璃砂芯漏斗过滤需烘干的沉淀。

洗涤沉淀是为了洗去沉淀表面吸附的杂质和混杂在沉淀中的母液。洗涤时要尽量减少沉淀的溶解损失和避免形成胶体，因此需选择合适的洗液。选择洗液的原则是：对于溶解度很小而又不易成胶体的沉淀，可用蒸馏水洗涤；对于溶解度较大的晶形沉淀，可用沉淀剂稀溶液洗涤，但沉淀剂必须在烘干或灼烧时易挥发或易分解除去，例如用$(NH_4)_2C_2O_4$稀溶液洗涤 CaC_2O_4 沉淀；对于溶解度较小而又可能分散成胶体的沉淀，应用易挥发的电解质稀溶液洗涤，例如用 NH_4NO_3 稀溶液洗涤 $Al(OH)_3$ 沉淀。

用热洗涤液洗涤，则过滤较快，且能防止形成胶体，但溶解度随温度升高而增大较快的沉淀，不能用热洗液洗涤。

洗涤必须连续进行，一次完成，不能将沉淀干涸放置太久，尤其是一些非晶形

沉淀，放置凝聚后，不易洗净。

洗涤沉淀时，既要将沉淀洗净，又不能增加沉淀的溶解损失。用适当少的洗液，分多次洗涤，每次加入洗液前，使前次洗液尽量流尽，可以提高洗涤效果。

在沉淀的过滤和洗涤操作中，为缩短分析时间和提高洗涤效率，都应采用倾泻法。

二、沉淀的烘干或灼烧

烘干是为了除去沉淀中的水分和可挥发性物质，使沉淀形式转化为组成固定的称量形式，灼烧沉淀除有上述作用外，有时还可以使沉淀形式在较高温度下分解成为组成固定的称量形式。烘干或灼烧的温度和时间，随沉淀不同而异。例如，丁二酮肟镍，只需在 110～120℃烘 40～60 min 即可冷却、称量；磷钼酸喹啉则需在 130℃烘 45 min。沉淀烘干时所用的玻璃砂芯滤器都需要烘干到恒重，沉淀也应烘到恒重。

灼烧温度一般在 800℃以上，常用瓷坩埚盛放沉淀。若需用氢氟酸处理沉淀，则应用铂坩埚。灼烧用的瓷坩埚和盖，应预先在灼烧沉淀的高温下灼烧、冷却、称量，直至恒重。然后用滤纸包好沉淀，放入已灼烧至恒重的坩埚中，再加热烘干、焦化、灼烧至恒重。

沉淀经烘干或灼烧至恒重后，即可由其质量来计算测定结果。

沉淀的过滤、洗涤、烘干或灼烧所用仪器及有关操作见实验部分。

第八节　重量分析结果的计算

重量分析中某被测组分 B 的含量（质量分数）可表示为：

$$w_B = \frac{m_B}{m_s} \times 100\% \tag{8-2}$$

式中，w_B —— 被测组分 B 的含量，%；

m_B —— 被测组分 B 的质量，g；

m_s —— 试样的质量，g。

如果最后的称量形式与被测组分形式一致，则称量形式的质量即为上式的 m_B，直接代入式（8-2）即可。

如果最后的称量形式与被测组分形式不一致，这就需要将称得的称量形式的质量换算成被测组分的质量。被测组分的摩尔质量与称量形式的摩尔质量之比是常数，称为换算因素，常以 F 表示：

$$F=\frac{a\times 被测组分的摩尔质量}{b\times 沉淀称量形式的摩尔质量} \tag{8-3}$$

式中，a，b 是使分子和分母中所含主体元素的原子个数相等时需乘以的系数。若待测组分为 Fe，称量形式为 Fe_2O_3，则换算因数 $F=\frac{2M(Fe)}{M(Fe_2O_3)}$。

被测组分的质量可写成下列通式：

$$被测组分的质量=称量形式的质量\times F \tag{8-4}$$

被测组分 B 的含量为：

$$w_B=\frac{m_B}{m_s}\times 100\%=\frac{称量形式质量\times F}{试样质量}\times 100\% \tag{8-5}$$

【例 8-1】 称取试样 0.500 0 g，经一系列步骤处理后，得到纯 NaCl 和 KCl 共 0.180 3 g。将此混合氯化物溶于水后，加入 $AgNO_3$ 沉淀剂，得 AgCl 沉淀 0.390 4 g，计算试样中 Na_2O 的百分含量。

解：设 NaCl 的质量为 x，则 KCl 的质量为（0.180 3−x）g。于是：

$$\frac{x}{n(NaCl)}\times n(AgCl)+\frac{(0.180\,3-x)}{n(KCl)}\times n(AgCl)=0.390\,4\ g$$

$$x=0.082\,8\ g$$

换算因数　$$F=\frac{n(Na_2O)}{2n(NaCl)}$$

$$w(Na_2O)=\frac{x\times\frac{n(Na_2O)}{2n(NaCl)}}{m_s}\times 100\%$$

$$=\frac{0.082\,8\times\frac{61.98}{2\times 58.44}}{0.500\,0}\times 100\%=8.28\%$$

试样中 Na_2O 的百分含量为 8.28%。

复习与思考题

1. 什么是重量分析法？有什么特点？
2. 重量分析法分为哪几类？各有什么应用？
3. 沉淀形式和称量形式有何区别？试举例说明。
4. 重量分析法对沉淀形式和称量形式各有什么要求？
5. 影响沉淀溶解度的因素有哪些？

6. 共沉淀和后沉淀有什么区别？

7. 沉淀是如何形成的？要获得纯净而易于分离和洗涤的沉淀？需采取哪些措施？

8. 什么是均相沉淀法？与一般沉淀法相比，它有何优点？

9. 计算下列换算因数

称量形式	被测组分
（1）AgCl	Cl
（2）Al_2O_3	Al
（3）Fe_2O_3	$(NH_4)_2Fe(SO_4)_2 \cdot 6H_2O$
（4）$BaSO_4$	SO_3
（5）$Mg_2P_2O_7$	MgO

10. 称取 0.367 5 g $BaCl_2 \cdot 2H_2O$ 试样，将钡沉淀为 $BaSO_4$，需用 0.5 $mol \cdot L^{-1}$ 的 H_2SO_4 溶液多少毫升？

11. Ag_2CrO_4 沉淀在:（1）0.001 0 $AgNO_3$ $mol \cdot L^{-1}$ 溶液中；（2）0.001 0 $mol \cdot L^{-1}$ K_2CrO_4 溶液中，溶解度何者为大？

12. 测定草酸氢钾的含量，用 Ca^{2+} 做沉淀剂，最后灼烧成 CaO 称量，称取试样重 0.517 2 g，最后得 CaO 重 0.226 5 g，计算试样中 $KHC_2O_4 \cdot H_2C_2O_4 \cdot 2H_2O$ 的含量。

13. 样品中含有约 5%的 S，将 S 氧化为 SO_4^{2-}，然后沉淀为 $BaSO_4$，若要求在一台灵敏度为 0.1 mg 的分析天平上称量 $BaSO_4$ 的重量的可疑值不超过 0.1%，必须称取样品多少克？

14. 在含 0.100 0 g Ba^{2+} 的 100 mL 溶液中加入 50 mL 0.010 $mol \cdot L^{-1}$ 的 H_2SO_4 溶液，生成的沉淀用 100 mL 蒸馏水洗涤，试计算:

（1）$BaSO_4$ 的溶解度（$K_{sp}=8.7\times10^{-11}$）；

（2）洗涤损失 $BaSO_4$ 多少毫克？

（3）若用 100 mL 0.010 $mol \cdot L^{-1}$ 的 H_2SO_4 溶液洗涤，损失 $BaSO_4$ 沉淀多少毫克？

15. 称取风干（空气干燥）的石膏试样 1.202 3 g，经烘干后得吸附水分 0.020 8 g，再经灼烧又得结晶水 0.242 4 g，计算分析试样换算成干燥物质时 $CaSO_4 \cdot 2H_2O$ 的百分质量分数。

16. 称取纯 $BaCl_2 \cdot 2H_2O$ 试样 0.367 5 g，溶于水后，加入稀 H_2SO_4 将 Ba^{2+} 沉淀为 $BaSO_4$，如果加入过量 50%的沉淀剂，问需要 0.50 $mol \cdot L^{-1}$ 的 H_2SO_4 溶液多少毫升？

17. 称取过磷酸钙肥料试样 0.489 1 g，经处理后得到 0.113 6 g $Mg_2P_2O_7$，试计算试样中 P_2O_5 和 P 的质量分数。

18. 今有纯 CaO 和 BaO 的混合物 2.212 g，转化为混合硫酸盐后其质量为 5.023 g，计算原混合物中 CaO 和 BaO 的质量分数。

19. 黄铁矿中硫的质量分数约为 36%，用重量法测定硫，欲得 0.50 g 左右的 $BaSO_4$ 沉淀，问应称取质量为多少克？

20. 灼烧过的 $BaSO_4$ 沉淀为 0.501 3 g，其中有少量 BaS，用 H_2SO_4 润湿，过量的 H_2SO_4 蒸气除去，再灼烧后称得沉淀的质量为 0.502 1 g，求 $BaSO_4$ 中 BaS 的质量分数。

【阅读资料】

称量滴定法

在滴定分析中，由于所用玻璃量器的准确度有限，即使是 A 级玻璃仪器，也只有少数几种在正确操作的条件下，其读数误差才能小于 0.1%。因此，在高精度要求的分析工作中，单纯的滴定分析就难以满足需要。采用称量滴定法，则可将操作准确度提高 1 ~ 2 个数量级。

称量滴定法就是用滴定方式进行化学反应，以指示剂变色确定滴定终点，用分析天平称量标准滴定溶液或基准溶液的质量以确定其用量的一种重量分析法。

滴定称量法所用的主要仪器有称量滴定瓶、反应瓶、电磁搅拌器等。装置如图 8-2 所示。

通常是将样品需预先按规定条件烘至质量恒定，称量要适当，精确至 0.000 1 g，置于反应瓶中，加适量水溶解，加入规定的指示剂。

取适量规定的标准滴定溶液，置于干燥的滴定称量瓶中，称量，精确至 0.000 1 g，启动电磁搅拌器，按常规滴定操作要求滴定至指示剂变色，即达终点。再次称量剩余标准滴定溶液，精确至 0.000 1 g，两次称量之差即为所耗标准滴定溶液的质量。以此为依据，即可计算测定结果。

滴定称量法适用于含量为 99.95% ~ 100.05%工作基准试剂（容量）的含量测定。对于通用化学试剂，纯度在 99.5% ~ 99.8%时含量的测定，也完全适用。

对于缺乏合适指示剂或有色溶液、混浊溶液的滴定分析，则采用电位滴定称量法进行分析。如图 8-3 所示。

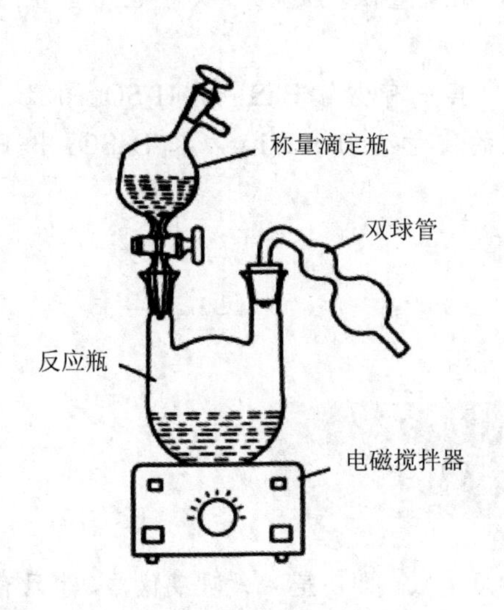

图 8-2 称量滴定装置

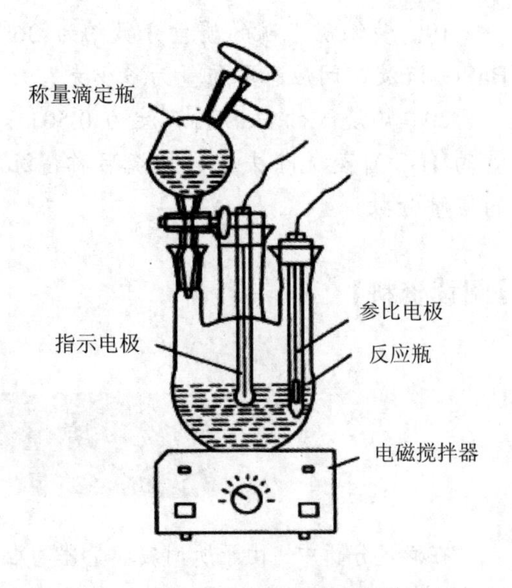

图 8-3 电位称量滴定装置

第九章
吸光光度法

【知识目标】

本章要求熟悉目视比色法和吸光光度法的基本原理；理解吸收曲线、标准曲线的意义；掌握光吸收定律及其应用；掌握吸收曲线、标准曲线的绘制和应用；了解显色反应条件的选择；了解吸光光度法的测量误差和测量条件的选择。

【能力目标】

通过对本章理论知识和实验技能的学习，学生能较熟练地使用分光光度计；能绘制并正确使用工作曲线；能应用吸光光度法的原理对样品进行定性和定量分析；能对实验数据进行正确的分析和处理，准确地表述分析结果。

第一节　概　述

仪器分析法是以测量物质的物理和物理化学性质为基础的分析方法。由于这类方法通常需要使用特殊的仪器，因此称之为仪器分析。根据分析原理的不同，仪器分析法通常分为光学分析法、电化学分析法、色谱分析法及其他分析法。仪器分析法具有取样量少、测定快速、灵敏、准确和自动化程度高的显著特点，常用来测定相对含量低于1%的微量、痕量组分，是分析化学的主要发展方向。本章主要学习光学分析法中的可见吸光光度法。

一、吸光光度法概念

许多物质本身具有明显的颜色，例如高锰酸钾溶液呈紫红色，硫酸铜溶液呈蓝色。有些物质本身无色或是浅色，但遇到某些试剂后，变成了有色物质，如淡黄色的 Fe^{3+} 与 SCN^- 反应生成血红色的配合物，淡绿色的 Fe^{2+} 与邻二氮菲作用生成橙红色的配合物等。物质之所以呈现不同的颜色是由于物质对不同波长的光选择性吸收的结果，而颜色的深浅是由于物质对光的吸收程度不同而引起的。基于物质对光的选择性吸收而建立起来的分析方法称为吸光光度法。对于有色溶液来说，溶液颜色的深浅在一定条件下与溶液中有色物质的含量（溶液的浓度）成正比关系。吸光光度法利用这一关系，通过分光光度计测得溶液中有色物质对光的吸收程度而对物质进行定性、定量分析。

二、吸光光度法分类

（1）比色分析法：通过比较有色物质溶液颜色深浅来测定物质含量的分析方法。比色分析法包括目视比色法和光电比色法。

（2）可见吸光光度法：基于物质对 420～760 nm 可见光区的选择性吸收而建立的分析方法，又称为可见分光光度法，是微量分析的简便而通用的方法。

（3）紫外吸光光度法：基于物质对紫外光选择性吸收来进行分析的方法，又称为紫外吸收光谱法和紫外分光光度法。紫外吸光光度法主要是利用 200～400 nm 的紫外光区的辐射。

（4）红外吸光光度法：利用物质对 0.78～1 000 μm 红外光区电磁辐射的选择性吸收的特性来进行结构分析、定性分析和定量分析的一种分析方法，又称红外吸收光谱法和红外分光光度法。

三、吸光光度法的特点

1. 灵敏度高

吸光光度法适用于测定微量物质，被测组分的最低浓度为 10^{-5}～10^{-7}mol/L，相当含 0.001%～0.000 01%的被测组分。

2. 准确度较高

一般吸光光度法的相对误差为 2%～5%，比色法的相对误差为 5%～20%。对常量组分，其准确度确实不如滴定分析法和重量分析法高，但对微量组分，化学分析法是无法进行的，而吸光光度法则完全能满足要求。

3. 操作简便，测定速度快

吸光光度法的仪器设备简单，操作简便。如果采用灵敏度高、选择性好的显色剂，再采用适宜的掩蔽剂消除干扰，有的样品可不经分离直接测定。完成一个样品的测定一般只需要几分钟到十几分钟，有的甚至更短。

4. 应用范围广泛

几乎所有的无机离子和许多有机化合物均可直接或间接地用吸光光度法测定。吸光光度法已经成为生产、科研、医药卫生、环境监测等部门的一种不可缺少的测试手段。

第二节　吸光光度法的基本原理

一、物质的颜色及对光的选择性吸收

（一）光的特性

实验证明，光是一种电磁辐射或电磁波，是一种不需要任何物质做传播媒介的能量（E），具有波粒二象性，二者的关系可用下式说明：

$$E = h\upsilon = \frac{hc}{\lambda} \tag{9-1}$$

式中，h—— 普朗克常数，6.626×10^{-34} J • s；

c—— 光的传播速度，3×10^{8} m/s；

υ—— 光的频率，Hz；

E—— 光子的能量，eV；

λ—— 光的波长，nm，1 nm=10^{-9} m。

此关系式把光的波粒二象性很好地联系起来，从中我们可以得知光的能量与其波长或频率成反比关系。光的波长越短，能量越高；反之，波长越长，其能量就越低。

习惯上常用波长来表示各种不同的电磁辐射。按照波长大小顺序把电磁波划分成的几个区域叫做光谱区域，由各光谱区域按顺序排成的系列叫做电磁波谱（表 9-1）。

表 9-1　电磁波谱

光谱区域	γ-射线	X-射线	紫外线	可见光	红外线	微波	无线电波
波长范围	10^{-3}～0.1 nm	0.1～10 nm	10～400 nm	400～760 nm	760 nm～10^{-3} m	10^{-3}～1 m	1～1 000 m

（二）单色光与复合光

1. 可见光

人们日常所看到的日光、白炽灯光只是电磁波中的一个很小的波段。人的眼睛能觉察到的那一小部分波段称为可见光，波长为 400～760 nm。在可见光谱区内不同波长的光有着不同的颜色，从波长较短的紫色光到波长较长的红色光。但各种有色光之间并没有严格的界限，而是由一种颜色逐渐过渡为另一种颜色，各种色光的近似波长范围如表 9-2 所示。

表 9-2 各种色光的近似波长范围 单位：nm

光的颜色	红色	橙色	黄色	绿色	青色	蓝色	紫色
波长范围	760～610	610～595	595～560	560～500	500～480	480～435	435～400

2. 复合光

由不同波长的光混合而成的光称为复合光。实验证明，日光、白炽灯光等可见光都是复合光。如果让一束白光通过棱镜，便可分解为红、橙、黄、绿、青、蓝、紫七种颜色，这种现象称为光的色散。

3. 单色光

只具一种颜色的光即单一波长的光称为单色光。分光光度计则是依靠单色光器中的棱镜或光栅（色散元件）把复合光色散成所需要的单色光。

4. 互补色光

实验还证明，将两种适当颜色的单色光按一定强度比例混合可成为白光。这两种单色光称为互补色光。图 9-1 中直线相连的两种色光都为互补色光。

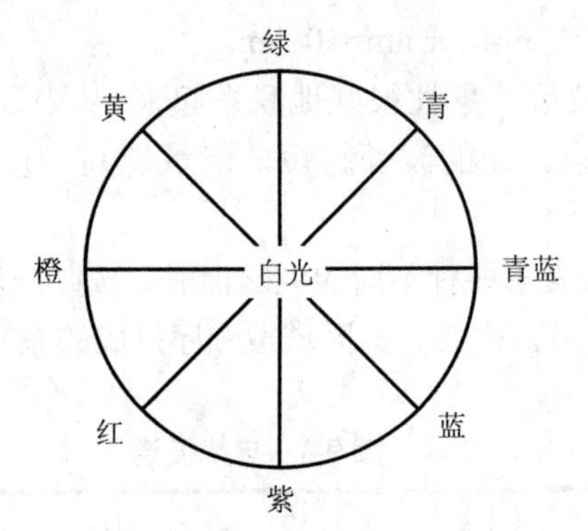

图 9-1 光的互补色

（三）溶液的颜色

在漆黑的夜晚，我们看不到任何物质的颜色，只有在白天我们才能欣赏到多彩的世界。物质呈现何种颜色跟光源有关，也跟该物质的结构（本性）有关。物质的结构（本性）不同，物质对光的性质就会不同，物质的颜色也就不一样。

1. 有色溶液

当光束照射到物体上时，如果物质对各种波长的光完全吸收，则呈现黑色；如果物质对各种波长的光均匀吸收，则呈现灰色；如果完全反射，则呈现白色；如果选择性地吸收某些波长的光，那么该物质的颜色就由它所反射或透过光的颜色来决定，也就是由物质选择吸收的那种色光的补色光来决定。物质的颜色实质上是被吸收的光的补色。

当一束白光通过某种溶液时，如果它选择性地吸收了白光中某种色光，那么溶液呈现的是它吸收光的补色光（透过光）的颜色。例如，硫酸铜溶液因吸收了白光中的黄色光而呈现蓝色，高锰酸钾溶液因吸收了白光中的绿色光而呈现紫色。

2. 无色溶液

当光束照射到物体上时，如果物质对各种波长的光既不吸收也不反射，则呈现无色（透明）。当一束白光通过某种溶液时，如果它对白光中的任何颜色的光都没有吸收和反射，则溶液呈现无色（透明），为无色溶液。

（四）光的吸收曲线

物质对不同波长的光之所以选择性吸收，其原因就在于物质本身的分子以及组成分子的原子都处在一定能级的运动状态。物质的结构不同，它们所处的能级运动状态就不一样，发生能级运动（跃迁）所需要的能量就不同。物质只有吸收了特定频率的光能后，才会发生能级的跃迁，产生吸收光谱。吸收光谱又称吸收光谱曲线。

将不同波长的单色光依次通过一定浓度的溶液，测量每一波长下溶液对各种单色光的吸收程度（吸光度 A），然后以波长（λ）为横坐标，以吸光度（A）为纵坐标作图，即得一吸收光谱曲线。曲线显示了物质对不同波长的光的吸收情况。吸收曲线上，一般都有一些特征值。曲线上吸收最大的地方叫做吸收峰，它对应的波长称为最大吸收波长（λ_{max}）。

1. 不同波长的光通过某一固定浓度的溶液的吸收曲线

将不同波长的光通过某一固定浓度的溶液时，可出现几个吸收峰。如图 9-2 所示。

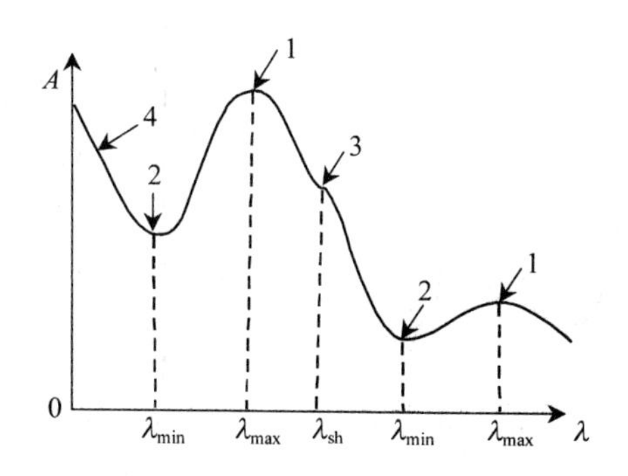

1—吸收峰；2—谷；3—肩峰；4—末端吸收

图 9-2 吸收光谱

2．不同浓度的同种物质的溶液吸收曲线

在正常情况下，选用同一种物质的几种不同浓度的溶液所测得的吸收光谱曲线的图形是完全相似的，λ_{max} 值也是固定不变的。图 9-3 是四种不同浓度的 $KMnO_4$ 溶液的四条吸收曲线，这四条吸收曲线的形状完全相似，λ_{max} 值相同，这说明物质对不同波长的光吸收的程度是不一样的（选择性吸收），这个特性只与溶液中物质的结构有关，而与溶液的浓度无关。

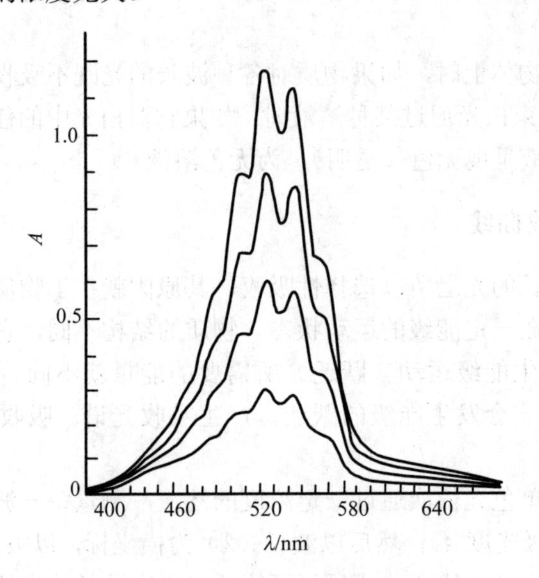

图 9-3　$KMnO_4$ 溶液吸收光谱曲线

3．不同物质的吸收曲线

如图 9-4 所示，不同物质所得到的吸收曲线各不相同。图中纵坐标 lg*k* 为吸光系数，它和吸光度 *A* 成正比。

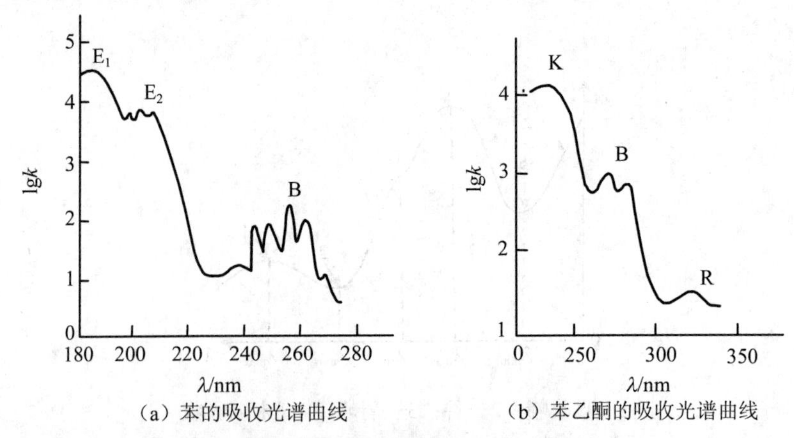

（a）苯的吸收光谱曲线　（b）苯乙酮的吸收光谱曲线

图 9-4　不同物质的吸收光谱曲线

在吸光光度法中，将吸收光谱曲线作为定性分析的依据。同一物质，由于浓度不同，吸收峰（吸光度 A）的高度也不同，即浓度越大，吸收峰（吸光度 A）就越高。在吸光光度法中，利用吸收峰（吸光度 A）的高度与溶液浓度的正比关系进行定量分析。

二、光吸收基本定律——朗伯-比尔定律

（一）朗伯-比尔定律

光的吸收基本定律，即朗伯-比尔定律（Lambert-Beer's law）是比色法和吸光光度法的基本定律，是吸收光谱分析法的定量依据。

物质对光的吸收程度，即吸光度，用符号 A 表示。吸光度 A 又可称消光度 E 或光密度 D。

朗伯定律 朗伯（S.H.Lambert）在 1760 年研究了有色溶液的液层厚度与吸光度之间的关系。结论是：当一束平行的单色光通过浓度一定的溶液时，在入射光的波长、强度及溶液的温度等条件不变的情况下，溶液对光的吸收程度与溶液的液层厚度（L）成正比。其数学表达式为：

$$A=K_1 L \qquad (9\text{-}2)$$

比尔定律 比尔（Beer）在朗伯定律的基础上，于 1852 年研究了有色溶液的浓度与吸光度的关系。结论是：当一束平行的单色光通过液层厚度一定的溶液时，在入射光的波长、强度及溶液的温度等条件不变的情况下，溶液对光的吸收程度与溶液的浓度（c）成正比。其数学表达式为：

$$A=K_2 c \qquad (9\text{-}3)$$

朗伯-比尔定律 如果同时考虑溶液的浓度和液层的厚度对光的吸收的影响，当一束平行的单色光通过均匀、无散射现象的溶液时，一部分光被吸收，透过光强就要减弱。假设入射光强为 I_0，透过光强为 I_t，有色溶液浓度为 c，液层厚度为 L，如图 9-5 所示。实验证明，有色溶液对光的吸收程度，与该溶液的浓度、液层厚度及入射光的强度有关。如果保持入射光强度、溶液温度等条件不变的情况下，溶液对光的吸收程度与溶液的浓度和液层的厚度的乘积成正比。这就是朗伯-比尔定律。

朗伯-比尔定律的数学表达式可表示为：

$$A=\lg\frac{I_0}{I_t}=KcL \qquad (9\text{-}4)$$

式中，A —— 吸光度；

I_0 —— 入射光强度；

I_t—— 透过光强度；

c—— 有色溶液浓度，mg/L 或 mol/L；

L—— 液层厚度，cm；

K—— 吸光系数，L/(mg・cm)或 L/(mol・cm)。

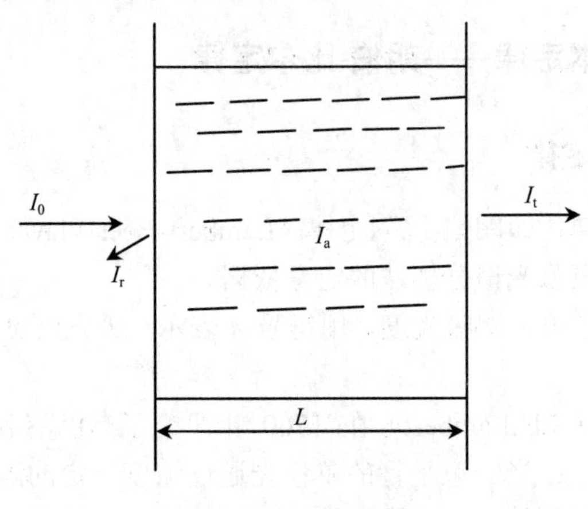

图 9-5 光通过溶液

（二）吸光系数

1. 吸光系数

当浓度 c 为质量浓度，单位以 mg/L 表示，液层厚度 L 的单位以 cm 表示时，朗伯-比尔定律中的比例常数则称吸光系数，用 K 表示。其意义是：浓度为 1 mg/L 的溶液，液层厚度为 1 cm 时在一定波长下测得的吸光度值，其单位是 L/(mg・cm)。

2. 摩尔吸光系数

当浓度 c 为物质的量浓度，单位以 mol/L 表示，液层厚度 L 的单位以 cm 表示时，朗伯-比尔定律中的比例常数 K 就是摩尔吸光系数，用ε表示。这时朗伯-比尔定律的表达式为：

$$A=\varepsilon cL$$

ε的意义是：浓度为 1 mol/L 的溶液，液层厚度为 1 cm 时在一定波长下测得的吸光度值，其单位是 L/(mol・cm)。

【例 9-1】 已知含 Fe^{3+}为 500 μg/L 的溶液用 KSCN 显色，在波长 480 nm 处用 2 cm 吸收池测得 A=0.197，计算摩尔吸光系数ε。

解：
$$c_{Fe^{3+}}=\frac{\rho_{Fe^{3+}}}{M_{Fe^{3+}}}=\frac{500\times10^{-6}}{55.85}=8.95\times10^{-6}\ \text{mol/L}$$

$$\varepsilon = \frac{A}{cL} = \frac{0.197}{8.95 \times 10^{-6} \times 2} = 1.1 \times 10^{4}\ \mathrm{L/(mol \cdot cm)}$$

答：摩尔吸光系数ε为 1.1×10^{4} L/(mol · cm)。

摩尔吸光系数在一定条件下是一常数，它与入射光的波长、吸光物质的性质、溶剂、温度及仪器的质量等因素有关。它表示物质对某一特定波长的光的吸收能力。它的数值越大，表明有色溶液对光越容易吸收，测定的灵敏度就越高。一般ε值在 10^{3} 以上，即可进行吸光光度测定。因此，吸光系数是定性和定量的重要依据。

实践证明，朗伯-比尔定律不仅适用于有色溶液，也适用于无色溶液及气体和固体的非散射均匀体系；不仅适用于可见光区的单色光，也适用于紫外和红外光区的单色光。但是，朗伯-比尔定律仅适用于单色光和一定范围的低浓度溶液。溶液浓度过大时，透光的性质发生变化，从而使溶液对光的吸光度与溶液浓度不成正比关系。波长较宽的混合光影响光的互补吸收，也会给测定带来误差。

（三）透光度与百分透光率

当入射光 I_0 一定时，溶液对光的吸收强度越大，则溶液透过光的强度 I_t 就越小，反之亦然。

如果用 $\frac{I_\mathrm{t}}{I_0}$ 的比值来表示光线透过溶液的强度，便得到透光率（或透光度），用符号 T 表示。

透光率（透光度）的数值常用百分数表示，即称为百分透光率 T，即：

$$T = \frac{I_\mathrm{t}}{I_0} \times 100\% \qquad (9\text{-}5)$$

透光率 T 的倒数 $\frac{1}{T}$ 反映了物质对光的吸收程度，即吸光度 A。实际应用时，则取它的对数为 $\lg\frac{1}{T}$ 作为吸光度 A。

$$A = \lg\frac{1}{T} = \lg\frac{I_0}{I_\mathrm{t}} \text{ 或 } A = -\lg T \qquad (9\text{-}6)$$

光线透过溶液的强度即透光率 T 和吸光度 A 可以通过专门的仪器检测。

【例 9-2】 有一浓度为 $2.5 \times 10^{-4}\ \mathrm{mol \cdot L^{-1}}$ 的 $KMnO_4$ 溶液在波长 525 nm 处的摩尔吸光系数ε为 3 200 L/(mol · cm)，当吸收池厚度为 1 cm 时，计算其吸光度和透光率。

解：$A = \varepsilon \times c \times L = 3\,200 \times 2.5 \times 10^{-4} \times 1 = 0.800$

$A = -\lg T$，即 $0.800 = -\lg T$，$T = 15.8\%$

答：吸光度为 0.800，透光率为 15.8%。

【例 9-3】有一浓度一定的溶液，用 1 cm 的吸收池进行测定时，其透光率为 60%，若改用 2 cm 的吸收池进行测定，求其吸光度和透光率。

解：用 1 cm 的吸收池进行测定时，则 $A = -\lg T = -\lg 0.60 = 0.222$

改用 2 cm 的吸收池进行测定，则 $A'=2A=2\times 0.222=0.444$

$A' = -\lg T'$，即 $0.444 = -\lg T'$

$T'=36.0\%$

答：吸光度为 0.444，透光率为 36.0%。

第三节 比色法与分光光度法

比色法就是比较有色物质溶液颜色深浅来测定物质含量的分析方法，比色法包括目视比色法和光电比色法。本节仅介绍目视比色法。

一、目视比色法

（一）定义

用人的眼睛观察和比较样品溶液与标准品溶液的颜色深浅来确定被测物质含量的方法，称目视比色法。目视比色法定量的依据是光的吸收定律。当相同强度的入射光透过组成相同的有色溶液时，如果溶液的液层厚度相等，溶液颜色也相同（即吸光度相同）时，则溶液的浓度相等。即：

$$A_{样}=c_{样}L_{样}，A_{标}=c_{标}L_{标}$$

若 $A_{样}=A_{标}$，则 $c_{样}L_{样}=c_{标}L_{标}$

当 $L_{样}=L_{标}$时，则 $c_{样}=c_{标}$

（二）操作步骤

目视比色法常用的是标准系列法。标准系列法是在溶液的液层厚度相同的情况下，直接比较溶液颜色深浅的比色分析法。

标准系列法是在纳氏比色管中进行的。纳氏比色管是一套由同种玻璃制成的大小、形状完全相同的具有塞子的平底玻璃管，容积有 10 mL、20 mL、50 mL 和 100 mL 等多种规格，管上刻有标线。比色管放在下面装有反光镜的比色架上进行比色。

标准系列法操作步骤如下：

（1）配制标准系列（标准色阶）。首先配制一标准溶液，然后将标准溶液体积按由少到多的顺序依次加入到同一系列的比色管中（5～10 个），加入等量的显色剂，然后用水稀释至相同的体积，摇匀，即成一标准系列（一系列颜色由浅到深的标准色阶）。图 9-6 为比色管和比色架。

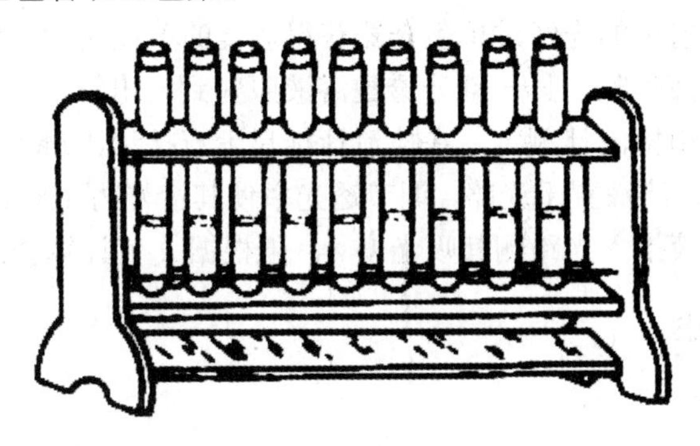

图 9-6　比色管和比色架

（2）样品比色液的配制。另取一定量样品溶液，用同样处理方法制成样品比色液（其颜色深度应在标准色阶范围之内）。

（3）比色。将样品比色液与标准系列进行比较。若样品比色液的颜色与标准系列中某一溶液颜色相同，则说明两者浓度相等；若样品比色液的颜色介于两标准比色液之间，则取它们浓度的算术平均值作为样品比色液的浓度。

（4）结果计算。由样品比色液的浓度，再根据配制时的稀释倍数求出原样品溶液的浓度。

$$c_{\text{样}}=\text{与样品比色液等色度的标准管的浓度}\times\text{稀释倍数}$$

在自然光下进行比色，用眼睛从比色管下面的平面镜中观察各比色管中溶液颜色的深浅，也可以从比色管侧面或管口向下观察，比较溶液颜色深浅。

标准系列法的优点是仪器简单、操作方便、快速，适用于测定低浓度的溶液，应用较广。主要缺点是标准色阶不易保存、方法粗糙、主观误差较大而影响分析结果的准确度。

二、分光光度法

分光光度法是运用棱镜或光栅做分光器（单色光器），用光电管和检流计测量溶液透射光的强度，并直接表示出透光率和吸光度，从而求得被测液浓度或含量的方法。

分光光度法用棱镜或光栅做分光器（单色光器）所获得的单色光（实际上不是单色光）约在 5 nm 以下，因此灵敏度、选择性和准确性都比较高；其次，此方法的使用范围较广，不仅可以测定可见光区的有色物质，还可以测定在紫外光区和红外光区有吸收的无色物质。

（一）测定原理

测定时从光源射出的光经过单色光器获得适宜的单色光，然后照射到比色皿上，入射光一部分被溶液吸收，另一部分透过溶液照射到光电管（光电池）上产生光电流，光电流的大小用检流计测定，在检流计标尺上直接读出透光率或吸光度。在实际测定时，先将空白溶液置于光路，调节透光率使其恰好为100%，然后分别将标准比色液和样品比色液推入光路测其吸光度 A，再根据 A 值计算样品的含量。

（二）测定方法

1. 定性方法

利用吸光光度法对物质进行定性鉴别，主要是根据物质的吸收光谱特征，即根据物质的吸收光谱的形状、吸收峰的位置、数目以及相应的吸收系数进行定性分析。其中λ_{max}和ε_{max}是定性鉴别的主要参数。在具体工作中，通过测定样品所得的特征性常数值与标准品的特征性常数值进行严格的对照，根据二者的一致性，可做初步的鉴别。结构完全相同的物质吸收光谱应完全相同，但吸收光谱完全相同的物质却不一定是同一物质。因为有机分子的主要官能团相同的两种物质可产生相类似的吸收光谱，所以必须再进一步比较吸收系数才能得出较为肯定的结论。

2. 定量方法

朗伯-比尔定律是比色法和吸光光度法定量分析的理论依据。对于单组分的含量测定，通常有以下几种定量方法。

（1）比较法

比较法又叫对照法或对比法。在同样条件下配制标准溶液和样品溶液，在最大吸收波长处分别测定标准溶液和样品溶液的吸光度 $A_{样}$及 $A_{标}$，根据朗伯-比尔定律：

$$A_{样}=K_{样}c_{样}L_{样}$$

$$A_{标}=K_{标}c_{标}L_{标}$$

因为是同种物质，又是在同一波长下，用的是同一厚度的比色皿，在同一仪器上进行的测定，所以吸收系数 K 相同，液层厚度 L 也相同。则：

$$\frac{A_{样}}{A_{标}}=\frac{c_{样}}{c_{标}} \quad 即：c_{样}=\frac{c_{标}\times A_{样}}{A_{标}} \qquad (9\text{-}7)$$

根据样品的体积和稀释倍数，即可求得样品中组分的含量。

当测定不纯样品中某组分含量时，常常采用配制相同浓度的样品溶液与标准品溶液，在最大吸收波长处分别测定它们的吸光度，用公式：$\omega=\frac{A_{样}}{A_{标}}\times 100\%$ 即可直接计算其含量。

【例 9-4】 准确称取不纯的高锰酸钾样品与基准高锰酸钾（标准品）各 0.100 0 g 溶于水，分别转移到 500 mL 容量瓶中，加蒸馏水稀释到刻度线，摇匀。再分别移取 10.00 mL 加水稀释到 50.00 mL，在 525 nm 处各测得吸光度分别为 0.310 和 0.325，求样品中高锰酸钾的质量分数。

解：$\omega_{KMnO_4}=\dfrac{A_{样}}{A_{标}}\times100\%=\dfrac{0.310}{0.325}\times100\%=95.38\%$

答：样品中高锰酸钾的质量分数为 95.38%。

（2）工作曲线法

工作曲线法又称标准曲线法。即先取与被测物质含有相同组分的标准品，配制成一系列不同浓度的标准溶液，在被测组分的最大吸收波长处，测定标准系列溶液的吸光度，然后以浓度为横坐标，相应的吸光度为纵坐标绘制 A-c 曲线，如图 9-7 所示。随后在完全相同的条件下测定样品溶液的吸光度 A_x，就可以从工作曲线上查出与此吸光度相对应的样品溶液的浓度 $c(x)$。如果要求精确测定时，可用回归直线方程直接计算样品溶液的浓度。最后，根据配制时的稀释倍数求出原样品溶液的浓度。

从理论上说，当溶液对光的吸收服从朗伯-比尔定律时，所绘制的 A-c 曲线是一条过原点的直线。但在实际测定中，常常出现工作曲线在高浓度端发生弯曲的现象，如图 9-8 所示，即溶液偏离了朗伯-比尔定律，其主要原因是单色光不纯，溶液的浓度过高和吸光物质性质不稳定。

工作曲线法适用于常规分析。此法在大量样品分析时显得尤其方便。在测定条件固定的情况下，工作曲线可以反复使用。但是，一旦条件有所改变，如仪器搬动，试剂重新配制，测定时温度改变较大，工作曲线就必须进行校正或重新绘制。

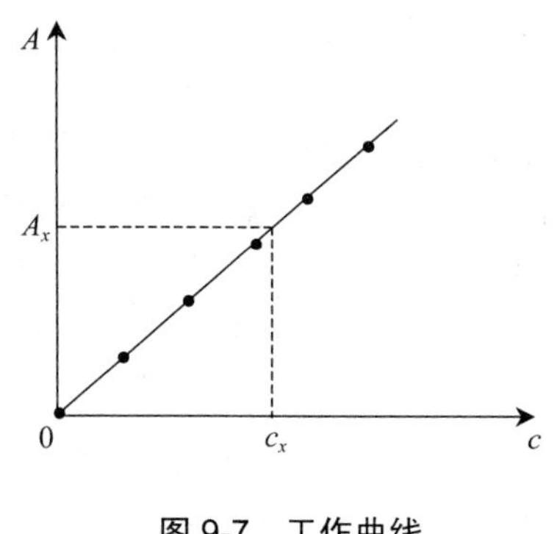

图 9-7　工作曲线

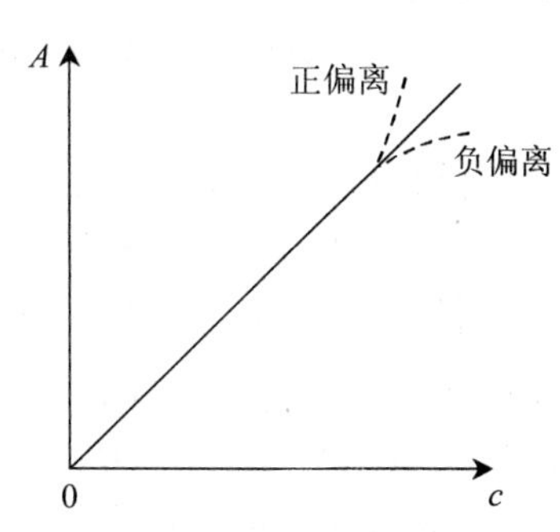

图 9-8　工作曲线弯曲现象

（三）测定仪器——分光光度计

若只有可见光源，只能测定有色溶液的仪器，则称为可见分光光度计。在紫外及可见光区用于测定溶液吸光度的分析仪器称为紫外-可见分光光度计。

1. 仪器类型及特点

目前国内外常用的紫外-可见分光光度计主要有三种类型，单光束型、双光束型和双波长型。

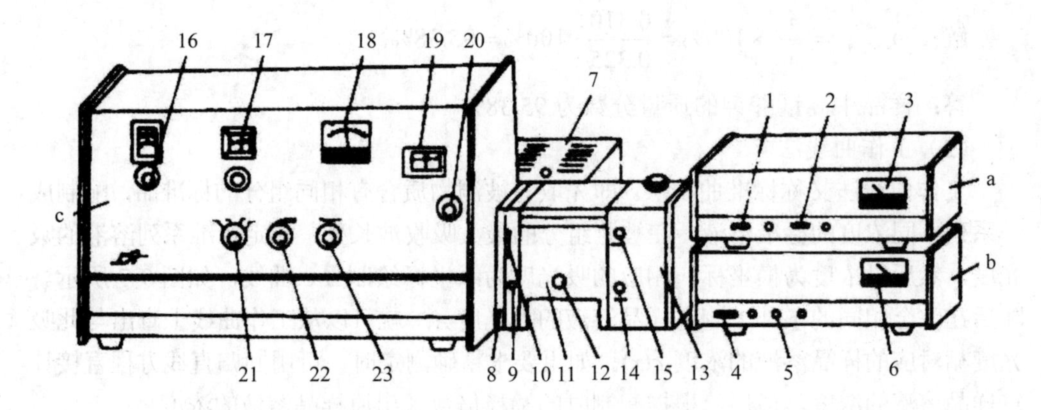

（a）钨灯放大器稳压电源　（b）氢灯电源稳压器　（c）751主机

1—放大器按键开关；2—钨灯按键开关；3—电压表（10 V）读数盘；

4—氢灯按键开关；5—氢灯高压启动键；6—电流表（500 mA）读数盘；

7—光源灯室；8—放射镜室；9—入射光角度调节螺丝；10—滤光片推拉杆；11—吸收池室；

12—吸收池推拉杆；13—光电管室；14—光电管推拉杆；15—光门推拉杆（暗电流闸门）；

16—波长选择钮及分度盘；17—A与T读数盘；18—指零电表；19—狭缝宽度读数盘；

20—狭缝宽度调节旋钮；21—功能选择钮；22—灵敏度钮；23—暗电流调节器

图9-9　751G型分光光度计的外形与主要部件

（1）单光束分光光度计。它的特点是结构简单，价格较便宜，主要适用于做定量分析。其缺点是测定结果受光源强度波动的影响较大，往往给定量分析带来较大的误差。常用的单光束可见分光光度计有国产的72G型、721型、721B型、722S型等。常用的单光束紫外-可见分光光度计有国产的751型、751G型（图9-9）、752型、752C型、756MC型，日本岛津的QV-50型等。

（2）双光束分光光度计。它的两束光几乎同时通过参比溶液和样品溶液，因此可以消除光源强度的变化以及检测系统波动的影响，测量准确度高。双光束型仪器一般都采用自动记录仪直接扫描出组分的吸收光谱，操作方便，但仪器结构复杂，价格昂贵。常用的双光束紫外-可见分光光度计有国产的710型、730型、760MC型、760CRT型，日本岛津的UV-210型等。

（3）双波长分光光度计。它的特点是不需要参比溶液，只用一个待测溶液，因此完全消除了背景吸收的干扰（包括样品溶液与参比溶液组成的不同及吸收池厚度差异的影响），提高了测定的准确度，但仪器价格昂贵。常用的双波长紫外-可见分光光度计有国产的 WFZ800S 型，日本岛津的 UV-300 型、UV-365 型等。

2. 仪器主要部件及原理

无论哪一种类型的分光光度计，其基本构造都是类似的。通常由光源、单色光器、吸收池、光敏检测器和讯号处理及显示（读数）装置所组成，如下所示：

光源→单色器→吸收池→检测器→讯号处理及显示器

（1）光源

光源的作用是发射一定强度的光。对光源的要求是能够在广泛的光谱区内发射出足够强度的连续光谱，稳定性好，使用寿命长。

可见光区的光源一般用钨灯，其发射光谱的波长在 320～1 000 nm，使用波长 360～1 000 nm，特点是强度高、稳定性好、使用寿命长。紫外光区的光源一般用氢灯或氘灯，发射波长在 150～400 nm，使用波长 200～360 nm。

（2）单色光器

单色光器的作用是从光源发出的连续光谱中分离出所需要的单色光，它是分光光度计的关键部件。对单色光器的要求是色散率高、分辨率高及集光本领强。

常用的色散元件有棱镜和衍射光栅。棱镜是利用不同波长的光在棱镜内折射率的不同，将复合光色散为单色光。衍射光栅（简称光栅）是利用光学中的单缝衍射和双缝干涉的现象进行色散的。

（3）吸收池

吸收池（也称比色皿或比色杯）的作用是盛放溶液。对吸收池的要求是透光面（光学面）应有良好的透光性、表面光洁、结构牢固，耐酸、碱、氧化剂和还原剂。同一规格的吸收池，其透光误差应小于 0.5%。

吸收池的材料有玻璃和石英两种。玻璃吸收池用于可见光区的测定，紫外光区的测定必须使用石英吸收池，因为普通玻璃能吸收紫外光，石英吸收池也可用于可见光区。吸收池的厚度有 0.5 cm、1 cm、2 cm、3 cm 等不同规格。

（4）光敏检测器

光敏检测器的作用是将接收的光辐射信号转换为相应的电信号，以便于测量。对光敏检测器的要求是灵敏度高、响应快、响应线性范围宽，对不同波长的光应有相同的响应可靠性，噪声低，稳定性好，输出放大倍率高。

常用的光敏检测器有光电池、光电管和光电倍增管。

（5）讯号处理及显示（读数）装置

显示装置或读数装置的作用是检测光电流的大小，并将有关分析数据显示或记录下来。

一些简易的可见分光光度计常用灵敏检流计或微安表作为指示仪表，中高档分光光度计多采用数字显示器作为读数装置，并利用记录仪或由电脑控制的绘图打印机，记录吸收光谱曲线，打印数据。

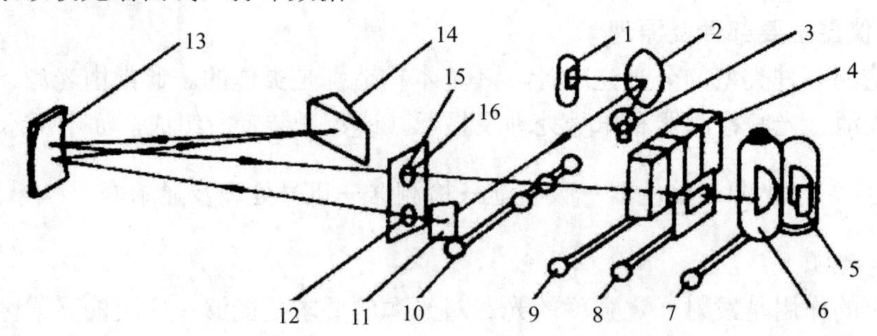

1—氢弧灯；2—凹面聚光镜；3—钨丝灯；4—吸收池；5—紫敏光电管；6—红敏光电管；7—光电管调动架推杆；8—暗电流控制闸门拉杆；9—比色皿架拉杆；10—滤光片架拉杆；11—平面反光镜；12—入射狭缝及石英窗；13—球面准直镜；14—石英棱镜；15—出射狭缝；16—石英透镜

图 9-10 751G 型分光光度计光学线路

第四节 显色反应及影响因素

在吸光光度法中，许多不吸收可见光的无色物质可以用显色反应变成有色物质，使之能进行比色测定，并且能提高测定的灵敏度和选择性。

一、对显色反应的要求

（1）选择性好，干扰少，或干扰易消除。

（2）灵敏度要高，要求生成有色化合物的摩尔吸光系数要足够大（$\varepsilon=10^3\sim10^5$）。

（3）生成的有色化合物的组成恒定，符合一定的化学式。

（4）生成的有色化合物必须有足够的稳定性，以保证测得的吸光度有一定的重现性。

（5）生成的有色化合物与显色剂之间的颜色须有明显的差别，要求最大吸收波长之差大于 60 nm。

二、影响显色反应的因素

（1）显色剂的用量。为使显色反应尽量完全，一般加入适当过量的显色剂，并保持其在标准溶液和样品溶液中的浓度一致。

（2）溶液的酸度。许多有色物质的颜色随着溶液的酸度而改变，同时显色反应的历程也大多对溶液的酸度有一定的要求。因此，可采用缓冲溶液控制溶液的酸度。

（3）显色时间。显色反应的速度不同，有的瞬间即可完成，且颜色能保持较长时间稳定不变；有的只能维持短暂的稳定时间，放置稍久就会分解褪色。因此，要严格控制显色过程和测定前放置的时间，至于每个显色反应所需的时间和颜色能稳定地保持多久，须通过实验来确定。

（4）温度。大多数显色反应在常温下进行，有些显色反应必须加热才能完成。升高温度可加快反应速度，但也可能产生副反应，所以，应根据具体的反应选择适当的温度。

（5）干扰离子的分离或掩蔽。如果在样品中含有性质相似的其他组分，它们或是本身具有颜色，或是与显色剂反应生成有色物质干扰测定，那就必须设法将这些离子分离或掩蔽。

三、显色剂

显色剂有无机显色剂和有机显色剂两类。

（1）无机显色剂。无机显色剂与金属离子形成的化合物不够稳定，灵敏度和选择性也不高，目前应用不多。现仍用的主要有硫氰酸盐、钼酸铵及过氧化氢等。

（2）有机显色剂。有机显色剂是近年来发展迅速的显色剂，最常用的是有机配位剂。主要是和金属离子形成极其稳定的螯合物，显色反应的选择性和灵敏度都较无机显色反应高。正是由于有机显色剂的研制和应用，推动了吸光光度分析法的应用和发展。有机显色剂的类型、品种都非常多，常用的比如偶氮类（—N═N—）显色剂，如偶氮胂、4-(2-吡啶偶氮)-间苯二酚等；三苯甲烷类显色剂，如铬天菁 S、二甲酚橙、罗丹明 B 等。

第五节　吸光光度法误差及条件的选择

一、误差的来源

（1）溶液偏离朗伯-比尔定律引起的误差。溶液偏离朗伯-比尔定律时，*A*-*c* 工作曲线常出现弯头，如图 9-8 所示，产生这种现象的原因有以下几方面。

① 溶液中吸光物性质不稳：在测定过程中，被测物质逐渐发生离解、缔合，使被测物质组成改变，因而产生误差。

② 溶液的浓度过大：朗伯-比尔定律只适用于一定范围的低浓度溶液，当溶液的浓度超出一定的范围时，溶液对光的吸收就不符合朗伯-比尔定律，产生偏离。

③ 单色光纯度低：朗伯-比尔定律只适用于较纯的单色光，而纯粹的单色光是不容易得到的，分光光度计通过单色光器获得狭小光带作为单色光光源，被测物质对光带中各波长光的吸光度不同，引起溶液对朗伯-比尔定律的偏离，使工作曲线上部发生弯曲，产生误差。

（2）仪器误差。由于仪器不够精密，如读数盘标尺刻度不够准确、吸收池的厚度不完全相同以及壁的厚薄不均匀等；光源不稳定、光电管灵敏性差、通过单色光器的光波带不够狭窄、杂散光的影响等，都会引入误差。

（3）操作者主观因素引起的误差。由于使用仪器不够熟练或操作不当；样品溶液与标准溶液的处理没有按相同的条件和步骤进行，如溶液的稀释、显色剂的用量、放置时间、反应温度等；样品溶液和标准系列溶液在准备过程中，没有充分摇匀，显色不充分；操作者操作马虎，吸收池没有清洗或吸收池光学面不干净或吸收池没有用待测定溶液荡洗就装待测定的溶液；读取吸光度或透光率的刻度不够准确等，都属于主观误差。

二、操作条件的选择

（1）测定波长的选择。为了使测定结果有较高的灵敏度和准确度，应根据吸收光谱曲线选择最大吸收波长（λ_{max}）作为入射光，这称为“最大吸收原则”。选用λ_{max}的光进行分析，不仅灵敏度较高，而且测定时偏离朗伯-比尔定律的程度较小，准确度也较好。

（2）选择适当的吸光度读数范围。为了使测定结果得到较高的准确度，一般应控制标准溶液和样品溶液的吸光度在 0.20～0.67。在此范围内，仪器的测量误差较小。通常在测定过程中，可以通过控制溶液的浓度（改变称样量或改变溶液的稀释倍数等）或选择不同厚度的吸收池。

（3）参比溶液的选择。参比溶液也叫空白溶液。参比溶液的作用，一是调节仪器读数标尺满标度，即校正仪器读数装置 A=0 或 T=100%，以作为测量的相对标准；二是用来抵消测定过程中某些因素的干扰，以减小测量误差。

常用的参比溶液有溶剂参比、试剂参比和样品参比三种。溶剂参比是以纯溶剂如蒸馏水作为参比，可消除溶剂干扰；试剂参比是不加待测组分，加入同样的试剂和溶剂作为参比溶液，是最常用的一种参比溶液，可消除试剂干扰；样品参比是以不加显色剂的试样溶液作为参比溶液，可消除样品干扰。

第六节　吸光光度法应用示例

吸光光度法主要用于微量组分的含量测定。用于测定各元素或化合物所需的试剂和测定波长，可在《分析化学手册》中查到。本节仅介绍两个应用示例。

一、微量铁的测定

化工产品、食品、饮用水和工业污水等试样都有微量的铁，可用吸光光度法加以测定。测定微量铁的方法有多种，目前广泛应用测微量铁的方法是邻二氮菲法，此方法选择性较高。邻二氮菲是测定微量铁的一种较好的显色剂，它又称为邻菲罗啉，与 Fe^{2+}在 pH 为 2.0～9.0 溶液中形成橙红色配合物，其溶液在 510 nm 有最大吸收峰，这种配合物的$\varepsilon = 1.1\times10^4$ L/(mol · cm)，在还原剂存在下，颜色可保持几个月不变。

二、微量磷的测定

测定微量磷的方法较多，磷钼蓝法是较常用的一种，测定原理是在酸性条件下，让样品中微量的磷转变成磷酸，磷酸与钼酸铵试剂作用生成磷钼杂多酸，磷钼杂多酸再和还原剂（$SnCl_2$-甘油）作用生成磷钼杂多蓝（钼蓝），钼蓝使溶液呈蓝色，蓝色的深浅与磷的含量成正比，在λ_{max}=690 nm 处用吸光光度法测定。

复习与思考题

1. 什么是比色法与吸光光度法？它们的主要特点是什么？
2. 何谓目视比色法？目视比色法所用的仪器有哪些？
3. 什么是互补色光？决定溶液颜色的主要因素是什么？
4. 什么是吸收光谱曲线？决定吸收光谱曲线形状的主要因素是什么？
5. 简述朗伯-比尔定律及其应用条件。
6. 写出分光光度计的基本构造。
7. 分光光度计对光源有什么要求？常用光源有哪些？它们使用的波长范围各是多少？
8. 在使用吸收池时，应如何保护吸收池光学面？
9. 什么是工作曲线？工作曲线出现弯曲的主要原因是什么？
10. 试讨论吸光光度法中工作曲线有时不能通过原点的原因。
11. 解释下列名词，并说明它们之间的数学关系。

透光率和吸光度；吸光系数和摩尔吸光系数

12. 将下列透光率换算成吸光度。

（1）5.0%　　（2）10.0%　　（3）60.0%　　（4）80.0%

13. 将下列吸光度换算成透光率。

（1）0.050　　（2）0.150　　（3）0.375　　（4）0.680

14. 已知一化合物在其最大吸收波长处的摩尔吸光系数ε=1.1×10^4 L/(mol · cm)，

现在用 1 cm 的吸收池测得该物质的吸光度为 0.785，计算溶液的浓度。

15. 将 0.1 mg 的 Fe^{3+} 在酸性溶液中用 KSCN 显色后稀释至 500 mL，盛于 1 cm 的吸收池中，在波长为 480 nm 处测得吸光度为 0.240。计算吸光系数和摩尔吸光系数。

16. 某试液用 2.0 cm 的吸收池测定时 T=60%。若用 1.0 cm 和 3.0 cm 的吸收池测定，则其透光率和吸光度分别为多少？

17. K_2CrO_4 的碱性溶液在 372 nm 有最大吸收。已知浓度为 3.00×10^{-5} mol・L^{-1} 的碱性溶液，用 1 cm 的吸收池，在 372 nm 波长处测得的透光率为 71.6%。求：

（1）该溶液的吸光度；

（2）K_2CrO_4 溶液的摩尔吸光系数和吸光系数；

（3）当吸收池改用 3 cm 时，该溶液的吸光度和透光率分别为多少？

18. 在 257 nm 波长处用 1.0 cm 的吸收池测得不同浓度的 $K_2Cr_2O_7$ 标准溶液的吸光度如下：

质量浓度/(mg/L)	吸光度 A	质量浓度/(mg/L)	吸光度 A
10	0.142	60	0.840
20	0.284	80	1.105
40	0.565	100	1.370

（1）利用上述数据绘制 A-c 曲线。

（2）若测得某 $K_2Cr_2O_7$ 试液的吸光度为 0.729，则试液的质量浓度为多少？

19. 有一标准的 Fe^{3+} 离子溶液，浓度为 6.0 μg・mL^{-1}，其吸光度为 0.310，而样品溶液在同一条件下测得的吸光度为 0.504，求样品中 Fe^{3+} 离子的浓度（mg・L^{-1}）。

20. 不纯的高锰酸钾样品与基准高锰酸钾（标准品）各称取 0.150 0 g，分别置于 1 000 mL 容量瓶中，加蒸馏水溶解并稀释到刻度，摇匀。再分别移取 10.00 mL 加水稀释到 50.00 mL，在 525 nm 处各测得吸光度分别为 0.250 和 0.280。求样品中高锰酸钾的质量分数。

【阅读资料】

光度分析中的导数技术

根据光吸收定律，吸光度是波长的函数，即 $A=KcL$，将吸光度对波长求导，所形成的光谱称为导数光谱。导数光谱可以进行定性或定量分析，其特点是灵敏度，尤其是选择性获得显著提高，能有效地消除基体的干扰，并适用于混浊试样。高阶导数能分辨重叠光谱甚至提供“指纹”特征，而特别适用于消除干扰或多组分同时测定，在药物、生物化学及食品分析中的应用研究十分活跃。如用于复合维生素、消炎药、感冒药及扑尔敏、磷酸可待因和盐酸麻黄素复合制剂中的各组分的测定而不需预先分离。又如用于生物体液中同时测定血红蛋白和胆红素、血红蛋白和羧络血红蛋白，测定羊水中胆红素、白蛋白及氧络血红蛋白等。在无机分析方面应用也很广，如用一阶导数法最多可同时测定 5 个金属元素；用二阶导数法可同时测定性质十分相近的稀土混合物中单个稀土元素等。

在导数光度法的基础上，提出的比光谱-导数光度法，因其选择性好及操作简单，目前已用于环境物质、药物和染料的 2～3 组分同时测定。将导数光度法与化学计量学方法结合，可进一步提高方法的选择性而被关注。

光度分析仪器新技术

近年来，为适应科学发展的需要，广大分析科研人员正在为克服光度分析的某些局限，在探索新的显色反应体系，改进分析分离技术，开发数据处理方法，研制新的仪器设备和方法联用等方面进行着不懈的努力，并取得了一定的成效。

激光器是分光光度计的研究重点。利用激光器的高发射强度产生了光声和热透镜光度分析方法，用其单色性提高光度分析的光谱分辨率和灵敏度，用其易聚焦的特性辐射于毛细管中作为检测光源。在一般光源中，用光反射二极管、钨卤灯，或用氘灯代替钨灯，不仅光强度增大，使用寿命增长，且使用波长范围扩宽。

目前已经研究出各种不同规格大小的吸收池，如体积小至数十微升，长达百米，可由 5 μm 至 10 cm 的可变池；不同性能的吸收池，如可搅拌反应的，可变温、控温的，可控制压力的（高压或低压），可控气氛的；不同用途的吸收池，如流动分析用、在线分析用、原位分析用、动力学分析用、过程分析用和生物分析用的流动池及远程遥测用（光纤探头）等。

常用的光电倍增检测器在长波段灵敏度较差，正在研究和应用各种可在全波长同时记录的检测器，如硅光二极管阵列、光敏硅片、电荷耦合器件以及在不同波长处 2 种或 3 种以上检测器的联用。

第十章
定量分析中的分离方法及定量分析的一般步骤

【知识目标】

本章要求明确定量分析中分离的目的和方法；掌握沉淀分离法、液-液萃取分离法、层析分离法的原理、类型；熟悉离子交换分离法的原理、操作技术和应用；熟悉定量分析的一般步骤；理解分配比、分配系数、比移值等基本参数及应用；了解常用沉淀剂类型；了解挥发和蒸馏的应用。

【能力目标】

通过对本章的学习，能根据被分离物质和被分离体系的性质特征选用最适宜的分离方法；能进行沉淀、萃取、层析、离子交换等分离法的基本操作；能选择合适的定量分析方法对一般物质进行定量分析，并能对结果进行简单评价。

第一节　概　述

在定量分析中，当试样组成比较简单时，将它处理成溶液后，便可直接进行测定。但在实际工作中，常遇到组成比较复杂的试样，而在测定其中某一组分时，共存的其他组分往往产生干扰，因此，必须选择适当的方法来消除其干扰。

采用掩蔽剂来消除干扰是一种比较简单、有效的方法。但在很多情况下，单用掩蔽方法还不能解决问题。这就需要将被测定组分与干扰组分分离。在采用分离方法时，往往还要加入掩蔽剂来提高分离效果。甚至在经过分离后，有时还要加掩蔽剂来消除残留干扰组分的影响。

有时，试样中被测组分的含量极低，而测定方法的灵敏度不够，这时可在分离干扰组分的同时，将被测组分富集起来，然后进行测定。例如，测定海水中的痕量铀时，通常 1 L 海水中只有 1～2 pg（10^{-12} g）U（Ⅵ），往往难以直接进行测定。如果将 1 L 海水最后处理成 10 mL 溶液，等于将 U（Ⅵ）的浓度提高了 100 倍，这就解决了测定方法灵敏度不够的问题。

在分离过程中，最重要的是要知道被测组分是否有损失，可由其回收率看出。被测组分的回收率为：

$$回收率=\frac{分离后测得的量}{原来含量}\times 100\%$$

回收率当然愈高愈好。在实际工作中，随着被测组分含量的不同，对回收率的要求也不同。在一般情况下，对于含量在1%以上的组分，回收率应在99%以上；对于微量组分，回收率在95%、90%，或更低一些也是允许的。

在分析化学中，常用的分离方法有沉淀分离法、萃取分离法、离子交换分离法、色谱分离法、蒸馏和挥发分离法等。

第二节　沉淀分离法

沉淀分离法是根据溶度积原理，利用某种沉淀剂有选择性地沉淀一些离子，而另外一些离子不形成沉淀而留在溶液中，达到分离的目的。沉淀分离中所用的沉淀剂有无机沉淀剂、有机沉淀剂。痕量组分的分离富集可以采用共沉淀分离法。

一、无机沉淀剂沉淀分离法

无机沉淀剂有很多种，可形成各种类型的沉淀。这里讨论氢氧化物和硫化物的沉淀分离法。

（一）氢氧化物沉淀分离法

常用的沉淀剂有 NaOH、氨水、ZnO 等。氢氧化物是否能沉淀完全，主要取决于溶液的酸度。用氢氧化物沉淀法能否把两种离子完全分离，则由它们溶解度的相对大小决定。一些常见金属氢氧化物开始沉淀和沉淀完全时的 pH 值见表 10-1。

表 10-1 中所列出的 pH 值数据，是假定存在于溶液中的金属离子浓度为 $0.01\ mol \cdot L^{-1}$ 以及溶液中残留的金属离子浓度$[M]\leqslant 10^{-6}\ mol \cdot L^{-1}$ 时即认为沉淀完全的条件下，根据溶度积计算出的。

其他缓冲溶液如六次甲基四胺、醋酸-醋酸钠等可分别控制一定的 pH 值，达到沉淀分离的目的。

氢氧化物沉淀分离的缺点是选择性较差，同时沉淀物为非晶形沉淀，共沉淀现象严重，过滤和洗涤较困难，通常采用浓缩、加热、缩小体积和加惰性电解质等办法用来改善沉淀性能，能得到较佳的分离效果。

表 10-1　常见金属离子氢氧化物开始沉淀和沉淀完全时的 pH 值

氢氧化物	开始沉淀	沉淀完全	沉淀开始溶解	沉淀完全溶解
$Sn(OH)_4$	0.5	1.0	13	＞14
$Sn(OH)_2$	2.1	4.7	10	13.5
$Fe(OH)_3$	2.3	4.1	—	—
$Zr(OH)_2$	2.3	3.8	—	—
HgO	2.4	5.0	—	−10.8
$Al(OH)_3$	4.0	5.2	—	＞14
$Cr(OH)_3$	4.9	6.8	7.8	12～13
$Zn(OH)_2$	6.4	8.0	12	—
$Fe(OH)_2$	7.5	9.7	10.5	—
$Ni(OH)_2$	7.7	9.5	−13.5	—
$Cd(OH)_2$	8.2	9.7	—	—
Ag_2O	8.2	11.2	—	13
$Pb(OH)_2$	7.2	8.7	10	—
$Mn(OH)_2$	8.8	10.4	14	—

（二）硫化物沉淀分离法

许多金属离子硫化物沉淀的溶解度相差较大，可以通过控制$[S^{2-}]$，使金属离子彼此分离。常用沉淀剂是 H_2S（或硫代乙酰胺）。根据：

$$[S^{2-}]=\frac{[H_2S]}{[H^+]^2}\times K_{a1}K_{a2} \tag{10-1}$$

通过控制 pH 值调节$[S^{2-}]$，达到分离目的。例如，当 pH=2 时，通入 H_2S 可使 Ag^+、Pb^{2+}、Cu^{2+}等沉淀析出，与 Fe^{2+}、Mn^{2+}、Co^{2+}、Ni^{2+}分离；当 pH=5～6 时，Fe^{2+}、Zn^{2+}、Co^{2+}、Ni^{2+}等均沉淀析出，与 Mn^{2+}分离。

若加入适当掩蔽剂，还可提高硫化物沉淀的选择性，扩大应用范围。

硫化物沉淀也属于非晶形沉淀，分离效果不理想。由于 H_2S 有毒、气味恶臭，所以应用不广泛，使用硫代乙酰胺则较好。

二、有机沉淀剂沉淀分离法

在测定中经常使用有机沉淀剂，它与无机沉淀剂比较有下列优点。

（1）沉淀组成恒定，只需烘干就可称重，沉淀物摩尔质量较大，有利于提高分析的准确度。

沉淀物的 K_{sp} 一般都很小。溶解损失小，沉淀比较完全，测定的准确度较高。

（2）具有较高的选择性。试剂种类繁多，性质各异，不同的沉淀需要选择不同的试剂。

（3）共沉淀现象少。沉淀对无机杂质吸附能力弱，易获得纯净沉淀，分离效果好。

最常见的有机沉淀剂有：8-羟基喹啉、丁二酮肟、四苯硼酸钠、亚硝基红盐。

三、共沉淀分离和富集

由于沉淀的表面吸附作用、混晶或固溶胶的形成、吸留或包藏等原因引起共沉淀现象。利用这一原理可将一些待测的微量、痕量或示踪量组分通过沉淀物的载带而得到分离和富集。如自来水中微量铅的测定：往大量自来水中加入 Na_2CO_3（必要时，可同时加入 $CaCO_3$），使其与水中 Ca^{2+}生成 $CaCO_3$ 沉淀。经猛烈摇动，使水中微量 Pb^{2+}被 $CaCO_3$ 沉淀载带下来。将沉淀用酸溶解后，被分离与富集的 Pb^{2+}即可准确测定。

又如放射性溶液中痕量钚的分离测定：采用加入 La^{3+}和加 NH_4F 使产生 LaF_3 沉淀，在大量氟化镧沉淀形成的过程中把钚载带下来，达到把钚分离和富集的目的。再做适当处理后进行钚的测定。

上述沉淀物 $CaCO_3$ 和 LaF_3 等称共沉淀剂，也叫载体。共沉淀剂一般分为无机共沉淀剂和有机共沉淀剂两种。无机共沉淀剂对微量组分的共沉淀作用主要是通过表面吸附或形成混晶等方式，多数是某些金属的氢氧化物和硫化物。

无机共沉淀剂一般选择性不高，并且自身往往还会影响（干扰）下一步微量元素的测定，因此应用受到限制。几种常用的无机共沉淀剂及其应用见表 10-2。

表 10-2　常用的无机共沉淀剂及应用

共沉淀剂（载体）	条件	被载带离子	应用
$Al(OH)_3$	NH_3+NH_4^+	Fe^{2+}，TiO^{2+}	
$Fe(OH)_3$	NH_3+NH_4^+	Sn^{4+}，Al^{3+}，Bi^{3+}	纯金属分析
MnO_2	酸液，MnO_4^-，Mn^{2+}	Sb^{3+}	纯金属分析
HgS	弱酸，NH_3+NH_4^+，H_2S	Pb^{2+}	饮料分析
CaC_2O_4	微酸性	稀土	矿石分析
$Mg(OH)_2$	NaOH	稀土	钢铁分析
MgF_2	酸性	稀土、Ca^{2+}	

有机共沉淀剂对微量组分的共沉淀作用不是靠表面吸附或形成混晶，而是首先把无机离子（微量组分）转化为疏水化合物，然后用与其结构相似的有机共沉淀剂将其载带下来。因此，有机共沉淀剂具有选择性高、分离效果好等优点。有机共沉淀剂还有一个优点是沾污少，它自身一般可通过灼烧等方法除去，不干扰对所富集的微量组分的测定。几种常用的有机共沉淀剂及其应用见表 10-3。

表 10-3　常用的有机共沉淀剂及其应用

有机共沉淀剂	被载带组分	应用
辛可宁	H_2WO_4	
动物胶	硅酸	
甲基紫或甲基橙	$Zn(SCN)^{2-}{}_4$	可富集 100 mL 溶液中 1 μg 锌
甲基紫	$H_3P(MO_3O_{10})_4$	可富集 10^{-10} mol·L^{-1} 的 PO_4^{3-}
甲基橙	$TiCl^-{}_4$	可富集 10^{-10} mol·L^{-1} 的 Ti^{3+}
丹宁	$NbO(SCN)_4^-$·$TaO(SCN)_4^-$	
酚酞或α-萘酚	U（Ⅳ）与亚硝基红盐螯合物	

第三节　溶剂萃取分离法

根据物质在两种互不相溶的溶剂中分配特性的不同而进行分离的方法就是溶剂萃取分离法。在一定条件下，向待分离物质的水溶液中加入与水不混溶的有机溶剂一起振荡，使一些组分进入有机相，另一些组分仍留在水相中，从而达到相互分离的目的。使物质从水相进入有机相的过程称为萃取，也称为液液萃取法。

溶剂萃取分离法既可用于常量元素的分离，也可用于微量元素的富集和分离。溶剂萃取法在无机和放射化学的分离、分析方面广泛应用。

溶剂萃取法的缺点是萃取剂常是易燃、易挥发的，且具有一定毒性。大多数萃取剂价格昂贵。由于在实验室中手工操作比较麻烦，所以在应用上受到一定限制。但溶剂萃取分离法仍是化学分析法、电化学分析法和一些仪器分析方法必不可少的前处理手段。

一、基本参数

1. 分配系数和分配比

当溶质 A 同时接触互不相溶的两种溶剂时，如果一种是水，另一种是有机溶剂，A 就在这两种溶剂中进行分配。当分配达平衡时，则有：

$$K_D = \frac{[A]_{有}}{[A]_{水}} \tag{10-2}$$

此式称分配定律，K_D 称分配系数，它在一定温度下为常数。$[A]_{水}$和$[A]_{有}$分别为平衡时 A 在水相和有机相中的浓度（指同一型体）。

由于溶质 A 在两相中将会发生离解、络合等反应，往往会以多种型体的形成存在，如果用溶质 A 的分析浓度 c 表示分配关系，在应用上更加直观和方便：

$$D = \frac{c_{有}}{c_{水}} \tag{10-3}$$

D 称为分配比。实际上，D 与 K_D 不是同一概念。在分析化学中，通常都使用。

2．萃取效率和分离因素

萃取效率是指溶质 A 从水相中被有机溶剂萃取的百分率。如果两种溶剂的体积分别为 $V_{水}$和 $V_{有}$时，则萃取效率 E 用下式表示

$$E=\frac{c_{有} \times V_{有}}{c_{有}V_{有} + c_{水}V_{水}} \times 100\% \tag{10-4}$$

分子分母同乘以 $\frac{1}{c_{水}V_{水}}$，则：

$$E = \frac{D}{D + V_{水}/V_{有}} \times 100\% \tag{10-5}$$

由式（10-5）可见，萃取率高低是由 D 和 $V_{水}/V_{有}$决定的。D 值越大，萃取率越高。如果 D 值一定，增加有机溶剂用量（即增大 $V_{有}$），也可提高 E 值。但 $V_{有}$增大，使萃取后有机相中的 c_A 降低，不利于后面对 A 的进一步分离与测定。在实际测定中，对于分配比（D）较小的溶质，一般采用多次萃取，以提高萃取效率。

分离的目的是使待测物 A 与干扰组分 B 真正分离开，一方面对 A 的萃取效率要高（假定萃取 A），另一方面对 B 的萃取效率要尽量低。常用分离因数β 表示分离效果的好坏：

$$\beta=\frac{D_A}{D_B} \tag{10-6}$$

β 越大，分离效果越好。如果 D_A 与 D_B 比较接近，A 和 B 就难以达到完全分离的目的。

二、萃取体系的分类

根据所形成的可萃取物质不同，萃取体系可分成以下几类。

（1）螯合物萃取体系：以萃取用螯合剂作为萃取剂，与金属离子形成难溶于水而易溶于有机溶剂的中性分子。

（2）离子缔合物萃取体系：带不同电荷的离子靠静电引力而形成中性的、具有疏水性并能溶于有机溶剂的离子缔合物。

（3）其他类型萃取体系：

① 三元络合物萃取。两种萃取剂与被萃取物形成三元络合物后被其他溶剂萃取的一类萃取体系。实际上，上述“离子缔合物萃取”一类也包括三元络合物萃取。由于三元络合物的形成具有选择性好、灵敏度高的特点，因此这类萃取体系近一二十年来发展很快。

② 共萃取。某些微量组分在单独存在时不被萃取，但当另一相关组分（常量）被萃取时，这些微量组分随同一起被萃取。如在盐酸介质中，乙酸乙酯萃取 $FeCl_4^-$ 时，微量锂、钙同时被萃入有机相中。这可能与形成的复杂的离子缔合物有关。

三、萃取操作与反萃取

在分析工作中，萃取操作一般用间接法，在梨形分液漏斗中进行，对于分配系数较小的物质的萃取，则可以在各种不同形式的连续萃取器中进行连续萃取。在萃取过程中，如果在被萃取离子进入有机相的同时还有少量干扰离子亦转入有机相，则可以采用洗涤的方法除去杂质离子。分离以后，如果需要将被萃取的物质再转到水相中进行测定，可以改变条件进行反萃取。

第四节　离子交换分离法

利用离子交换剂与溶液中离子发生交换作用而使各种离子分离的方法，称为离子交换分离法。常用于富集微量元素，除去干扰元素以及分离性质相近的元素，还可用来制取纯水。

一、离子交换树脂

（一）离子交换树脂的结构

离子交换树脂是一种具有网状结构的高分子聚合物，组成可分为两部分，一部分是惰性的网状结构骨架，常用的离子交换树脂是由苯乙烯和二乙烯苯聚合得到树脂的骨架：

$$C_6H_5-CH{=}CH_2 + CH_2{=}CH-C_6H_4-CH{=}CH_2 \xrightarrow[\triangle]{\text{引发剂}} -CH(C_6H_5)-CH_2-CH(C_6H_4-)-CH_2-CH(C_6H_5)-CH_2- \;\; -CH-CH_2-CH(C_6H_5)-CH_2-$$

另一部分是连在骨架上、可以与试液中的离子起交换作用的活性基团。

骨架的作用是负载活性基团，骨架很稳定，对于酸、碱、一般溶剂（包括有机溶剂）和较弱的氧化剂都不起作用，在交换过程中不发生交换反应，但其结构和性能（如颗粒大小及分布、内部孔径、比表面积等）对分离性能有较大的影响。活性基团，如—SO_3H、—$N(CH_3)_3^+$等，由树脂骨架磺化或胺化等而引入。

（二）离子交换树脂的性能

1．交联度

合成离子交换树脂中，起交联作用的是二乙烯苯，它把各长链状的聚苯乙烯分子交联起来，使之形成立体网状结构。交联的程度称为交联度，以二乙烯苯在反应物中所占的重量百分比表示：

$$交联度=\frac{二乙烯苯的质量}{反应混合物的总质量}\times 100\% \tag{10-7}$$

一般树脂的交联度为4%～12%。交联度的大小直接影响树脂骨架网状结构的紧密程度和孔径大小，它与交换反应速度和选择性有密切关系，一般来说，交联度大则结构紧密、孔径小、溶胀性小、交换反应速度快和选择性好，但交换容量小。交联度小则性能相反。在实际工作中，需根据分析对象选择适当交联度的树脂。分析化学中常用交联度8%左右的树脂。市场出售的树脂在牌号之后的数字表示交联度，如国产强碱 201X7，表示这种阴离子交换树脂的交联度是 7%，又如美国产 Dowex50X 8，表示这种阳离子交换树脂的交联度是 8%。

2．交换容量

交换容量是表示树脂进行离子交换能力的大小，它取决于树脂可交换基团的含量，含量多则交换容量大。交换容量可以用每克干树脂能交换离子的物质的量（以 mmol/g 为单位）表示。一般常用树脂的交换容量为 3～6 mmol/g。在进行较大量物质的分离时，交换容量是树脂的一个重要指标。交换容量可用酸碱滴定法测定。

（三）离子交换树脂的分类

根据离子交换树脂上可交换的活性基团不同，离子交换树脂可分为阳离子交换树脂和阴离子交换树脂两大类。

1．阳离子交换树脂

此类树脂的活性基团为酸性基团，基团上的H^+能与溶液中的阳离子交换。如果活性基团是—SO_3H，因为磺酸是较强的酸，所以 R-SO_3H 是强酸性阳离子交换树脂，它在酸性、碱性和中性溶液中都能用。如果活性基团是—COOH 或—OH，则称为弱酸性阳离子交换树脂。弱酸性阳离子交换树脂的交换能力受溶液酸度影响较大，羧基在 pH＞4、酚基在 pH＞9.5 时才有交换能力。分析化学中常用强酸性阳离子交换树脂，弱酸性阳离子交换树脂选择性较好，在一些情况下使用可获满意结果。

2．阴离子交换树脂

此类树脂的活性基团是碱性基团，基团上的 OH^-能与溶液中的阴离子发生交换反应。同样阴离子交换树脂也分为强碱性和弱碱性离子交换树脂。如活性基团为季铵碱，则为强碱性阴离子交换树脂；如果活性基团是伯胺基、仲胺基、叔胺基等则为弱酸性阴离子交换树脂。强碱性阴离子交换树脂应用较多，在酸性、中性和碱性溶液中均能使用，弱碱性阴离子交换树脂在碱性溶液中失去交换能力，分析化学中较少使用。

二、离子交换分离操作

分析化学中常用色层柱（离子交换柱）进行分离，它是一种分离效率较高的常用方法。

1. 树脂的选择及预处理

根据分离的对象和要求，选择适当类型的树脂及其粒度，例如分离混合阳离子，一般可选用阳离子交换树脂，如果离子间相互分离较难，则应选择交联度大、颗粒小的树脂。选择的树脂先用水洗净，然后用 4～6 $mol \cdot L^{-1}$ HCl 浸泡一两天，以除去杂质，再洗涤至中性，浸泡于蒸馏水中备用。这样，阳离子树脂已处理成 H^{+}型，阴离子树脂已处理成 Cl^{-}型。

2. 装柱

离子交换分离常用图 10-1 所示交换柱。装柱时，在交换柱充满水的情况下，把经预备处理的树脂装入柱中，可轻敲柱子使其装实，并防止树脂中夹有气泡。始终保持液面高于树脂层，防止树脂干裂。图 10-1（a）可保证树脂一直泡在液面下，不会进入气泡，但流速慢，还会使色谱峰稍有增宽；图 10-1（b）的装置简单，但应注意勿使树脂层干涸而混入气泡。

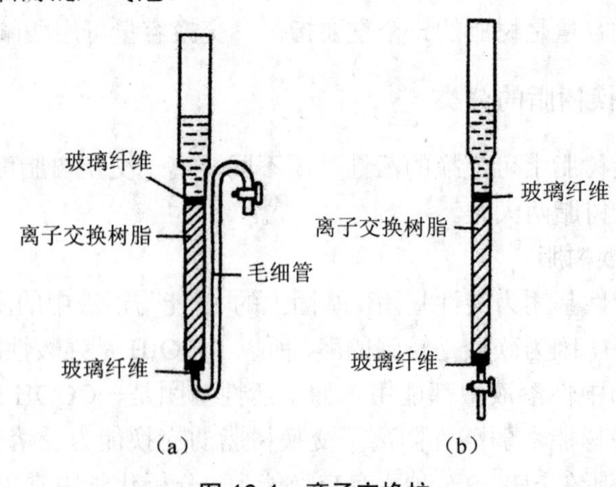

图 10-1　离子交换柱

3. 交换分离和洗涤

根据选择的待分离试液的介质，或根据实际需要平衡交换柱，将体积尽可能小的待分离试液缓慢注入柱内，以适当的流速流下和交换，如果柱中是阳离子树脂，试液中的阳离子与树脂上的H^+交换而留在柱上。阴离子不交换而存在于流出液中，阳离子和阴离子得以分离。如果交换柱中装的是阴离子交换树脂，则是阴离子发生交换而留于柱中，阳离子存在于流出液中，阳离子和阴离子也得以分离。在试液流完后，需用洗涤液（水或不含待测组分且对后继测定不干扰的试剂空白液）洗去残留试液和树脂中被交换下来的离子。洗涤液应与流出液合并。

4．洗脱

若要测定交换在树脂上的离子，可用洗脱液将它洗下来。对阳离子树脂，常用 HCl 溶液做洗脱液；对于阴离子交换树脂，则常用 HCl、NaCl、NaOH 溶液做洗脱液。如果要使交换在柱上的几种离子（如Li^+、Na^+、K^+）分离，可选适当的淋洗液使它们先后流出，并分别收集各段流出液。

5．树脂再生

使交换后的树脂恢复到交换前的状态，此过程称为再生。再生的方法可按预处理方法操作，也可在柱上进行。再生后的交换柱即可再用。

三、离子交换分离法的应用

（1）水的净化。天然水中常含一些无机盐类，为了除去这些无机盐类以便将水净化，可使水通过强酸性阳离子交换树脂，除去各种阳离子后，再通过强碱性阴离子交换树脂，除去各种阴离子，则可以方便地得到不含溶解盐类的去离子水。交换柱经再生后可以循环使用。过程如下：

首先用强酸性阳离子交换树脂除去水中Ca^{2+}、Mg^{2+}等其他阳离子：

$$2R—SO_3H+Ca^{2+}═(R—SO_3)_2Ca+2H^+$$

再通过强碱性阴离子交换树脂，除去各种阴离子：

$$RN(CH_3)_3OH+Cl^-═RN(CH_3)_3Cl+OH^-$$

交换出的H^+和OH^-结合成水，可以代替蒸馏水使用。

（2）干扰离子的分离。一种是阴阳离子的分离。例如，用$BaSO_4$重量法测定黄铁矿中硫的含量，由于大量Fe^{3+}、Ca^{2+}存在，造成$BaSO_4$沉淀不纯，因此可以先将试液通过阳离子交换树脂除去干扰的Fe^{3+}、Ca^{2+}等阳离子，然后再将流出液中的SO_4^{2-}沉淀为$BaSO_4$进行硫的测定。另一种是同性电荷离子的分离。这可以根据各种离子对树脂的亲和力不同，将它们彼此分离。例如，欲分离Li^+、Na^+、K^+三种离子，将试液通过阳离子树脂交换柱，则三种离子均被交换在树脂上，然后用稀盐酸洗脱。交换能力最小的Li^+先流出，其次是Na^+，而交换能力最大的K^+最后流出来，若分别接取各段流出液，即可测定各种元素的含量。

（3）微量元素的富集。当试样中并不含有大量的其他电解质时，用离子交换分离法富集微量组分是比较方便的。例如，天然水中K^+、Na^+、Ca^{2+}、Mg^{2+}、Cl^-、SO_4^{2-}

等组分的测定，可将水样流过阳离子交换树脂和阴离子交换树脂，以使各种组分分别交换于柱上。然后用稀盐酸洗脱阳离子，另用稀氨液洗脱阴离子，微量组分得到了富集，从而可以比较方便地测定流出液中各种组分的含量。

第五节　层析分离法

层析分离法是由一种流动相带着试样经过固定相，试样中的组分在两相之间进行反复的分配，由于各种组分在两相之间的分配系数不同，它们的移动速度也不一样，从而达到互相分离的目的。层析分离法按操作的形式不同，有以下几种：柱层析、纸层析、薄层层析。

一、柱层析

把吸附剂如氧化铝或硅胶等，装在一支玻璃柱中，做成色谱柱（图 10-2），然后将试液加在柱上。若试液中含有 A、B 两种组分，则 A 和 B 便被吸附剂（固定相）吸附在柱的上端，如图 10-2（a）所示。再用一种洗脱剂（亦称展开剂）进行洗脱，这时柱内就连续不断地发生溶解、吸附、再溶解、再吸附的现象。如果展开剂与吸附剂对于二者溶解能力和吸附能力不同，设 A 的分配系数比 B 小，在洗脱剂的解脱作用下，A、B 组分向下流动的速度也不相同，这时 A 和 B 在柱中分别形成两个色带，如图 10-2（b）所示，再继续冲洗，A 和 B 两个色带距离越来越大，由于 A 的吸附能力较弱，最后 A 先洗脱下来，如图 10-2（c）所示，这样便可将 A、B 两种组分分离。

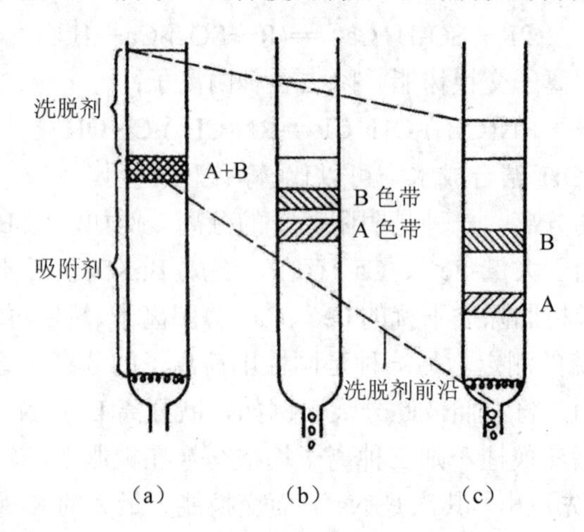

图 10-2　试样 A 和 B 两种组分在柱层析上的分离

二、纸层析

纸层析是用纸做载体的一种层析方法。这种方法设备简单，便于操作，是一种微量分离方法。

纸层析法是先将滤纸放在含饱和水蒸气的空气中，滤纸吸收水分（一般吸收 20% 左右），作为固定相，将试液点在滤纸条的原点处，如图 10-3（a）所示。然后使展开剂从有试液斑点的一端靠滤纸的毛细管作用向另一端扩散，当展开剂通过斑点时，试液中的各组分便随着展开剂向前流动，并在水与展开剂两相间进行分配，由于各种组分的分配比不同，移动速度不同，便可以彼此分离开来，如图 10-3（b）所示。

各组分在滤纸上移动的位置，如图 10-3（c）所示。常用比移值 R_F 表示。

$$R_F = \frac{a}{b}$$

式中，a —— 原点至斑点中心的距离；

b —— 原点至溶剂前沿的距离。

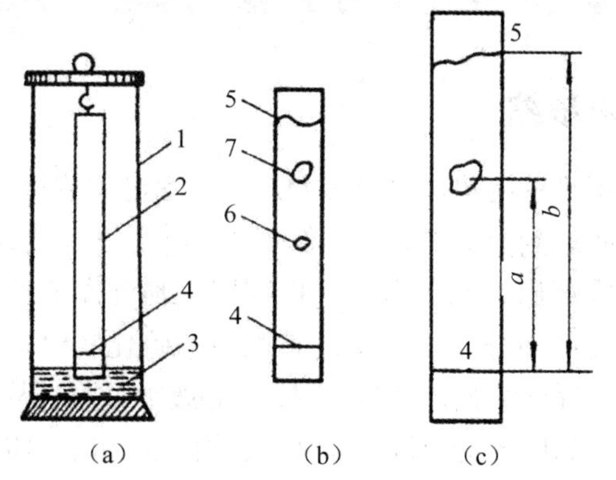

（a）纸层析分离法；（b）两组分分离法；（c）比移值的计算

1—层析筒；2—滤纸；3—展开剂；4—原点；5—溶剂前沿；6，7—斑点

图 10-3　纸层析分离

在一定实验条件下，每种物质都有它特定的 R_F 值，R_F 值也成为各种物质定性分析的依据。从各物质 R_F 值的相差大小可判断彼此能否分离。在一般情况下，如果斑点比较集中，则 R_F 值相差 0.02 以上时，即可以互相分离。

三、薄层层析法

薄层层析法是在纸层析的基础上发展起来的。它是在一平滑的玻璃板上，铺一层厚约 0.25 mm 的吸附剂（氧化铝、硅胶、纤维素粉等），代替滤纸作为固定相，其原理、操作与纸层析法基本相同，如图 10-4 所示。

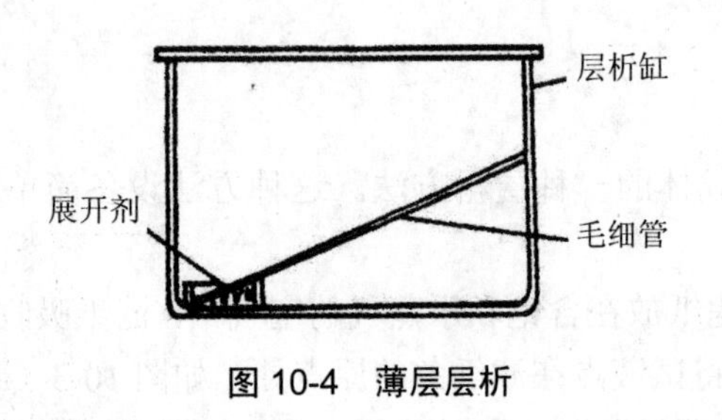

图 10-4 薄层层析

此法的优点是展开所需时间短，比柱层析和纸层析分离速度快、效率高，斑点不易扩散，因而检出灵敏度可比纸层析高 10～100 倍。薄板负荷试样量大，为试剂纯化分离提供了方便，另外还可以使用腐蚀性的显色剂。由于薄层层析法具有上述优点，所以近年来发展较快，应用日益广泛。

第六节 挥发和蒸馏分离法

一、挥发和蒸发浓缩

挥发分离法是利用某些污染组分挥发度大，或者将欲测组分转变成易挥发物质，然后用惰性气体带出而达到分离的目的。例如，用冷原子荧光法测定水样中的汞时，先将汞离子用氯化亚锡还原为原子态汞，再利用汞易挥发的性质，通入惰性气体将其带出并送入仪器测定；用分光光度法测定水中的硫化物时，先使之在磷酸介质中生成硫化氢，再用惰性气体载入乙酸锌-乙酸钠溶液中吸收，从而达到与母液分离的目的。该吹气分离装置如图 10-5 所示。测定废水中的砷时，将其转变成砷化氢气体（H_3As），用吸收液吸收后供分光光度法测定。

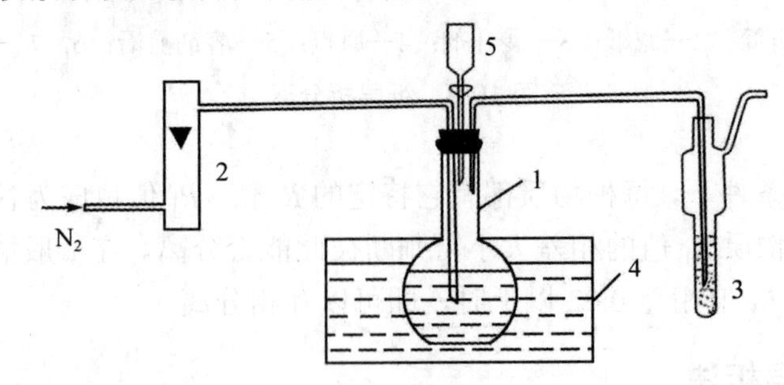

1—平底烧瓶；2—流量计；3—吸收管；4—恒温水浴；5—分液漏斗

图 10-5 测定硫化物的吹气分离装置

蒸发浓缩是指在电热板上或水浴锅中加热水样，使水分缓慢蒸发，达到缩小水样体积、浓缩欲测组分的目的。该方法无须化学处理，简单易行，尽管存在缓慢、易吸附损失等缺点，但无更适宜的富集方法时仍可使用。

二、蒸馏法

蒸馏法是利用水样中各污染组分具有不同的沸点而使其彼此分离的方法。测定水样中的挥发酚、氰化物、氟化物时，均需先在酸性介质中进行预蒸馏分离。在此，蒸馏具有消解、富集和分离三种作用。图 10-6 为挥发酚和氰化物蒸馏装置示意图。氟化物可用直接蒸馏装置，也可用水蒸气蒸馏装置，后者虽然对控温要求较严格，但排除干扰效果好，不易发生暴沸，使用较安全。测定水中的氨氮时，必须在微碱性介质中进行预蒸馏分离。

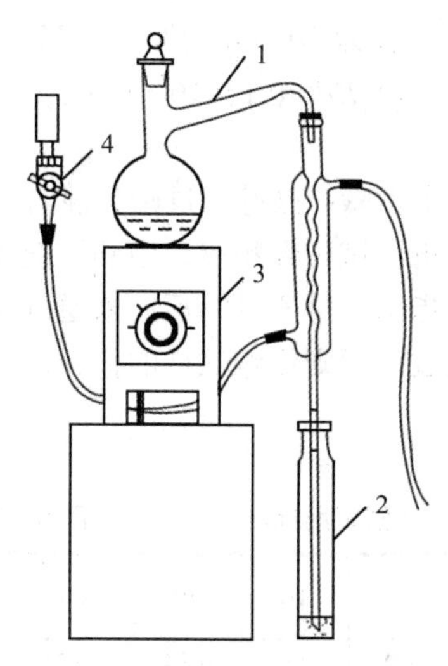

1—全玻璃蒸馏装置；2—接收瓶；3—电炉；4—水龙头

图 10-6 测定挥发酚、氰化物的蒸馏装置

第七节 定量分析的一般步骤

前面各章已分别讨论了不同定量分析测定方法的原理、特点和分析结果的处理及干扰组分的掩蔽和分离等问题，概括起来，定量分析一般包括如下几个步骤：取样、试样分解、干扰组分分离、测定、数据处理及分析结果的表示。

一、试样的采取和制备

实际分析的试样形式多种多样，有固体、液体和气体，试样的性质各异。关于采集有代表性的平均试样和制成可分析的试样的具体操作，须按各部门的有关标准进行。本节以矿石为例说明试样的采取和制备。

1．试样的采集

采集有代表性的试样需根据试样的堆放情况和颗粒大小，广泛地从不同部位和深度选取多个取样点。采集试样的量可按下面的经验公式计算：

$$Q = Kd^2 \tag{10-8}$$

式中，Q —— 需采集试样的最低质量，kg；

d —— 试样中最大颗粒的直径，mm；

K —— 经验常数，可由实验测得。

矿石的 K 值一般为 0.02～0.15。样品越不均匀，K 值就越大。例如采集某一矿物，它的 K=0.12，最大颗粒直径为 10 mm，则应采集试样的最低量 Q 是：

$$Q=Kd^2=0.12\times10^2=12\ \text{kg}$$

2．试样的制备

试样的制备一般分为四个步骤：破碎、过筛、混匀、缩分。

破碎试样可用各式碎样机。试样经粗碎、中碎、细碎后，根据试样分解的难易程度进行研磨后过筛。必须指出，每次过筛后，未通过筛孔的粗粒不能随意弃去，而要进一步粉碎直至全部通过，否则影响试样的代表性。几种筛号及孔径大小的关系如表 10-4 所示。

表 10-4　我国现用标准筛的筛号（目数）和孔径

筛号（目数）	3	5	10	20	40	60	80	100	120
筛孔直径/mm	6.35	4.0	2.0	0.84	0.42	0.25	0.177	0.149	0.125

缩分是为了使试样量减少，且保证缩分后的试样不失去其代表性。缩分最常用的是四分法：将混匀的试样堆成锥形，然后压成圆饼，通过中心分为四等份。弃去任何相对两份，其余相对两份收集在一起拌匀，即试样缩减一半。根据需要可以按式（10-8）进行第二次、第三次缩分。大量试样的缩分可使用分样器。

二、试样的分解

试样的分解是一个复杂而又重要的问题。在分析工作中，对试样分解的一般要求是：试样应分解完全；待测组分不应有损失；不能引入含有待测组分的物质；不应引入干扰待测组分的物质。此外，还要注意在分解试样过程中可能包含着的分离作用，应该充分利用这种作用扩大分解效果。同时，所用的分解方法要尽量满足简便、快速、安全、经济的原则。根据试样的性质和测定的方法不同，选择正确的试样分解方法，是保证分析工作顺利进行的重要的一环。

（一）溶解法

使用酸（或碱）溶解试样是常用的方法之一，常用溶剂简单介绍如下。

（1）盐酸。盐酸是分解试样时经常使用的强酸，电位顺序在氢以前的金属或合金、碱金属氧化物及弱酸盐都能溶于盐酸中，生成的金属氯化物大多数溶于水。利用盐酸的弱还原性还可以加速软锰矿（MnO_2）的溶解。

（2）硫酸。浓热的硫酸有强氧化性和脱水能力。不仅能氧化金属，而且还能氧化某些非金属，如硫和碳等。硫酸的沸点高（338℃），加热溶液至硫酸冒白烟（SO_3），用以除去溶液中的盐酸、氢氟酸和硝酸。

（3）硝酸。硝酸具有强氧化性，没有络合性能，可以溶解金属置换序中氢以后的金属。但能被硝酸钝化的金属（如铝、铬）及与硝酸作用生成不溶性酸的金属（如锑、锡、钨）不能用硝酸溶解。

（4）磷酸。磷酸具有强的络合能力，加热时变成焦磷酸，通常用来溶解难溶矿，如铬铁矿、金红石、铌铁矿等。

（5）过氯酸。热的过氯酸具有强的氧化性和脱水能力，过氯酸加热至冒白烟（203℃），能除去低沸点酸。浓热的过氯酸遇有机物易发生爆炸，使用时应先用硝酸氧化有机物和还原剂，然后再加过氯酸。

（6）氢氟酸。氢氟酸有很强的络合能力，但酸性较弱。常与硫酸或硝酸混合使用以分解硅酸盐和其他试样。用氢氟酸分解试样需使用塑料或白金器皿。

（7）氢氧化钠。铝和铝合金及某些以酸性为主的两性氧化物（如 As_2O_3）可用氢氧化钠溶解。用氢氧化钠溶解应当用塑料或银制器皿。

（8）混合溶剂。实际工作中经常使用混合溶剂，以提高溶解效率。如王水（3 份浓 HCl 与 1 份浓 HNO_3 混合）能溶解铂、金及硫化汞等；浓 H_2SO_4+K_2SO_4 分解有机物，使有机氮转变为 NH_4^+；HNO_3+$HClO_4$ 分解有机物等。

（二）熔融法

1．碱熔法

常用的碱性熔剂有 Na_2CO_3、KOH、NaOH、Na_2O_2 等，用来分解酸性试样。例如 Na_2CO_3 常用以分解硅酸盐，如正长石（$K_2Al_2Si_6O_{16}$）的分解反应是：

$$K_2Al_2Si_6O_{16} + 7Na_2CO_3 = 6Na_2SiO_3 + 2NaAlO_2 + K_2CO_3 + 6CO_2\uparrow$$

Na_2O_2 用以分解锡石，反应是：

$$2Na_2O_2 + 2SnO_2 = 2Na_2SnO_3 + O_2\uparrow$$

熔融物用水浸取，加入盐酸后锡酸即成为氯化锡：

$$Na_2SnO_3 + 6HCl = SnCl_4 + 2NaCl + 3H_2O$$

$NaOH$ 和 Na_2O_2 腐蚀性强，只能在铁、银、刚玉坩埚中熔融。

2．酸熔法

常用的酸性熔剂有 $K_2S_2O_7$ 或 $KHSO_4$，高温时即分解产生 SO_3，与碱性氧化物作用。如铝土矿或铬铁矿熔于 $K_2S_2O_7$ 中：

$$Al_2O_3+3K_2S_2O_7 = Al_2(SO_4)_3+3K_2SO_4$$

近年提出的 V_2O_5 可做酸性熔剂且具有氧化能力，用于分解含氮、硫、卤素的有机物，释放的气体能直接用试纸试验。

（三）半熔法

采用熔融法分解试样，熔块常被熔融时用的容器污染，侵蚀下来的杂质给分析带来困难，影响测定结果。半熔法是在低于熔点下，使试样与熔剂作用，温度不太高，对坩埚侵蚀小。可在瓷坩埚中进行。如常用 Na_2CO_3+MgO（艾斯卡试剂）做熔剂，用半熔法分解煤或矿石以测定硫；用 Ca_2CO_3+NH_4Cl 混合物半熔（斯密思法）分解硅酸盐测定 K^+，Na^+等。

三、测定方法的选择

一种组分可用多种方法测定，例如铁的测定，就有氧化还原滴定法、配位滴定法、重量分析法、电位滴定法以及分光光度法等。而分光光度法又有硫氰酸盐法、磺基水杨酸法和邻二氮菲法等。因此，必须根据不同的情况考虑选用何种分析方法进行测定。一般是从以下几方面进行选择。

1．测定的具体要求

首先要明确测定的目的和要求，其中主要是需要测定的组分、准确度及完成测定的速度等。例如，对标样分析和成品分析，准确度是主要的；对高纯物质中痕量组分的测定，灵敏度是主要的；而对生产过程中的控制分析，速度便成为主要考虑的问题。所选择的分析方法应是在能满足所要求的准确度的前提下，测定过程越简便，完成测定的时间越短。

2．待测组分的性质

了解待测组分的性质，常有助于测定方法的选择。例如，酸碱性物质首先选用酸碱滴定法测定；大多数金属离子可用 EDTA 配位滴定法测定；有氧化或还原性质的物质可选用氧化还原滴定法测定；对于碱金属，特别是 Na，具有焰色反应，可用火焰光度法测定。

3．待测组分的含量范围

常量组分的测定一般用滴定分析法或重量分析法，因为这类分析方法相对误差可达千分之几，能达到测定准确度的要求。微量组分的测定应选用灵敏度较高的仪器分析方法，其相对误差一般在百分之几，虽然相对误差比较大，但已能满足微量分析的要求。

4. 共存组分的影响

在选择分析方法时，必须考虑共存组分对测定的影响，应尽量采用选择性较好的分析方法。如果没有适宜的方法，则应采取适当的分离方法，在除去干扰组分之后再进行测定。

5. 实验室的条件

选择分析方法应尽可能地使用新的分析技术及方法，但还要根据实验室的具体设备条件、特效试剂的有无、标准试样的具备情况、仪器灵敏度的高低，以及操作人员的技术素质等，综合加以考虑。

四、分析结果可靠性

分析过程受各种因素的影响，不可避免地会有误差。所以分析过程要进行质量控制，同时要采用有效方法，评价分析结果的可靠性或质量。质量评价就是判断分析结果是否可取，就是要找出和减小误差并进行校正，可从系统误差和偶然误差两方面进行控制。

评价的方法一般分为实验室内和实验室间两种。实验室内的质量控制内容有：确定偶然误差——用多次重复测量的方法；方法误差的检查——用已知准确组成的试样或可靠的分析方法进行对照分析；检查仪器误差——用互换仪器的方法；检查操作误差——不同操作者在相同条件下做同一实验；分析过程中的问题可以通过绘制质量控制图及时发现。实验室间的质量评价由权威机构或由一个中心实验室将已知准确组成的试样分发给各参加的实验室，这可考核各实验室的工作质量，可以评价这些实验室之间是否有明显的系统误差。

复习与思考题

1. 加入足够量的pH=9.0的NH_3-NH_4Cl缓冲溶液到含有Ca^{2+}、Mg^{2+}、Cu^{2+}、Zn^{2+}、Mn^{2+}、Cr^{3+}、Al^{3+}、Fe^{3+}等离子溶液中，问哪些离子以什么形式存在于溶液中？哪些离子以什么形式存在于沉淀中？分离是否完全？

2. 分配系数和分配比的意义各是什么？它们有何差别和联系？

3. 什么叫溶剂萃取法？溶剂萃取分离中萃取剂起什么作用？溶剂又起什么作用？

4. 什么叫萃取率？什么叫分离因数？

5. 离子交换分离法依据的原理是什么？

6. 什么是交联度？它与树脂性能有什么关系？

7. 若水中含少量Ca^{2+}和Cl^-离子，如何用离子交换分离法将它们除去？

8. 在 9 mol·L^{-1} HCl 溶液中含有铁和铝的离子，若用离子交换分离法将它们分开，应使用哪种树脂？哪种离子交换在树脂柱上？哪种离子进入流出液中？

9. 正确进行试样的采取、制备和分解对分析工作有何重要意义？

10. 选择合适的溶（熔）剂，分解下列各试样：铜、铝、二氧化锡、氧化铁、锡石（SnO_2）、二氧化硅、合金钢（测定锰）。

11. 什么叫半熔法（烧结法）？它有何特点？

12. 选择分析方法应注意哪些问题？

13. 25℃时，Br_2 在 CCl_4 和水中的分配比为 29.0，水溶液中的溴用：（1）等体积；（2）1/2 体积的 CCl_4 萃取时，萃取效率各为多少？

14. 已知分配比 D=9，萃取时 $V_{水}/V_{有}$=1，计算萃取一次、两次和三次的萃取率。

15. 称取 1.000 g 干燥 OH^-型阴离子交换树脂，放入干燥的锥形瓶中，加入 0.124 2 mol·L^{-1} HCl 溶液 200.0 mL，密闭，放置过夜。取上清液 50.00 mL，以甲基橙为指示剂，用 0.101 0 mol·L^{-1} NaOH 溶液滴定至终点，用去 48.00 mL NaOH 溶液，求该树脂的交换容量。

16. 取 2 g H^-型树脂，与 100 mL 0.01 mol·L^{-1} HCl，并含有 0.000 1 mol·L^{-1} Na^+ 的溶液一起振摇。找出平衡时 Na^+残留于溶液的分数。其中$[Na^+]_R[H^+]_S/[H^+]_R[Na^+]_S$=3.2（树脂上浓度用 mmol/g 表示，溶液浓度用 mmol/mL 表示）。树脂交换容量为 5 mmol/g，假定平衡时绝大部分 Na^+进入树脂中。

17. 已知铅锌矿石的 K 值为 0.1，若铅锌矿石最大颗粒直径为 30 mm，则采取该矿石的原始试样时至少应采集多少？

18. 用纸层析法分离混合物中的物质 A 和 B，已知两者的比移值分别为 0.45 和 0.67。欲使分离后两斑点中心相距 3.0 cm，问滤纸条至少应长多少厘米？

19. 将 0.254 8 g NaCl 和 KBr 的混合物溶于水后通过强酸性阳离子交换树脂，经充分交换后，流出液需用 0.101 2 mol·L^{-1} NaOH 35.28 mL 滴定至终点。求混合物中 NaCl 和 KBr 的质量分数。

【阅读资料】

分离技术简介

一、微乳相萃取

微乳相萃取是利用溶液体系微相结构和特性的过程调控而发展起来的化工分离新

技术，包括胶团萃取、反胶团萃取、双水相萃取及三相萃取等与微乳相结构有关的萃取分离新技术的统称。微乳相综合体现了胶体化学、结构化学及溶液理论中的理论问题和现象，是比较复杂的物理化学理论课题研究对象，理论研究与实验技术的有机关联是微乳相萃取技术得以工业应用的关键。传统的萃取偏重于萃取络合物的组成和结构的研究，常假定萃取剂在萃取有机相中以单分子状态存在。但事实上，很多萃取剂的结构与典型的表面活性剂的结构类似，即既含有亲水性的极性头部分，又含有疏水性的碳氢链部分，萃取剂从广义上讲也是一种表面活性剂。萃取过程存在着复杂的界面现象。从界面现象出发，研究微观结构尺度微乳相萃取机理，开发微乳相萃取分离新技术，在生物技术工程和环境工程上的应用对促进我国生物技术工程以及环境污染控制技术的发展具有十分重要的意义。

二、超临界萃取

超临界萃取分离法是利用超临界流体作为萃取剂的一种萃取分离法。根据热力学原理，当物质所处的温度 T 大于其临界温度 T_c，同时压力 p 大于其临界压力 p_c 时，该物质即处于超临界状态，其性质介于气体和液体之间，既有与液体相仿的高密度，具有较大的溶解能力，又有与气体相近的黏度小、渗透力强等特点，能以超临界萃取剂快速、高效地将待测组分从试样基质中分离出来。改变超临界流体的组成、温度、压力，可有选择性地将不同的组分从试样中先后连续萃取进行分离，因此超临界流体是一种理想萃取剂。超临界流体萃取分离法成为近 20 年来一种高选择性和高效率的分离方法，被广泛应用于从原料中提取少量有效成分，在废水处理中，常用于化学废水的空气氧化处理，吸附剂的活化与再生等。

三、膜分离

膜分离过程是指以选择透过膜为分离介质，当膜两侧存在某种推动力（如浓度差、压力差、电位差等）时，原料侧组分选择性地透过膜，从而达到分离、提纯的目的。不同的膜分离过程推动力不同，选用的膜也不同。用于分离的膜，可以是固相、液相，也可以是气相的。膜分离技术在是在 20 世纪初出现，60 年代后迅速崛起，近 20 年来发展迅速的一门分离新技术。膜分离技术由于兼有分离、浓缩、纯化和精制的功能，又有高效、节能、环保、分子级过滤及过滤过程简单、易于控制等特征，已成为当今分离科学中最重要的手段之一。目前已在工业上大规模应用的有渗析、电渗析、超滤、反透等膜分离技术。在环境工程上可用于食品、生物发酵、染料等工艺废水处理，制浆造纸、纺织工业、脱脂废水处理，含油废水处理以及海水淡化等。另外还广泛应用于食品、医药、生物、化工、冶金、能源、石油等领域。

下篇

实验部分

第一部分

分析化学实验基本知识

第一节　分析化学实验室基础知识

一、分析化学实验的目的和要求

（1）通过实验操作，巩固和扩大课堂学习中所获得的理论知识，培养学生以化学实验为工具获取新知识的能力。

（2）通过实验操作训练，使学生掌握分析化学实验的基本操作技能，完成好实验的基本要求和任务。

（3）通过现象的观察、分析和判断，培养学生一定的独立思考能力以及分析和解决较复杂问题的实践能力。

（4）通过理论指导和严格的分析测定以及实验结果的数据处理，培养学生实事求是的科学态度和科学的思维方法。

（5）通过实验训练，培养学生收集和处理化学信息的能力、文字表达分析结果的能力以及团结协作的精神。

（6）经过严格的实验训练后，使学生具有准确、细致、节约、整洁的工作习惯，培养敬业和一丝不苟的工作精神。

（7）了解实验室工作的有关知识，如实验室的各项规则，实验工作的程序，实验可能发生的一般事故及其处理的一般知识等。

二、实验室规则

实验室规则是人们在长期实验室工作中归纳总结出来的，它是防止意外事故发生、保证正常地从事实验、做好实验的重要前提，每个人都必须做到，必须遵守。

（1）实验课前必须认真预习，明确实验目的，领会实验原理，熟悉实验内容，做好预习报告，对将要进行的实验做到心中有数。

（2）实验时，保持实验室安静，严格遵守操作规程，但切忌机械地“照方抓药”，要思考操作的目的和作用，认真观察实验现象，发现异常情况时，应探究其原因并找出解决办法。

（3）对不熟悉的仪器和设备，应仔细阅读使用说明，听从教师指导，切不可随意动手以防仪器损坏或事故发生。实验台应始终保持清洁有序，节约试剂，不乱扔废弃物，以免阻塞管道。

（4）爱护实验仪器和实验设备，注意节约水、电、煤气和药品。每人应该使用自己的仪器，不得动用他人的仪器；公用仪器和临时共用的仪器用毕应洗净，并立即送回原处。如有损坏，必须及时登记补领。

（5）实验原始数据是得出实验结论的唯一依据。所有原始数据都应边实验边准确地记录在专用的实验记录本上，而不要待实验结束后补记，也不要将原始数据记录在草稿本或其他地方。不能凭主观意愿删去自己不喜欢的数据，更不能随意更改数据。若记错了，在错的数据上轻轻划一道杠，再将正确的记在旁边。数据记录本应预先编好页码，不得撕毁其中的任何一页。

（6）实验完毕，认真书写实验报告，回答思考题，认真总结做好实验的要领、存在的问题及进行误差分析。

（7）结束实验后，将玻璃器皿洗刷干净，仪器复原，并填写登记卡，清洁实验台，清扫实验室，最后检查门、窗、水、电、煤气等是否关闭后才能离开实验室。

（8）对突发的意外事故应保持镇静，切勿惊慌失措；遇有烧伤、烫伤、割伤时应立即报告老师，及时急救和治疗。

（9）鼓励学生对实验中的一切现象（包括异常现象）和对实验以及实验室管理中存在的问题进行讨论，提倡提出自己的看法，做到生动、活泼、主动学习。

三、实验室安全知识

在进行化学实验时，会经常使用水、电、煤气和各种药品、仪器，如果马马虎虎，不遵守操作规则，不但会造成实验的失败和损失，还可能发生事故，因此重视安全操作，熟悉一般的安全知识，学会对意外事故的一般救护措施和处理方法是十分必要的。

1. 实验室安全守则

（1）了解实验室环境，充分熟悉水、电、煤气阀门以及急救箱和消防用品等的位置地点和使用方法。

（2）禁止用湿手接触电源；电器使用完毕关闭开关并立即拔下插头；水和煤气用毕立即关闭阀门；点燃的火柴用后立即熄灭，不得乱扔。

（3）当进行有毒的、恶臭的、刺激性气体生成的实验时，应该在通风橱内进行；加热或蒸发盐酸、硝酸、硫酸也应该在通风橱内进行。

（4）使用易燃物（如酒精、乙醚等）时应远离火源，用毕及时盖紧瓶塞，放在阴凉的地方。

（5）使用强酸、强碱、溴、洗液等具有强腐蚀性的试剂时，要更加小心，切勿溅在皮肤或衣服上，特别注意保护眼睛。

（6）使用有毒试剂（如汞、砷、铅等化合物，尤其是氰化物），不得触及皮肤和伤口。实验后的废液应倒入指定的容器内集中处理。

（7）严禁做未经教师允许的实验和任意混合各种药品，以免发生意外事故。

（8）切勿直接俯视容器中的化学反应或正在加热的液体。

（9）严禁在实验室内饮食、吸烟或把食具带进实验室。实验室药品严禁入口。实验完毕，把手洗净后方可离开。

2．实验室意外事故处理

实验过程中，如发生意外事故，重伤者应立即送医院治疗，轻伤时可采取如下措施。

（1）割伤：不能用水冲洗。伤口内若有碎片应先挑出，涂上红药水，必要时撒些消炎粉后进行包扎。伤势较重时先对伤口周围进行消毒处理，用纱布或清洁物品按住伤口压迫止血，立即送往医院。

（2）烫伤：切勿用水冲洗。轻度烫伤可涂抹烫伤药膏（烫伤膏或红花油），必要时送医院救治。

（3）酸碱灼伤：酸（或碱）溅上皮肤或眼内，先用大量水冲洗，然后用饱和 $NaHCO_3$ 溶液（或硼酸溶液）冲洗，最后再用水冲洗。如被浓硫酸溅到，应先用药棉等洁净物尽量擦净后，再按上法处理。

（4）吸入刺激性或有毒气体：吸入 H_2S、NO_2 或 CO 等有毒气体而感到不适时，立即到室外呼吸新鲜空气。

（5）触电：立即切断电源，必要时对触电者进行人工呼吸。

（6）起火：不慎起火，切勿惊慌，应立即采取措施灭火，并切断电源、关闭煤气总阀，拿走易燃药品等，以防火势蔓延。

一般的小面积着火，可用湿布或沙子等覆盖燃烧物；火势较大时，根据不同的着火原因和现场情况，使用不同的灭火器材（表实-1）。

表实-1　常用灭火器类型及使用范围

类　型	药物成分	应用起火类型
泡沫灭火器	$Al_2(SO_4)_3$，$NaHCO_3$	适用于一般起火及油类起火
高倍式泡沫灭火器	硫酸钠稳定剂、脂肪醇和抗燃剂	适用于火源集中、泡沫容易堆积等场所，大型油池、仓库、木材及纤维等的失火
干粉灭火器	$NaHCO_3$ 等物质，适量润滑剂、防腐剂	适用于油类、可燃气体、电器、精密仪器等失火，文件、书稿等物品的初起火灾。金属钾、钠失火，只可用此灭火剂灭火
四氯化碳灭火器	液态 CCl_4	适用于电器失火。不能用于活泼金属钾、钠失火
1211 灭火器	CF_2ClBr	适用于油类、有机溶剂、高压电器设备、精密仪器等的失火

实验人员衣服着火时，切勿惊慌乱跑，可用湿布覆盖、泼水或就地卧倒打滚等方法灭火，必要时报火警。

3．“三废”的处理

在化学实验中会产生各种各样有毒的废气、废液和废渣。“三废”不仅污染环境，造成公害，而且“三废”中的贵重和有用的成分没能回收，在经济上也是损失。此外，树立环保意识，处理好“三废”是非常重要的事情。

（1）有毒废气的排放：如果做产生少量有毒气体的实验时，可以在通风橱中进行。通过排风设备把有毒废气排放到室外，利用室外的大量空气来稀释有毒废气。如果做产生大量有毒气体的实验时，应该安装气体吸收装置来吸收这些气体，然后进行处理。

（2）废酸和废碱溶液经过中和处理，使 pH 在 6～8，并用大量水稀释后方可排放。

① 含 Cd^{2+}废液：加入消石灰等碱性试剂，使所含的金属离子形成氢氧化物沉淀而除去。

② 含六价铬的化合物：在铬酸废液中，加入 $FeSO_4$、Na_2SO_3，使其变成三价铬后，再加入 NaOH（或 Na_2CO_3）等碱性试剂，调 pH 在 6～8 时，使三价铬形成氢氧化铬沉淀除去。

③ 含氰化物的废液：一种方法为氯碱法，即将废液调节成碱性后，通入氯气或加入次氯酸钠，使氰化物分解成二氧化碳和氮气而除去；另一种方法为铁蓝法，在含有氰化物的废液中加入硫酸亚铁，使其变成氰化亚铁沉淀除去。

④ 含汞及其化合物：有较多的方法，其中一种为离子交换法，此法处理效率高，但成本较高，所以少量含汞废液的处理不适宜用此方法。处理少量含汞废液经常采用化学沉淀法。在含汞废液中加入 Na_2S，使其生成难溶的 HgS 沉淀而除去。

⑤ 含铅盐及重金属的废液：其方法为在废液中加入 Na_2S（或 NaOH），使铅盐及重金属离子生成难溶性的硫化物（或氢氧化物）而除去。

⑥ 含砷及其化合物：在废液中加入硫酸亚铁，然后用氢氧化物调 pH 至 9，这时砷化合物就和氢氧化铁与难溶性的亚砷酸钠或砷酸钠产生共沉淀，经过滤去除。还可用硫化物沉淀法，即在废液中加入 H_2S 或 Na_2S，使其生成砷化物沉淀而去除。

有毒的废液应深埋在指定的地点，如有毒的废渣能溶解于地下水，会混入饮水中，所以不能未经过处理就深埋。有回收价值的废渣应该回收利用。

四、分析实验室用水

分析工作中，洗涤仪器、溶解样品、配制溶液均需用水。一般天然水和自来水中常含有氯化物、碳酸盐、硫酸盐、泥沙等少量无机物和有机物，影响分析结果的准确度。作为分析用水，必须先经一定的方法净化达到国家规定。实验用水规格即根据分析任务和要求的不同，采用不同纯度的水。

根据《分析实验室用水国家标准》（GB/T 6682—2008）规定，实验室用水分为三级。

1．一级水

一级水用于有严格要求的分析实验，包括对颗粒有要求的实验，如高压液相色谱分析用水。

一级水可用二级水经过石英设备蒸馏或离子交换混合床处理后，再经过 0.2 μm 微孔滤膜过滤来制取。

2．二级水

二级水用于无机痕量分析等实验，如原子吸收光谱分析用水。

二级水可用多次蒸馏或离子交换等方法制取。

3．三级水

三级水用于一般化学分析实验。

三级水可用蒸馏或离子交换等方法制取。

分析实验用水符合下列规格。

表实-2　分析实验用水级别及主要指标

名　称	一级	二级	三级
pH 值范围（25℃）	—	—	5.0～7.0
电导率（25℃）/（mS/m）	≤0.01	≤0.10	≤0.50
可氧化物质含量（以 O 计）/（mg/L）	—	≤0.08	≤0.4
吸光度（254 nm，1 cm 光程）	≤0.001	≤0.01	—
蒸发残渣含量（105℃±2℃）/（mg/L）	—	≤1.0	≤2.0
可溶性硅（以 SiO_2 计）/（mg/L）	≤0.01	≤0.02	—

注①：由于在一级水、二级水的纯度下，难以测定真实的 pH 值，因此，对一级水、二级水的 pH 值范围不做规定。

②：由于在一级水的纯度下，难以测定可氧化物质和蒸发残渣含量，对其限量不做规定。可用其他条件和制备方法来保证一级水的质量。

第二节　分析天平的认识和使用

分析天平是定量分析中最重要的分析仪器之一，分析工作中经常要准确称量一些物质的质量，称量的准确度直接影响测定的准确度。因此，了解分析天平的原理、结构和掌握正确的称量方法是做好定量分析实验的基本保证。常用的分析天平有半自动电光天平、全自动电光天平、单盘电光天平等。这些天平在构造和使用方法上虽有些不同，但基本原理相同。

一、天平的构造原理及分类

1．杠杆式机械天平的构造原理

杠杆式机械天平是基于杠杆原理制成的一种衡量用的精密仪器，即用已知质量的砝码来衡量被称物体的质量，根据力学原理，设杠杆 ABC[图实-1（a）]的支点为 B，力点分别在两端 A 和 C 上。两端所受的力分别为 Q 和 P，m_Q 表示被称物体的质量，m_P 表示砝码的质量。对等臂天平而言，支点两边的臂长相等，即 $L_1=L_2$，当杠杆处于水平平衡状态时，支点两边的力矩也相等。即：

$$Q \cdot L_1=P \cdot L_2$$

因为 $L_1=L_2$，$Q=m_Q \cdot g$，$P=m_P \cdot g$

所以 $m_Q=m_P$

上式说明，当等臂天平处于平衡状态时，被称物体的质量等于砝码的质量。这就是等臂天平的称量原理。

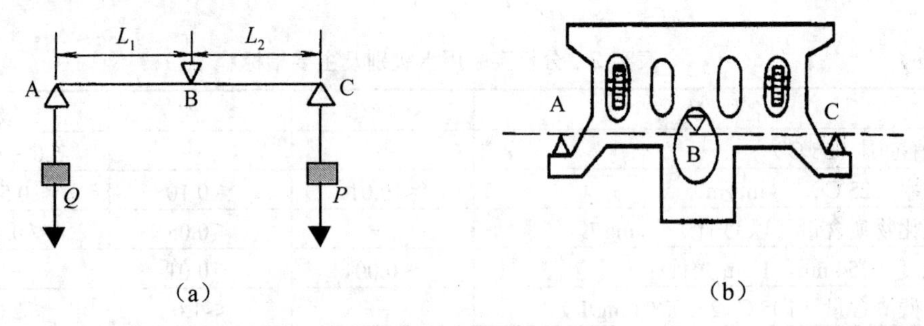

图实-1 等臂天平称量原理

等臂分析天平用三个玛瑙三棱体的锐利的棱边（刀口）作为支点 B（刀口朝下）和力点 A、C（刀口朝上）。这三个刀口必须完全平行并且位于同一水平面，如图实-1（b）中虚线所示。

2．分析天平的灵敏度和级别

分析天平必须具有足够的灵敏度。天平的灵敏度是指在一个秤盘上增加一定质量时所引起指针偏转的程度，一般以分度/mg 表示。指针倾斜程度大表示天平的灵敏度高，设天平的臂长为 L，d 为天平横梁的重心与支点间的距离，m 为梁的质量，a 为在一个盘上加 1 mg 质量时引起指针倾斜的角度，它们之间存在如下关系：

$$a=L/(m \cdot d)$$

a 即为天平的灵敏度。由上式可见，天平梁越轻，臂越长，支点与重心间的距离越短（即重心越高），则天平的灵敏度越高。

天平的灵敏度还可用感量或分度值表示，它们之间的关系如下：

感量=分度值=1/灵敏度

对于一台天平而言，横梁臂长及质量是一定的，所以只能通过调整重心螺丝的高度，来适当改善并得到合适的灵敏度。

3．天平的分类

根据被称量物体的平衡特点，可将天平分为杠杆天平、扭力天平和特种天平。利用杠杆原理进行称量，测定的结果为物体的质量；利用虎克原理进行称量，测定的结果为物体的重量。而特种天平通常是采用液压原理、电磁作用原理、石英振荡原理等设计制作的天平，电子天平即属此类。

根据天平的结构特点，可将其分为等臂（双盘）天平、不等臂（单盘）天平和电子天平。在实验室常用天平中，又根据分度值大小，将其细分为常量分析天平（感量为 0.1 mg）、微量天平（感量为 0.01 mg）和超微量天平（感量为 0.001 mg）。

二、全机械加码分析天平

现以 TG-328A 型全机械加码电光天平为例，介绍这类天平的构造和使用方法。

1．结构

天平的外形和内部结构如图实-2 所示。

（1）横梁部分

横梁部分由横梁、玛瑙刀、刀盒、平衡螺丝、感应螺丝以及指针组成。天平横梁是天平的主要部件，制作横梁的材料主要有铝合金，钛-铜合金以及非磁性不锈钢等。横梁上装有三个玛瑙刀，中间的为支点刀，俗称为中刀，两边为承重刀，俗称为边刀。玛瑙刀的刀刃是否锋利，是否无缺口，是否呈直线都关系到天平的灵敏度和稳定性，所以在使用过程中要特别注意保护天平的刀刃不受冲击，并尽量减少磨损。

横梁的下部为装有微分标牌的指针，经光学系统放大后可成像于投影屏上。此外，横梁的左右两端对称孔内装有平衡螺丝，用以调节天平空载时的平衡位置，即零点；横梁上有重心螺丝，上下移动可改变横梁重心的位置，用于调整天平的灵敏度。

（2）悬挂系统

悬挂系统包括吊耳、阻尼器和秤盘。

吊耳下部挂有阻尼器内筒，它与固定在立柱上的阻尼器外筒之间有一均匀的间隙，这就是空气阻尼器。当天平摆动时，筒内外空气运动的摩擦阻力使横梁在摆动几个周期后迅速停止，便于读数。

秤盘吊挂于吊钩上，由铜合金镀铬制成。吊耳、阻尼器、秤盘都有区分左右的标记，常用“1”或者“·”、“*”表示左边；用“2”或者“··”、“**”表示右边。

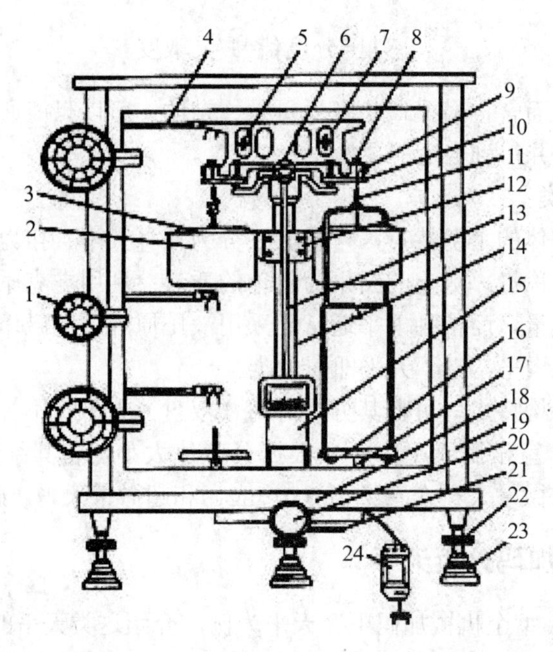

1—指数盘；2—阻尼器外筒；3—阻尼器内筒；4—加码杆；5—平衡螺丝；6—中刀；7—横梁；8—吊耳；9—边刀盒；10—托翼；11—挂钩；12—阻尼架；13—指针；14—立柱；15—投影屏座；16—天平盘；17—盘托；18—底座；19—框罩；20—开关旋钮；21—调零杆；22—调水平底脚；23—脚垫；24—变压器

图实-2 TG-328A 型全机械加码电光天平

（3）立柱部分

立柱是空气柱体，垂直固定在底板上，立柱的上方嵌有一块玛瑙平板，与支点刀口相接触。天平制动器的升降拉杆穿过立柱空心孔，带动大小托翼上下运动。柱的上部装有能升降的托梁架，关闭天平时，它拖住天平横梁，使刀口脱离接触以减少摩擦。

（4）光学读数系统

光学系统是对微分标尺进行光学放大的机构。光源通过光学系统将微标尺上的分度线放大，再反射到光屏上。从光屏上可以看到微标尺的投影，中间为零，左正、右负。光屏的中央刻有一条垂线，当调零点或者称量读数时，垂线与投影的重合处就是天平的平衡位置。天平箱下面的调节杆可以将光屏在小范围内左右移动，用于细调天平零点。

（5）天平升降旋钮

天平升降旋钮位于天平底板的正中，与托梁架、盘托和光源相连。顺时针旋转旋钮，天平开启，接通电源。此时托梁架下降，梁上的三个刀口与相应的玛瑙平板接触，吊耳与秤盘可以自由摆动，光屏上显出微标尺的投影，天平处于工作状态。停止称量时，逆时针关闭升降旋钮，光源切断，横梁、吊耳以及秤盘被托住，天平休止。

（6）机械加码装置

天平的左侧有三组加码装置，全部砝码从下往上分别为 10 g 以上，1～9 g 以及 10～990 mg，装在机械加码盘的挂钩上。通过转动指数盘控制凸轮，使加码杆按指数盘上的读数，将砝码加到吊耳上的加码承受片上。10 mg 以下的数据将在光屏上读取。

（7）外框部分

外框用以保护天平，使之不受外界条件的影响。外框是木制框架，镶有玻璃。前面的门是供安装、清洁和修理天平用的，旁边的门用来取放称量物。

天平的底板下有三个水平调节脚，其中前面两个是可以调节的，而后面的不可调。天平的水准器一般用的是水平泡，通过水泡的位置来判断天平是否处于水平。

2．使用方法

分析天平是精密仪器，使用时要认真、仔细，要预先熟悉使用方法，否则容易出错，使得称量不准确或损坏天平部件。

（1）拿下防尘罩，叠平后放在天平箱上方。检查天平是否正常，例如，天平是否水平；秤盘是否洁净；三个圈码指数盘是否都在“0”位；圈码有无脱位；吊耳是否错位等。

（2）调节零点：接通电源，打开升降旋钮，此时在光屏上可以看到标尺的投影在移动，当标尺稳定后，如果屏幕中央的刻线与标尺上的“0.00”位置不重合，可拨动投影屏调节杆，移动屏的位置，直到屏中刻线恰好与标尺中的“0”线重合，即为零点。如果屏的位置已移到尽头仍调不到零点，则需关闭天平，调节横梁上的平衡螺丝（这一操作由教师进行），再开启天平继续拨动投影屏调节杆，直至调定零点。然后关闭天平，准备称量。

（3）称量：将欲称物体先在架盘药物天平（俗称台秤）上粗称，然后放到天平右盘中心，根据粗称的数据在天平指数盘上加圈码至克位。半开天平，观察标尺移动方向或指针倾斜方向以判断所加圈码是否合适及如何调整。10 g 以上组圈码调定后，再依次调整 1～10 g 组和 10～990 mg 组的圈码，每次均从中间量开始调节，调定圈码至 10 mg 位后，完全开启天平，准备读数。

加减圈码的顺序是：由大到小，依次调定。圈码未完全调定时不可完全开启天平，以免横梁过度倾斜，造成错位或吊耳脱落。

（4）读数：圈码调定，关闭天平门，待标尺停稳后即可读数。

（5）复原：称量、记录完毕，随即关闭天平，取出被称物，圈码指数盘回到“0”位，关闭两侧门，盖上防尘罩。

三、单盘天平

1. 称量原理

单盘天平分等臂和不等臂两种类型，它们的另一个“盘”被配重体所代替，并隐藏在顶罩内后部，起杠杆平衡作用。为减小天平的外观尺寸，承重臂设计的长度一般短于配重力臂，故市售的单盘天平多为不等臂的。如图实-3 所示的是 DT-100 型不等臂横梁，全机械加码单盘减码式电光天平主体部件示意图。

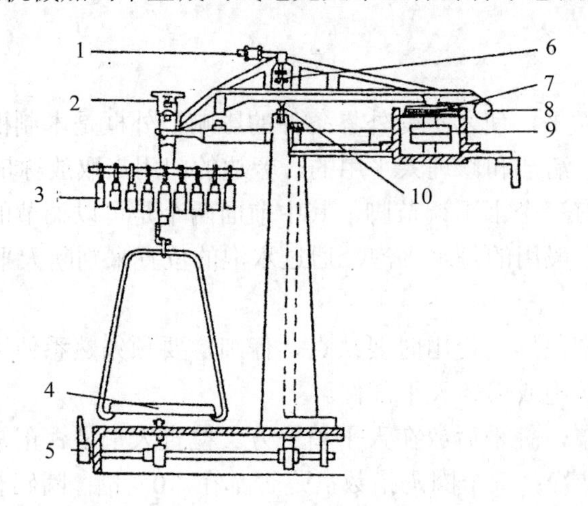

1—调平衡螺丝；2—补偿挂钩；3—砝码；4—天平盘；5—升降钮螺丝；
6—调重心螺丝；7—空气阻尼片；8—微分标尺；9—平衡锤；10—支点刀及刀承

图实-3 全机械加码单盘减码式电光天平

这种不等臂单盘天平只有两个刀口，一个是支点刀，另一个是承重刀，承载悬挂系统，内含的砝码及秤盘都在同一悬挂系统中，横梁的另一端挂有配重锤并安装了缩微标尺。

天平空载时，砝码都在悬挂系统中的砝码架上。开启天平后，合适的配重锤使天平梁处于平衡状态，当被称物放在秤盘上后，悬挂系统由于增加了质量而下沉，横梁失去原有的平衡，为了保持原有的平衡位置，必须减去一定质量的砝码，即用被称物替代了悬挂系统中的内含砝码，所减去的砝码质量与被称物的质量相当，这就是不等臂单盘天平的称量原理。这种天平的称量方法相当于“替代称量法”。

2. 性能特点

上述这种单盘天平的精度等级为 4 级，最大载荷 100 g，最小分度值 0.1 mg，机械减码为 0.1～99 g，标尺显示范围为−15～+110 mg。毫克组砝码的组合误差不大于 0.2 mg，克组及全量砝码的组合误差不大于 0.5 mg。

单盘天平的性能优于双盘天平，主要有以下特点。

（1）感量（或灵敏度）恒定。杠杆式天平的感量在空载与重载时不完全一致，而单盘天平在称量过程中其横梁的载荷是基本恒定的，因此感量也是不变的。

（2）没有不等臂性误差。双盘天平的两臂长度不一定完全相等，因此往往存在一定的不等臂性误差。而单盘天平的砝码与被称物同在一个悬挂系统中，承重刀与支点刀的距离是一定的，因此不存在不等臂性误差。由于采用“替代称量法”，其称量误差主要来源于内含砝码，而这种天平的棒状砝码的精度高。

（3）称量速度快，设有半开机构，可以在半开状态下调整砝码。横梁在半开状态下可轻微摆动，使屏上能显示约 15 个分度，足以判断调整砝码的方向，明显地缩短了调整砝码的时间。又由于阻尼器效果好，使标尺平衡速度快（约 15 s），所以，称量速度明显地快于双盘天平。

3．使用方法

天平外形及各操作机构如图实-4 所示。

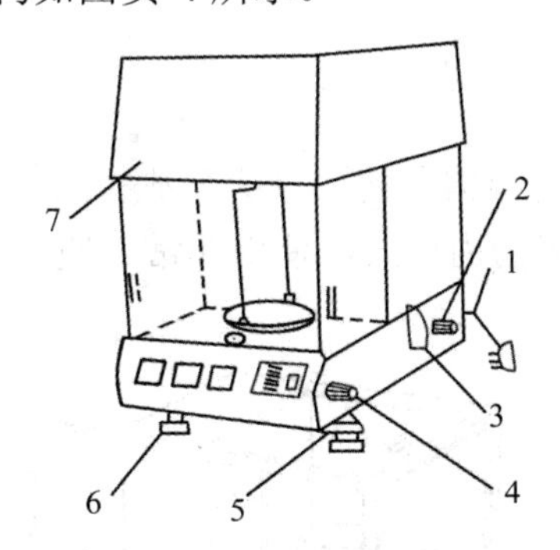

1—外接电源线；2—零调手钮；3—停动手钮；

4—微读手钮；5—调整脚螺丝；6—减震脚垫；7—顶罩

图实-4 DT-100 型天平右侧外形

（1）准备工作：打开防尘罩，叠平后放在天平顶罩上，将电源开关向上扳动，检查天平盘是否干净。如果水平仪中的水泡偏离中心，则缓慢调节左边或右边的调整脚螺丝使水泡位于中心；如果减码数字窗口不为“0”，则调节相应的减码手轮使窗口都显示“0”，旋动微读手钮，使微读轮上的“0”线对准微读数字窗口左边的指标线。

（2）校正天平零点：停动手钮是天平的总开关，它控制托梁架和光源的微动开关，手钮位于垂直状态时，天平处于关闭状态。将停动手钮缓缓向前转动 90°（即尖端指向操作者），天平即处于开启状态，投影屏上显示出缓慢移动的标尺投影，待标尺稳定后，旋动天平右后方的零调手钮，使标尺上的“00”线位于投影屏右边的夹线正中，即已调定零点，关闭天平。

（3）称量：推开天平侧门，放被称物于秤盘中心，关上侧门；将停动手钮向后（即背向操作者）转动约 30°，此时天平处于“半开”状态，横梁可摆动 15 个分度左右，半开状态仅可调整砝码：先转动 10～900 g 减码手轮，同时观察投影屏，当转动手轮至屏中标尺向上移动并显示负值时，随即退回 1 个数（如左边一个窗口的数字由 2 退为 1），此时已调定 10 g 组砝码；如此操作，再依次转动 1～9 g 减码手轮和 0.1～0.9 g 减码手轮以调定 1 g 组和 0.1 g 组砝码；将停动手钮缓缓向前转动至水平状态（天平由半开状态经关闭至全开），待标尺停稳后，再按顺时针方向转动微读手钮使标尺中离夹线最近的一条线移至夹线中央。重复一次关、开天平，若标尺的平衡位置没有改变即可读数。标尺上每一分度为 1 mg，微读轮转动 10 个刻度，则标尺准确移动 1 个分度，微读数字窗口只读 1 位数（0.1～0.9 mg）。读数记录之后，随即关闭天平。

（4）复原：取出被称物体，关上侧门，将各数字窗口均恢复为“0”。当第一次使用天平时，可检查零点有无变化，将电源开关扳至水平状态，盖上防尘罩。

四、电子天平

1. 结构

电子天平种类繁多，但是结构和使用方法大致相同。目前多数为上皿式，悬盘式已很少见到，校正方式也多为内校式，使用非常方便。图实-5 为上海天平仪器厂生产的 FA1604 型电子天平。

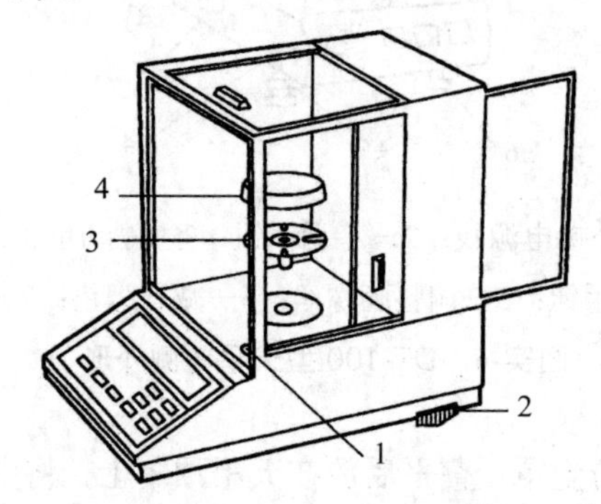

1—水平仪；2—水平调节脚；3—盘托；4—称量盘

图实-5 FA1604 型电子天平

2. 性能特点

（1）电子天平支撑点采用弹性簧片，没有机械天平的宝石或玛瑙刀，取消了升降框装置，采用数字显示方式代替指针刻度式显示；使用寿命长，性能稳定，灵敏度高，操作方便。

（2）电子天平采用电磁力平衡原理，称量时全量程不用砝码。放上被称物后，在几秒钟内达到平衡，显示读数，称量速度快，精度高。

（3）有的电子天平具有称量范围和读数精度可变的功能，如瑞士梅特勒 AE240

天平，在 0～205 g 称量，读数精度为 0.1 mg。在 0～41 g 称量，读数精度为 0.01 mg，可以一机多用。

（4）分析及半微量电子天平一般具有内部校正功能。天平内部装有标准砝码，使用校准功能时，标准砝码被启用，天平的微处理器将标准砝码的质量值作为校准标准，以获得正确的称量数据。

（5）电子天平是高智能化的，可在全量程范围内实现去皮重、累加、超载显示、故障报警等。

（6）电子天平具有质量电信号输出功能，这是机械天平无法做到的，它可以连接打印机、计算机，实现称量、记录和计算的自动化。同时也可以在生产、科研中作为称量、检测的手段，或参与组成各种新仪器。

3. 天平的使用

（1）水平调节

观察水平仪，看天平是否处于水平位置，若水平仪有偏移，则通过调整水平调节脚，使水泡位于中心位置。

（2）预热

接通电源，预热 30 min 后开启显示器进行操作。

（3）校准

首次使用天平、使用天平 30 天以上以及较远距离地搬动天平，都需要对天平进行校准。校准程序按说明书上的步骤进行。

（4）称量

按下显示器的开关键，待显示出稳定的零点后，将物体放置于天平秤盘的中央，关上防风门，显示稳定后的数据即为称量值。操作相应的键可以完成“清零”、“去皮”、“增重”、“减重”等称量功能。从电子天平的结构和操作方法上可以看出，与传统的杠杆天平相比，其称量的快捷是其最大的特点。

第三节　玻璃仪器的洗涤与干燥

一、仪器的洗涤

化学实验中经常使用各种玻璃仪器和瓷器。如使用不干净的仪器进行实验，往往会由于污物和杂质的存在，而得不到准确的结果。因此，在进行化学实验时，必须把仪器洗涤干净。

一般来说，附着在仪器上的污物有尘灰、可溶性物质和不溶性物质、有机物及油污等。针对这些不同的污物，可以分别采用以下方法洗涤。

（1）用水刷洗：用水和容器刷刷洗，除去器皿上的尘灰和其他不溶性和可溶性杂质。

（2）用肥皂、洗衣粉和合成洗涤剂洗涤：洗涤时先将器皿用水湿润，再用毛刷蘸少许洗涤剂，将仪器内外洗刷一遍，然后用水边冲边刷洗，直至洗净为止。

（3）用铬酸洗液（简称洗液）洗涤：坩埚、称量瓶、吸量管、滴定管等宜用洗液洗涤，必要时可加热洗液。洗液可反复使用。洗液是浓硫酸和饱和重铬酸钾溶液的混合物，有很强的氧化性和酸性。使用洗液时，应避免引入大量的水和还原性物质（如某些有机物），以避免洗液冲稀或变绿而失效。若还原成绿色，可加入固体 $KMnO_4$ 使其再生。这样，实际消耗的是 $KMnO_4$，可减少铬对环境的污染。另外六价铬对人体有害，又污染环境，应尽量少用。

洗液的配制：将 20 g 粗 $K_2Cr_2O_7$ 置于 500 mL 烧杯中，加水 40 mL，加热溶解，冷却后沿杯壁在搅拌下缓慢加入 320 mL 浓硫酸即成。

（4）用盐酸-乙醇洗液洗涤：将化学纯的盐酸和乙醇按 1∶2 的体积比混合，此洗液主要用于洗涤被染色的吸收池、比色管、吸量管等。

（5）用特殊的试剂洗涤：一些仪器上常常有不溶于水的污垢，尤其是原来未清洗而长期放置后的仪器。这时需要视污垢的性质选用合适的试剂，使其经化学作用而除去。

除了上述清洗方法外，还可用超声波清洗器。只要把用过的仪器，放在配有合适洗涤剂的溶液中，接通电源，利用声波的能量和振动，就可以将仪器清洗干净，既省时又方便。

不论用上述哪种方法洗涤器皿，最后都必须用自来水冲洗，再用蒸馏水或去离子水荡洗三次。洗净的器皿，放去水后内壁应只留下均匀一薄层水，如壁上挂着水珠，说明没有洗净，必须重洗。

二、仪器的干燥

根据不同的情况，可采用下列方法将洗净的仪器干燥。

（1）晾干：将洗净的仪器倒立放置在适当的仪器架上，让其在空气中自然干燥，倒置可以防止尘灰落入，但要注意放稳仪器。

（2）烘干：将洗净的仪器放入电热恒温干燥箱内干燥。注意玻璃仪器干燥时，应先洗净并将水尽量倒干，放置时应注意平放或使仪器口朝上，带塞的瓶子应打开瓶塞，如果能将仪器放平在托盘里则更好。

（3）烤干：试管能直接用火烤，但管口必须朝下倾斜，以免水珠倒流引起炸裂。火焰先从试管底部开始，缓慢向下移至管口，如此反复烘烤，直到不见水珠后，再将管口朝上，把水汽烘烤干。烧杯或蒸发皿（先将外壁水珠擦去）可置于石棉网上用小火烤干。

（4）吹干：用电吹风或玻璃仪器气流干燥器将玻璃仪器吹干。用吹风机吹干时，一般先用热风吹玻璃仪器的内壁，待干后再吹冷风使其冷却。如果先用易挥发的溶剂如乙醇、丙酮等淋洗仪器，将淋洗液倒净，然后用吹风机的冷风—热风—冷风的顺序吹，则会干得更快。另一种方法是将洗净的仪器直接放在气流干燥器里进行干燥。

注意：一般带有刻度的计量仪器，如量筒、移液管、容量瓶等不得用明火或电炉直接加热的方法进行干燥，以免影响仪器的精密度或使仪器破裂。玻璃磨口仪器和带旋塞的仪器洗净后放置时，应该在磨口和旋塞处垫上小纸片，以防长期放置后粘上不易打开。

第四节　滴定分析仪器和基本操作

滴定分析中常用到容量瓶、移液管、滴定管等仪器来准确测量溶液的体积。对这类仪器的正确使用是提高分析结果准确度的关键。要特别指出的是，容量瓶是“容纳”仪器，而滴定管和移液管是“放出”仪器，它们的使用功能是有明显区别的。下面分别介绍这几种常用仪器的操作要领（图实-6和图实-7）。

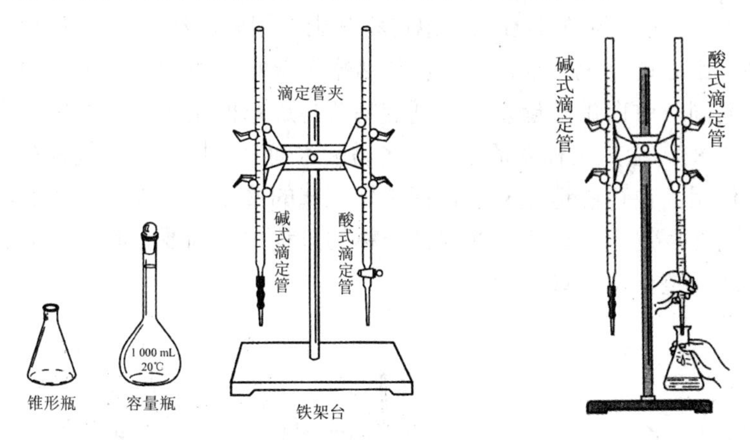

图实-6　滴定分析常用的仪器　　图实-7　滴定装置和操作

一、滴定管

滴定管是完成滴定分析最基本的仪器之一。通常分为两种：一种是下端带有玻璃旋塞的酸式滴定管；另一种是下端连接一软橡皮管，内放一玻璃珠，橡皮管下端再连一尖嘴玻璃管的碱式滴定管。

1. 滴定管的准备

新拿到一支滴定管，用前应先做一些初步检查。如酸式管旋塞是否匹配，碱式管的乳胶管孔径与玻璃球大小是否合适，乳胶管是否有孔洞、裂纹和硬化，滴定管是否完好无损等。初步检查合格后，进行下列准备工作。

（1）洗涤。滴定管可用自来水冲洗或用细长的刷子蘸洗衣粉液洗刷，但不能用去污粉。去污粉的细颗粒很容易黏附在管壁上，不易清洗除去。也不要用铁丝做的毛刷刷洗，因为容易划伤器壁，引起容量的变化，并且划伤的表面更易藏污垢。如果经过刷洗后内壁仍有油脂（主要来自于旋塞润滑剂），可用铬酸洗液荡洗或浸泡。对于酸式滴定管，加入10～15 mL洗液，边旋转边将滴定管平放，并将滴定管口对着洗液瓶口，以防洗液洒出，直到洗液布满全管为止。然后打开旋塞，将洗液放回原洗液瓶中。而碱式滴定管则要先拔去乳胶管，换上一小段塞有短玻璃棒的橡皮管，然后按上述方法洗涤。如油污严重可用温洗液浸泡。无论用哪种方法洗，最后都要用自来水充分洗涤，继而用蒸馏水荡洗2～3次。洗净的滴定管在水流去后内壁应均匀地润上一薄层水，若管壁上还挂有水珠，说明未洗净，必须重洗。

（2）旋塞涂凡士林。使用酸式滴定管时，为使旋塞旋转灵活而又不致漏水，一般需将旋塞涂一薄层凡士林。其方法是将滴定管平放在实验台上，取下旋塞芯，用吸水纸将旋塞芯和旋塞槽内擦干。然后分别在旋塞的大头表面上和旋塞槽小口内壁沿圆周均匀地涂一层薄薄的凡士林（也可将凡士林用同法涂在旋塞芯的两头），在旋塞孔的两侧，小心地涂上一细薄层，以免堵塞旋塞孔。将涂好凡士林的旋塞芯插进旋塞槽内，向同一方向旋转旋塞，直到旋塞芯与旋塞槽接触处全部呈透明而没有纹路为止（图实-8）。涂凡士林要适量，过多易漏水而且可能会堵塞旋塞孔，过少则起不到润滑的作用，也可能造成漏水。把装好旋塞的滴定管平放在桌面上，让旋塞的小头朝上，用橡皮筋套牢旋塞。在涂凡士林的过程中特别要小心，切莫让旋塞芯跌落在地上，造成整支滴定管报废。

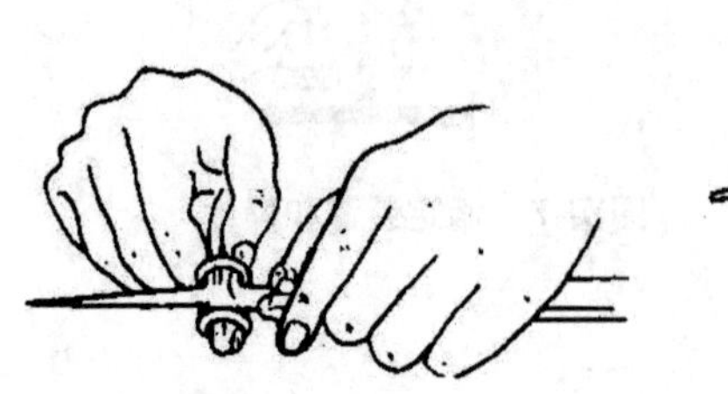

（a）旋塞槽的擦法

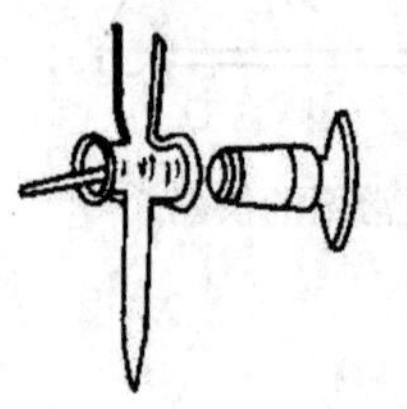

（b）旋塞涂油法

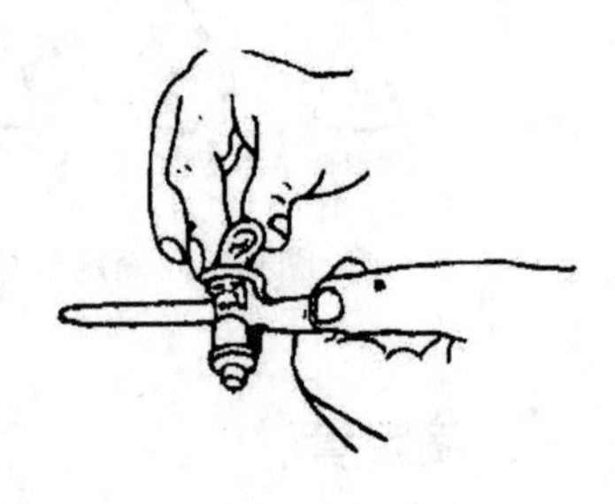

（c）旋塞的旋转法

图实-8 旋塞涂凡士林

（3）检漏。检漏的方法是将滴定管用水充满至“0”刻度附近，然后夹在滴定管夹上，用吸水纸将滴定管外擦干，静置 1 min，检查管尖或旋塞周围有无水渗出，然后将旋塞转动 180°，重新检查。如有漏水，必须重新涂凡士林再进行调整。

（4）滴定剂溶液的加入。加入滴定剂溶液前，先用蒸馏水荡洗滴定管 3 次，每次约 10 mL。荡洗时，两手平端滴定管，慢慢旋转，让水遍及全管内壁，然后从两端放出。再用待装溶液荡洗 3 次，用量依次为 10 mL、5 mL、5 mL。荡洗方法与用蒸馏水荡洗时相同。荡洗完毕，装入滴定液至“0”刻度以上，检查旋塞附近（或橡皮管内）及管端有无气泡。如有气泡，应将其排出。排出气泡时，对酸式滴定管是用右手拿住滴定管使它倾斜约 30°，左手迅速打开旋塞，使溶液冲下将气泡赶出；对碱式滴定管可将橡皮管向上弯曲，捏住玻璃珠的右上方，气泡即被溶液压出。如图实-9 所示。

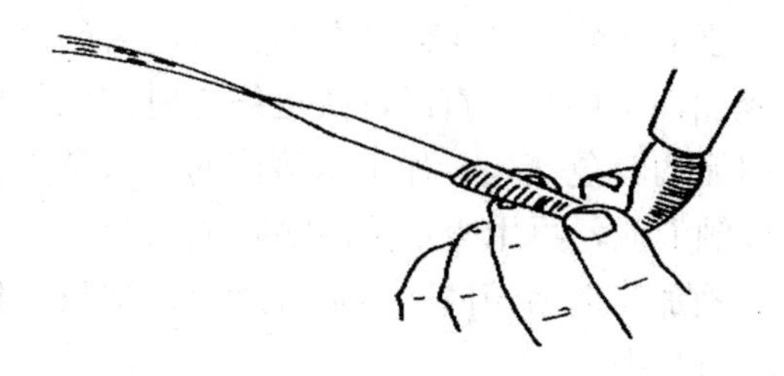

图实-9　碱式滴定管中气泡的赶出

2．滴定管的操作方法

滴定管应垂直地夹在滴定管架上。使用酸式滴定管滴定时，左手无名指和小指弯向手心，其余三指控旋塞旋转（图实-10）。不要将旋塞向外顶，以免漏水，也不要太向里紧扣，使旋塞转动不灵。

使用碱式滴定管时，左手无名指和中指夹住尖嘴，拇指与食指向侧面挤压玻璃珠所在部位稍上处的乳胶管（图实-11），使溶液从缝隙处流出。但要注意不能使玻璃珠上下移动，更不能捏玻璃珠下部的乳胶管。

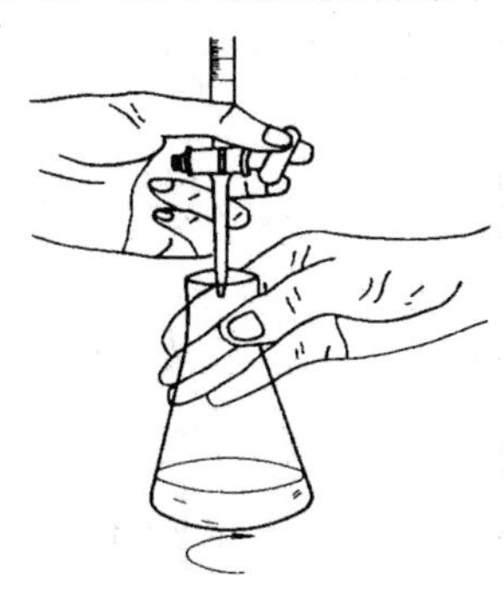

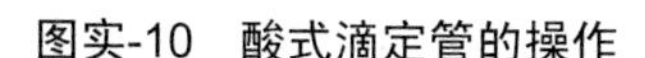

图实-10　酸式滴定管的操作

图实-11　碱式滴定管的操作

无论用哪种滴定管，都必须掌握三种加液方法：① 逐滴滴加；② 加一滴；③ 加半滴。

3. 滴定方法

滴定操作一般在锥形瓶内进行（图实-10 和图实-11）。

在锥形瓶中进行滴定时，右手前三指拿住瓶颈，瓶底离瓷板（或台面）2～3 cm。将滴定管下端伸入瓶口约 1 cm。左手如前述方法操作滴定管，边摇动锥形瓶，边滴加溶液。滴定时应注意以下几点：

（1）摇瓶时，转动腕关节，使溶液向同一方向旋转（左旋、右旋均可），但勿使瓶口接触滴定管出口尖嘴。

（2）滴定时，左手不能离开旋塞任其自流。

（3）眼睛应注意观察溶液颜色的变化，而不要注视滴定管的液面。

（4）溶液应逐滴滴加，不要流成直线，接近终点时，应每加一滴，摇几下，直至加半滴使溶液出现明显的颜色变化。加半滴溶液的方法是先使溶液悬挂在出口尖嘴上，以锥形瓶内壁接触液滴，再用少量蒸馏水吹洗瓶壁。

（5）用碱式滴定管滴加半滴溶液时，应放开食指与拇指，使悬挂的半滴溶液靠入瓶口内，再放开无名指与中指。

（6）每次平行滴定应从“0”分度开始。

（7）滴定结束后，弃去滴定管内剩余的溶液，随即洗净滴定管。

若在烧杯中进行滴定，烧杯应放在白瓷板上，将滴定管出口尖嘴伸入烧杯约 1 cm。滴定管应放在左后方，但不要靠杯壁，右手持玻璃棒搅动溶液。加半滴溶液时，用玻璃棒末端承接悬挂的半滴溶液，放入溶液中搅拌。注意玻璃棒只能接触液滴，不能接触管尖。

溴酸钾法、碘量法等需在碘量瓶中进行反应和滴定。碘量瓶是带有磨口玻璃塞和水槽的锥形瓶（图实-12），喇叭形瓶口与瓶塞柄之间形成一圈水槽，槽中加纯水可形成水封，防止瓶中溶液反应生成的气体（Br_2、I_2 等）逸失。反应一定时间后，打开瓶塞水即流下，并可冲洗瓶塞和瓶壁，接着进行滴定。

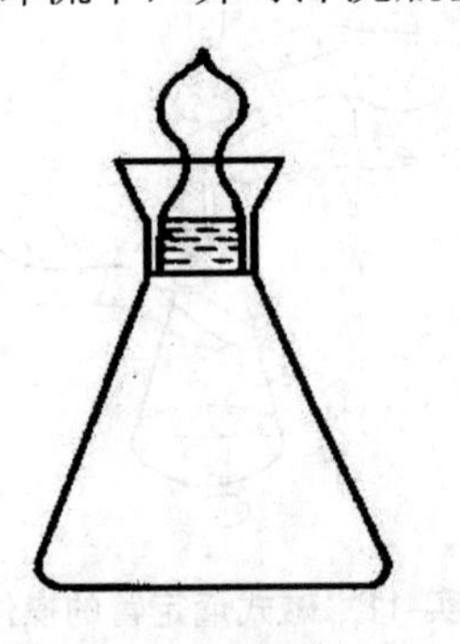

图实-12 碘量瓶

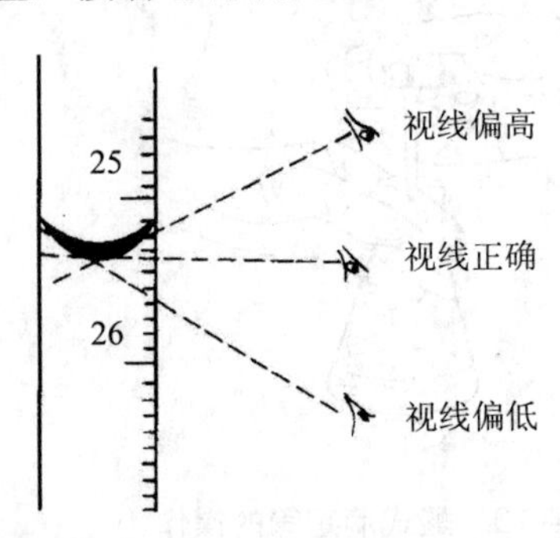

图实-13 读数时视线的方向

4．滴定管的读数

读数应遵照下列原则：

（1）读数时，可将滴定管夹在滴定管架上，也可以右手指夹持滴定管上部无刻度处。不管用哪一种方法读数，均应使滴定管保持垂直状态。

（2）读数时，视线应与液面成水平。视线高于液面，读数将偏低；反之，读数偏高（图实-13）。

（3）对于无色或浅色溶液，应该读取弯月面下缘的最低点。溶液颜色太深而不能观察到弯月面时，可读两侧最高点（图实-14）。初读数与终读数应取同一标准。

（4）读数应估计到最小分度的 1/10。对于常量滴定管，读到小数后第二位，即估计到 0.01 mL。

（5）初学者练习读数时，可在滴定管后衬一黑白两色的读数卡（图实-15）。将卡片紧贴滴定管，黑色部分在弯月面下约 1 mm 处，即可看到弯月面反映层呈黑色。若用白色背景，观察到的是弯月面反映层的虚像。但因这一影像随卡片与滴定管的距离、卡片倾斜角度及光线强弱等因素而变化，因此不宜采用。

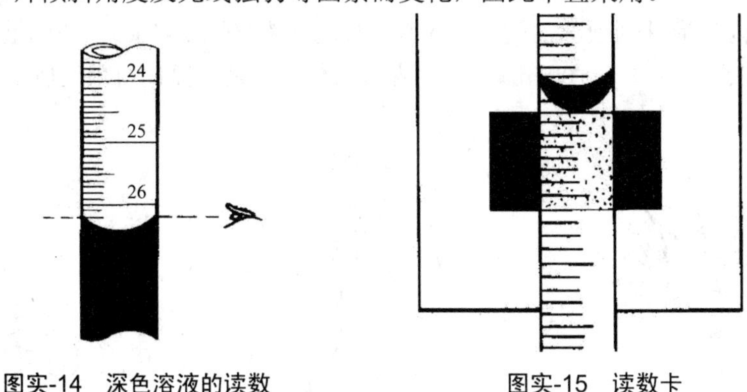

图实-14　深色溶液的读数　　　图实-15　读数卡

二、容量瓶

容量瓶是细颈梨形平底玻璃瓶，由无色或棕色玻璃制成，带有磨口玻璃塞，颈上有一标线。一般容量瓶都是“量入”式的，瓶上标有“E”字样，是用来配制一定体积标准溶液用的。当溶液充满到标线时，瓶内液体的体积恰好与瓶上标出的体积相同。

（1）容量瓶使用前应先检查

检查瓶口是否漏水：加水至刻度线，盖上瓶塞颠倒 10 次（每次颠倒过程中要停留在倒置状态 10 s）以后不应有水渗出（可用滤纸片检查）。将瓶塞旋转 180° 再检查一次，合格后用橡皮筋将瓶塞和瓶颈上端拴在一起，以防摔碎或与其他瓶塞弄混。

（2）容量瓶的洗涤

用铬酸洗液清洗内壁，然后用自来水和蒸馏水洗净。某些仪器分析实验中还需用硝酸或盐酸洗液清洗。

（3）用容量瓶配制溶液

用固体物质（基准试剂或被测样品）配制溶液时，应先在烧杯中将固体物质全溶解后再转移至容量瓶中。转移时要使溶液沿玻璃棒流入瓶中，其操作方法如图实-16a 所示。烧杯中的溶液倒尽后，烧杯不要直接离开玻璃棒，而应在烧杯扶正的同时使杯嘴沿玻璃棒上提 1～2 cm，随后烧杯再离开玻璃棒，这样可避免杯嘴与玻璃棒之间的一滴溶液流到烧杯外面。然后再用少量水（或其他溶剂）刷洗烧杯 3～4 次，每次用洗瓶或滴管冲洗杯壁和玻璃棒，按同样的方法移入瓶中。当溶液达 2/3 容量时，应将容量瓶沿水平方向轻轻摆动几周以使溶液初步混匀。再加水至刻线以下约 1 cm，等待 1～2 min，最后用滴管从刻线以上 1 cm 以内的一点沿颈壁缓缓加水至弯月面最低点与标线上边缘水平相切，随即盖紧瓶塞，左手捏住瓶颈上端，食指压住瓶塞，右手二指托住瓶底（图实-16b），将容量瓶颠倒 15 次以上，每次颠倒时都应使瓶内气泡升到顶部，倒置时应水平摇动几圈（图实-16c），如此重复操作，可使瓶内溶液充分混匀。100 mL 以下的容量瓶，用一只手抓住瓶颈及瓶塞进行颠倒和摇动即可。

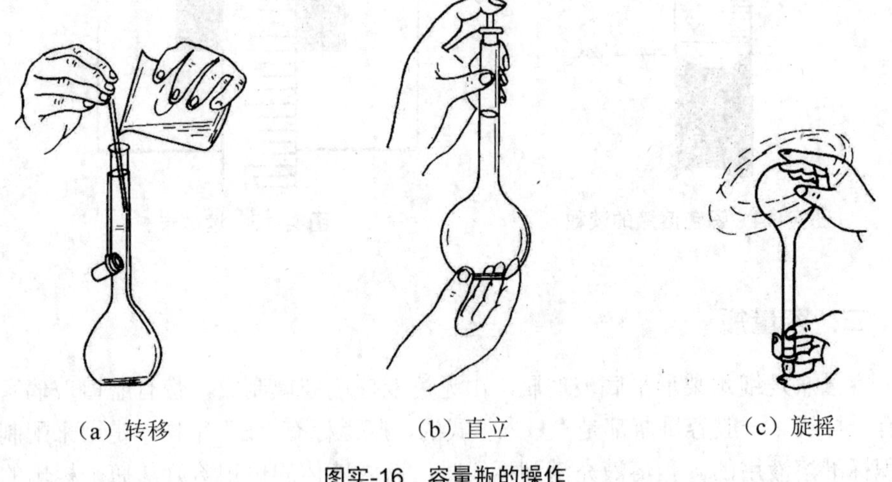

（a）转移　　（b）直立　　（c）旋摇

图实-16　容量瓶的操作

热溶液应冷至室温后，才能转移入容量瓶中，否则会造成体积误差。此外，对玻璃有腐蚀作用的溶液，如强碱溶液，不能在容量瓶中久贮，配好后应立即转移到其他容器（如塑料试剂瓶）中密闭存放。

三、移液管和吸量管

1. 移液管

移液管是用于准确移取一定体积溶液的量出式玻璃量器，正规名称是“单标线吸量管”，习惯称为移液管。它的中间有一膨大部分（图实-17），管颈上部刻有一标线，用来控制所吸取溶液的体积。移液管的容积单位为毫升(mL)，其容量为在 20℃时按规定方式排空后所流出纯水的体积。常用的移液管有 5 mL、10 mL、20 mL、25 mL、50 mL 等规格。

移液管的正确使用方法如下：

（1）洗涤：移液管和吸量管在使用前应洗净，通常先用自来水冲洗一次，再用铬酸洗液洗涤，使其内壁及下端的外壁均不挂水珠。再依次用自来水、蒸馏水洗净。

（2）移液管的润洗：移取溶液之前，先用滤纸片将流液口内外残留的水擦掉，然后用欲移取的溶液润洗 3 次。方法是：用洗净并烘干的小烧杯倒出一部分欲移取的溶液，用移液管吸取溶液 5～10 mL，立即用右手食指按住管口（尽量勿使溶液回流，以免稀释），将管横过来，用两手的拇指及食指分别拿住移液管的两端，转动移液管并使溶液布满全管内壁，当溶液流至距上口 2～3 cm 时，将管直立，使溶液由尖嘴（流液口）放出，弃去。

（3）移取溶液：移液管经润洗后，用右手拇指及中指拿住管颈刻线以上的地方(后面两个手指依次靠拢中指)，将移液管插入待吸液液面以下 1～2 cm 深度。不要插入太深，以免外壁沾带溶液过多；也不要插入太浅，以免液面下降时吸空。左手拿洗耳球，排除空气后紧按在移液管口上，借吸力使液面慢慢上升，移液管应随待吸液液面的下降而下降。当管中液面上升至刻线以上时，迅速用右手食指堵住管口(食指最好是潮而不湿)，稍松食指，用拇指及中指轻轻捻转管身，使液面缓慢下降，直到调定零点。按紧食指，使溶液不再流出，将移液管慢慢垂直移入准备接受溶液的容器中，仍使其流液口接触倾斜的器壁（30°）。松开食指，使溶液自由地沿壁流下（图实-17），待下降的液面静止后，再等待 15 s，然后移出移液管。用移液管自容量瓶中移取溶液时，吸取溶液时移液管应随容量瓶中液面的下降而下降。

注意：在调整零点和排放溶液过程中，移液管都要保持垂直，其流液口要接触倾斜的器壁（不可接触下面的溶液）并保持不动；等待 15 s 后，流液口内残留的一点溶液一般不可用外力使其被震出或吹出。如管上标有“吹”字，则当溶液下降到管尖后，从管口轻吹一下即可。移液管用完应放在管架上，不要随便放在实验台上，尤其要防止管颈下端被沾污。如短时间内不再用它，则应立即用自来水冲洗，蒸馏水清洗后放在移液管架上。

2. 吸量管

吸量管的全称是“分度吸量管”，它是带有分度的量出式量器（图实-18），用于移取非固定量的溶液。

吸量管的使用方法与移液管大致相同。

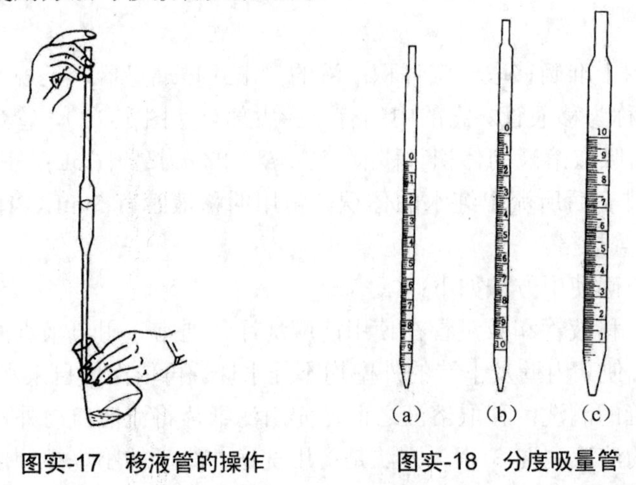

图实-17 移液管的操作　　图实-18 分度吸量管

第五节 试剂的存放、取用、配制及规格

一、试剂的存放

固体试剂一般存放在易于取用的广口瓶内，液体试剂则存放在细口的试剂瓶中。一些用量小而使用频繁的试剂，如指示剂、定性分析试剂等可盛装在滴瓶中，见光易分解的试剂（如 $AgNO_3$、$KMnO_4$、饱和氯水等）应装在棕色瓶中。对于 H_2O_2，则通常存放在不透明的塑料瓶中，放置于阴凉的暗处。试剂瓶的瓶盖一般都是磨口的，但盛强碱性试剂（如 NaOH、KOH）及 Na_2SiO_3 溶液的瓶塞应换成橡皮塞，以免长期放置互相粘连。易腐蚀玻璃的试剂（如氟化物等）应保存在塑料瓶中。

对于易燃、易爆、强腐蚀性、强氧化性及剧毒品的存放应特别加以注意，一般按要求需要分类单独存放。

盛装试剂的试剂瓶都应贴上标签，并写明试剂的名称、纯度、浓度和配制日期，标签外面应涂蜡或用透明胶带等保护。

二、试剂的取用

首先看清标签再打开瓶塞，瓶塞应倒放在实验台上。如瓶塞非平顶，则用中指和食指将它夹住或放在清洁的表面皿上，不能将瓶塞横放在实验台上，以免沾污。取完试剂即将瓶塞盖紧并放回原处，严禁弄错瓶塞。

1．固体试剂的取用

（1）左手持瓶，稍倾斜，右手持洁净、干燥的药勺伸入瓶内，从瓶口往内观察，调节所取药量。如果试剂用量很少，可用药勺另一端的小勺。用过的药勺必须洗净、擦干后再取另一种试剂，或者专勺专用。

（2）注意按指定量取药品，多取的不能倒回原处，只能放在另一指定的容器中备用。

（3）需要称量时，可将药品放在洁净的干纸上（勿用滤纸）或表面皿上。药品用量较大或易吸湿的可用烧杯等盛装。

2．液体试剂的取用

（1）从细口瓶中取试剂。

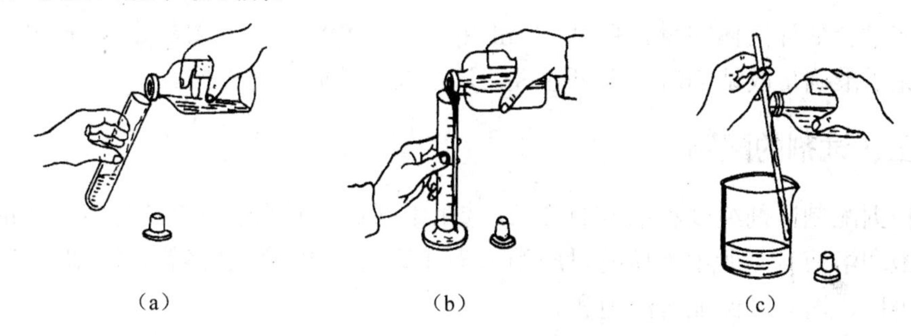

图实-19　倾注法取液体试剂

右手持试剂瓶，手心朝向贴有标签的一侧，将瓶口紧靠试管、烧杯或量筒的边缘。缓慢倾斜瓶子，让试剂沿壁徐徐流入（图实-19a、b）。倾出所需要量的试剂后，逐渐竖起瓶子，稍加停留后再离开盛器，使遗留在瓶口的试剂全部流回，以免弄脏试剂瓶的外壁。

用烧杯等大口容器盛取溶液时，可用一根洁净的玻璃棒紧靠瓶口，让溶液沿着它徐徐流入杯内（图实-19c）。玻璃棒随着液面上升逐渐往上提。倒出需要量的溶液后，慢慢竖起瓶子，稍加停留，再拿开玻璃棒，并随即洗净。

（2）从滴瓶中取试剂。用中指和无名指夹住滴管颈部，拇指和食指虚按橡皮乳头，提起滴管（图实-20a）。

如果滴管中已存有溶液，即可滴用。如无溶液，则轻压橡皮乳头赶出空气后，随即伸入溶液，放松手指吸入溶液。切勿在滴瓶内驱气鼓泡，以免溶液变质。滴管取出后切不可横置或倒置，以免溶液流入橡皮乳头而腐蚀橡皮和沾污溶液。

如将溶液滴入试管（或量筒）中时，不要将滴管伸入管内，否则容易碰到管壁而沾污。通常在管口上方约 0.5 cm 处将试剂滴入（图实-20b）。取完试剂后，滴管应立即插回原瓶，切忌张冠李戴，也不可用自己的滴管去取公用试剂。

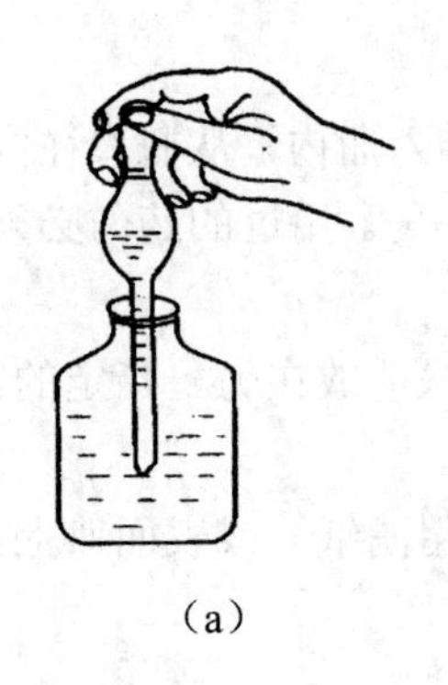

(a)

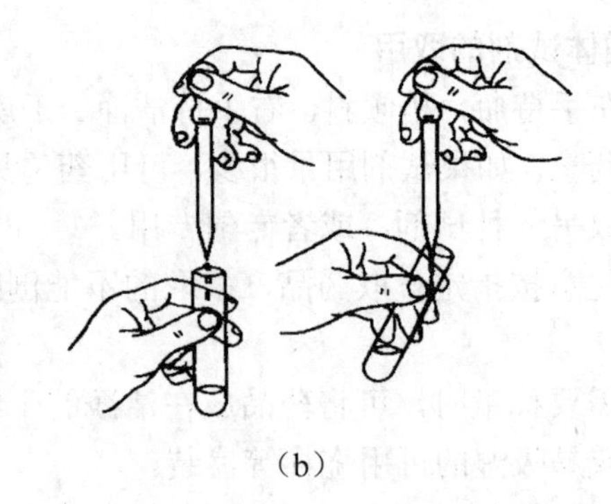

(b)

图实-20 用滴管移取液体

应学会估计液体的量。例如，1 mL 相当于多少滴？一滴管约多少毫升？当某些实验无需准确量取试剂时，则可通过估计量取，从而简化操作。

三、试剂的配制

根据配制试剂纯度和浓度的要求，选用不同级别的化学试剂并计算溶质的用量。配制饱和溶液时，所用溶质的量应稍多于计算量，加热使之溶解，冷却，待结晶析出后再用，这样可保证溶液饱和。

配制溶液时如有大量的溶解热产生（如配制 NaOH 溶液），则配制溶液的操作一定要在烧杯中进行。

溶液配制过程中，加热和搅拌可加速溶解。但搅拌不宜太剧烈，不能使搅拌棒触及烧杯壁。配制易水解的盐溶液时，必须把试剂先溶解在相应的酸溶液（如 $SnCl_2$、$SbCl_2$、$Bi(NO_3)_3$ 等）或碱溶液（如 Na_2S 等）中以抑制水解。对于易氧化的低价金属盐类，不仅需要酸化溶液，而且应在该溶液中加入相应的纯金属，防止低价金属离子的氧化。

四、试剂的规格

化学试剂的规格是以其中所含杂质多少来划分的，根据国家标准（GB）及部颁标准，一般可分为四个等级，其规格和适用范围见表实-3。

表实-3 化学试剂的级别

试剂级别	保证试剂	分析纯试剂	化学纯试剂	实验试剂
	一级	二级	三级	四级
标签颜色	绿色	红色	蓝色	棕色或黄色
符号	G.R.	A.R.	C.P.	L.R.
适用范围	适用于精密的分析及研究工作	适用于多数的分析研究及教学实验工作	适用于一般性化学实验及教学工作	适用于一般定性化学实验

此外，还有光谱纯试剂、基准试剂、色谱纯试剂等。

光谱纯试剂（符号 S.P.）的杂质含量用光谱分析法已测不出或者其杂质的含量低于某一限度，这种试剂主要作为光谱分析中的标准物质。

基准试剂的纯度相当于或高于保证试剂。基准试剂用做滴定分析中的基准物质是非常方便的，也可用于直接配制标准试剂。

在分析工作中，选用的试剂纯度要与所用方法相当，实验用水、操作器皿等要与试剂的等级相适应。若试剂都选用 G.R.级，则不宜使用普通的蒸馏水或去离子水，而应使用经两次蒸馏制得的重蒸馏水。所用器皿的质地也要求较高，使用过程中不应有物质溶解，以免影响测定的准确性。

第六节　沉　淀

一、沉淀与溶液的分离

在化合物制备或分析的过程中，经常要遇到固体沉淀与液体的分离问题。通常采用的固液分离的方法有倾滗法、过滤法和离心分离法。

1．倾滗法

当固体沉淀的相对密度较大或晶体颗粒较大时，静置后能较快沉降至容器底部，可用倾滗法进行分离和洗涤。如图实-21 所示，倾滗法的操作是将玻璃棒横放在烧杯嘴上，使上层清液沿着玻璃棒缓慢倾入另一个烧杯中，使沉淀与溶液分离。如需洗涤时应充分搅拌后再沉降，重复以上操作 2～3 遍，即可把沉淀洗净。

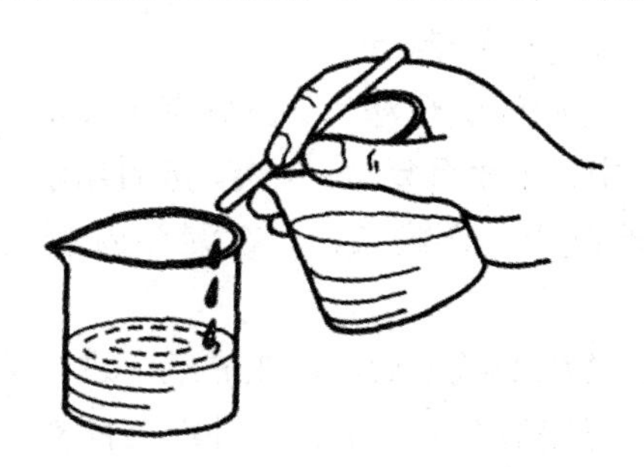

图实-21　倾滗法

2．过滤法

实验室常采用的过滤方法有常压过滤和减压过滤，分述如下。

（1）常压过滤

过滤前先将裁成正方形的普通滤纸按图实-22a、b 所示虚线对折两次，然后照图实-22c 虚线剪成扇形，使展开后呈圆锥形（一边三层，一边一层），正好与 60° 角的标准漏斗相吻合（图实-22d）。如果漏斗的角度不标准，可适当改变折叠滤纸的角度，使之和漏斗密合，滤纸的上缘应低于漏斗口约 0.5 cm。

将滤纸放入漏斗后，用食指按住，同时用洗瓶挤出蒸馏水润湿，然后用食指轻压滤纸四周，挤压出滤纸和漏斗壁之间的气泡，在漏斗中注入蒸馏水，此时漏斗的颈部可形成一连续的水柱，它会加快过滤速度。过滤的操作步骤如下。

① 将漏斗放在漏斗架或铁圈上，漏斗颈下尖端应紧靠在滤液接受器的壁上（图实-23），以使滤液沿器壁顺流而下，避免滤液溅出。

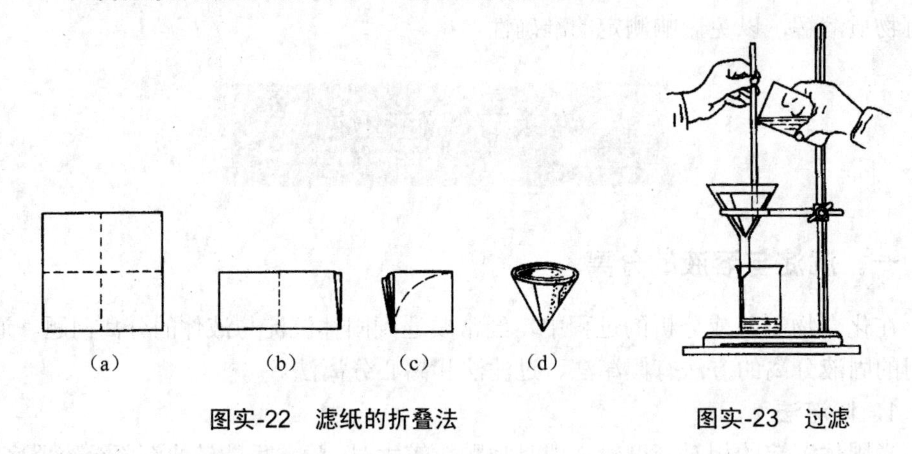

图实-22 滤纸的折叠法　　图实-23 过滤

② 手持玻璃棒，让它直立在漏斗中的三层滤纸一边，但勿触及滤纸以免戳破。然后将烧杯口紧靠玻璃棒，让溶液沿玻璃棒缓慢倒入漏斗中（图实-23）。每次倒入溶液的量不能超过滤纸的 2/3。倒毕，让玻璃棒沿烧杯嘴稍向上提起至杯嘴，再将烧杯慢慢竖直，以免溶液流到烧杯外壁。

③ 沉淀的转移。沉淀用倾滗法洗涤后，在盛有沉淀的烧杯中加入少量洗涤液，搅拌混合，全部倾入漏斗中。如此重复 2～3 次。然后用洗涤液再均匀冲洗烧杯壁，将残存沉淀全部冲洗到滤纸上（图实-24）。在漏斗内的沉淀应低于滤纸上缘 0.5 cm。

④ 洗涤。沉淀全部转移到滤纸上后，再在滤纸上进行最后的洗涤。这时要用洗瓶由滤纸边缘下一些地方螺旋形由上向下移动冲洗（图实-25），这样可使沉淀集中到滤纸锥体的底部，不可将洗涤液直接冲到滤纸中央沉淀上，以免沉淀外溅。并且应采取每次用水少、洗涤次数多、两次之间应尽量滤干的方法，这样才能获得较好的洗涤效果。

（2）减压过滤

减压过滤也称抽滤，装置如图实-26 所示。减压过滤的原理是由真空泵或水循环将吸滤瓶内的空气抽出，降低瓶内气压而促使过滤加速。

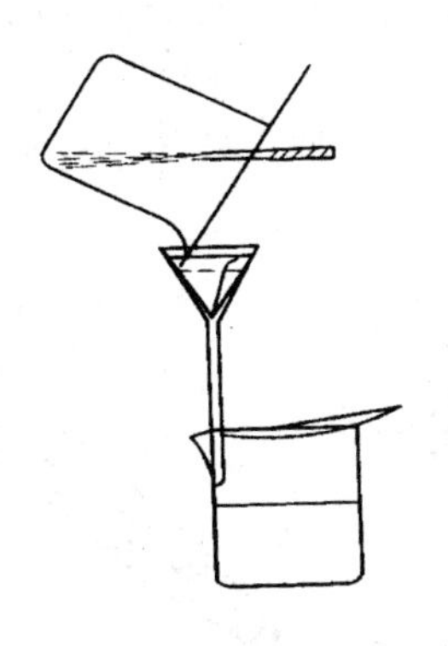

图实-24　沉淀的转移

图实-25　沉淀的洗涤

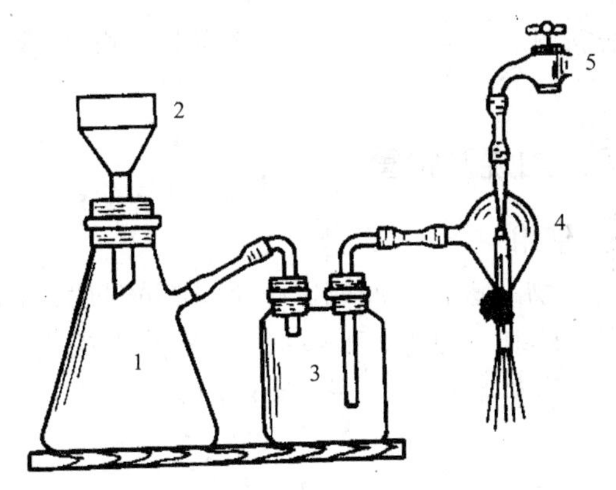

1—吸滤瓶；2—布氏漏斗；3—安全瓶；4—抽气管（水泵）；5—自来水龙头

图实-26　减压过滤的装置

3. 离心分离法

实验室常用电动离心机（图实-27）进行沉淀的分离。

使用时将盛有待分离物的离心试管或小试管放入离心机的试管套内。在其对称位置上，必须放入一支装有相近质量分离物（或以水代替）的离心试管或小试管，使离心机的两臂呈平衡状态。放好离心管后，盖好离心机的盖，然后打开旋钮并逐渐旋转变阻器，使转速由小到大，一般调至每分钟 2 000 转左右。运转 2～3 min 后，逐渐恢复变阻器，让其自行停止转动，切不可施加外力强行停止。待其停转后，打开盖子，取出离心试管。注意：千万不能在离心机高速旋转时打开盖子，以免发生伤人事故。

在离心试管中进行固液分离时，用一根带有毛细管的长滴管，先用拇指和食指挤出橡皮乳头中的空气，随即伸入液面下，慢慢放松橡皮乳头，溶液被缓缓吸入滴管，滴管应随着液面下降而深入，但切勿触及沉淀，见图实-28a、b。当沉淀上面留存的少量溶液吸不出时，可将毛细管尖端轻轻触及液面，利用毛细作用，可将溶液基本吸尽。

若需洗涤沉淀，可加入少量的水，用玻璃棒充分搅拌后，再进行离心分离。通常洗涤 1～2 次即可。

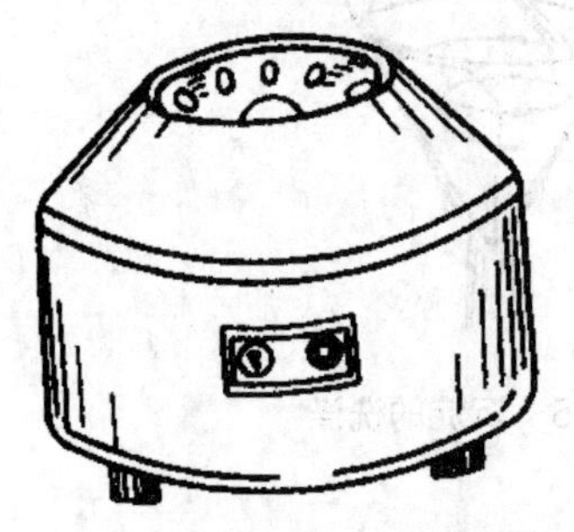

图实-27　电动离心机

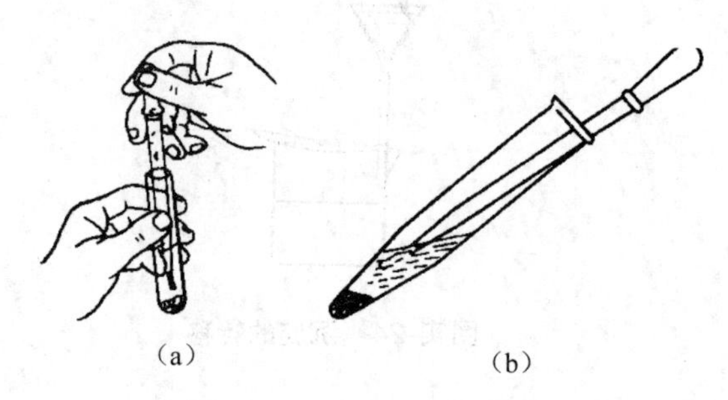

图实-28　用滴管吸出沉淀上的溶液

二、沉淀的烘干、灼烧及恒重

1. 干燥器的准备和使用

干燥器是一种用来对物品进行干燥或保存干燥物品的玻璃器具（图实-29）。器内放置一块有圆孔的瓷板将其分成上、下两室。下室放干燥剂，上室放待干燥物品。为防止物品落入下室，常在瓷板下衬垫一块铁丝网。

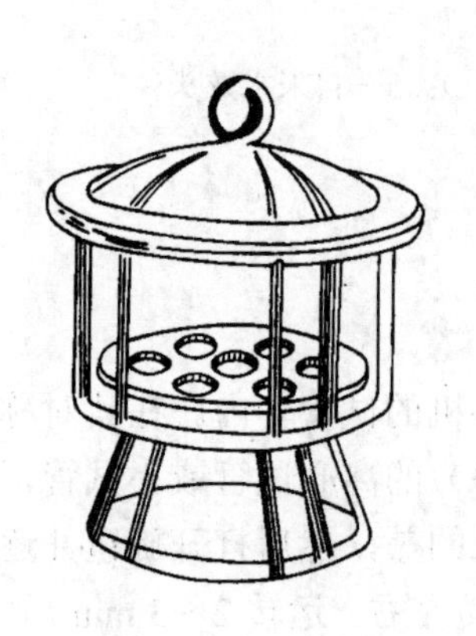

图实-29　干燥器

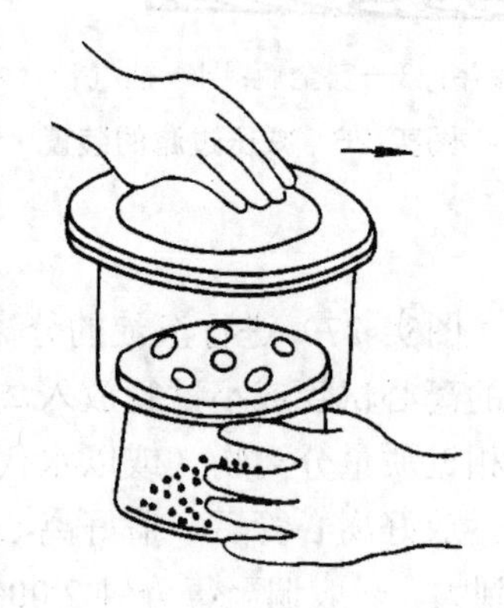

图实-30　干燥器盖的开启和关闭

图实-31　干燥器的搬移

准备干燥器时用干抹布将磁板和内壁抹干净，一般不用水洗，因为水洗后不能很快地干燥。干燥剂装到下室的一半即可，太多容易沾污干燥物品。装干燥剂时，可用一张稍大的纸折成喇叭形，插入干燥器底，大口向上，从中倒入干燥剂，可使干燥器避免沾污。干燥剂一般用变色硅胶，当蓝色的硅胶变成红色（钴盐的水合物）

时，即应将硅胶重新烘干。

干燥器的沿口和盖沿均为磨砂平面，用时涂敷一薄层凡士林以增加其密封性。开启或关闭干燥器时，用左手向右抵住干燥器身，右手握住盖的圆把手向左平推开干燥器盖（图实-30），盖子应仰放在实验台上，并防止其滚落在地。灼烧的物体放入干燥器前，应先在空气中冷却 30～60 s。放入干燥器后，为防止干燥器内空气膨胀而将盖子顶落，应反复将盖子推开一道细缝，让热空气逸出，直至不再有热空气排出时再盖严盖子。

搬移干燥器时，务必用双手拿着干燥器和盖子的沿口（图实-31），绝对禁止只用手捧其下部，以防盖子滑落打碎。干燥器不能用来保存潮湿的器皿或沉淀。

2．坩埚的准备

坩埚是用来进行高温灼烧的器皿，如图实-32a 所示。重量分析中常用 30 mL 的瓷坩埚灼烧沉淀。

坩埚钳（图实-32b）常用铁或铜合金制作，表面镀以镍或铬，它用来夹持热的坩埚和坩埚盖。用坩埚钳夹持热坩埚时，应将坩埚钳预热，不用时应如图实 1-31b 那样放置，不能将钳倒放，以免弄脏。

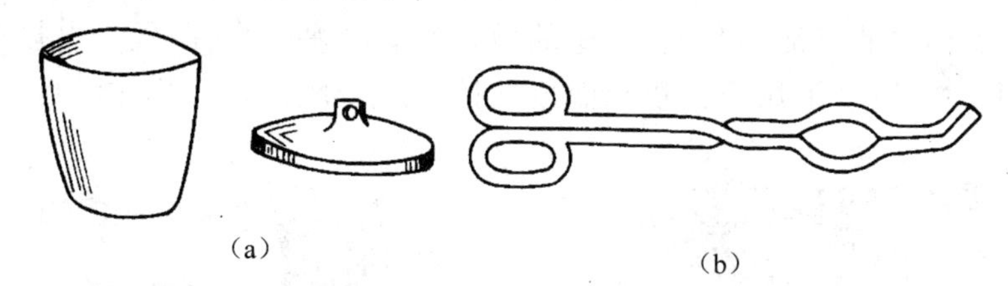

图实-32　坩埚和坩埚钳

坩埚在使用前需灼烧至恒重，即两次称量相差 0.2 mg 以下，见图实-33。

3．沉淀的包裹

晶形沉淀一般体积较小，可按图实-33 所示的方法包裹：用清洁的玻璃棒将滤纸的三层部分挑起，再用洗净的手将带有沉淀的滤纸小心取出；打开成半圆形，自右边半径的 1/3 处向左折叠，再自上边向下折，然后自右向左卷成小卷。最后将滤纸放入已恒重的坩埚中，包卷层数较多的一面应朝上，以便于炭化和灰化。

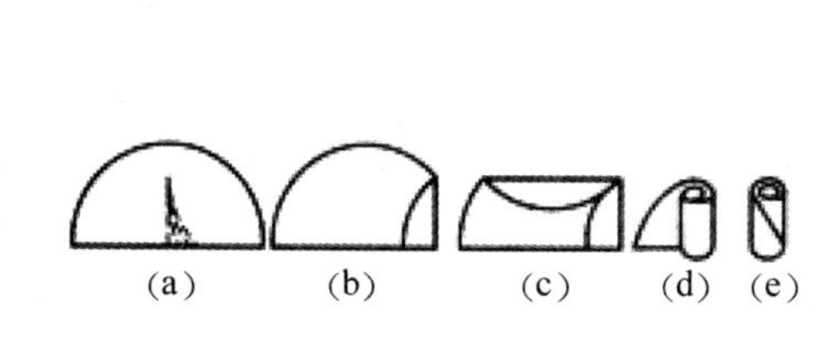

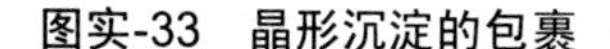

图实-33　晶形沉淀的包裹

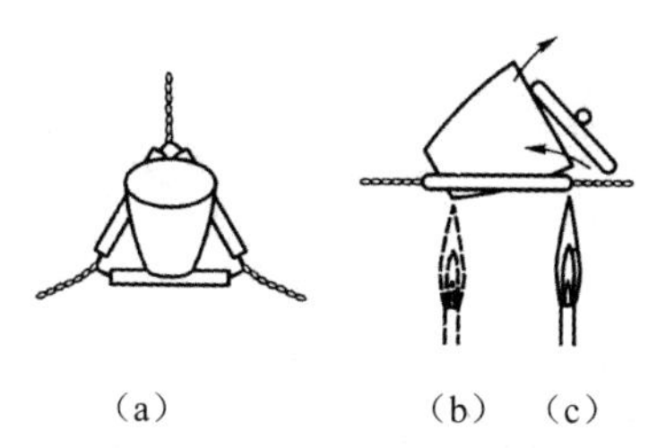

图实-34　坩埚（沉淀）的烘干和灼烧

对于胶状沉淀，由于体积一般较大，不宜采用上述包裹方法，而采用如下的方法：用玻璃棒从滤纸三层的部分将其挑起，然后用玻璃棒将滤纸向中间折叠，将三层部分的滤纸折在最外面，包成锥形滤纸包。用玻璃棒轻轻按住滤纸包，旋转漏斗颈，慢慢将滤纸包从漏斗的锥底移至上沿，这样可擦下黏附在漏斗上的沉淀。将滤纸包移至恒重的坩埚中，尖头向上。再仔细检查原烧杯嘴和漏斗内是否残留沉淀。如有沉淀，可用准备漏斗时撕下的滤纸再擦拭，一并放入坩埚内。此法也可以用于包裹晶形沉淀。

4. 沉淀的烘干、灼烧和恒重

将坩埚斜置于泥三角上，盖上坩埚盖，然后如图实-34所示，将滤纸烘干并炭化。炭化后可逐渐提高温度，直至滤纸灰化。灰化后将坩埚放于高温炉（图实-35）中于指定温度下灼烧。一般第一次灼烧时间为45 min，第二次灼烧时间为20 min。灼烧后，切断电源，打开炉门，将坩埚移至炉口，待红热稍退后从炉内取出坩埚，需在空气中稍冷后，再移入干燥器中，冷却至室温后再行称量。然后再灼烧、冷却、称量，直至恒重为止。注意每次冷却条件和时间应一致。

对于不能和滤纸一起灼烧的沉淀，以及不能在高温下灼烧只能在不太高的温度下烘干后称量的沉淀，可用已恒重的微孔玻璃坩埚过滤后，置于电热干燥箱（图实-36）中一定温度下烘干。烘箱温度的控制，一般保持在指定温度上下5℃的范围。

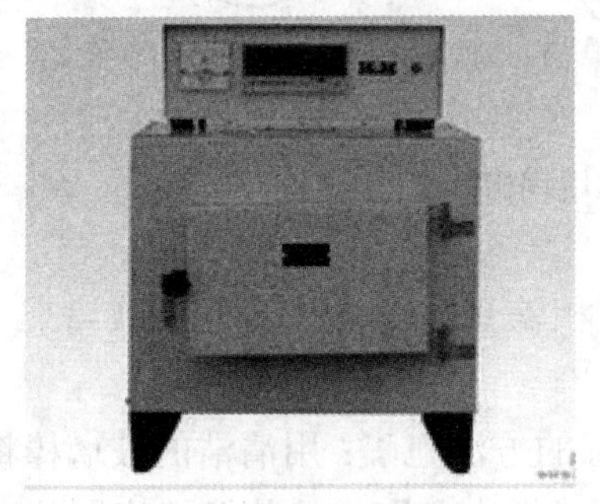

图实-35　高温炉

图实-36　电热干燥箱

第二部分

实验项目

实验一　分析天平的认识和称量练习（直接法）

一、目的要求

（1）了解分析天平的构造、原理和常见种类。

（2）初步学会分析天平的使用方法。

（3）掌握用直接法称量物体。

二、实验原理

天平零点调定后，将被称物直接放在秤盘上，所得读数即为被称物的质量。直接称量法适用于称量洁净干燥的器皿（如小烧杯、称量瓶等）、棒状或块状的金属及其他整块的不易潮解或升华的固体样品。注意：不得用手直接取放被称物体，而可以采用戴汗布手套、垫纸条、用镊子或钳子等适宜的办法。

三、仪器和试剂

托盘天平；分析天平；小烧杯；称量瓶；纸条（手套）。

四、实验内容

1．认识分析天平的构造、原理和使用方法（参阅第一部分第二节）

2．分析天平的称量练习（直接法）

（1）全机械加码电光天平

① 拿下防尘罩，叠平后放在天平箱上方。检查天平是否正常，如天平是否水平；秤盘是否洁净；砝码指数盘是否在“000”位；砝码有无错位；吊耳是否脱位等。

② 调节零点：接通电源，打开升降旋钮，此时在光屏上可以看到标尺的投影在移动，当标尺稳定后，如果屏幕中央的刻线与标尺上的 0.00 位置不重合，可拨动投

影屏调节杆，移动屏的位置，直到屏中刻线恰好与标尺中的“0”线重合，即为零点。如果屏的位置已移到尽头仍调不到零点，则需关闭天平，调节横梁上的平衡螺丝（这一操作由教师进行），再开启天平继续拨动投影屏调节杆，直至调定零点。然后关闭天平，准备称量。

③ 称量：将欲称物体（小烧杯/称量瓶）先在托盘天平上粗称，一般准确到 0.2 g，然后根据粗称的数据在天平上加砝码至克位。每次均从中间量开始调节，调定圈码至 10 mg 位后，完全开启天平，准备读数。砝码未完全调定时不可完全开启天平，以免横梁过度倾斜，造成错位或吊耳脱落。

④ 读数：待标尺停稳后即可读数，被称物的质量等于砝码总量加标尺读数。

⑤ 复原：称量、记录完毕，随即关闭天平，取出被称物，砝码指数盘退回到“000”位，关闭两侧门，盖上防尘罩。

（2）电子天平

① 水平调节

观察水平仪，看天平是否处于水平位置，若水平仪有偏移，则通过调整水平调节脚，使水泡位于中心位置。

② 预热

接通电源，预热 60 min 以达到工作温度。

③ 开机

使天平秤盘空载并按开启键，开启天平。

④ 校准

首次使用天平、使用天平 30 天以上以及较远距离地搬动天平，都需要对天平进行校准。

准备好校准砝码（如 200 g），按去皮键“TAR”使天平显示回零，按校准键“CAL”，将标准砝码放到天平秤盘的中心位置，十几秒后，显示标准砝码的重量。此时，移去砝码，天平显示回零，即可进行称量。

⑤ 称量

按下显示器的开关键，待显示出稳定的零点后，将物体放置于天平秤盘的中央，关上防风门，显示稳定后的数据即为称量值。

五、数据记录与处理

称量次数	1	2	3	平均值
小烧杯				
称量瓶				

六、注意事项

（1）调定零点及记录称量读数后，应随手关闭天平。

（2）加减砝码和被称物必须在天平处于关闭状态下进行，砝码未调定时不可完全开启天平。

（3）称量读数时必须关闭侧门，并完全开启天平。

七、思考与讨论

（1）称量前如何检查天平？零点如何调整？

（2）称量物质质量时，微分标尺的左右移动与砝码增减的关系如何？

（3）总结使用分析天平时既保证称量准确，又能提高称量速度的方法。

实验二 试样的称量练习（差减法）

一、目的要求

（1）进一步熟悉分析天平的使用。

（2）掌握用差减法称量物体的操作方法。

二、实验原理

取适量待称样品置于一个干燥洁净的容器（如称量瓶）中，在分析天平上准确称量后，取出欲称取量的样品置于实验器皿中，再次准确称量，两次称量读数之差，即为所称得样品的质量。这种称量方法适用于称量指定范围内，一般的颗粒状、粉末状试剂或试样及液体试样。

三、仪器和试剂

（1）仪器：全机械加码电光天平或电子天平；台秤；称量瓶（洗净、烘干）；50 mL 小烧杯；牛角匙。

（2）试剂：NaCl。

四、实验内容

称取 0.3～0.4 g NaCl 两份。

1. 全机械加码电光天平

（1）用小纸条夹住已干燥好的称量瓶，在台秤上粗称其质量。

（2）将多于需要量的试样 NaCl 用牛角匙加入称量瓶，在台秤上粗称。

（3）将称量瓶放到分析天平右盘的中央，在左盘上加适量的砝码或圈码使之平衡，称出称量瓶和试样 NaCl 的总质量（准确到 0.1 mg），记下读数，设为 m_1（g）。关闭天平，将左盘砝码或圈码减去需称量的最小值 300 mg。将称量瓶拿到容器上方，右手用纸片夹住瓶盖柄，打开瓶盖。将瓶身慢慢向下倾斜，并用瓶盖轻轻敲击瓶口，使试样 NaCl 慢慢落入容器内（不要把试样撒在容器外）。当估计倾出的试样 NaCl 已接近所要求的质量时（可从体积上估计），慢慢将称量瓶竖起，并用盖轻轻敲打瓶口，使黏附在瓶口上部的试样 NaCl 落入瓶内，盖好瓶盖，将称量瓶放回天平右盘上称量。若右边重，则需重新敲击，直至右边轻。然后将左盘砝码或圈码再减去 100 mg，即左盘砝码或圈码共减去了需称量的最大值 400 mg。若右边重，则倾倒 NaCl 后称量瓶和试样 NaCl 的总质量（若右边轻，所倒样品超过了指定范围，须重新实验），设此时质量为 m_2（g）。则倒入容器中的 NaCl 质量为（$m_1 - m_2$）g，使 NaCl 质量（$m_1 - m_2$）g 在 0.3～0.4 g。

（4）重复以上操作，可称取另一份质量在 0.3～0.4 g 的 NaCl。

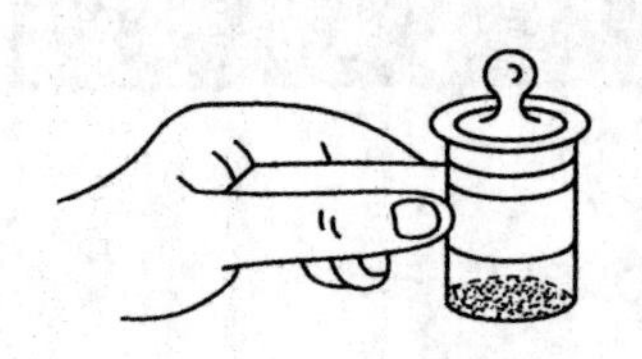

图实-37　称量瓶拿法

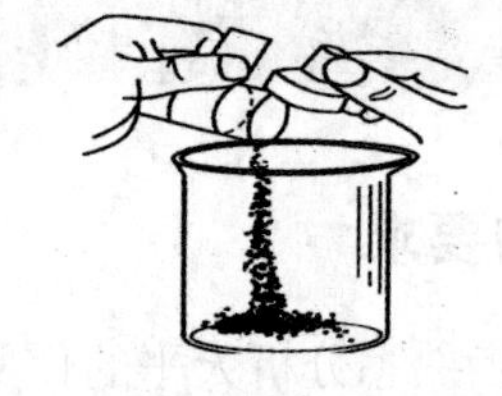

图实-38　从称量瓶中敲出试样的操作

2. 电子天平

电子天平则采用“减重法”称量。

（1）将装有 NaCl 试样的称量瓶放在电子天平的秤盘上，显示稳定后，即可记录称量结果，设为 m_1（g）。

（2）取出称量瓶，按上述方法向容器中敲出一定量样品，将称量瓶放回天平上称量，如果所示质量 m_2（g）达到所要求范围，即（$m_1 - m_2$）g 在 0.3～0.4 g，即可记录称量结果。

（3）重复以上操作，可连续称取第二份质量在 0.3～0.4 g 的 NaCl。

五、数据记录与处理

全机械加码电光天平称量

项　　目	1	2
（称量瓶＋试样）的质量（倾出前）m_1/g		
（称量瓶＋试样）的质量（倾出后）m_2/g		
倾出试样的质量（$m_1 - m_2$）/g		

电子天平称量

项　　目	1	2
（称量瓶＋试样）的质量（倾出前）m_1/g		
（称量瓶＋试样）的质量（倾出后）m_2/g		
倾出试样的质量（m_1-m_2）/g		

六、注意事项

（1）开关天平升降旋钮或停动手钮，开关天平侧门，加减砝码，放取被称物等操作，其动作都要轻、缓，切不可用力过猛，否则，往往造成天平部件脱位。

（2）双盘天平的砝码必须用镊子夹取，并要防止掉在台上或地上，不得任意使用他处砝码。单盘天平的微读手钮只能在 0～10 刻线范围内转动，不可用力向＜0 或＞0 的方向转动。

（3）所称物品质量不得超过天平的最大载量。

七、思考与讨论

（1）所称物品质量为什么不得超过天平的最大载量？

（2）称量时，应每次将砝码和物体放在天平秤盘的中央，为什么？

实验三　试样的称量练习（固定质量称量法）

一、目的要求

（1）进一步熟练掌握分析天平的使用。

（2）掌握用固定质量称量法称量物体。

二、实验原理

固定质量称量法是用于称量指定质量的试样。如称量基准物质，来配制一定浓度和体积的标准溶液。

要求：试样不吸水，在空气中性质稳定，颗粒细小（粉末）。

方法：

（1）双盘半机械（全机械）加码电光天平：先称出容器的质量，关闭天平。然后加入固定质量的砝码于右（左）盘中，再用牛角勺将试样慢慢加入盛放试样的容器中，半开天平进行称重。当所加试样与指定质量相差不到 10 mg 时，完全打开天平，极其小心地将盛有试样的牛角勺伸向左（右）秤盘的容器上方 2～3 cm 处，勺的另一端顶在掌心上，用拇指、中指及掌心拿稳牛角勺，并用食指轻弹勺柄，将试样慢慢抖入容器中，直至天平平衡。此操作必须十分仔细。

（2）电子天平：将干燥的小容器（例如小烧杯）轻轻放在天平秤盘上，待显示平衡后，按“去皮”键扣除皮重并显示零点，然后打开天平门往容器中缓缓加入试样（方法同上）并观察屏幕，当达到所需质量时停止加样，关上天平门，显示平衡后即可记录所称取试样的净重。

三、仪器和试剂

（1）仪器：分析天平；台秤；称量瓶（洗净、烘干）；50 mL 小烧杯；表面皿；牛角勺。

（2）试剂：$K_2Cr_2O_7$。

四、实验内容

称取 0.500 0 g $K_2Cr_2O_7$ 两份。

1．双盘半机械加码电光天平

（1）将干燥洁净的表面皿（或小烧杯），在台秤上粗称其质量，再在分析天平上准确称出其质量，记录称量数据。

（2）在右盘增加 500 mg 的圈码。

（3）用药匙将试样慢慢加到左盘表面皿（或小烧杯）的中央，直到平衡点与称量表面皿的平衡点一致（误差范围为±0.2 mg）。记录称量数据，并计算出试样的实际质量。反复练习几次，至熟练。

2．电子天平

电子天平采用“增重法”称量。

（1）将干燥洁净的表面皿（或小烧杯），轻轻放在天平秤盘上，显示平衡后，按“去皮”键，扣除皮重显示零点。

（2）打开天平门，往容器中缓缓加入 $K_2Cr_2O_7$ 试样并观察屏幕，当屏幕显示 0.500 0 g 时停止加样。

（3）关上天平门，显示平衡后即称取 $K_2Cr_2O_7$ 试样的重为 0.500 0 g。

五、数据记录与处理

编　　号	1	2
A（小烧杯）/g		
B（小烧杯+试样）/g		
m（称出试样）/g		
（m=B−A）		

编　　号	1	2
A（表面皿）/g		
B（表面皿＋试样）/g		
m'（称出试样）/g		
（$m'=B-A$）		

六、注意事项

（1）加减砝码和被称物时必须在天平处于关闭状态下进行。砝码未调定时不可完全开启天平。

（2）称量读数时必须关闭两个侧门，并完全开启天平。

（3）电子天平自重较小，使用时特别注意动作要轻、缓，并随时检查水平是否改变。

七、思考与讨论

（1）在三种称量方法中分别应注意什么？

（2）加减砝码和被称物体时为什么必须在天平处于关闭状态下进行？

实验四　滴定分析仪器基本操作

一、目的要求

（1）掌握滴定分析玻璃仪器的洗涤方法和操作方法。

（2）练习滴定分析的基本操作。

二、实验原理

滴定管、移液管、吸量管、容量瓶等是分析化学实验中测量溶液体积的常用量器，正确和规范地使用这些玻璃仪器对于获得准确分析结果，减少误差具有重要意义。在这次实验里，认识常用分析玻璃仪器的性能和等级，学会正确使用这些分析玻璃仪器。

三、仪器和试剂

（1）仪器：50.00 mL 酸/碱式滴定管；25.00 mL 移液管；10.00 mL 吸量管；250 mL 容量瓶；锥形瓶；洗耳球。

（2）试剂：铬酸洗液；凡士林。

四、实验内容

以下每个玻璃仪器的练习重复2～3次，操作方法见第一部分第三节。

1. 25.00 mL 移液管

洗涤—欲移取的溶液润洗（容量瓶中的水代替）—吸液—调液面—移液（移至锥形瓶中）。

2. 10.00 mL 吸量管（选做）

洗涤—欲移取的溶液润洗（容量瓶中的水代替）—吸液—调液面—放液（按不同刻度把溶液移入锥形瓶中）。

3. 容量瓶的使用

（1）洗涤

（2）检漏

（3）配液

称量—溶解—转移（以水代替）—洗涤—平摇—稀释—静置—定容—摇匀。

4. 酸式滴定管的使用

洗涤—试漏—标准溶液润洗（以水代替）—装溶液（水）—赶气泡—调“0”—滴定（连续放液、加一滴、加半滴的操作练习）—读数。

5. 碱式滴定管的使用

洗涤—试漏—标准溶液润洗（以水代替）—装溶液（水）—赶气泡—调“0”—滴定（连续放液、加一滴、加半滴的操作练习）—读数。

练习调节滴定管中纯水的液面至某一刻度，放出20滴或40滴溶液，再读取体积，计算滴定管一滴和半滴溶液相当的体积。

五、数据记录与处理

根据实验自行设计的表格记录数据。

六、思考与讨论

（1）使用酸、碱式滴定管为什么要用待装溶液润洗？使用移液管为什么也要用欲转移溶液润洗？怎样操作？

（2）使用移液管、吸量管的操作要领是什么？为何要垂直流下溶液？为何放完液体后要停一定时间？可否烘干？

（3）总结酸、碱式滴定管操作要点？滴定管中存有气泡对滴定有什么影响？怎样赶走气泡？

（4）容量瓶主要用途是什么？是否可烘干、加热？摇匀溶液怎样操作？

实验五 酸碱滴定练习

一、目的要求

（1）初步掌握酸碱溶液的配制方法。

（2）掌握酸碱滴定的原理和正确判断滴定终点的方法。

（3）进一步熟悉滴定分析的基本操作。

二、实验原理

在酸碱滴定中，常用的酸碱溶液是盐酸和氢氧化钠，由于它们都不是基准试剂，因此必须采用间接法配制，即先配成近似浓度，然后再用基准物质进行标定。本次实验使用近似浓度的溶液进行滴定练习。

酸碱中和反应的实质是：

$$H^{+}+OH^{-}=H_2O$$

当反应达到化学计量点时，用去的酸与碱的量符合化学反应式所表示的化学计量关系，这种关系是：

$$c_{HCl}\cdot V_{HCl}=c_{NaOH}\cdot V_{NaOH}$$

$$\frac{c_{HCl}}{c_{NaOH}}=\frac{V_{NaOH}}{V_{HCl}}$$

由此可见，NaOH 溶液和 HCl 溶液经过比较滴定，确定它们完全中和时所需体积比，即可确定它们的浓度比。如果其中一溶液的浓度确定，则另一溶液的浓度即可求出。

滴定终点的判断是否正确，是影响滴定分析准确度的重要因素。滴定终点是根据指示剂变色来判断的，绝大多数指示剂变色是可逆的，这有利于练习判断终点。本实验选用的指示剂甲基橙的变色范围是 pH=3.1（红色）～4.4（黄色），pH=4.0 附近为橙色。用 NaOH 溶液滴定 HCl 溶液时，终点颜色的变化为由橙色转变为黄色，而用 HCl 溶液滴定 NaOH 溶液时，则由黄色转变为橙色。酚酞指示剂的变色范围是 pH=8.0（无色）～10.0（红色），用 NaOH 溶液滴定 HCl 溶液时，终点颜色由无色转变为微红色，并保持 30 s 内不褪色。而用 HCl 溶液滴定 NaOH 溶液时，则由红色转变为无色。

三、仪器和试剂

（1）仪器：50.00 mL 酸/碱式滴定管；10 mL 量筒；25.00 mL 移液管；250 mL 锥形瓶。

（2）试剂：饱和 NaOH 溶液；浓 HCl；1%甲基橙指示剂：1 g 甲基橙加 99 mL 水；1%酚酞指示剂：1 g 酚酞加 100 mL 95%乙醇溶液。

四、实验内容

1．酸、碱溶液配制

0.1 mol·L^{-1} NaOH 溶液：用 10 mL 洁净的量筒量取饱和 NaOH 上清液 3 mL，倾入 250 mL 容量瓶中，加水稀释至标度，摇匀。

0.1 mol·L^{-1} HCl 溶液：用 10 mL 洁净的量筒量取 2.3 mL 浓 HCl，倾入预先盛有适量水的 250 mL 容量瓶中，加水稀释至标度，摇匀。

2．酸式滴定管的准备

取 50.00 mL 酸式滴定管一支，检漏、洗净后，用所配的 HCl 溶液将滴定管洗涤三次（每次用约 10 mL），再将 HCl 溶液直接由试剂瓶倒入管内至“0”刻度以上，排除气泡，调节管内液面至 0.00 mL 处。

3．碱式滴定管的准备

碱式滴定管经安装橡皮管和玻璃珠、检漏、洗净后，用所配的 NaOH 溶液洗涤三次（每次用约 10 mL），再将 NaOH 溶液直接由试剂瓶倒入管内至“0”刻度以上，排除橡皮管内和出口管内的气泡，调节管内液面至 0.00 mL 处。

4．移液管的准备

移液管洗净后，以待吸溶液洗涤三次待用。

5. 以甲基橙为指示剂，用 HCl 溶液滴定 NaOH 溶液

用移液管移取 NaOH 溶液 25.00 mL 于 250 mL 锥形瓶中，加甲基橙指示剂 2～3 滴，用 HCl 溶液滴定至溶液刚好由黄色转变为橙色，即为终点。平行滴定三次，要求测定的相对平均偏差在 0.2%以内。

6. 以酚酞为指示剂，用 NaOH 溶液滴定 HCl 溶液

用移液管移取 HCl 溶液 25.00 mL 于 250 mL 锥形瓶中，加酚酞指示剂 2～3 滴，用 NaOH 溶液滴定至呈微红色，并保持 30 s 内不褪色，即为终点。平行测定三次，要求测定的相对平均偏差在 0.2%以内。

五、数据记录与处理

以甲基橙为指示剂，用 HCl 溶液滴定 NaOH 溶液

项　　　目	1	2	3
NaOH 终读数/mL			
NaOH 初读数/mL			
V_{NaOH}/mL			

项 目	1	2	3
HCl 终读数/mL			
HCl 初读数/mL			
V_{HCl}/mL			
V_{NaOH}/V_{HCl}			
平均 V_{NaOH}/V_{HCl}			
个别测定的绝对偏差			
平均偏差			
相对平均偏差			

以酚酞为指示剂，用 NaOH 溶液滴定 HCl 溶液

项 目	1	2	3
V_{HCl}/mL		25.00	
NaOH 终读数/mL			
NaOH 初读数/mL			
V_{NaOH}/mL			
V_{NaOH}/V_{HCl}			
平均 V_{NaOH}/V_{HCl}			
个别测定的绝对偏差			
平均偏差			
相对平均偏差			

六、思考与讨论

（1）配制盐酸溶液时采用什么量器量取浓盐酸？为什么要在通风橱中进行？

（2）配制氢氧化钠饱和溶液时用什么容器称取固体氢氧化钠？可否用纸做容器称取固体氢氧化钠？为什么？

（3）在做完第一次比较实验时，滴定管中的溶液已差不多用去一半，问做第二次滴定时继续用剩余的溶液好，还是将滴定管中的标准溶液添加至零刻度再滴定？

（4）既然酸、碱标准溶液都是间接配制的，那么在滴定分析中所使用的滴定管、移液管为什么需要用操作液润洗几次？锥形瓶和烧杯是否也需要用操作液润洗？

实验六 盐酸标准溶液的配制与标定

一、目的要求

（1）掌握用基准物质标定标准溶液浓度的方法。

（2）熟练掌握称量操作，酸式滴定管滴定操作。

（3）进一步熟悉用指示剂判断滴定终点。

二、实验原理

浓 HCl 含量约为 37%，具有挥发性。配制时可先根据欲配制 HCl 溶液的浓度和体积，量取一定量的浓 HCl，用水稀释至近似所需浓度的溶液，再用基准物质标定。标定 HCl 溶液常用的基准物是无水 Na_2CO_3 和 $Na_2B_4O_7 \cdot 10H_2O$，原理分别如下。

1．用无水 Na_2CO_3 标定

标定反应：$Na_2CO_3 + 2HCl = 2NaCl + H_2O + CO_2\uparrow$

HCl 标准溶液浓度 c（$mol \cdot L^{-1}$）：

$$c(HCl) = \frac{2m(Na_2CO_3) \times 1\,000}{V(HCl) \cdot M(Na_2CO_3)}$$

式中，$m(Na_2CO_3)$ —— 称量的 Na_2CO_3 质量，g；

$M(Na_2CO_3)$ —— Na_2CO_3 的摩尔质量，105.99 $g \cdot mol^{-1}$；

$V(HCl)$ —— 滴定所需 HCl 体积，mL。

可用甲基橙做指示剂，用 HCl 溶液滴定至橙色为终点，在临近终点时应加热驱除 CO_2。

2．用硼砂标定

硼砂较易提纯，不易吸湿，性质比较稳定，而且摩尔质量大，标定同样浓度的盐酸所需硼砂质量比 Na_2CO_3 多，因而称量的相对误差小些。

标定反应：$Na_2B_4O_7 \cdot 10H_2O + 2HCl = 2NaCl + 4H_3BO_3 + 5H_2O$

HCl 标准溶液浓度 c（$mol \cdot L^{-1}$）：

$$c(HCl) = \frac{2m(Na_2B_4O_7 \cdot 10H_2O) \times 1\,000}{M(Na_2B_4O_7 \cdot 10H_2O) \times V(HCl)}$$

式中，$V(HCl)$ —— 滴定时消耗 HCl 标准滴定溶液的体积，mL；

$m(Na_2B_4O_7 \cdot 10H_2O)$ —— 硼砂的质量，g；

$M(Na_2B_4O_7 \cdot 10H_2O)$ —— 硼砂的摩尔质量，381.37 $g \cdot mol^{-1}$。

三、仪器和试剂

（1）仪器：50 mL 酸式滴定管；分析天平；25 mL 移液管；称量瓶+基准物无水

Na_2CO_3（事先烘干置于干燥器中）或称量瓶+硼砂；10 mL/50 mL 量筒；250 mL 容量瓶；250 mL 锥形瓶；烧杯。

（2）试剂：浓 HCl（密度 1.19，37%）；1%甲基橙指示剂；0.1%甲基红指示剂。

四、实验内容

1．配制

用 10 mL 洁净的量筒量取 2.3 mL 浓 HCl，倾入预先盛有适量水的 250 mL 容量瓶中，加水稀释至刻度，摇匀。

2．标定

（1）用无水 Na_2CO_3 标定，用甲基橙做指示剂指示终点

用减量法准确称取无水 Na_2CO_3 三份，每份 0.11～0.16 g，分别放入 250 mL 锥形瓶中，加 25 mL 水溶解，加入 1～2 滴 1%甲基橙指示剂，以 HCl 溶液滴定。当溶液由黄色变为橙色时，加热煮沸 2 min，冷却后再继续滴定至橙色为终点。记录消耗 HCl 标准溶液的体积，平行标定三次。

（2）用硼砂标定，用甲基红做指示剂指示终点

用减量法准确称取硼砂三份，每份 0.3～0.4 g，分别放入 250 mL 锥形瓶中，加 25 mL 水溶解，加 3 滴 0.1%甲基红指示剂，以 HCl 溶液滴定至溶液由黄色变为橙色为终点。记录消耗 HCl 标准溶液的体积，平行标定三次。

计算 HCl 标准溶液的浓度，取其平均值。

五、数据记录与处理

用无水 Na_2CO_3 标定 HCl

内　　容	1	2	3
称量瓶和基准物 Na_2CO_3 的质量/g			
倾倒后称量瓶和基准物 Na_2CO_3 的质量/g			
基准物 Na_2CO_3 的质量 m/g			
HCl 溶液初读数/mL			
HCl 溶液终读数/mL			
滴定所需 HCl 体积 V/mL			
HCl 标准溶液浓度 c/（$mol \cdot L^{-1}$）			
平均值 c/（$mol \cdot L^{-1}$）			
个别测定的绝对偏差			
平均偏差/%			
相对平均偏差/%			

用硼砂标定 HCl

内　　容	1	2	3
称量瓶和基准物 $Na_2B_4O_7 \cdot 10H_2O$ 的质量/g			
倾倒后称量瓶和基准物 $Na_2B_4O_7 \cdot 10H_2O$ 的质量/g			
基准物 $Na_2B_4O_7 \cdot 10H_2O$ 的质量 m/g			
HCl 溶液初读数/mL			
HCl 溶液终读数/mL			
滴定所需 HCl 体积 V/mL			
HCl 标准溶液浓度 c/（$mol \cdot L^{-1}$）			
平均值 c/（$mol \cdot L^{-1}$）			
个别测定的绝对偏差			
平均偏差/%			
相对平均偏差/%			

六、思考与讨论

（1）HCl 标准溶液为什么不能采用直接配制法？若配制 0.1 $mol \cdot L^{-1}$ HCl 溶液 1 000 mL，取浓 HCl 多少毫升？

（2）用 Na_2CO_3 基准物标定 HCl 溶液时，Na_2CO_3 的质量是如何确定的？是否可以用酚酞做指示剂，其结果如何？

（3）说明标定 HCl 溶液的实验过程中，近终点加热的目的。

实验七　混合碱的测定（双指示剂法）

一、目的要求

（1）掌握用盐酸标准溶液测定混合碱组分含量的方法原理。

（2）掌握用双指示剂法测定混合碱中两种碱性组分的操作技术。

二、实验原理

混合碱一般指 NaOH 与 Na_2CO_3 或 $NaHCO_3$ 与 Na_2CO_3 的混合物，可采用双指示剂法进行分析，测定各组分的质量分数。

双指示剂法是指在待测混合碱试液中先加入酚酞指示剂，用 HCl 标准溶液滴定至溶液由红色刚好变为无色。此时试液中所含的 NaOH 完全被中和，Na_2CO_3 也被滴定成 $NaHCO_3$，反应如下：

$$NaOH + HCl = NaCl + H_2O$$

$$Na_2CO_3 + HCl = NaHCO_3 + NaCl$$

设滴定体积为 V_1（mL）。再加入甲基橙指示剂，继续用 HCl 标准溶液滴定至溶液由黄色变为橙色即为终点（滴定管不调零）。此时 $NaHCO_3$ 被中和成 NaCl，反应式为：

$$NaHCO_3 + HCl = NaCl + CO_2 + H_2O$$

设此时消耗 HCl 标准溶液的体积为 V_2（mL）。根据 V_1 和 V_2 可以判断出混合碱的组成并加以计算。混合碱中组分的质量分数为：

$$w_{Na_2CO_3} = \frac{cV_2M(Na_2CO_3)}{m_s} \times 100\% \qquad w_{NaOH} = \frac{c(V_1 - V_2)M(NaOH)}{m_s} \times 100\%$$

或

$$w_{Na_2CO_3} = \frac{cV_1M(Na_2CO_3)}{m_s} \times 100\% \qquad w_{NaHCO_3} = \frac{c(V_2 - V_1)M(NaHCO_3)}{m_s} \times 100\%$$

式中，m_s——混合碱试样的质量，g；

c——HCl 标准溶液的浓度，$mol \cdot L^{-1}$

$m(Na_2CO_3)$——Na_2CO_3 的摩尔质量，105.99 $g \cdot mol^{-1}$

m (NaOH)——NaOH 的摩尔质量，40.01 $g \cdot mol^{-1}$

m $(NaHCO_3)$——$NaHCO_3$ 的摩尔质量，84.01$g \cdot mol^{-1}$

V_1——第一终点时实际消耗的 HCl 溶液的体积，mL;

V_2——第二终点时实际消耗的 HCl 溶液的体积，mL。

三、仪器和试剂

（1）仪器：酸式滴定管，移液管，锥形瓶。

（2）试剂：0.1$mol \cdot L^{-1}$HCl 标准溶液，1%甲基橙指示剂，1%酚酞指示剂，混合碱试样。

四、实验内容

（1）用电子天平准确称取 1.5~2.0 g 混合碱试样，溶解后转移至 250 mL 容量瓶中，准确稀释至刻度线配成试液。

（2）用移液管移取 25.00 mL 混合碱试液于 250 mL 锥形瓶中，加入 2～3 滴酚酞指示剂，摇匀后以 0.1 mol/L HCl 标准溶液滴定。当溶液的颜色由深红色变为微红色时，滴定速度要减慢且摇动要均匀，继续滴定至刚好无色。此为第一终点，记下消耗 HCl 标准溶液的体积 V_1；再加入 2 滴甲基橙指示剂，继续用 HCl 标准溶液滴定至溶液从黄色恰变为橙色，此为第二终点，记下第二次用去 HCl 标准溶液的体积 V_2。平行测定三次。

五、数据记录与处理

（1）数据记录。

内　　容	1	2	3
移取的混合碱试液溶液的体积 V/mL			
HCl 标准溶液的浓度 c_1/（mol·L^{-1}）			
HCl 标准溶液初读数/mL			
第一终点 HCl 标准溶液的终读数/mL			
滴定到第一终点消耗 HCl 标准溶液的体积 V_1/mL			
第二终点 HCl 标准溶液的终读数/mL			
滴定到第二终点消耗 HCl 标准溶液的体积 V_2/mL			
组分 1 的质量分数 w/%			
组分 1 的质量分数平均值/%			
组分 1 测定的相对平均偏差/%			
组分 2 的质量分数 w/%			
组分 2 的质量分数平均值/%			
组分 2 测定的相对平均偏差/%			

（2）根据 V_1、V_2 的大小来判断混合碱的组成。

（3）计算各组分的质量分数。

（4）分别计算它们的精密度，其中总碱度测定的相对平均偏差不大于 0.3%。

六、注意事项

（1）混合碱由 NaOH 和 Na_2CO_3 组成时，酚酞指示剂可适当多加几滴，否则常因滴定不完全使 NaOH 的测定结果偏低，Na_2CO_3 的测定结果偏高。

（2）在临近第二终点时，一定要充分摇动，以防止形成 CO_2 的过饱和溶液而使终点提前到达。

七、思考与讨论

（1）用双指示剂法测定混合碱组分的原理是什么？滴定操作时应注意些什么问题？

（2）采用双指示剂法测定混合碱，试判断下列五种情况下，混合碱的组成：
① $V_1=0$，$V_2>0$；② $V_2=0$，$V_1>0$；③ $V_1>V_2$，$V_2>0$；
④ $V_1<V_2$，$V_1>0$；⑤ $V_1=V_2$，$V_1>0$

实验八 氢氧化钠的配制和标定（考核实验）

一、考核要求

（1）掌握 NaOH 标准溶液配制、标定方法。
（2）掌握碱式滴定管的操作和酚酞指示剂确定终点的方法。
（3）正确规范使用分析天平和各种容量分析仪器。

二、实验原理

市售的 NaOH 容易吸收 CO_2 和水，不能用直接法配制标准溶液，应先配成近似浓度的溶液，再用基准物标定。配制 NaOH 标准溶液时，为防止碳酸盐存在影响分析结果，可先配制成饱和 NaOH 溶液（此时碳酸盐不溶）。静置过夜后，吸取上层清液，加水稀释，再进行标定。标定 NaOH 溶液常用的基准物为邻苯二甲酸氢钾。其标定原理如下：

$$NaOH + KHC_8H_4O_4 = KNaC_8H_4O_4 + H_2O$$

NaOH 溶液的浓度 $c(\text{mol} \cdot \text{L}^{-1})$可通过下式计算

$$c(\text{NaOH}) = \frac{m(\text{KHC}_8\text{H}_4\text{O}_4) \times 1\,000}{M(\text{KHC}_8\text{H}_4\text{O}_4) \times V(\text{NaOH})}$$

式中，$m(KHC_8H_4O_4)$ —— 基准物邻苯二甲酸氢钾的质量，g；
$M(KHC_8H_4O_4)$ —— 基准物邻苯二甲酸氢钾的摩尔质量，204.22 $g \cdot mol^{-1}$；
$V(NaOH)$ —— 滴定消耗的 NaOH 溶液的体积，mL。
指示剂为酚酞，由无色变为浅粉色半分钟不褪色为终点。

三、仪器和试剂

（1）仪器：50 mL 碱式滴定管；250 mL 容量瓶；分析天平；250 mL 锥形瓶；量筒（10/25 mL）。

（2）试剂：邻苯二甲酸氢钾（105～110℃烘至恒重）；NaOH 饱和溶液；1%酚酞指示剂（1 g 酚酞加 100 mL 95%乙醇溶液）。

四、考核内容

1．操作步骤

（1）配制。用洁净的 10 mL 量筒量取饱和 NaOH 上层清液 3 mL，倾入 250 mL 容量瓶中，加水稀释至标度，摇匀备用。

（2）标定。用减量法准确称取邻苯二甲酸氢钾 0.5～0.6 g 三份，置于三个 250 mL 锥形瓶中，分别加入 25 mL 蒸馏水，温热，摇动使之溶解，冷却。加 2 滴酚酞指示剂，以欲标定的 NaOH 溶液（约 0.1 mol・L^{-1}）分别滴定，溶液由无色变为浅粉色半分钟不褪色为终点。记录 NaOH 溶液的体积数。

2．实验记录与处理

内　　容	1	2	3
称量瓶和基准物 $KHC_8H_4O_4$ 的质量/g			
倾倒后称量瓶和基准物 $KHC_8H_4O_4$ 的质量/g			
基准物 $KHC_8H_4O_4$ 的质量 m/g			
NaOH 溶液初读数/mL			
NaOH 溶液终读数/mL			
滴定所需 NaOH 体积 V/mL			
NaOH 标准溶液浓度 c/（mol・L^{-1}）			
平均值/（mol・L^{-1}）			
相对平均偏差/%			

五、考核时间

90 分钟。

六、思考与讨论

（1）称入基准物的锥形瓶，其内壁是否需干燥？溶解基准物所用水的体积是否需要准确？说明理由。

（2）以邻苯二甲酸氢钾标定 NaOH，用甲基橙做指示剂是否可以？浅粉红色为滴定终点，为什么要求维持半分钟不褪色？

（3）平行实验时，为什么每次滴定管读数均要从“0”开始？

（4）根据标定结果，分析本次实验引入的个人操作误差。

附：考核评分标准

考核项目	考核内容及评分要求		评分记实	扣分	得分
操　作（50分）	天平使用（15分）	检查天平是否正常（1分）			
		稳轻、闭门开启（1分）			
		天平调零（1分）			
		称量（称量瓶捏取、倾样）（5分）			
		称量符合要求（读数、范围）（4分）			
		天平归零，闭门关闭（2分）			
		称量瓶放回干燥器（1分）			
	量筒使用（10分）	量筒持法、溶液倾倒（3分）			
		滴管滴加溶液（2分）			
		读数（2分）			
		溶液转移（3分）			
	碱　式滴定管使　用（15分）	润洗（蒸馏水、标准液）（2分）			
		握持、调零（2分）			
		滴定速度、锥形瓶摇动（5分）			
		滴定溶液是否溅到瓶外（2分）			
		滴定终点判断（2分）			
		读数（2分）			
	其他操作（10分）	未按操作规程操作（2分）			
		过失、返工操作（3分）			
		其他（5分）			
记　录（20分）	原始记录（清楚、完整不漏项）（10分）				
	记录数据精度符合要求（5分）				
	记录真实（不记错、不凑改数据）（5分）（操作失败，有意凑改数据本项不得分）				
分析结果（20分）	计算过程（10分）	有效数字正确 计算过程完整			
	精密度（10分）	平行滴定 NaOH 浓度不大于 0.050 0 mol/L 不扣分；−2 分/每超 0.005 0 mol/L			
	准确度（10分）	NaOH 浓度 c=0.090 0～0.150 0 mol/L 不扣分；−2 分/每超 0.005 0 mol/L			
整　理实验台（5分）	仪器清洗（2分）				
	仪器摆放（2分）				
	实验台面（1分）				
分析时间（5分）	开始时间		−1 分/每延迟 4 分钟 超时 20 分钟停止实验		
	结束时间				
合　计（100分）	得分		总成绩		
	扣分				

分析者：

操作台：

考评员：

年　　月　　日

实验九　铵盐中含氮量的测定（甲醛法）

一、目的要求

（1）了解酸碱滴定法的应用。

（2）掌握甲醛法测定铵盐中含氮量的方法和原理。

二、实验原理

铵盐中NH_4^+的酸性太弱，K_{sp}=5.6×10^{-10}，无法用NaOH溶液直接滴定。但是，可将铵盐与甲醛作用，定量生成六次甲基四铵盐和H^+，反应如下：

$$4NH_4^+ + 6HCHO = (CH_2)_6N_4H^+ + 6H_2O + 3H^+$$

所生成的六次甲基四胺盐（K_{sp}=7.1×10^{-6}）和H^+，用NaOH标准溶液滴定，以酚酞为指示剂，滴定至溶液呈现微红色即为终点。

由上述反应可知，1 mol NH_4^+相当于1 mol的H^+，故氮与NaOH的化学计量比为1∶1，据此可计算物质的含氮量。

试样使用$(NH_4)_2SO_4$，所以$(NH_4)_2SO_4$中氮（N）的质量分数为：

$$w(N)=\frac{c(NaOH)\times V(NaOH)\times M(N)}{m_s\times 1\,000}\times 100\%$$

式中，c(NaOH) —— 氢氧化钠标准溶液的浓度，mol·L^{-1}；

V(NaOH) —— 氢氧化钠标准溶液的体积，mL；

M(N) —— 氮元素的摩尔质量，14.01 g·mol^{-1}；

m_s —— 试样硫酸铵的质量，g。

若试样中含有游离酸，加甲醛之前应事先以甲基红为指示剂，用NaOH标准溶液中和，以免影响测定结果。

三、仪器和试剂

（1）仪器：分析天平；250 mL 容量瓶；25 mL 移液管；锥形瓶；烧杯；50 mL 碱式滴定管。

（2）试剂：NaOH 标准溶液：0.1 mol·L^{-1}（同实验八的配制和标定）；1%酚酞指示剂：1 g 酚酞加 100 mL 95%乙醇溶液；甲醛 HCHO：20%的甲醛水溶液；甲基红：0.2%乙醇溶液。

四、实验内容

1. NaOH 溶液的配制和标定（同实验八）

2. 甲醛溶液的处理

取原瓶装甲醛上层清液于烧杯中，加水稀释 1 倍，加入 2～3 滴酚酞指示剂，用标准碱液滴定至甲醛溶液呈现微红色。

3. $(NH_4)_2SO_4$ 试样中含氮量的测定

用差减法准确称取$(NH_4)_2SO_4$试样 2～3 g 于小烧杯中，加入少量蒸馏水溶解后，定量转移至 250 mL 容量瓶中，稀释至刻度，摇匀。

准确移取上述溶液 25.00 mL 于 250 mL 锥形瓶中，平行三份，加入 1 滴甲基红指示剂，用 NaOH 标准溶液中和至溶液呈现黄色，加入甲醛溶液 10 mL，加入酚酞指示剂 1～2 滴，充分摇匀，放置 1 min 后，用 0.1 mol・L^{-1} NaOH 标准溶液滴定至溶液呈现微红色，并保持 30 s 不褪色即为终点。根据消耗 NaOH 标准溶液的体积和浓度计算试样中氮的含量。

五、数据记录与处理

内　　容	1	2	3
称量瓶和试样的质量/g			
倾倒后称量瓶和试样的质量/g			
试样$(NH_4)_2SO_4$的质量 m/g			
准确移取$(NH_4)_2SO_4$溶液的体积 $V_{(NH_4)_2SO_4}$/mL			
NaOH 标准溶液的浓度 c_{NaOH}/（mol・L^{-1}）			
NaOH 溶液初读数/mL			
NaOH 溶液终读数/mL			
滴定消耗的 NaOH 标准溶液的体积 V_{NaOH}/mL			
试样中氮的质量分数/%			
试样中氮的质量分数平均值/%			
相对平均偏差/%			

六、注意事项

由于甲醛与NH_4^+的反应在室温下进行得较慢，故加入甲醛溶液后，须放置几分钟，也可加热至 40℃左右以加速反应，但不能超过 60℃，以免生成的六次甲基四胺分解。

七、思考与讨论

（1）NH_4Cl，NH_4NO_3，NH_4HCO_3 中的含氮量能否用甲醛法进行测定？

（2）$(NH_4)_2SO_4$ 试样溶解于水后呈现酸性还是碱性？能否用 NaOH 标准溶液直接测定其中含氮量？

实验十　EDTA 标准溶液的配制和标定

一、目的要求

（1）掌握 EDTA 的性质和配位滴定的原理。

（2）学习和掌握 EDTA 溶液的配制和标定方法。

（3）了解用移液管法标定溶液的意义。

二、实验原理

EDTA 能和大多数金属离子形成 1∶1 的稳定化合物，所以配位滴定中通常使用 EDTA 及其钠盐作为配位剂。配制 EDTA 标准溶液一般采用间接法，即先配成近似浓度，再用基准物标定其准确浓度。用于标定 EDTA 的基准物质有含量不低于 99.95% 的某些金属（如锌、铜等），以及它们的金属氧化物（如氧化锌），或某些盐类（如 $CaCO_3$）等。

以 ZnO 为基准物，指示剂可使用铬黑 T，二甲酚橙等；以 $CaCO_3$ 为基准物，可用钙指示剂指示终点。本次实验用 $CaCO_3$ 标定 EDTA。

配制的钙标准溶液浓度 $c(Ca^{2+})$：

$$c(Ca^{2+}) = \frac{m}{M(CaCO_3) \times 0.25}$$

式中，m —— 基准物 $CaCO_3$ 的质量，g；

$M(CaCO_3)$ —— 基准物 $CaCO_3$ 的摩尔质量，100.09 g/mol。

标定的 EDTA 溶液浓度：$c(EDTA) = \dfrac{25.00 \times c(Ca^{2+})}{V(EDTA)}$

三、仪器和试剂

（1）仪器：分析天平；50 mL 酸式滴定管；25 mL 移液管；250 mL 和 1 000 mL 容量瓶；锥形瓶；10 mL 和 50 mL 量筒；烧杯；玻璃棒；表面皿。

（2）试剂：10% NaOH 溶液；钙指示剂；HCl 溶液（1∶1）；基准物 $CaCO_3$；

$Na_2H_2Y \cdot 2H_2O$（乙二胺四乙酸二钠，即 EDTA）。

四、实验内容

（1）0.02 mol・L^{-1} EDTA 溶液的配制：称取 8 g $Na_2H_2Y \cdot 2H_2O$（摩尔质量 M=372.24 g・mol^{-1}）置于 200 mL 烧杯中，加水微热溶解，冷却后转入 1 000 mL 容量瓶中，加水稀释到刻度，摇匀待标定。

（2）标定：用减量法准确称取 $CaCO_3$ 0.500 0～0.600 0 g，置于 150 mL 烧杯中，加少量水润湿，盖好表面皿，从杯嘴慢慢滴加 10 mL HCl 溶液（1∶1），使之完全溶解，加热煮沸驱净 CO_2，冷却后，定量转入 250 mL 容量瓶中，加水稀释至刻度，充分摇匀，计算钙溶液的准确浓度。

用移液管移取 25.00 mL Ca^{2+}标准溶液于 250 mL 锥形瓶中，加 25 mL 水，边摇动边慢慢加入 10 mL 10% NaOH 溶液和少许钙指示剂，摇匀后，用 EDTA 溶液滴定，滴至溶液由酒红色恰变为纯蓝色，10 s 不褪色即为终点。平行测定三份，计算 EDTA 溶液准确浓度（用于实验十一）。

五、数据记录与处理

内　　容	1	2	3
称量瓶和基准物 $CaCO_3$ 的质量/g			
倾倒后称量瓶和基准物 $CaCO_3$ 的质量/g			
基准物 $CaCO_3$ 的质量 m/g			
钙标准溶液浓度 $c_{Ca^{2+}}$/(mol・L^{-1})			
移取钙标准溶液体积/mL		25.00	
EDTA 溶液初读数/mL			
EDTA 溶液终读数/mL			
滴定所需 EDTA 溶液的体积 V/mL			
EDTA 溶液的浓度 c_{EDTA}/（mol・L^{-1}）			
EDTA 溶液的平均浓度 c/（mol・L^{-1}）			
相对平均偏差/%			

六、注意事项

（1）络合滴定反应速度较慢，因而 EDTA 滴定速度不能太快，要充分振荡摇动。

（2）指示剂用量对滴定终点判断影响很大，一定要很少量。

七、思考与讨论

（1）为什么选用 EDTA 二钠盐作为滴定剂而不是 EDTA 酸？

（2）简述用金属锌和氧化锌为基准物标定 EDTA 的步骤。

实验十一　水的总硬度的测定（EDTA 法）

一、目的要求

（1）进一步熟悉减量法称量、样品溶解、定容的基本操作。

（2）了解水的硬度的表示方法。

（3）掌握配位滴定法测定水总硬度的原理和方法。

（4）掌握铬黑 T、钙指示剂的使用条件。

二、实验原理

在 pH≈10 的氨性缓冲溶液中，用铬黑 T 做指示剂，用 EDTA 标准溶液可以直接滴定水中 Ca^{2+}和 Mg^{2+}的总量，溶液由酒红色变成纯蓝色即为终点。滴定时，用三乙醇胺掩蔽 Fe^{3+}、Al^{3+}等共存离子。

水硬度指除碱金属以外的全部金属离子浓度的总和。大多数水硬度一般主要指钙、镁离子浓度的总和。水的硬度大小是以 Ca^{2+}、Mg^{2+}总量折算成 CaO 或 $CaCO_3$ 的量来衡量的。各国采用的硬度单位有所不同，我国目前常用的表示方法有两种：一种是以每升水中含 $CaCO_3$（或 CaO）的质量来表示，单位是 $mg \cdot L^{-1}$；另一种是用度（°）来表示，即每升水中含有 10 mg CaO 为 1°。

$$\rho(\text{CaO}) = \frac{c(\text{EDTA}) \cdot V_1(\text{EDTA}) \cdot M(\text{CaO})}{V_0 \times 10} \times 1\,000$$

$$= \frac{c(\text{EDTA}) \cdot V_1(\text{EDTA}) \cdot M(\text{CaO})}{V_0} \times 100 \text{（°）}$$

$$\rho(\text{CaCO}_3) = \frac{c(\text{EDTA}) \cdot V_1(\text{EDTA}) \cdot M(\text{CaCO}_3)}{V_0} \times 1\,000 \text{（mg} \cdot \text{L}^{-1}\text{）}$$

式中，$\rho(\text{CaO})$ —— 水样中 CaO 的含量，$mg \cdot L^{-1}$；

$\rho(\text{CaCO}_3)$ —— 水样中 $CaCO_3$ 的含量，$mg \cdot L^{-1}$；

$c(\text{EDTA})$ —— EDTA 标准溶液的浓度，$mol \cdot L^{-1}$；

$V_1(\text{EDTA})$ —— 滴定时消耗 EDTA 标准溶液的体积，mL；

V_0 —— 水样的体积，mL；

$M(\text{CaO})$ —— CaO 的摩尔质量，$56.08\ g \cdot mol^{-1}$；

$M(CaCO_3)$ —— $CaCO_3$ 的摩尔质量，100.09 g・mol^{-1}。

水样中 Ca^{2+}、Mg^{2+}含量的测定：用 10% NaOH 溶液调节溶液的 pH=12，待 Mg^{2+}生成 $Mg(OH)_2$ 沉淀后，再加钙指示剂，用 EDTA 标准溶液滴定，至溶液由酒红色变为纯蓝色，即达终点。

$$\rho(Ca^{2+}) = \frac{c(EDTA) \cdot V_2(EDTA) \cdot M(Ca^{2+})}{V_0} \times 1\,000$$

$$\rho(Mg^{2+}) = \frac{c(EDTA) \cdot (V_1 - V_2)(EDTA) \cdot M(Mg^{2+})}{V_0} \times 1\,000$$

式中，V_1 —— 滴定 Ca^{2+}、Mg^{2+}总含量时消耗的 EDTA 的体积，mL；

V_2 —— 滴定 Ca^{2+}的含量时消耗的 EDTA 的体积，mL；

$M(Ca)$ —— Ca 的摩尔质量，40.08 g・mol^{-1}；

$M(Mg)$ —— Mg 的摩尔质量，24.30 g・mol^{-1}。

三、仪器和试剂

（1）仪器：50 mL 酸式滴定管；量筒（10 mL、50 mL）；50 mL 移液管；锥形瓶。

（2）试剂：NH_3・H_2O-NH_4Cl 缓冲溶液：pH=10（称 54 g NH_4Cl 溶于水中，加入浓氨水 410 mL，用蒸馏水稀释至 1 000 mL）；铬黑 T 指示剂（将铬黑 T 与固体 NaCl 按质量比 1∶100 混合，研磨混匀，贮于磨口试剂瓶中，置于干燥器内保存）；10%NaOH；钙指示剂；三乙醇胺水溶液（1∶2）。

四、实验内容

1. 酸式滴定管的准备

取 50.00 mL 酸式滴定管一支，检漏、洗净后，用实验十已标定的 EDTA 标准溶液将滴定管润洗三次，再将 EDTA 溶液倒入管内至刻度“0”以上，排除气泡，调节管内液面至 0.00 mL 处。

2. 水样总硬度的测定

吸取水样 50.00 mL 于 250 mL 锥形瓶中，加入三乙醇胺溶液 3 mL，摇匀后再加入 NH_3・H_2O-NH_4Cl 缓冲溶液 5 mL 及少许铬黑 T 指示剂，摇匀，用 EDTA 标准溶液滴定至溶液由酒红色恰变为纯蓝色即为终点，记录 EDTA 用量 V_1(mL)，根据 EDTA 溶液的用量计算水样的硬度。平行测定三份。

3. 钙硬度的测定

吸取水样 50.00 mL 于 250 锥形瓶中，加 5mL 10% NaOH 溶液调节溶液的 pH=12，摇匀。加少许钙指示剂，摇匀，用 EDTA 标准溶液滴定至酒红色变为纯蓝色即为终点，记录 EDTA 用量 V_2（mL）。平行测定三份。

五、数据记录与处理

水样总硬度的测定

内容		1	2	3
EDTA 标准溶液的浓度 c_{EDTA}/（$mol \cdot L^{-1}$）				
EDTA 溶液初读数/mL				
EDTA 溶液终读数/mL				
滴定所需 EDTA 溶液的体积 V_1/mL				
水样总硬度	ρ_{CaO}/（°）			
	平均ρ_{CaO}/（°）			
	ρ_{CaCO_3}/（mg/L）			
	平均ρ_{CaCO_3}/（mg/L）			

钙含量的测定

内容		1	2	3
EDTA 标准溶液的浓度 c_{EDTA}/（$mol \cdot L^{-1}$）				
EDTA 溶液体积初读数/mL				
EDTA 溶液体积终读数/mL				
滴定所需 EDTA 溶液的体积 V_2/mL				
钙、镁含量	Ca^{2+}含量/（mg/L）			
	Ca^{2+}含量平均值/（mg/L）			
	Mg^{2+}含量/（mg/L）			
	Mg^{2+}含量平均值/（mg/L）			

六、注意事项

（1）滴定速度不能过快，临近终点时要慢加，以免滴定过量。

（2）硬度较大的试样可在水样中加入 1～2 滴 HCl（1+1）酸化后，煮沸数分钟后除去 CO_2，然后加缓冲溶液，以消除滴定反应速度慢及终点不稳定。

（3）若水样中有 Fe^{3+}、Al^{3+} 存在，可加入 1～3 mL 三乙醇胺掩蔽；若含有 Cu^{2+}、Pb^{2+}等，再加入 2% Na_2S 溶液 1 mL，将生成的沉淀过滤。

七、思考与讨论

（1）用 EDTA 法怎样测定水的总硬度？用什么指示剂？产生什么反应？终点

变色如何？试液的pH应控制在什么范围？如何控制？测定钙硬度又如何？如何得到镁硬度？

（2）用 EDTA 法测定水的硬度时，哪些离子的存在有干扰？如何消除？

（3）据这次实验结果，评价水样的水质情况。

实验十二 铝盐中铝的测定（EDTA 法）

一、目的要求

（1）掌握返滴定法和置换滴定法测定铝盐中铝含量的方法和原理。

（2）掌握二甲酚橙（或 PAN）指示剂终点的判断。

二、实验原理

由于 Al^{3+}离子易水解形成多核羟基配合物，同时 Al^{3+}与 EDTA 配位反应较慢，在一定的酸度下需要加热才能完全反应。因此 Al^{3+}不能用 EDTA 直接滴定法进行测定，但可采用返滴定法或置换滴定法进行测定。

采用返滴定法测定铝盐中铝的含量。称取一定量的铝盐试样，用蒸馏水溶解，在试液中，加入过量 EDTA 标准溶液，在 pH=3.5 时煮沸溶液、使其完全反应，然后将溶液冷却，并用缓冲溶液调 pH 为 5～6，以二甲酚橙为指示剂，用 Zn^{2+}标准溶液返滴过量的 EDTA。终点时溶液颜色由亮黄色变为紫红色。

如有 Fe^{3+}等的存在干扰 Al^{3+}的测定，应采用置换滴定法。即将含 Al^{3+}的试液调节 pH=3～4，加入过量 EDTA 标准溶液，煮沸使 Al^{3+}与 EDTA 完全反应，冷却、调溶液 pH 为 5～6，以二甲酚橙为指示剂，用 Zn^{2+}标准溶液滴定过量的 EDTA（不计体积）。然后加入过量的 KF，煮沸将 Al-EDTA 中的 EDTA 定量置换出来，再用 Zn^{2+}标准溶液滴定使溶液颜色从亮黄色变为微红色即为终点。其反应式如下：

$$AlY^{-} + 6F^{-} = AlF_6^{3-} + Y^{4-}$$

$$Y^{4-} + Zn^{2+} = ZnY^{2-}$$

三、仪器和试剂

（1）仪器：分析天平；50 mL 酸式滴定管；250 mL 容量瓶；10 mL、15mL 和 25 mL 移液管；100 mL 和 500 mL 烧杯；250 mL 锥形瓶；10 mL 和 50 mL 量筒；洗瓶；电炉。

（2）试剂：Zn^{2+}标准溶液：$c(Zn^{2+})=0.02\ mol \cdot L^{-1}$；盐酸：1+1；EDTA 标准溶液：

c(EDTA)=0.05 mol·L^{-1}；二甲酚橙指示剂：2 g·L^{-1}；NaAc-HAc 缓冲溶液：68 g NaAc 溶于适量水中，加入 6 mol·L^{-1} HAc 溶液 24 mL，稀释至 500 mL；氟化钾：500 g/L 溶液，贮于塑料瓶中；氨水：1+1；铝盐试样。

四、实验内容

1．0.02 mol·L^{-1} Zn^{2+}标准溶液配制

称取 0.327 0 g 高纯锌（纯度 99.99%以上），精确至 0.000 2 g，置于 100 mL 烧杯中，加入 5～6 mL（1+1）盐酸，加热，使 Zn 完全溶解。以少量蒸馏水冲洗烧杯内壁，定量移入 250 mL 容量瓶中，用水稀释至刻度，摇匀。

2．铝盐中铝含量的测定

（1）返滴定法

称取 1.5～1.8 g 试样，精确至 0.000 2 g，置于 100 mL 烧杯中，加水溶解，此时若出现混浊，应滴加（1+1）盐酸溶液至沉淀恰好溶解，全部转移到 250 mL 容量瓶中，用蒸馏水稀释至刻度，摇匀。用移液管准确移取 10.00 mL 此实验溶液，置于 250 mL 锥形瓶中。用移液管加入 20.00 mL 0.05 mol·L^{-1} EDTA 标准溶液，调节 pH 约为 3（用精密 pH 试纸检验），煮沸 2 min。冷却至室温，加 10 mL pH=5.5 NaAc-HAc 缓冲溶液和 2 滴二甲酚橙指示剂溶液。用 0.02 mol·L^{-1} 的 Zn^{2+}标准溶液滴定，溶液由亮黄色变为微红色即为终点。记下消耗 Zn^{2+}标准溶液的体积。平行测定三次。

（2）置换滴定法

称取 1.5～1.8 g 固体试样，精确至 0.000 2 g，置于 100 mL 烧杯中，加水溶解，此时若出现混浊，应滴加（1+1）盐酸溶液至沉淀恰好溶解。全部移入 250 mL 容量瓶中，用蒸馏水稀释至刻度，摇匀。用移液管移取 15.00 mL，置于 250 mL 锥形瓶中，加 20 mL 蒸馏水和 20 mL 0.05 mol·L^{-1} EDTA 标准溶液，用（1+1）氨水调节 pH 约为 3（用精密 pH 试纸检验），煮沸 2 min。冷却后加入 10 mL NaAc-HAc 缓冲溶液和 2～4 滴二甲酚橙指示剂（或 PAN 指示剂 10 滴），用 0.02 mol·L^{-1} 的 Zn^{2+}标准滴定溶液至溶液由亮黄色变为微红色即为终点。

加入 10 mL 氟化钾溶液，加热至微沸，冷却，此时溶液应呈黄色。若溶液呈红色，则滴加盐酸（1+1）至溶液呈黄色。再用 0.02 mol·L^{-1} 的 Zn^{2+}标准滴定溶液滴定，溶液颜色从亮黄色变为微红色即为终点。记录第二次滴定消耗的 Zn^{2+}标准滴定溶液的体积。平行测定三次。

五、数据记录与处理

1．返滴定法

（1）实验数据记录表

内 容	1	2	3
称量瓶和试样的质量/g			
倾倒后称量瓶和试样的质量/g			
试样铝盐的质量 m/g			
EDTA 标准溶液的浓度 c_1/（$mol \cdot L^{-1}$）			
移取的 EDTA 标准溶液的体积 V_1/mL			
Zn^{2+}标准溶液的浓度 c_2/（$mol \cdot L^{-1}$）			
Zn^{2+}标准溶液体积初读数/mL			
Zn^{2+}标准溶液体积终读数/mL			
滴定消耗 Zn^{2+}标准溶液的体积/mL			
试样中铝的质量分数/%			
铝的质量分数平均值/%			
相对平均偏差/%			

（2）计算公式

铝盐中铝的质量分数：

$$w(\mathrm{Al})=\frac{\left(c_1V_1-c_2V_2\right)\times 10^{-3}\times M(\mathrm{Al})}{m\times\frac{15}{250}}\times 100\%$$

式中，c_1 —— EDTA 标准溶液的浓度，$mol \cdot L^{-1}$；

V_1 —— 用移液管移取的 EDTA 标准溶液的体积，mL；

c_2 —— Zn^{2+}标准溶液的浓度，$mol \cdot L^{-1}$；

V_2 —— 实际消耗 Zn^{2+}标准溶液的体积，mL；

$M(\mathrm{Al})$ —— Al 的摩尔质量，26.98 $g \cdot mol^{-1}$；

m —— 试样的质量，g。

2. 置换滴定法

（1）实验数据记录表。参照返滴定法的实验数据记录表绘制数据记录表格。

（2）计算公式。铝盐中铝的质量分数：

$$w(\mathrm{Al})=\frac{cV\times 10^{-3}\times M(\mathrm{Al})}{m\times\frac{15}{250}}\times 100\%$$

式中，c —— Zn^{2+}标准溶液的浓度，$mol \cdot L^{-1}$；

V —— 实际消耗的 Zn^{2+}标准溶液的体积，mL；

$M(\mathrm{Al})$ —— Al 的摩尔质量，26.98 $g \cdot mol^{-1}$；

m —— 试样的质量，g。

六、注意事项

（1）锌表面有一层氧化膜，应先用酸洗去，再用水或乙醇清洗，待乙醇挥发后，在105℃烘干数分钟，备用。

（2）调节pH，应将小块精密pH试纸检验放入锥形瓶内。

（3）取平行测定结果的算术平均值为测定结果，平行测定结果的绝对差值（极差），固体样品应不大于0.2%。

七、思考与讨论

（1）测定中为什么要加热？

（2）测定Al^{3+}为什么要用返滴定法？能否采用直接滴定法？

（3）若试样为工业硫酸铝，如何计算硫酸铝的百分含量？写出计算式。

（4）滴定时pH值为什么要控制在5～6？可采用哪些缓冲溶液进行控制？

（5）在置换滴定法实验中，使用的EDTA溶液要不要标定？

（6）用置换滴定法测铝盐中铝含量时，第一次用Zn^{2+}标准溶液滴定为什么不记录体积？若此时滴定过量对分析结果有何影响？

实验十三　$KMnO_4$标准溶液的配制和标定

一、目的要求

（1）掌握$KMnO_4$标准滴定溶液的配制和贮存方法。

（2）掌握用基准物质$Na_2C_2O_4$标定$KMnO_4$的原理和方法。

（3）了解$KMnO_4$自身做指示剂的特点和终点判断的方法。

二、实验原理

$KMnO_4$是一种强氧化剂，一般在酸性溶液中做滴定剂。市售的$KMnO_4$一般含有少量的MnO_2和其他杂质，蒸馏水中微量的还原性物质也会与$KMnO_4$反应，MnO_2、Mn^{2+}的存在以及光、热、酸、碱等外界条件的变化均可促进$KMnO_4$的分解。因此，$KMnO_4$标准溶液不能直接配制。

因$Na_2C_2O_4$不含结晶水，不易吸湿，无毒，价格便宜等优点，标定$KMnO_4$溶液常用的基准物质是$Na_2C_2O_4$。标定的原理是：在H_2SO_4溶液中，$KMnO_4$与$Na_2C_2O_4$发生定量反应：

$$2MnO_4^- + 5C_2O_4^{2-} + 16H^+ \xlongequal{} 2Mn^{2+} + 10CO_2\uparrow + 8H_2O$$

反应达化学计量点时，微过量的 $KMnO_4$ 使溶液呈粉红色即为终点。

$$c = \frac{2m}{5M(V - V_0)} \times 1\,000$$

式中，c —— $KMnO_4$ 标准溶液的浓度，$mol \cdot L^{-1}$；

V —— 滴定时消耗 $KMnO_4$ 标准溶液的体积，mL；

V_0——空白实验消耗 $KMnO_4$ 标准溶液的体积，mL；

m —— 基准物 $Na_2C_2O_4$ 的质量，g；

M（$Na_2C_2O_4$）—— $Na_2C_2O_4$ 的摩尔质量，134.00 $g \cdot mol^{-1}$。

三、仪器和试剂

（1）仪器：分析天平；台秤；50 mL 酸式滴定管；100 mL 和 500 mL 烧杯；250 mL 锥形瓶；10 mL 和 50 mL 量筒；洗瓶；500 mL 棕色试剂瓶；电炉；微孔玻璃漏斗；表面皿。

（2）试剂：$KMnO_4$ 固体；H_2SO_4 溶液：$c(H_2SO_4)$=3 $mol \cdot L^{-1}$；基准试剂 $Na_2C_2O_4$：在 105～110℃烘至恒重。

四、实验内容

1．$KMnO_4$ 溶液的配制

配制 0.02 $mol \cdot L^{-1}$ 的 $KMnO_4$ 溶液 500 mL：称取 1.6 g $KMnO_4$ 固体于 1 000 mL 烧杯中，加入 520 mL 水使之溶解。盖上表面皿，在电炉上加热至沸，缓缓煮沸 15 min，冷却后置于暗处数天（至少 2～3 天）后，用微孔玻璃漏斗（该漏斗预先以同样浓度 $KMnO_4$ 溶液缓缓煮沸 5 min）过滤，除去 MnO_2 等杂质，滤液贮存于干燥具玻璃塞的棕色试剂瓶（试剂瓶用 $KMnO_4$ 溶液洗涤 2～3 次）中，待标定；或溶解 $KMnO_4$ 后，保持微沸状态 1 h，冷却后过滤，滤液贮存于干燥棕色试剂瓶中，待标定。

2．$KMnO_4$ 溶液的标定

准确称取 0.15～0.20 g 基准物质 $Na_2C_2O_4$（准确至 0.000 1 g），置于 250 mL 锥形瓶中，加入 30 mL 蒸馏水使之溶解，加入 10 mL 3 $mol \cdot L^{-1}$ H_2SO_4 溶液，加热至 75～85℃（开始冒蒸汽），趁热用待标定的 $KMnO_4$ 溶液滴定。注意滴定速度，开始时反应较慢，应在加入一滴 $KMnO_4$ 溶液褪色后，再加下一滴。滴定至溶液呈粉红色且 30 s 不褪色即为终点（滴定结束时溶液的温度不低于 55℃）。记录消耗 $KMnO_4$ 标准滴定溶液体积。平行测定三次。

五、数据记录与处理

内　　容	1	2	3
称量瓶和基准物 $Na_2C_2O_4$ 的质量/g			
倾倒后称量瓶和基准物 $Na_2C_2O_4$ 的质量/g			
基准物 $Na_2C_2O_4$ 的质量 m/g			
$KMnO_4$ 标准溶液初读数/mL			
$KMnO_4$ 标准溶液终读数/mL			
滴定消耗 $KMnO_4$ 标准溶液的体积 V/mL			
空白实验消耗 $KMnO_4$ 标准溶液的体积 V_0/mL			
标定后 $KMnO_4$ 标准溶液的浓度/（$mol \cdot L^{-1}$）			
$KMnO_4$ 标准溶液浓度平均值/（$mol \cdot L^{-1}$）			
相对平均偏差/%			

六、思考与讨论

（1）$KMnO_4$ 为什么不能直接配制成标准溶液？

（2）$KMnO_4$ 滴定法中常用什么物质做指示剂，如何指示滴定终点？

（3）在酸性条件下，以 $KMnO_4$ 溶液滴定 $Na_2C_2O_4$ 时，开始紫色褪去较慢，后来褪去较快，为什么？

（4）滴定至终点后呈粉红色，为什么久置后红色又消失？

（5）$KMnO_4$ 溶液应装入哪种滴定管中？如何读数？

实验十四　过氧化氢含量的测定（高锰酸钾法）

一、目的要求

（1）掌握高锰酸钾直接滴定法测定过氧化氢含量的基本原理、方法和计算。

（2）掌握高锰酸钾滴定终点的确定方法。

二、实验原理

在酸性溶液中 H_2O_2 是强氧化剂，但遇到强氧化剂 $KMnO_4$ 时，又表现为还原性。因此，可以在酸性溶液中用 $KMnO_4$ 标准溶液直接滴定测得 H_2O_2 的含量。反应式为：

$$5H_2O_2 + 2MnO_4^- + 6H^+ = 2Mn^{2+} + 5O_2\uparrow + 8H_2O$$

以 $KMnO_4$ 自身为指示剂，终点呈浅粉红色。

$$\rho(H_2O_2)=\frac{5c(V_1-V_0)M(H_2O_2)}{2V_2\times\frac{25}{250}}$$

式中，ρ —— 过氧化氢的质量浓度，$g\cdot L^{-1}$；

c —— $KMnO_4$ 标准溶液的浓度，$mol\cdot L^{-1}$；

V_1 —— 滴定时消耗 $KMnO_4$ 标准溶液的体积，mL；

V_0 —— 空白实验消耗 $KMnO_4$ 标准溶液的体积，mL；

$M(H_2O_2)$ —— H_2O_2 的摩尔质量，34.02 $g\cdot mol^{-1}$；

V_2 —— 测定时量取的 H_2O_2 试液体积，mL。

三、仪器和试剂

（1）仪器：分析天平；50 mL 棕色酸式滴定管；250 mL 容量瓶；2 mL 和 25 mL 移液管；250 mL 锥形瓶；20 mL 量筒；洗瓶。

（2）试剂：H_2SO_4 溶液，$c(H_2SO_4)$=3 $mol\cdot L^{-1}$；双氧水试样；$KMnO_4$ 标准溶液，$c(KMnO_4)$=0.02 $mol\cdot L^{-1}$。

四、实验内容

准确移取 2.00 mL 30% 双氧水试样，注入装有 200 mL 蒸馏水的 250 mL 容量瓶中，再用水稀释至刻度，充分摇匀。

用移液管准确移取上述试液 25.00 mL，放于 250 mL 锥形瓶中，加 3 $mol\cdot L^{-1}$ H_2SO_4 溶液 20 mL，用 0.02 $mol\cdot L^{-1}$ $KMnO_4$ 标准溶液（实验十三标定）滴定，至溶液呈微红色保持 30 s 不褪色即为终点。记录消耗 $KMnO_4$ 标准滴定溶液体积。平行测定三次。

五、数据记录与处理

内　　容	1	2	3
$KMnO_4$ 标准溶液的准确浓度 c /（$mol\cdot L^{-1}$）			
测定时量取的过氧化氢试液体积/mL			
$KMnO_4$ 标准溶液初读数/mL			
$KMnO_4$ 标准溶液终读数/mL			
滴定时消耗 $KMnO_4$ 标准溶液的体积 V_1/mL			
空白实验消耗 $KMnO_4$ 标准溶液的体积 V_0/mL			
H_2O_2 的质量浓度/（$g\cdot L^{-1}$）			
H_2O_2 质量浓度平均值/（$g\cdot L^{-1}$）			
相对平均偏差/%			

六、思考与讨论

（1）H_2O_2与$KMnO_4$反应较慢，能否通过加热溶液来加快反应速度？为什么？

（2）用$KMnO_4$法测定H_2O_2时，能否用HCl、HNO_3和HAc来控制酸度？为什么？

实验十五　绿矾中亚铁离子含量的测定（重铬酸钾法）

一、目的要求

（1）掌握用$K_2Cr_2O_7$标准滴定溶液直接测定绿矾中亚铁离子含量的基本原理、方法和计算。

（2）熟练掌握$K_2Cr_2O_7$法滴定终点的确定。

二、实验原理

在酸性介质中$K_2Cr_2O_7$为强氧化性物质，本身被还原成绿色的Cr^{3+}。硫酸亚铁样品由于有较强的还原性，在存放过程中其亚铁离子往往易被氧化成铁离子而带黄棕色，采用$K_2Cr_2O_7$法，以邻菲罗啉做指示剂，可以测定硫酸亚铁样品中Fe^{2+}的含量。两者反应如下：

$$6Fe^{2+} + Cr_2O_7^{2-} + 14H^+ = 6Fe^{3+} + 2Cr^{3+} + 7H_2O$$

三、仪器和试剂

（1）仪器：分析天平；台秤；50 mL酸式滴定管；100 mL和500 mL容量瓶；25 mL移液管；250 mL锥形瓶；10 mL量筒；洗瓶；500 mL棕色试剂瓶；烧杯；电炉。

（2）试剂：H_2SO_4溶液，$c(H_2SO_4)=6\ mol \cdot L^{-1}$；绿矾试样；邻菲罗啉指示剂；基准物$K_2Cr_2O_7$。

四、实验内容

1．重铬酸钾标准溶液的配制

用分析天平准确称取$K_2Cr_2O_7$约1.3 g于小烧杯中，加少量蒸馏水溶解后定量转移入250 mL容量瓶中，定容，摇匀，备用。

2．硫酸亚铁试样溶液的配制

在分析天平上准确称取绿矾试样 2.7～2.8 g 于小烧杯中，先加入 6 mol·L^{-1} H_2SO_4 3 mL，再加少量蒸馏水溶解，稍加热，冷却后定量转移入 100 mL 容量瓶中，充分摇匀，备用。

3．滴定

用 25.00 mL 移液管吸取 $K_2Cr_2O_7$ 溶液于锥形瓶中，加入 6 mol·L^{-1} 硫酸 10 mL，加邻菲罗啉指示剂 2～3 滴，用硫酸亚铁试液滴定，当溶液由橙色经绿色突变为紫红色时即达终点（出现较深绿色时，继续滴定至溶液恰呈紫色即为终点）。记录消耗硫酸亚铁试液的体积。平行测定三次。

五、数据记录与处理

（1）实验数据记录：

重铬酸钾标准溶液的配制

内　　容			
称量瓶和基准物 $K_2Cr_2O_7$ 的质量/g			
倾倒后称量瓶和基准物 $K_2Cr_2O_7$ 的质量/g			
基准物 $K_2Cr_2O_7$ 的质量 m/g			
配制 $K_2Cr_2O_7$ 标准溶液的浓度 c/（mol·L^{-1}）			

试样的测定

内　　容	1	2	3
称量瓶和绿矾试样的质量/g			
倾倒后称量瓶和绿矾试样的质量/g			
绿矾试样的质量 m/g			
配成 $FeSO_4$ 试液体积/mL	100		
移取 $K_2Cr_2O_7$ 体积 V_1/mL	25.00	25.00	25.00
$FeSO_4$ 试液初读数/mL			
$FeSO_4$ 试液终读数/mL			
滴定消耗 $FeSO_4$ 试液的体积 V_2/mL			
w（Fe^{2+}）/%			
w（Fe^{2+}）平均值/%			
相对平均偏差/%			

（2）计算公式：

$$w(Fe^{2+})=\frac{6cV_1\times10^{-3}\times M(Fe)}{\frac{m}{100}\times V_2}\times100\%$$

式中，w（Fe^{2+}）—— Fe^{2+}的质量分数，%；

c —— $K_2Cr_2O_7$ 标准溶液的浓度，$mol\cdot L^{-1}$；

V_1 —— 移取 $K_2Cr_2O_7$ 标准溶液的体积，mL；

V_2 —— 滴定消耗 $FeSO_4$ 试液的体积，mL；

M(Fe) —— Fe 的摩尔质量，55.85 $g\cdot mol^{-1}$；

100 —— 配成 $FeSO_4$ 试液的体积，mL；

m —— 绿矾试样的质量，g。

六、思考与讨论

说明实验中加入 H_2SO_4 的目的。

实验十六　葡萄糖含量的测定（碘量法）

一、目的要求

（1）熟练 I_2 标准溶液和 $Na_2S_2O_3$ 标准溶液的配制和标定方法。

（2）掌握碘量法测定葡萄糖含量的方法。

（3）掌握液体试剂的称样方法。

二、实验原理

碘与 NaOH 作用可生成次碘酸钠（NaIO），葡萄糖（$C_6H_{12}O_6$）能定量地被次碘酸钠氧化成葡萄糖酸（$C_6H_{12}O_7$）。在酸性条件下，未与葡萄糖作用的次碘酸钠可转变成碘（I_2）析出，用 $Na_2S_2O_3$ 标准滴定溶液滴定析出的 I_2，以淀粉为指示剂。

其反应如下：

I_2 与 NaOH 作用：

$$2NaOH + I_2 \longrightarrow NaIO + NaI + H_2O$$

$C_6H_{12}O_6$ 与 NaIO 定量作用：

$$C_6H_{12}O_6 + NaIO \longrightarrow C_6H_{12}O_7 + NaI$$

总反应式：

$$I_2 + C_6H_{12}O_6 + 2NaOH \longrightarrow C_6H_{12}O_7 + 2NaI + H_2O$$

$C_6H_{12}O_6$作用完后，剩下未作用的NaIO在碱性条件下发生歧化反应：

$$3NaIO \longrightarrow NaIO_3 + 2NaI$$

在酸性条件下：

$$NaIO_3 + 5NaI + 6HCl \longrightarrow 3I_2 + 6NaCl + 3H_2O$$

析出过量的I_2可用标准 $Na_2S_2O_3$溶液滴定：

$$I_2 + 2Na_2S_2O_3 \longrightarrow Na_2S_4O_6 + 2NaI$$

由以上反应式可以看出：葡萄糖与$Na_2S_2O_3$之间反应的化学计量比为1∶2，可以此计算葡萄糖注射液中葡萄糖含量。

计算公式：

$$c_1 = \frac{c_2V_2}{2V_1}$$

$$\rho = \frac{(c_1V_1 - c_2V_2)\times 10^{-3} \times M}{2.50 \times \dfrac{25}{250}} \times 100\%$$

式中，ρ—— 葡萄糖注射液中葡萄糖的质量浓度，%；

c_1—— I_2标准溶液的物质的量浓度，$mol \cdot L^{-1}$；

V_1—— 测定试样时加入的I_2标准溶液的体积，mL；

c_2—— $Na_2S_2O_3$标准溶液的浓度，$mol \cdot L^{-1}$；

V_2—— 测定试样时消耗 $Na_2S_2O_3$标准溶液的体积，mL；

M—— 葡萄糖的摩尔质量，$g \cdot mol^{-1}$；

2.50 —— 试液的体积，mL。

三、仪器和试剂

（1）仪器：50 mL酸式滴定管；250 mL容量瓶；250 mL碘量瓶；2 mL、5 mL、10 mL和25 mL移液管；洗瓶。

（2）试剂：HCl溶液，c（HCl）=2 $mol \cdot L^{-1}$；淀粉指示剂，5 $g \cdot L^{-1}$；

NaOH溶液，c（NaOH）=0.2 $mol \cdot L^{-1}$；KI固体；

$Na_2S_2O_3$标准滴定溶液，c（$Na_2S_2O_3$）=0.05 $mol \cdot L^{-1}$；

I_2标准溶液，$c(I_2)$=0.025 $mol \cdot L^{-1}$。配制：称取1.6 g I_2于小烧杯中，加6 g KI，先加入约30 mL水，用玻璃棒搅拌，待I_2完全溶解后，稀释至250 mL，摇匀，置于棕色瓶中，放置暗处。

四、实验内容

1. I_2溶液的标定

移取 25.00 mL（V_1）I_2溶液于 250 mL 碘量瓶中，加 100 mL 水稀释，用已标定好的 $Na_2S_2O_3$ 标准溶液滴定至草黄色，加入 2 mL 淀粉溶液，继续滴定至蓝色刚好消失，即为终点。记录消耗的 $Na_2S_2O_3$ 标准溶液的体积 V_2。

2. 葡萄糖含量的测定

移取 2.50 mL 5%葡萄糖注射液于 250 mL 容量瓶中，准确稀释至刻度定容，摇匀后移取 25.00 mL 于碘量瓶中，准确加入 0.025 mol·L^{-1} 的 I_2 标准溶液 25.00 mL，慢慢滴加 0.2 mol·L^{-1} 的 NaOH 溶液，边加边摇，直至溶液呈淡黄色（加碱的速度不能过快，否则生成的 NaIO 来不及氧化葡萄糖，使测定结果偏低）。盖好碘量瓶塞，在暗处放置 10～15 min，加 2 mol·L^{-1} 的 HCl 溶液 6 mL 使之呈酸性，立即用 $Na_2S_2O_3$ 标准溶液滴定，至溶液呈浅黄色时，加入淀粉溶液 3 mL，继续滴定至蓝色消失即为终点，记下消耗 $Na_2S_2O_3$ 标准溶液的体积。计算注射液中葡萄糖的质量分数。

五、数据记录与处理

I_2溶液的标定

内　　容	1	2	3
标定时加入 I_2 标准溶液的体积 V_1/mL	25.00	25.00	25.00
$Na_2S_2O_3$ 标准溶液的初读数/mL			
$Na_2S_2O_3$ 标准溶液的终读数/mL			
滴定时消耗 $Na_2S_2O_3$ 标准溶液的体积 V_2/mL			
标定后 I_2 标准溶液的浓度 c/（mol·L^{-1}）			
标定后 I_2 标准溶液的浓度平均值/（mol·L^{-1}）			
相对平均偏差/%			

葡萄糖含量的测定

内　　容	1	2	3
测定时移取的葡萄糖注射液体积/mL	25.00	25.00	25.00
加入 I_2 标准溶液的体积 V_1/mL			
$Na_2S_2O_3$ 标准溶液的初读数/mL			
$Na_2S_2O_3$ 标准溶液的终读数/mL			
滴定时消耗 $Na_2S_2O_3$ 标准溶液的体积 V_2/mL			
注射液中葡萄糖的质量分数/%			
注射液中葡萄糖的质量分数平均值/%			
相对平均偏差/%			

六、思考与讨论

（1）分析本实验误差的主要来源。

（2）淀粉指示剂加入过早对测定结果有什么影响？

实验十七 天然水中氯含量的测定（莫尔法）

一、目的要求

（1）掌握莫尔法进行沉淀滴定的原理和方法。

（2）学习 $AgNO_3$ 标准溶液的配制和标定。

（3）掌握沉淀滴定法测定氯离子含量的条件及操作方法。

二、实验原理

可溶性氯化物或水样中的氯离子，常用银量法测定。银量法对氯离子的测定有直接法和间接法两种。本实验对样品中的 Cl^- 用莫尔法测定，这种方法属直接测定法。莫尔法标定是在中性或弱碱性溶液中，以铬酸钾为指示剂，用 $AgNO_3$ 标准溶液进行滴定。由于 AgCl 比 Ag_2CrO_4 的溶解度小，根据分步沉淀的原理，当 AgCl 定量沉淀后，微过量的 $AgNO_3$ 溶液即与 CrO_4^{2-} 生成砖红色 Ag_2CrO_4 沉淀，指示终点到达，主要反应如下：

$$Ag^+ + Cl^- = AgCl\downarrow \text{（白色）}$$

$$2Ag^+ + CrO_4^{2-} = Ag_2CrO_4\downarrow \text{（砖红色）}$$

滴定必须在中性或弱碱性溶液中进行。酸度太大，不产生 Ag_2CrO_4 沉淀，看不到终点颜色；而酸度太小，则形成 Ag_2O 沉淀。本滴定最适宜在 pH 值为 6.5～10.5 的介质中进行。另外，若试液中有 NH_4^+ 存在，则介质的 pH 值应保持在 6.5～7.2。

三、仪器和试剂

（1）仪器：分析天平；250 mL 容量瓶；50 mL 棕色酸式滴定管；25 mL 移液管；锥形瓶；烧杯。

（2）试剂：0.05 $mol \cdot L^{-1}$ $AgNO_3$ 标准溶液（在台秤上称取 8.5 g $AgNO_3$，溶于 1 000 mL 不含 Cl^- 的水中，将溶液转入棕色细口瓶中，置暗处保存）；5% K_2CrO_4 指示剂。

四、实验内容

（1）$AgNO_3$ 标准溶液的标定

准确称取 0.7～0.8 g NaCl 基准物质于 250 mL 烧杯中，加 100 mL 水溶解，定容于 250 mL 容量瓶中。

准确移取 25.00 mL NaCl 标准溶液于 250 mL 锥形瓶中，加 25 mL 水，1 mL 5% K_2CrO_4 指示剂，在不断摇动下用 $AgNO_3$ 溶液滴定至白色沉淀中出现砖红色即为终点。平行测定三次。

（2）水样的测定

移取 25.00 mL 水试样置于锥形瓶中，加入 5%的 K_2CrO_4 指示剂 1 mL，在不断摇动下用 $AgNO_3$ 标准溶液滴定至白色沉淀中出现砖红色即为终点。平行测定三次。

五、数据记录与处理

（1）实验数据记录表：

内　　容	1	2	3
称量瓶和氯化钠的质量/g			
倾倒后称量瓶和氯化钠的质量/g			
基准物质氯化钠的质量 m/g			
NaCl 标准溶液的浓度 c_1/（$mol \cdot L^{-1}$）			
移取的 NaCl 标准溶液的体积 V_1/mL			
$AgNO_3$ 溶液的初读数/mL			
$AgNO_3$ 溶液的终读数/mL			
消耗 $AgNO_3$ 溶液的体积 V_2/mL			
$AgNO_3$ 溶液的浓度 c_2/（$mol \cdot L^{-1}$）			
移取的水样的体积 V_3/mL			
$AgNO_3$ 溶液的初读数/mL			
$AgNO_3$ 溶液的终读数/mL			
消耗 $AgNO_3$ 溶液的体积 V_4/mL			
测定时空白实验消耗 $AgNO_3$ 溶液的体积 V_0/mL			
天然水中氯含量 c_3/（$mol \cdot L^{-1}$）			
氯的平均含量/（$mol \cdot L^{-1}$）			
相对平均偏差/%			

（2）计算公式：

$$c_1=\frac{\dfrac{m}{M_{NaCl}}}{0.25}$$

$$c_2=\frac{c_1V_1}{V_2}$$

$$c_3=\frac{c_2(V_4-V_0)}{V_3}$$

六、思考与讨论

（1）$AgNO_3$ 溶液应装在哪一种滴定管中？为什么？

（2）以 K_2CrO_4 为指示剂，滴定时的酸度条件该怎样控制？K_2CrO_4 指示剂的用量对滴定结果有什么影响？

实验十八　碘化钠纯度的测定（法扬斯法）

一、目的要求

（1）掌握利用法扬斯法进行沉淀滴定的原理和方法。

（2）巩固吸附指示剂的作用原理。

（3）学会以曙红为指示剂判断滴定终点的方法。

二、实验原理

在醋酸酸性溶液中，用 $AgNO_3$ 标准溶液滴定碘化钠，以曙红做指示剂。反应如下：

$$Ag^+ + I^- = AgI\downarrow \text{（黄色）}$$

在计量点以前，AgI 沉淀吸附 I^- 带负电荷，不会吸附指示剂。当滴定到达计量点时，1 滴过量的 $AgNO_3$ 使溶液中出现过量的 Ag^+，则 AgI 沉淀便吸附 Ag^+ 而带正电荷，从而强烈地吸附指示剂阴离子，使沉淀由黄色变为玫瑰红色，从而指示滴定终点。

三、仪器和试剂

（1）仪器：分析天平；台秤；250 mL 容量瓶；25 mL 移液管；锥形瓶；50 mL 棕色酸式滴定管；烧杯。

（2）试剂：NaI 试样；0.1 $mol\cdot L^{-1}$ $AgNO_3$ 标准溶液；醋酸溶液（1 $mol\cdot L^{-1}$）；曙红指示液（0.5 g 曙红钠盐溶于水，稀释至 100 mL）。

四、实验内容

1. NaI 试样溶液的配制

在分析天平上准确称取 NaI 试样 0.5 g 于小烧杯中，加少量蒸馏水溶解后，定量转移入 250 mL 容量瓶中，充分摇匀备用。

2. 滴定

准确移取 25.00 mL NaI 试样溶液于锥形瓶中，加入 1 mol·L^{-1} 醋酸 5 mL，曙红指示剂 2～3 滴，用 $AgNO_3$ 标准溶液滴定至由黄色变为玫瑰红色时即达终点。记录消耗 $AgNO_3$ 的体积。平行测定三次。

五、数据记录与处理

自拟表格，自写公式，计算试样中 NaI 的百分含量。

六、注意事项

本实验操作过程中避免阳光直射。

七、思考与讨论

（1）举例说明吸附指示剂的变色原理。

（2）$AgNO_3$ 标准溶液滴定 Cl^- 时能否选曙红做指示剂？为什么？

实验十九　滴定分析仪器的校准

一、目的要求

（1）了解容量器皿校准的意义。

（2）学习掌握滴定管、容量瓶、移液管等滴定分析仪器的校准方法。

二、实验原理

容量器皿的容积与其所标出的体积并非完全相符。因此，在准确度要求较高的分析工作中，必须对容量器皿定期进行校准。

由于玻璃具有热胀冷缩的特性，在不同温度下容量器皿的容积也有所不同。因此校准玻璃容量器皿时，必须规定一个共用的温度值，这一规定温度值称标准温度，国际上规定玻璃容量器皿的标准温度为 20℃。即在校准时都将玻璃容量器皿的容积校准到 20℃时的实际容积。

容量器皿常应用两种校准方法：绝对校准和相对校准。

绝对校准是测定容量器皿的实际容积。常用的标准方法为衡量法，也称称量法。用天平称得容量器皿容纳或放出纯水的质量，然后根据水的质量和密度，计算出容量器皿在标准温度 20℃时的实际容积。

玻璃容器（20℃）中，1 L 水在不同温度下，于空气中用黄铜砝码称得的质量列于下表。

在不同温度下用水充满 20℃时容积为 1 L 的玻璃容器，

在空气中用黄铜砝码称得水的质量

温度/℃	质量/g	温度/℃	质量/g	温度/℃	质量/g
5	998.50	17	997.65	29	995.18
6	998.51	18	997.51	30	994.91
7	998.50	19	997.34	31	994.64
8	998.48	20	997.18	32	994.34
9	998.44	21	997.00	33	994.06
10	998.39	22	996.80	34	993.75
11	998.32	23	996.60	35	993.45
12	998.23	24	996.38	36	993.12
13	998.14	25	996.17	37	992.80
14	998.04	26	995.93	38	992.46
15	997.93	27	995.69	39	992.12
16	997.80	28	995.44	40	991.77

容量仪器是以 20℃为标准而校准的，但使用时不一定也在 20℃。实际应用时，只要称出被校准的容量器皿容纳或放出纯水的质量，利用上表中的数值即可将各温度下水的质量换算成 20℃时的容积，其计算式为：

$$V_{20} = \frac{m_t}{\rho_t}$$

式中，V_{20} —— 20℃时水的容量，mL；

m_t —— 在空气中 t℃时，某一标称容积下纯水的质量，g；

ρ_t —— 玻璃容器为 1 mL 的水在空气中 t℃时用黄铜砝码称得的质量。

下表为 25℃时校准某一支滴定管的实例。

相对校准是要求对两种容器之间的容积有一定的准确比例关系时常采用的一种校准方法。在很多情况下，容量瓶与移液管是配合使用的，只需知道容量瓶与移液管的容积比是否正确即可。例如，25 mL 移液管量取液体的体积应等于 250 mL 容量瓶量取体积的 1/10，可用相对校准的方法来检验，即用 25 mL 移液管准确移取蒸馏水 10 次于容量瓶中，仔细地观察弯月面下缘，是否与标线相切，若不相切，另作一标志。

滴定管的校准

水的温度=25℃　　　　1 L 水的质量=996.17 g

滴定管读数/mL	（瓶+水）的质量/g	读出的总容积/mL	总水质量/g	总实际容积/mL	总校准容积/mL
0.03	29.20（空瓶）				
10.13	39.28	10.10	10.08	10.12	+0.02
20.10	49.19	20.07	19.99	20.07	0.00
30.17	59.27	30.14	30.07	30.19	+0.05
40.20	69.24	40.17	40.04	40.20	+0.03
49.99	79.07	49.96	49.87	50.07	+0.11

三、仪器和试剂

50 mL 酸式、碱式滴定管；250 mL 容量瓶；25 mL 移液管；5 mL 吸量管；50 mL 磨口具塞（或橡皮塞）锥形瓶；温度计：0～100℃，分度值 0.1，公用。

四、实验内容

1. 滴定管的校准（称量法）

（1）将已烘干的 50 mL 磨口具塞锥形瓶在分析天平上称其质量（在校准称量过程中，锥形瓶的外部要始终保持干燥）。准确至 0.01 g。

（2）测量记录水温，将已洗净处理后的滴定管（50 mL）盛满蒸馏水，调至“0.00”刻度。以每分钟不超过 10 mL 的流速，从滴定管中放出 10 mL 水于已称量的锥形瓶中，30 s 后读数，并记录；盖紧塞子，称出“瓶+水”的质量（准确至 0.01 g），“瓶+水”的质量与具塞锥形瓶的质量之差即为放出之水的质量。用同样的方法称量滴定管从 10～20 mL，20～30 mL……刻度间的水的质量（若为 25 mL 滴定管每次放 5 mL 左右），记录称量水的质量数据，并计算滴定管各部分的实际容积和校准值。

重复校准一次。两次相应的校准值之差应小于 0.02 mL。求出其平均值。

2. 移液管的校准

移液管的校准方法与上述滴定管的校准方法相同。

3. 容量瓶的校准

（1）绝对校准法

将洗净晾干的容量瓶准确称重（空瓶质量）。测量水温，将蒸馏水注入容量瓶至标线（若水加过标线，可用滤纸调整），用滤纸条吸干标线以上瓶颈内壁水珠，盖上瓶塞称重。两次称量之差即为容量瓶内的水的质量。根据上述方法计算出该容量瓶 20℃时的实际容积，求出校准值。

（2）相对校准

将 25 mL 移液管和 250 mL 容量瓶洗净晾干，用 25 mL 移液管准确移取蒸馏水 10 次于容量瓶中，仔细地观察弯月面下缘，是否与标线相切，若不相切，另作一标志（重复 2～3 次）。使用时可采用这一校准的标志，如为初次练习，使用移液管操作不熟练，此记号仅供参考。

五、数据记录与处理

参照本实验表格记录格式作记录，并绘制校准曲线。

六、注意事项

（1）被检量器必须用洗液充分洗涤干净，器壁不应挂有水珠。

（2）水和被检量器的温度尽可能接近室温，温度测量精确至 0.1℃。

（3）校准滴定管时，充水至最高标线以上约 5 mm 处，然后慢慢地将液面准确地调至零位，旋开旋塞，按规定的流出时间让水流出，当液面流至被检分度线上约 5 mm 处时，等待 30 s，然后将液面准确地调至被检分度线上。

（4）校准移液管时，出口端不再流水时再等 15 s。

（5）严格按照容量器皿使用方法读取体积读数。

（6）玻璃仪器的校准方法是化学分析工考试要求掌握的内容，学生应按照要求认真练习。

七、思考与讨论

（1）影响滴定分析量器校准的主要因素有哪些？

（2）称量用的锥形瓶为何要用具塞的？不具塞行不行？

（3）从滴定管放纯水于称量用锥形瓶中时应注意些什么？

（4）在校准滴定管时，为什么磨口具塞锥形瓶的外壁必须干燥？锥形瓶的内壁是否一定要干燥？

（5）为什么移液管和容量瓶之间的相对校准比两者分别校准更为重要？

（6）某 250 mL 容量瓶，其实际容量比标称容量小 1 mL，若称取试样 0.5 g，溶解后转入此容量瓶定容，并移取 25 mL 进行滴定，则由试样引入的相对误差为多少？

实验二十 钙盐中钙含量的测定（综合实验）

一、目的要求

（1）掌握测定钙盐中钙含量的测定方法。

（2）巩固配位滴定、氧化还原滴定分析及重量分析中的有关基本操作。

（3）学会用所学知识解决实际问题的方法，提高分析问题、解决问题的能力。

二、实验要求

综合实验结束时，学生在分析天平、容量分析仪器使用上必须达到如下要求：

（1）分析天平使用

从进入天平室开始，在 30 min 内完成下述工作：用差减法称取一定量的试样三份于锥形瓶中，并做记录。

（2）滴定管的准备和使用

在 15 min 内完成下述工作：洗净一支滴定管，并用自来水、蒸馏水、操作溶液清洗后，装好操作溶液，并调到 0.00 mL 刻度。滴定管须先行校正。

（3）移液管或吸量管的准备和使用

在 10 min 内完成下述工作：从容量瓶中用移液管移取三份溶液到锥形瓶中。移液管与容量瓶须配套使用。

（4）容量瓶的准备和使用

在 15 min 内完成下述工作：将容量瓶洗净，试样在小烧杯中溶解，并定量转移到容量瓶中，加水稀释至刻度、摇匀。容量瓶与移液管须须配套使用。

（5）仪器操作要达到熟练、准确，实验记录正确，按要求计算试样的含量及极差。

（6）在实验中，教师要给学生提出完成实验的时间要求，并进行考核。学生应在规定的时间内完成实验。

三、实验原理

（1）用 HCl 溶液将钙盐溶解，其反应如下：

$$CaCO_3+2HCl = CaCl_2+CO_2+H_2O$$

然后将溶液转移到容量瓶中定容。吸取一定量试样溶液，调节酸度至 pH≥12，用钙指示剂，以 EDTA 溶液滴定至溶液由酒红色变纯蓝色，即为终点。其变色原理如下：

钙指示剂（常以 H_3Ind 表示）在水溶液中按下式解离：

$$H_3Ind = 2H^+ + HInd^{2-}$$

在 pH≥12 的溶液中，$HInd^{2-}$ 与 Ca^{2+} 形成比较稳定的配离子，其反应如下：

$$\underset{\text{纯蓝色}}{HInd^{2-}} + Ca^{2+} = \underset{\text{酒红色}}{CaInd^-} + H^+$$

所以在钙试样溶液中加入钙指示剂时，溶液呈酒红色。当用 EDTA 溶液滴定时，由于 EDTA 能与 Ca^{2+} 形成比 $CaInd^-$ 配离子更稳定的配离子，因此在滴定终点附近，$CaInd^-$ 配离子不断转化为较稳定的 CaY^{2-} 配离子，而钙指示剂则被游离了出来，其反应可表示如下：

$$\underset{\text{酒红色}}{CaInd^-} + H_2Y^{2-} + OH^- = \underset{\text{无色}}{CaY^{2-}} + \underset{\text{纯蓝色}}{HInd^{2-}} + H_2O$$

用此法测定钙时，若有少量 Mg^{2+} 共存（在调节溶液酸度为 pH≥12 时，Mg^{2+} 将形成 $Mg(OH)_2$ 沉淀），则 Mg^{2+} 不仅不干扰钙的测定，而且使终点比 Ca^{2+} 单独存在时更敏锐。当 Ca^{2+}、Mg^{2+} 共存时，终点由酒红色到纯蓝色，当 Ca^{2+} 单独存在时则由酒红色到紫蓝色。所以测定单独存在的 Ca^{2+} 时，常常加入少量 Mg^{2+}。试液中若存在 Al^{3+}、Fe^{3+} 则对测定有干扰，可在酸性条件下加入三乙醇胺或酒石酸钾钠进行掩蔽。

钙盐中钙（以 $CaCO_3$ 表示）的含量：

$$w(CaCO_3) = \frac{c \cdot (V_1 - V_2) \times 0.1001}{m \times \frac{25}{250}} \times 100\%$$

式中，c —— EDTA 标准溶液的浓度，$mol \cdot L^{-1}$；

V_1 —— 实际滴定消耗 EDTA 标准溶液的体积，mL；

V_2 —— 空白实验实际消耗 EDTA 标准溶液的体积，mL；

m —— 试样的质量，g；

0.100 1 —— 1.00 mL EDTA 溶液 $c(EDTA)=1.000\ mol \cdot L^{-1}$ 相当于 $CaCO_3$ 的克数。

（2）利用 Ca^{2+} 与 $C_2O_4^{2-}$ 能生成难溶的沉淀物质，将 Ca^{2+} 从溶液中全部沉淀为 CaC_2O_4，分离、洗净后用 H_2SO_4 溶解沉淀，然后用 $KMnO_4$ 标准溶液滴定溶解沉淀所产生的 $H_2C_2O_4$，其反应如下：

$$Ca^{2+} + C_2O_4^{2-} = CaC_2O_4 \downarrow$$

$$CaC_2O_4 + 2H^+ = H_2C_2O_4 + Ca^{2+}$$

$$2MnO_4^- + 5H_2C_2O_4 + 6H^+ = 2Mn^{2+} + 10CO_2 \uparrow + 8H_2O$$

根据所消耗 $KMnO_4$ 标准溶液的体积可求出钙盐中钙的质量分数。

钙盐中钙（以 $CaCO_3$ 表示）的质量分数：

$$w(CaCO_3)=\frac{5}{2}\cdot\frac{c\cdot V\cdot M\left(CaCO_3\right)\times10^{-3}}{m}\times100\%$$

式中，c —— $KMnO_4$ 标准溶液的浓度，$mol\cdot L^{-1}$；

V —— 实际滴定消耗 $KMnO_4$ 标准溶液的体积，mL；

$M(CaCO_3)$ —— $CaCO_3$ 的摩尔质量，$100.09\ g\cdot mol^{-1}$；

m —— 试样的质量，g。

本法采用的是均相沉淀法，即在酸性溶液中加入草酸铵（此时其主要存在形式是 $HC_2O_4^-$ 和 $H_2C_2O_4$），然后在不断搅拌下逐滴加入氨水中和溶液中的 H^+，使 $C_2O_4^{2-}$ 缓慢而均匀地在溶液中产生，CaC_2O_4 沉淀均匀缓慢地析出，最后控制溶液的 pH 值在 3.5～4.5。经陈化获得组成一定、沉淀颗粒粗大而纯净的 CaC_2O_4 沉淀。

实验中，多种离子对测定有干扰。如 Al^{3+}、Fe^{3+} 等，若干扰离子浓度较大，则应预先分离，少量的 Al^{3+}、Fe^{3+} 等干扰可用柠檬酸铵等掩蔽剂进行掩蔽。硅含量高的样品，不宜用本法测定。

四、仪器和试剂

（1）仪器：分析天平；50 mL 酸式滴定管；250 mL 容量瓶；25 mL 移液管；250 mL 烧杯；250 mL 锥形瓶；洗瓶；50 mL 酸式滴定管（棕色）；50 mL 量筒；400 mL 烧杯；漏斗；表面皿；玻璃棒；中速定性滤纸。

（2）试剂：盐酸：1+1，$6\ mol\cdot L^{-1}$、$3\ mol\cdot L^{-1}$；氢氧化钠：$100\ g\cdot L^{-1}$ 溶液；三乙醇胺：1+3 溶液；EDTA 标准溶液：$c(EDTA)=0.02\ mol\cdot L^{-1}$；钙指示剂；$(NH_4)_2C_2O_4$：$0.25\ mol\cdot L^{-1}$，0.1%；柠檬酸铵溶液：5%；$NH_3\cdot H_2O$：$6\ mol\cdot L^{-1}$；硫酸：$3\ mol\cdot L^{-1}$；$KMnO_4$ 标准溶液：$c(KMnO_4)=0.02\ mol\cdot L^{-1}$；甲基橙指示剂；碳酸钙试样：工业品。

五、实验内容

1．配位滴定法

（1）$0.02\ mol\cdot L^{-1}$ EDTA 溶液的配制和标定（参照实验十）。

（2）钙盐中钙含量的测定。

称量约 0.6 g 在 105～110℃下烘至恒重的试样（精确到 0.000 2 g）置于 250 mL 烧杯中，用少量水润湿，盖上表面皿，缓缓加入（1+1）盐酸溶液 10～15 mL 至试样完全溶解（必要时可加热溶解），将溶液定量转入 250 mL 容量瓶中（必要时可用中速滤纸过滤，滤液和洗液一并移入容量瓶），加水至刻度，摇匀。移取 25.00 mL 置于 250 mL 锥形瓶中，加 5 mL 三乙醇胺溶液（1+3）和 30 mL 水，加 5 mL $100\ g\cdot L^{-1}$ 的氢氧化钠溶液中和后，加入少量钙指示剂，再用 $100\ g\cdot L^{-1}$ 的氢氧化钠滴至酒红色出现，并过量 0.5 mL，用 0.02 mol • L^{-1} EDTA 标准溶液滴定至溶液由酒红色变为蓝色。平行测定三次，同时做空白试验。溶液体积进行温度补正（见附录十二）。

2．氧化还原滴定法

（1）0.02 mol • L^{-1} $KMnO_4$ 溶液的配制和标定（参照实验十三）。

（2）钙盐中钙含量的测定。

准确称取钙盐试样两份，每份重 0.15～0.2 g，置于 400 mL 烧杯中，以少量的水润湿试样，盖上表面皿，缓缓加入 8 mL 6 mol • L^{-1} 盐酸。轻轻摇动烧杯，然后加热到样品全部溶解，用洗瓶吹洗表面皿及烧杯内壁，并加水稀释到 150 mL，加入 5 mL 5%柠檬酸铵溶液，35 mL 0.25 mol • L^{-1} $(NH_4)_2C_2O_4$ 溶液，若有沉淀生成，则滴加 3 mol • L^{-1} 盐酸至沉淀溶解（切勿加入大量的盐酸）。然后加甲基橙指示剂 1～2 滴，此时溶液应显红色。将溶液加热至 70～80℃时，在不断搅拌下，滴加 6 mol • L^{-1} NH_3 • H_2O 使溶液由红色恰转为黄色并过量 5 滴，盖上表面皿，沉淀过夜陈化。如不过夜陈化，可将溶液在不断搅拌的情况下水浴加热至 70～80℃，保温陈化 30 min，放置冷却。

用倾析法过滤，沉淀用 0.1% $(NH_4)_2C_2O_4$ 溶液洗涤 3～4 次，每次约 15 mL，再用去离子水洗涤 4～5 次，至检验滤液不含 $C_2O_4^{2-}$或 Cl^-为止。

洗涤后，把带有沉淀的滤纸贴在原来放沉淀用的烧杯内壁上，加入 15～20 mL 3 mol • L^{-1} 硫酸，用玻璃棒将滤纸上的沉淀移至烧杯底部，加热使沉淀溶解，加水 100 mL。加热至 70～80℃，用 $KMnO_4$ 标准溶液滴至粉红色为止，然后把烧杯壁上滤纸浸入溶液内进行搅拌，如果溶液褪色，则继续用标准 $KMnO_4$ 溶液滴定至粉红色终点。根据样品质量及用去标准 $KMnO_4$ 溶液的体积，计算出样品中钙的含量（以 $CaCO_3$ 表示）。平行测定三次，同时做空白试验。溶液体积进行温度补正（见附录十二）。

六、数据记录与处理

（1）配位滴定法

钙盐中钙含量的测定（EDTA 法）

内　　容	1	2	3
称量瓶+试样的质量/g			
倾倒后称量瓶+试样的质量/g			
试样的质量 m/g			
EDTA 标准溶液的浓度 c/（mol • L^{-1}）			
试样实验滴定消耗 EDTA 标准溶液的体积/mL			
试样实验滴定管校正值/mL			
试样实验溶液温度补正值/（mL • L^{-1}）			
试样实验实际滴定消耗 EDTA 标准溶液的体积 V_1/mL			
空白实验滴定消耗 EDTA 标准溶液的体积/mL			

内　　容	1	2	3
空白实验滴定管校正值/mL			
空白实验溶液温度补正值/（$mL\cdot L^{-1}$）			
空白实验实际滴定消耗EDTA标准溶液的体积V_2/mL			
试样中被测组分质量分数/%			
试样中被测组分质量分数平均值/%			
平行测定结果的极差/%			

（2）氧化还原滴定法

表格自拟。

七、注意事项

（1）试样用少量水润湿是为了避免加入6 $mol\cdot L^{-1}$盐酸时产生大量CO_2将试样粉末冲起，造成损失。

（2）洗涤中尽量使沉淀留在烧杯中。

（3）酸性溶液中滤纸能消耗$KMnO_4$溶液，因此在接近滴定终点时才将滤纸浸入溶液。

八、思考与讨论

（1）掩蔽Fe^{3+}、Al^{3+}时，为什么要在酸性条件下加入三乙醇胺？

（2）测定中加NaOH起什么作用？

（3）用高锰酸钾法与配位滴定法测定钙，这两种方法各有什么特点？

（4）沉淀CaC_2O_4时应控制哪些条件？为什么？

（5）为什么要将CaC_2O_4沉淀洗涤到滤液不含$C_2O_4^{2-}$或Cl^-为止？如何检验？

（6）根据实验测得结果分析其产生误差的主要原因？

（7）用6 $mol\cdot L^{-1}$ $NH_3\cdot H_2O$调节酸度时，为什么溶液的颜色由红色恰转为黄色还要过量5滴？不这样做是否可以？为什么？

实验二十一　食醋中总酸度的测定（设计实验）

一、目的要求

（1）巩固所学酸碱滴定理论及滴定管、容量瓶、移液管的基本操作技术。

（2）了解酸碱滴定法在实际中的应用。

（3）学会食醋中总酸度的测定方法。

二、设计要求

（1）实验原理（反应式、指示剂、终点变化、测定方法、滴定条件）。

（2）实验仪器（名称、规格、数量）和试剂（浓度、配制方法及使用注意事项）。

（3）实验步骤。

（4）实验数据记录（列表）。

（5）实验结果。

三、注意事项

（1）食醋中醋酸的浓度较大，且颜色较深，故必须稀释后再滴定。

（2）测定醋酸含量时，所用的蒸馏水不能含有 CO_2，否则 CO_2 溶于水生成 H_2CO_3，将同时被滴定。

实验二十二　氯化钡中钡含量的测定（重量分析法）

一、目的要求

（1）了解沉淀重量法的一般分析步骤。

（2）掌握沉淀重量法测定钡含量的基本原理。

（3）学会沉淀、过滤、洗涤、灼烧及恒重等重量分析基本操作技术。

（4）加深对晶形沉淀理论及沉淀条件的理解。

二、实验原理

测定氯化钡（$BaCl_2 \cdot 2H_2O$）中钡的含量，利用下式沉淀反应：

$$Ba^{2+} + SO_4^{2-} = BaSO_4 \downarrow$$

所得沉淀经陈化、过滤、洗涤、烘干、炭化、灰化、灼烧至恒重，以 $BaSO_4$ 形式称重，即可求得氯化钡中钡的含量。

三、仪器和试剂

（1）仪器：马弗炉及恒温控制器；坩埚及坩埚钳；干燥器。

（2）试剂：稀 H_2SO_4 溶液：1 mol・L^{-1}；稀 HCl 溶液：2 mol・L^{-1}；稀 HNO_3 溶液：1 mol・L^{-1}；稀 $AgNO_3$ 溶液：0.1 mol・L^{-1}。

四、实训内容

1. 瓷坩埚的准备

洗净瓷坩埚，晾干，然后在800～850℃马弗炉内灼烧，第一次灼烧30～45 min，取出稍冷片刻后，转入干燥器中冷却至室温后称重；再放入与第一次灼烧同样温度的马弗炉内灼烧，第二次灼烧15～20 min，取出稍冷片刻后，转入干燥器中冷却至室温后称重。如此同样操作，直至坩埚重量恒重为止。

2. 试样分析

准确称取0.4～0.6 g（精确到0.000 1 g）氯化钡试样两份，分别置于两个250 mL烧杯中，加水约70 mL，搅拌溶解，加2～3 mL HCl，盖上表面皿，加热至近沸（勿使试液沸腾，以防溅出）。与此同时，另取4 mL 1 mol・L^{-1} H_2SO_4溶液两份，分别置于两个100 mL烧杯中，用水稀释至约30 mL，加热至近沸，然后趁热将两份H_2SO_4溶液用滴管逐滴分别加入到两份试液中，并用玻璃棒不断搅动，直至两份溶液分别全部加完为止。

待沉淀下沉后，在上清液中加入1～2滴1 mol・L^{-1} H_2SO_4溶液，仔细观察沉淀是否完全，如已沉淀完全，将玻璃棒靠在烧杯嘴边，盖上表面皿，于室温下放置过夜陈化，或置于水浴或沙浴上加热，陈化 0.5～1 h。溶液冷却后，用慢速定量滤纸以倾注法先将上层清液过滤，再以稀H_2SO_4（用1～2 mL 1 mol・L^{-1} H_2SO_4稀释至100 mL配成）洗涤沉淀3～4次，每次约用10 mL，洗涤时均用倾注法过滤。然后，将沉淀小心转至滤纸上，用沉淀帚由上至下擦拭烧杯内壁，并用一小片滤纸擦净杯壁（该滤纸片是从折叠滤纸时撕下的小片），将此滤纸片放在漏斗内，再用水洗涤沉淀至无Cl^-为止。检查方法是：用洁净的小试管或表面皿接取滤液数滴，加1滴1 mol・L^{-1} HNO_3和1滴0.1 mol・L^{-1} $AgNO_3$，观察是否有白色$AgNO_3$沉淀出现，若不混浊，即说明无Cl^-。

将洗涤后的沉淀进行包裹，沉淀和滤纸置于已恒重的瓷坩埚中，经干燥、炭化、灰化后，置于800～850℃马弗炉内灼烧至恒重。

五、数据记录与处理

（1）实验数据记录表

内　　容	1	2
称量瓶和试样的质量/g		
倾倒后称量瓶和试样的质量/g		
试样氯化钡的质量 m_0/g		
恒重的瓷坩埚的质量/g		
恒重的瓷坩埚和沉淀的质量/g		

内　　容	1	2
沉淀的质量 m/g		
试样中氯化钡的质量分数 w/%		
试样中氯化钡的质量分数平均值/%		
相对平均偏差/%		

（2）计算公式

$$w=\frac{\dfrac{m(\mathrm{BaSO_4})}{M(\mathrm{BaSO_4})}\times M(\mathrm{BaCl_2})}{m_0}\times 100\%$$

六、注意事项

搅拌用玻璃棒直至过滤、洗涤完毕才可以取出。

七、思考与讨论

（1）为什么要在稀 HCl 介质中沉淀 $BaSO_4$？HCl 加入太多有无影响？

（2）晶形沉淀的沉淀条件是什么？以本实验为例说明其理由。

实验二十三　磷含量的测定（吸光光度法）

一、目的要求

（1）学会正确使用常见分光光度计。

（2）学会绘制工作曲线。

（3）掌握用分光光度计测定磷的方法。

二、实验原理

本实验采用磷钼蓝法测定样品中微量的磷，原理是在酸性条件下，先把样品中微量的磷转变成磷酸，磷酸与钼酸铵试剂作用生成磷钼杂多酸（磷钼酸），磷钼杂多酸被还原剂（$SnCl_2$-甘油）还原成磷钼杂多蓝（钼蓝），反应式如下：

$$H_3PO_4 + 12H_2MoO_4 = H_3P(Mo_3O_{10})_4\text{（磷钼酸）} + 12H_2O$$

$$H_3P(Mo_3O_{10})_4 + SnCl_2 + 2HCl = H_3PO_4 \cdot 10MoO_3 \cdot Mo_2O_5\text{（钼蓝）} + SnCl_4 + H_2O$$

磷钼杂多蓝使溶液呈蓝色，蓝色的深浅与磷的含量成正比，在λ_{max}=690 nm 处用吸光光度法测定。

三、仪器和试剂

（1）仪器：721 型或 722 型分光光度计；50 mL 比色管 7 支；200 mL 烧杯；1 mL 吸量管 2 支；2 mL、5 mL 吸量管各 1 支。

（2）试剂。

$SnCl_2$-甘油溶液：$SnCl_2$ 2.5 g，加浓 HCl 10 mL，加热促溶，再加甘油 90 mL，混匀即可。注意：避光贮存，有效期三个月。

钼酸铵-硫酸混合液：25 g 钼酸铵溶于 200 mL 水中为 A 溶液；280 mL 浓硫酸慢慢加入 400 mL 的水中，放冷为 B 溶液。然后将 A 溶液加入到 B 溶液中并稀释至 1 000 mL。

5.00 μg · mL^{-1} PO_4^{3-}标准溶液。

含磷待测液。

四、实验内容

1. 721 型分光光度计仪器介绍

721 型分光光度计是目前国内应用较为广泛的一种简易型分光光度计，适用于波长为 360～800 nm 的测定，因此主要用于测定有色溶液。此仪器结构简单、操作方便、价格便宜。

构造：仪器的外形如图实-37 所示。仪器采用 12 V 25 W 白炽灯（钨丝灯）为光源，以棱镜为色散元件，配有玻璃比色皿 2 盒（0.5～5 cm），以 GD-7 型光电管为光电转换元件，产生的微弱光电流经微电流放大器放大后，由微安表测量，并以 *A* 或 *T* 表示。

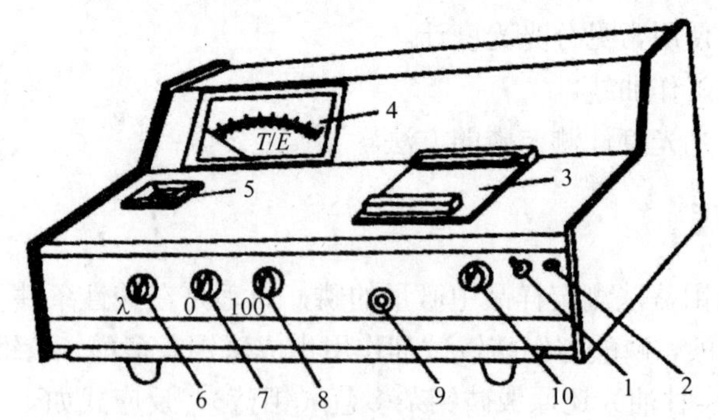

1—电源开关；2—指示灯；3—吸收池暗箱盖；4—*T*/*E* 指示电表；

5—波长刻度盘；6—波长选择钮；7—调“0”电位器旋钮；

8—*T*=100%调节钮；9—吸收池架拉杆；10—灵敏度选择钮

图实-37 721 型分光光度计的外形与主要部件

原理：仪器的光学系统如图实-38所示。由光源发出的连续辐射光线经聚光透镜聚焦于平面反射镜，转90°角通过狭缝及保护玻璃射到凹面准直镜上，经反射成一束平行光射向棱镜，经棱镜色散成可见光谱，再经凹面准直镜，由凹面准直镜反射的单色光通过出光狭缝，透过聚光透镜射入吸收池。射入吸收池的光一部分被溶液吸收，另一部分透过，透过的光再经过光路闸门和保护玻璃，最后照射到光电管上，产生的光电流经放大后直接可从 *A-T* 标尺上读出吸光度或透光率。

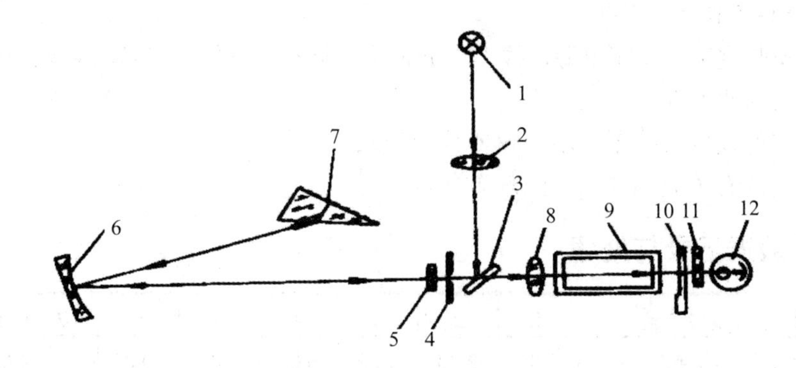

1—光源；2，8—聚光透镜；3—平面反射镜；4—狭缝；5—保护玻璃；6—凹面准直镜；7—棱镜；9—比色皿；10—光路闸门；11—保护玻璃；12—光电管

图实-38 721型分光光度计光学系统

2．标准系列溶液的配制及待测溶液的准备

（1）取比色管7支，依次编号，分别加入 PO_4^{3-} 标准溶液0.00 mL、2.00 mL、4.00 mL、6.00 mL、8.00 mL、10.00 mL和含磷待测液4.00 mL。

（2）各加5 mL蒸馏水和1.5 mL钼酸铵-硫酸混合液，摇匀。

（3）各加 $SnCl_2$-甘油溶液2滴，再摇匀。

（4）用蒸馏水定容至25.00 mL，静置10 min，显色后即可测定。

3．721型分光光度计的使用步骤

（1）检查各旋钮：拨至起始位置，指针应指在标尺的 T=0处，否则应用标尺上面的校正螺丝进行调节。插上220 V交流电源插座。

（2）打开仪器右端电源开关并打开吸收池暗箱盖，此时光路自动关闭。仪器预热30 min。

（3）转动标有“λ”的波长选择钮至选择波长（λ_{max}）于690 nm处。

（4）将五挡灵敏度旋钮转至“1”挡上。

（5）调节标有“0”的零点调节钮使指针指示 T=0处。

（6）将装有空白溶液和待测溶液的比色杯依次放入比色架内，先使空白溶液对准光路。

（7）关闭暗室盖，光路闸门自动打开，调节标有“100%”的调节钮使指针指示T=100%处。再打开暗室盖，光路闸门自动关闭，指针指示T=0处；关闭暗室盖，光路闸门自动打开，指针指示T=100%处。反复几次，检查合格后进行比色测定。

（8）拉出吸收池架拉杆一格使待测溶液进入光路，此时指针所指的吸光度值就是第一个待测溶液吸光度A值，在记录表中记下读数，打开吸收池暗箱盖。依次使其他待测溶液池置于光路上，分别测出其吸光度A，一并记录在记录表中。

4．结束工作

（1）实验完毕，关闭电源，拔下电源插头，恢复各旋钮最初位置。取出吸收池，清洗晾干后入盒保存。

（2）罩好仪器防护罩，填写仪器使用记录。

（3）清洗有关玻璃仪器，清理工作台。

五、数据记录与处理

比色管编号	1	2	3	4	5	6	7（待测液）
加PO_4^{3-}标准液体积/mL	0.00	2.00	4.00	6.00	8.00	10.00	4.00
标准系列液浓度/（μg·mL^{-1}）	0.00	0.40	0.80	1.20	1.60	2.00	c_x=（待测）
吸光度A							A_x=

（1）绘制A-c工作曲线：以标准系列溶液的浓度（c）为横坐标，以测得的吸光度A为纵坐标作图，即得A-c工作曲线。

（2）根据7号比色管内溶液的吸光度A_x，在A-c工作曲线中求得与之相对应的c_x，再根据公式：$c_{试样}=\frac{25.00}{4.00}\times c_x$ 计算出含磷待测液的浓度。

六、注意事项

（1）配制标准系列溶液及准备待测溶液时，操作顺序不能颠倒，每加一个试剂都要充分摇匀，并尽可能在同一时间段操作，待显色完全后才可测定，避免产生误差。

（2）测定溶液吸光度A时，比色管编号的顺序不能搞乱。装比色液前，吸收池除了要用蒸馏水洗涤外，还须用待装液荡洗2～3次。装比色液时，应根据比色液浓度的大小，按由小到大的顺序进行。

（3）推拉吸收池杆时，一定要注意滑板是否在定位槽中，推拉的动作要到位（让待测的比色杯对准光路），否则会产生误差。

（4）在开启吸收池试样室盖板或暂停测试时，光路闸门一定要关闭，以保护光电管，勿使受光过强或时间过长而疲劳或损坏。

（5）在开启吸收池试样室盖板时动作要轻，以免损坏仪器。

（6）使用吸收池时，一定要让吸收池的光学面对着光路，手应避免和它的光学面接触，且吸收池所装溶液应在 3/4 左右，避免溶液溢出腐蚀吸收架和仪器；吸收池用毕，应及时洗净并用蒸馏水荡洗干净，沥干或用镜头纸擦干后放回盒内。

七、思考与讨论

（1）如何使用 721 型分光光度计？

（2）本实验为什么要选择在酸性条件下进行？

实验二十四　邻二氮菲吸光光度法测定微量铁

一、目的要求

（1）掌握邻二氮菲吸光光度法测定铁的原理和方法。

（2）进一步巩固常见分光光度计的使用方法。

（3）熟悉绘制吸收曲线的方法，正确选择测定波长。

（4）学会绘制工作曲线的方法及处理数据的方法。

二、实验原理

邻二氮菲是测定微量铁的一种较好的显色剂，又称为邻菲罗啉，与 Fe^{2+}在 pH 为 2.0～9.0 的溶液中形成橙红色配合物，显色反应如下：

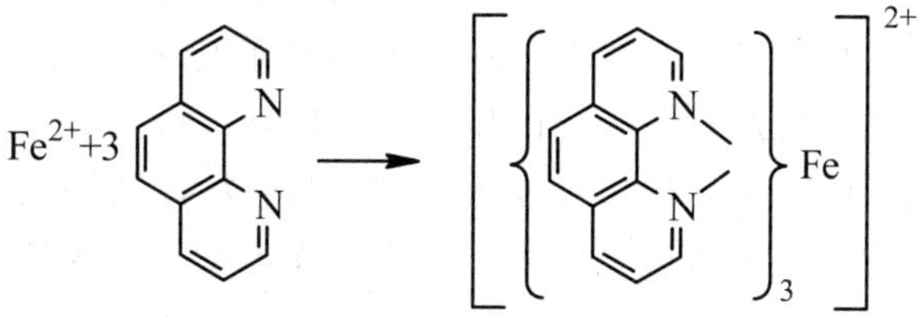

$Fe^{2+}+3$ N N ⟶ [{ N N }$_3$ Fe]$^{2+}$

这种配合物的$\varepsilon=1.1\times10^4$ L/（mol・cm），在还原剂存在下，颜色可保持几个月不变。

但是 Fe^{3+}与邻二氮菲作用生成蓝色配合物，稳定性较差，因此在实际应用中一般加入还原剂盐酸羟胺，先将 Fe^{3+}还原为 Fe^{2+}，再与邻二氮菲作用。

测定时，如酸度过高，反应进行较慢；酸度太低，则 Fe^{2+}易水解。本实验采用 pH 为 5.0～6. 0 的 HAc-NaAc 缓冲溶液，可使显色反应进行完全。

本法测定铁的选择性很高，实验证明，相当于铁质量 40 倍的 Sn^{2+}、Al^{3+}、Ca^{2+}、Mg^{2+}、Zn^{2+}，20 倍的 Cr^{3+}、Mn^{2+}、VO_3^-、PO_4^{3-}，5 倍的 Co^{2+}、Ni^{2+}、Cu^{2+}等离子不

干扰测定。

三、仪器和试剂

（1）仪器：可见分光光度计一台；100 mL 容量瓶 1 只；50 mL 容量瓶 10 只；10 mL 移液管 1 支；10 mL 吸量管 1 支；5 mL 吸量管 3 支；2 mL 吸量管 1 支；1 mL 吸量管 1 支。

（2）试剂。

铁标准溶液（100.0 μg・mL^{-1}）：准确称取 0.863 4 g $NH_4Fe(SO_4)_2$・12 H_2O，置于烧杯中，加入 6 mol・L^{-1} HCl 溶液 20 mL 和少量蒸馏水，溶解后，定容转移入 1 L 容量瓶中，用蒸馏水稀释至刻度，摇匀；

铁标准溶液（10.00 μg・mL^{-1}）；

盐酸羟胺溶液：100 g・L^{-1}（新鲜配制）；

邻二氮菲溶液：1.5 g・L^{-1}（新鲜配制）；

HAc-NaAc 缓冲溶液（pH≈5.0）：称取 136 g NaAc，加蒸馏水使之溶解，再加入 120 mL 冰醋酸，加水稀释至 500 mL；未知试样。

四、实验内容

1．751G 型分光光度计介绍

751G 型分光光度计是目前国内应用较为广泛的一种紫外-可见分光光度计，适用于波长为 200～1 000 nm 内的测定。它不仅可以测定有色溶液，也可以测定对紫外光有吸收的无色溶液。

构造：仪器的外形如图 9-9 所示。751G 型分光光度计由稳压电源、氢灯电源和主机三部分组成。主机部分包括光源、单色光器和光电管。光源有钨丝灯和氢灯两种，一般可见光区用钨丝灯，紫外光区用氢灯。用石英棱镜做色散元件。吸收池有玻璃吸收池和石英吸收池，一般可见光区用玻璃吸收池，紫外光区用石英吸收池。光电管有紫敏光电管（又称蓝敏光电管）和红敏光电管，紫敏光电管的测定波长范围为 200～625 nm，而红敏光电管的测定波长为 625～1 000 nm。

原理：仪器的光学系统如图 9-10 所示。由光源发出的连续辐射光线经凹面聚光镜反射成平行光射到平面反光镜上，转 90° 角通过入射狭缝直接射到球面准直镜的焦面上，再经反射进入石英棱镜，经过棱镜的色散作用成为光谱带，色散后再经球面准直镜聚焦至出射狭缝，经石英透镜后射入吸收池。射入吸收池的光一部分被溶液吸收，另一部分透过，透过的光照射到光电管上，产生的光电流经放大后直接可从 *A-T* 标尺上读出吸光度或透光率。

使用步骤：

① 检查仪器各部件、接线及电源电压。将所有的开关置在“关”或“0”位上。

打开电子稳压器（附加装置），调节电压于 220 V 处。将选择开关放在“校正”上，打开电源总开关。

② 根据需要选择氢灯（波长 200～400 nm）或钨丝灯（波长 400～1 000 nm）为发射光源，按下氢灯或钨丝灯按键开关，将光源灯室的手柄扳到氢灯或钨丝灯处，仪器预热 20 min。

③ 选择紫（蓝）敏光电管（波长 200～625 nm）或红敏光电管（波长 625～1 000 nm），将该光电管手柄推入，调节波长选择钮至所需要的波长处。

④ 调节暗电流旋钮使电表指针指在“0”，为了得到较高的准确度，每测量一次，暗电流应随时进行校正。

⑤ 调节灵敏度钮，在正常情况下，一般调节在按顺时针方向转动三圈左右。

⑥ 根据所用的波长，选用玻璃吸收池（波长在可见光区）或石英吸收池（波长在紫外光区）。用蒸馏水为空白，将空白溶液推入光路，调节 *A*-*T* 读数盘至 T=100%，将选择开关扳到“×1”上。

⑦ 拉开光门（暗电流闸门），使单色光经过空白溶液后射到光电管上。调节狭缝调节钮，使电表指针大致指示在“0”附近（相当于粗调），再用灵敏度旋钮准确调至“0”处（相当于细调），重复本次操作，使电表指针始终指在“0”处。

⑧ 将样品溶液推入光路，此时电表指针偏离“0”位，再慢慢转动 *A*-*T* 读数盘至电表指针重新回到“0”处，此时从 *A*-*T* 读数盘即可直接读出 A 值或 T 值。

⑨ 测定结束后，推入（即关闭）光门（暗电流闸门），关闭选择开关、氢灯（或钨丝灯），放大器电源稳压器的开关置于“关”，*A*-*T* 读数盘至 T=100%，波长选择钮调至 625 nm，狭缝调节钮调在 0.01 刻度处。

⑩ 关闭电源，将比色杯（吸收池）洗净放好，罩好仪器防护罩，填写好使用登记卡。

2．邻二氮菲-Fe^{2+} 吸收曲线的绘制

取 2 个干净的 50 mL 容量瓶，用吸量管吸取 10.00 μg·mL^{-1} 铁标准溶液 5.00 mL 于其中一只 50 mL 容量瓶中，然后在两只容量瓶中分别加入 1 mL 浓度为 100 g·L^{-1} 的盐酸羟胺溶液、2.0 mL 浓度为 1.5 g·L^{-1} 的邻二氮菲溶液和 5 mL HAc-NaAc 缓冲溶液。分别加蒸馏水稀释至刻度，充分摇匀，静置 5 min。用 2 cm 的吸收池，以空白试剂（未加铁标准溶液）做参比，在 440～560 nm 波长内每隔 10 nm 测定一次吸光度 A，在峰值附近每间隔 2 nm 测量一次，测量结果填写在记录表中。然后以波长为横坐标，吸光度 A 为纵坐标，绘制吸收曲线，并确定最大吸收波长 λ_{max}。

3．工作曲线的绘制

于 7 个干净的 50 mL 容量瓶中，各加入 10.00 μg·mL^{-1} 铁标准溶液 0.00 mL、1.00 mL、2.00 mL、4.00 mL、6.00 mL、8.00 mL、10.00 mL，然后在 7 个容量瓶中各加入 1 mL 浓度为 100 g·L^{-1} 的盐酸羟胺溶液，摇匀后，再分别加入 2.0 mL 浓度为 1.5

g·L^{-1}的邻二氮菲溶液和 5 mL HAc-NaAc 缓冲溶液，分别加蒸馏水稀释至刻度。充分摇匀，放置 5 min，用 2 cm 的吸收池，以空白试剂做参比，选择λ_{max}为测定波长，测定并记录各溶液吸光度 *A* 值于记录表中。以铁的质量浓度为横坐标，吸光度 *A* 为纵坐标，绘制工作曲线。

4．铁含量测定

取 3 个干净的 50 mL 容量瓶，分别加入 5.00 mL（以吸光度落在工作曲线中部为宜）未知试样溶液，按前述方法显色后，在λ_{max}处，用 2 cm 的吸收池，以空白试剂做参比，平行测定吸光度 *A*，测量结果填写在记录表中，并求其平均值。

5．结束工作

（1）实验完毕，关闭电源。取出吸收池，清洗晾干后入盒保存。

（2）洗涤有关玻璃仪器。

（3）清理工作台，罩好仪器防护罩，填写仪器使用记录。

五、数据记录与处理

（1）绘制吸收曲线，并确定最大吸收波长λ_{max}。

铁标准溶液在不同波长下测得的吸光度 *A* 值

波长/nm	440	450	460	470	480	490	500	502	504	506
吸光度 *A*										
波长/nm	508	510	512	514	516	520	530	540	550	560
吸光度 *A*										

（2）绘制工作曲线，并由未知试样的吸光度平均值，从工作曲线上查得对应的铁的质量浓度。

铁标准系列溶液在最大吸收波长（λ_{max}）处测得的吸光度 *A* 值

编　　号	1	2	3	4	5	6	7
加 Fe^{2+}标准液体积/mL	0.00	1.00	2.00	4.00	6.00	8.00	10.00
Fe^{2+}的质量浓度/（mg·L^{-1}）	0.00	0.20	0.40	0.80	1.20	1.60	2.00
吸光度 *A*							

未知试样在最大吸收波长（λ_{max}）处测得的吸光度 *A* 值

试　　样	1	2	3	平均值
吸光度 *A* 值				
Fe^{2+}的质量浓度/（mg·L^{-1}）				

（3）根据铁的质量浓度（ρ），求得未知试样中铁的质量浓度$\rho_{试样}$。计算公式：

$$\rho_{试样}=\frac{50.00}{5.00}\times\rho$$

六、注意事项

（1）使用时每改变入射光波长，必须重新调节仪器零点和参比溶液零点。

（2）仪器应该放在干燥的房间内，置于坚固平稳的工作台上。避免强光直接照射。

（3）仪器中各部位的干燥剂应经常检查，发现硅胶变色应及时更换。

（4）仪器长时间使用或搬动后，应检查波长的精确性。

（5）显色过程中，每加入一种试剂均要摇匀。

（6）测定试样和测定工作曲线时的实验条件应保持完全一致。

（7）待测试样应完全透明。

七、思考与讨论

（1）邻二氮菲与铁的显色反应条件主要有哪些？

（2）吸收曲线与工作曲线有何区别？在实际应用中有什么意义？

（3）根据实验说明测定 Fe^{2+} 的浓度范围。

（4）绘制工作曲线时，坐标分度大小应如何选择才能保证读出的测量值的全部有效数字？

实验二十五　Ni^{2+}、Co^{2+}、Fe^{3+}柱层析分离测定

一、目的要求

熟悉柱层析的操作方法。

二、实验原理

由于氧化铝吸附剂对 Ni^{2+}、Co^{2+}、Fe^{3+} 三种离子的吸附能力具有明显的强弱差异，因此通过离子交换层析，可将这三种金属离子分成不同层次，达到分离目的。

三、仪器和试剂

（1）仪器：玻璃管。

（2）试剂：活性氧化铝；含 Ni^{2+}、Co^{2+}、Fe^{3+}三种离子的混合试液。

四、实验内容

取一端拉细的玻璃管一支，从广口一端塞入脱脂棉一小团，用玻璃棒轻轻压平，然后装入活性氧化铝 10 cm 高，边装边轻轻敲打层析管，使填装均匀，在氧化铝上面再塞入棉花一小团，用玻璃棒压平，即为简单层析柱。

沿层析柱的管壁加入含 Ni^{2+}、Co^{2+}、Fe^{3+} 三种离子的混合试液 10 滴，待全部渗入氧化铝后，沿管壁逐滴加入蒸馏水，根据吸附剂对不同离子吸附能力强弱的差异而将该三种离子分成不同层次，观察并记录结果。

五、思考题

（1）何谓层析分离法？简述柱层析分离法的分离原理。

（2）常用的吸附剂和展开剂有哪些？

实验二十六　纸上层析法分离铜、铁、钴、镍离子

一、目的要求

（1）掌握纸上层析分离法的原理。

（2）熟悉纸上层析分离法的过程和操作。

二、实验原理

试液在滤纸上点样以后，用有机溶剂进行展开，因为各组分在固定相和流动相之间的分配系数不同，经一段时间展开后，各组分的移动距离不同，从而达到各组分分离的目的。各组分的比移值 R_F 为：

$$R_F = \frac{原点至斑点中心的距离}{原点至溶剂前沿的距离}$$

在相同条件下，物质的 R_F 值是一定的，因此 R_F 值可以作为物质定性分析的依据。

本实验是用上升法展开分离 Cu^{2+}、Fe^{3+}、Co^{3+}、Ni^{2+}混合液，用丙酮-盐酸-水（体积比为 90∶5∶5）为展开剂，Fe^{3+}移动较快，其次为 Cu^{2+}和 Co^{3+}，Ni^{2+}移动最慢。展开后用氨气蒸熏，以中和酸性，然后喷二硫代乙二酰胺显色，从上至下各斑点的颜色为：棕黄色（Fe^{3+}）、灰绿色（Cu^{2+}）、黄色（Co^{3+}）、深蓝色（Ni^{2+}）。

分离之后，如需进行定量分析测定，可用多种方法进行处理。如将斑点处剪下，进行炭化、灰化，选用适当的溶剂将其残渣溶解，然后可以采用光度法或其他仪器

分析方法进行测定①。

三、仪器和试剂

层析筒（可用 100 mL 量筒代替）；微量移液管（可用校准过的血球管代替，若只做定性分析，可用毛细管、喷雾器）；滤纸：中速色层纸，裁成 25 cm×1.5 cm 条状②。

展开剂：丙酮∶浓盐酸∶水=90∶5∶5③；显色剂：二硫代乙二酰胺，0.5%乙醇溶液；浓氨水（A.R.）。

Cu^{2+}、Fe^{3+}、Co^{3+}、Ni^{2+}溶液：分别配制上述各离子的溶液，使混合后各离子的质量浓度均为 5 mg・mL^{-1}（应以氯化物来配制④）。

四、实验内容

1．点样

取已裁好的滤纸一张，于纸条一端 2 cm 用铅笔画一条横线，并在横线中间画一个“×”号，用毛细管或微量移液管移取 5 μl 试液小心点在横线上的“×”处，即原点处。斑点直径约为 5 mm，在空气中风干后，挂在橡皮塞下面的铁丝钩上⑤。

2．展开

在干燥的层析筒中加入 10 mL 展开剂，放入滤纸条，塞紧橡皮塞，使滤纸下端的空白部分浸入展开剂约 0.5 cm 处，即可进行展开。

3．显色

待溶剂前沿上升至离顶端 2 cm 左右时，取出滤纸条，立即用铅笔记下溶剂前沿的位置，置空气中风干后，用浓氨水蒸熏 5 min，然后用显色剂喷洒显色⑥，由上至下可得 4 个斑点，依次为铁（棕黄）、铜（灰绿）、钴（黄）和镍（蓝）。

4．比移值 R_F 的测量

用铅笔将各斑点的范围描出，找出各斑点的中心点至原点的距离 a，再量出原点至溶剂前沿的距离 b，则：

$$R_F = a/b$$

用相同的方法对未知溶液进行测量，根据 R_F 值判断试液的组成。

五、数据记录与处理

比移值测量记录

离子	Fe^{3+}	Cu^{2+}	Co^{2+}	Ni^{2+}	未知液
R_F 值					

六、注意事项

① 进行定量测定时，可将各组分的标准和试样溶液在同一张较宽的滤纸上点样，两个原点水平距离约为 3 cm，将标准色与待测斑点颜色相比较，测定其含量。方法大致如下：显色后，分别剪下标准和试样斑点，放在瓷坩埚中灰化，然后在 800℃下灼烧 15 min。冷却后，加 10 滴浓硝酸加热溶解，用光度法分别测定各组分的含量。这样的定量测定虽费时，所需点样量也较多，但准确度比较高，而且也不需要很复杂的仪器，故目前应用较广泛。

② 层析纸应先在展开剂的饱和空气中放置 24 h 以上。方法是：取少量展开剂于一个小烧杯中，放入干燥器中，并将层析纸也放入干燥器中，盖严之后，放置即可。

③ 展开剂各组分的比例必须严格控制，否则会影响分离效果。因此，量取丙酮的量器和贮存展开剂的容器必须干燥，盐酸与水必须用移液管量取。

④ 配制各离子的试液必须采用氯化物，若用硝酸盐，各斑点不集中，展开效果不好。

⑤ 若斑点直径太大，可分数次点样；若不做定量测定，只要控制斑点大小，不必准确量取体积。

⑥ 喷洒显色剂不能太多，以免底色太深而影响斑点的观察。

七、思考与讨论

（1）怎样制备展开剂？

（2）何谓比移值？影响比移值的主要因素是什么？

（3）显色剂显色前为何要用浓氨水进行蒸熏？

实验二十七　硝酸钠纯度的测定

一、目的要求

（1）了解阳离子交换树脂的性能及其交换原理。

（2）应用离子交换技术测定硝酸钠含量。

（3）学习离子交换分离操作技术。

二、实验原理

本实验通过离子交换-酸碱滴定法进行测定。硝酸钠溶液通过 H-型阳离子交换树脂柱，钠离子与树脂中氢离子进行交换，生成等物质的量的硝酸，然后以酚酞为指示剂，用氢氧化钠标准溶液滴定，可计算硝酸钠的纯度。反应为：

$$R-SO_3H + NaNO_3 = R-SO_3Na + HNO_3$$

$$HNO_3 + NaOH = NaNO_3 + H_2O$$

硝酸钠的质量分数：

$$w(NaNO_3) = \frac{c(NaOH)\times(V_1-V_2)\times10^{-3}\times M(NaNO_3)}{m\times\frac{10}{150}}\times100\%$$

式中，c(NaOH) —— 氢氧化钠标准溶液浓度，mol·L^{-1}；

V_1 —— 滴定试样时，实际消耗 NaOH 标准溶液的体积，mL；

V_2 —— 空白实验实际消耗 NaOH 标准溶液的体积，mL；

$M(NaNO_3)$ —— $NaNO_3$ 的摩尔质量，85.00 g·mol^{-1}；

m —— 试样的质量，g。

三、仪器和试剂

（1）仪器：离子交换柱（图实-39），可用 50 mL 酸式滴定管代替；150 mL 容量瓶；500 mL 锥形瓶；10 mL 移液管；烧杯。

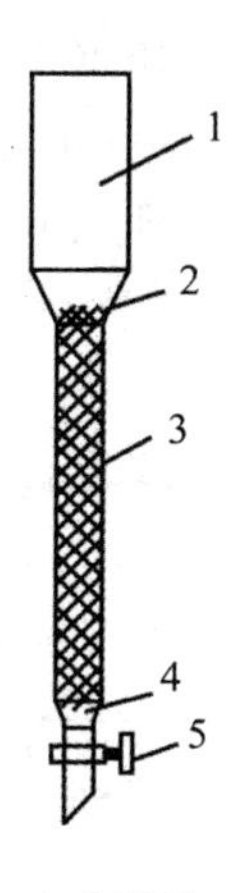

1—玻璃管（充满水）；2，4—玻璃纤维；3—离子交换树脂；5—旋塞

图实-39　离子交换柱

（2）试剂：盐酸：1+6；NaOH 标准溶液：c(NaOH)=0.1 mol·L^{-1}；酚酞指示剂：10 g·L^{-1} 乙醇溶液；732 聚苯乙烯强酸性阳离子交换树脂；硝酸钠试样。

四、实验内容

1．阳离子交换树脂的处理

市售的强酸性阳离子交换树脂为 Na-型，且含有杂质，需经过处理后才能使用。

处理步骤包括晾干、研磨、过筛，用酸进行处理，使其转变为H-型。

$$R—Na + H^{+}═R—H + Na^{+}$$

取一定量的Na-型强酸性阳离子交换树脂，用4～6 mol·L^{-1} HCl溶液浸泡一两天，除去杂质，并使其充分膨胀，然后用蒸馏水将树脂洗涤至中性，浸泡于蒸馏水中，备用。此时阳离子交换树脂已处理成H-型。

在离子交换柱或50 mL滴定管下端放入少量玻璃纤维，在充满水的情况下，将处理后的树脂装入交换柱中（柱中不能有气泡，否则重装），并使树脂保持在被水盖住的状态下，树脂柱的高度 30～35 cm，上部也放入少量玻璃纤维与树脂接触。用蒸馏水洗至无氯离子，再用250 mL蒸馏水洗涤，洗液加酚酞2滴，用NaOH标准溶液滴至呈粉红色，其消耗体积不得超过0.2 mL。

2．NaOH标准溶液的配制和标定（参照实验八）

3．硝酸钠含量的测定

准确称取在105～110℃烘至恒重的试样3 g（精确至0.000 2 g），于100 mL烧杯中，加水溶解后，转移到150 mL容量瓶中，加水稀释至刻度，摇匀。吸取试液10 mL，注入已处理好的离子交换树脂柱中保持流经树脂的流速为6～7 mL·min^{-1}，将流出液盛于500 mL锥形瓶中，当试液刚流至树脂层上端时，用250 mL水分10次洗至流出液无酸性，向流出液中加2滴酚酞，以c(NaOH)=0.1 mol·L^{-1}标准溶液滴至呈粉红色30 s不褪色为终点，平行测定两次。取250 mL蒸馏水按试液处理步骤进行空白试验。分别记下消耗NaOH溶液的体积，计算硝酸钠的含量。

五、数据记录与处理

内　　容	1	2
称量瓶+试样的质量/g		
倾倒后称量瓶+试样的质量/g		
试样的质量 m/g		
氢氧化钠标准溶液的浓度 c/（mol·L^{-1}）		
试样消耗NaOH标准溶液的体积/mL		
试样实验温度补正值/（mL·L^{-1}）		
试样实验实际消耗NaOH标准溶液的体积 V_1/mL		
空白实验消耗NaOH标准溶液的体积/mL		
空白实验温度补正值/（mL·L^{-1}）		
空白实验实际消耗NaOH标准溶液的体积 V_2/mL		
试样 $NaNO_3$ 的质量分数/%		
$NaNO_3$ 的质量分数平均值/%		
平行测定结果的极差/%		

六、注意事项

（1）市售的强酸性阳离子交换树脂在处理时，必须晾干，晒干或烘干会使树脂变质。

（2）在离子交换柱或 50 mL 滴定管下端放入少量玻璃纤维后，应加满蒸馏水检查流速。玻璃纤维加得少，树脂容易流出；加得多，影响水溶液的流速。

（3）在整个装柱和操作过程中，液面应盖住树脂层，以防止因树脂干涸，使空气进入树脂柱中，产生气泡。

七、思考与讨论

（1）离子交换树脂在使用前为什么要进行预处理？如何处理？

（2）树脂柱如混入空气，对测定有何影响？操作时应如何防止树脂柱混入空气？如混入空气后应如何处理？

（3）整个操作过程中，为什么液面应高出树脂层？

实验二十八　食盐中碘含量的测定（综合实验）

一、目的要求

（1）掌握分光光度法测定食盐中碘含量的实验原理。

（2）了解粗盐样品预处理的过程。

（3）巩固分光光度法及重量分析中的有关基本操作。

（4）学会用所学知识解决实际问题的方法，提高分析问题、解决问题的能力。

二、实验原理

在酸性条件下，碘盐中的 KIO_3 会与 KI 反应：

$$IO_3^- + 5I^- + 6H^+ = 3I_2 + 3H_2O$$

产生的碘与淀粉生成蓝色络合物，通过绘制碘络合物的吸收曲线得出最大吸收波长λ_{max}，在该波长下绘制其标准曲线，通过测定样品的吸光度就可以计算出样品中碘的含量。

三、仪器和试剂

（1）仪器：722 型分光光度计；pH 计；电子天平；500 mL 容量瓶；250 mL 容

量瓶；50 mL 容量瓶；25 mL 移液管；10 mL、5 mL、2 mL 吸量管。

（2）试剂：KIO_3；KI；可溶性淀粉。

四、实验内容

1．溶液的配制

KIO_3标准溶液（5.0×10^{-5} mol・L^{-1}）：准确称取 0.267 5 g 配成 500 mL 溶液，用 5 mL 吸量管准确移取 5.0 mL 于 250 mL 容量瓶中，稀释至刻度，摇匀。

KI 溶液的配制（2.5×10^{-3} mol・L^{-1}）：准确称取 0.518 8 g 配成 250 mL 溶液，用 25.00 mL 移液管准确移取两次（共 50.00 mL）于 250 mL 容量瓶中，稀释至刻度，摇匀。

淀粉溶液的配制：1.25 g 可溶性淀粉加水溶解后倾入 250 mL 沸腾的水中，煮至清亮。

碘标准溶液的配制：用吸量管吸取 5 mL KIO_3标准溶液于 50 mL 容量瓶中，再加入 10 mL KI 溶液、2 mL 淀粉溶液和 5 mL 1 mol・L^{-1} H_2SO_4溶液，稀释至刻度，摇匀。

参比溶液的配制：取 2 mL 已配好的淀粉溶液于 50 mL 容量瓶中，稀释至刻度，摇匀。

2．吸收曲线的制作及测量波长的选择

用 2 个 1 cm 比色皿分别盛装碘标准溶液和参比溶液（淀粉溶液），波长在 440～740 nm，按下表波长间隔测量溶液的吸光度。用计算机做出吸收曲线（A-λ曲线），找出最大吸收波长λ_{max}。

λ/nm	440	450	…	590	592	596	600	610	…	730	740
A											

3．显色剂用量的选择

在 12 个 50 mL 容量瓶中，均加入 5 mL KIO_3溶液、10 mL KI 溶液，再分别加入淀粉溶液 0.40 mL、0.80 mL、1.20 mL、1.60 mL、2.00 mL、2.40 mL、2.80 mL、3.20 mL、3.60 mL、4.00 mL、4.40 mL、4.80 mL 及 5 mL 1 mol・L^{-1} H_2SO_4溶液，稀释至刻度，摇匀，放置 10 min。以淀粉溶液为参比溶液，测定各溶液的吸光度。以加入的淀粉的体积 V 为横坐标，吸光度 A 为纵坐标，绘制 A-V 关系曲线，找出测定I_2时淀粉的最适宜用量。

4．标准曲线的制作

准确吸取 1.0 mL、2.0 mL、3.0 mL、4.0 mL、5.0 mL KIO_3标准溶液，分别放入 50 mL 容量瓶中，各加 10 mL KI 溶液、2 mL 淀粉溶液、5 mL 1 mol・L^{-1} H_2SO_4，显色后静置 2 min，稀释至 50 mL，摇匀。以淀粉溶液为参比溶液，用 1 cm 比色皿在所

选波长处测定吸光度 A，绘制出标准曲线。

5．试样的测定

（1）样品处理

① 将粗盐和自然盐、低钠盐在 120℃下烘干 2 h。经烘干后的食盐放在称量瓶里。

② 粗盐的提纯。用电子天平称取粗食盐 10 g，放入 250 mL 烧杯中，加入 50 mL 水，加热溶解制成粗食盐溶液。将溶液加热至沸（第一次加热至沸后，有大量的食盐析出，但原因不明。又煮了两次的溶液都没有出现第一次的情况），加入 2 mL 20% $BaCl_2$ 溶液，此时就有白色的 $BaSO_4$ 沉淀生成，继续加热 3～5 min，使沉淀颗粒加大而易过滤。待沉淀下沉后，在上层清液中加入 1 滴 $BaCl_2$ 溶液，如仍有沉淀生成，则再加入适量 $BaCl_2$ 溶液，如此操作至不再有沉淀生成为止。待沉淀下降，用普通漏斗过滤。滤液收集到另一只烧杯中，然后再向烧杯中加入 1 mL 2 mol・L^{-1} NaOH 和 3 mL 20% Na_2CO_3 溶液，将含有沉淀的溶液煮沸，静置片刻，待沉淀下沉后，在上层清液中，再逐渐加入 Na_2CO_3 溶液，至不再产生沉淀为止。用普通漏斗过滤，滤液收集在烧杯中，最后滴加 2 mol・L^{-1} HCl，除去多余的 Na_2CO_3（此时溶液有大量气泡产生），同时用 pH 试纸检验溶液直至呈现微酸性为止。

（2）自然盐的测定

称取 1.0 g、1.5 g、2.0 g、2.5 g、3.0 g、3.5 g、4.0 g、4.5 g 自然盐，加水溶解后，分别转移至 50 mL 容量瓶中，按步骤 4，加入 10 mL KI 溶液、2 mL 淀粉溶液、5 mL 1 mol・L^{-1} H_2SO_4，稀释至 50 mL，用两个 1 cm 比色皿分别盛装样品溶液和参比溶液，测定吸光度 A，在标准曲线上查出 A 对应的 KIO_3 浓度 c，计算出碘的含量，以含量最多的一组作为样品中碘的含量。

（3）低钠盐的测定

称取 1.0 g、1.5 g、2.0 g、2.5 g、3.0 g 低钠盐，加水溶解后，分别转移至 50 mL 容量瓶中，按步骤 4 的方法显色后，用两个 1 cm 比色皿分别盛装样品溶液和参比溶液，在 λ_{max} 处测定吸光度 A，在标准曲线上查出 A 对应的 KIO_3 浓度 c，计算出碘的含量，以含量最多的一组作为样品中碘的含量。

（4）粗盐的测定

将粗盐提纯后的提纯液转移至 250 mL 容量瓶中，稀释至刻度。取 100 mL、150 mL 溶液分别于两个 250 mL 容量瓶中，按步骤 4 的方法显色后。用 1 cm 比色皿分别盛装样品溶液和参比溶液，在 λ_{max} 处测定吸光度 A，在标准曲线上查出 A 对应的 KIO_3 浓度 c，计算出碘的含量，以含量最多的一组作为样品中碘的含量。

五、数据记录与处理

自然盐的测定

样品质量/g	A	碘含量/（mg/kg）
1.0		
1.5		
2.0		
2.5		
3.0		
3.5		
4.0		
4.5		

低钠盐的测定

样品质量/g	A	碘含量/（mg/kg）
1.0		
1.5		
2.0		
2.5		
3.0		

粗盐的测定（10 g 配成 250 mL）

体积/mL	A
100	
150	

六、思考与讨论

（1）加入显色剂前为何要进行加入量的确定？

（2）为何测定时要加入硫酸溶液？

（3）吸收曲线和标准曲线有何区别？在实际应用中有何意义？

附：《化学检验工》样题

《化学检验工》中级工技能试卷

考点：__________ 姓名：__________ 准考证号：__________

说明：

1．本试卷命题是以可行性、技术性、通用性为原则编制的。

2．本试卷是以《化学检验工》职业资格考试大纲为依据编写的。

3．本试卷主要适用于考核中级化学检验工。

分析项目：EDTA 标准溶液的标定；配位滴定法测定水总硬度。

一、考核内容

1．EDTA 溶液的标定

（1）称量、溶解、定容：准确称取 $CaCO_3$ 0.5～0.6 g 于 150 mL 烧杯中，用 10 mL 1∶1 HCl 溶解、洗涤、定容 250 mL，计算 Ca^{2+}标准溶液的浓度。

（2）移液、滴定、计算：移取 25.00 mL Ca^{2+}标准溶液三份，加 25 mL 水、10 mL 10% NaOH 溶液和少许钙指示剂，用 EDTA 溶液滴定，滴至溶液由酒红色变为纯蓝色即为终点。平行测定三份，计算 EDTA 溶液准确浓度。

2．水样总硬度的测定

移液、滴定、分析：吸取水样 50.00 mL 三份，分别加三乙醇胺溶液 3 mL，摇匀后再加 $NH_3 \cdot H_2O$-NH_4Cl 缓冲溶液 5 mL 及少许铬黑 T 指示剂，用 EDTA 标准溶液滴定至溶液由酒红色恰好变为纯蓝色即为终点。平行测定三份，计算水样的硬度。

二、考核时限

120 分钟。

三、数据记录与计算

EDTA 溶液的标定

<table>
<tr><th rowspan="2">滴定次数</th><th rowspan="2">滴定所需 EDTA 体积
V_{EDTA}/mL</th><th colspan="2">EDTA 浓度</th><th rowspan="2">$CaCO_3$ 试样量
m_{CaCO_3} /g</th><th rowspan="2">$c_{Ca^{2+}}$</th></tr>
<tr><th>c_{EDTA}</th><th>平均 c_{EDTA}</th></tr>
<tr><td>1</td><td></td><td></td><td rowspan="3"></td><td rowspan="3"></td><td rowspan="3"></td></tr>
<tr><td>2</td><td></td><td></td></tr>
<tr><td>3</td><td></td><td></td></tr>
<tr><td>计算过程</td><td colspan="2">$c_{Ca^{2+}}=\frac{m_{CaCO_3}}{M_{CaCO_3}\times 0.25}$
（M_{CaCO_3}=100.09 g·mol^{-1}）</td><td colspan="3">$c_{EDTA}=\frac{25.00\times c_{Ca^{2+}}}{V_{EDTA}}$</td></tr>
</table>

水样总硬度的测定

<table>
<tr><th rowspan="2">滴定次数</th><th rowspan="2">滴定所需 EDTA 体积
V_{EDTA}/mL</th><th colspan="2">水样总硬度/（mg·L^{-1}）</th></tr>
<tr><th>ρ_{CaCO_3}</th><th>平均 ρ_{CaCO_3}</th></tr>
<tr><td>1</td><td></td><td></td><td rowspan="3"></td></tr>
<tr><td>2</td><td></td><td></td></tr>
<tr><td>3</td><td></td><td></td></tr>
<tr><td>计算过程</td><td colspan="3">$\rho_{CaCO_3}=\frac{c_{EDTA}\cdot V_{EDTA}\cdot M_{CaCO_3}}{V}\times 1\,000$
（M_{CaCO_3}=100.09 g·mol^{-1}）</td></tr>
</table>

分析者:

操作台: 分析日期: 年 月 日

《化学检验工》中级工技能考核 评分标准

考点： 姓名： 准考证号： 操作台：

考核项目	评定内容要求		评分标准	评分记实	扣分	得分
操作（50分）	天平使用（10分）	检查是否正常，稳轻、闭门开启	不正确−1分/处，不规范−0.5分/处（共1分）			
		天平调零	不正确−1分/处（共1分）			
		称量（称量瓶捏取、倾样、称量）	操作不正确−1分/处，称量失败−2分/次（共6分）			
		天平归零、称量瓶放回干燥器	不正确−1分/处，不规范−0.5分/处（共2分）			
	样品溶解（盖表面皿） 转移（试液不外漏） 洗涤（三次，洗液的转移）		不正确−2分/处，不规范−1分/处，失败3分/次（共6分）			
	容量瓶定容 摇匀		不正确−1分/处，失败−3分/次（共6分）			
	移液管（持法、调零靠壁、角度）		不正确−2分/处，不规范−1分/处（共9分）			
	滴定管使用（握持、调零、滴定速度、锥形瓶摇动）		不正确−2分/处，不规范−1分/处（共9分）			
	滴定溶液溅到瓶外		−1分/次（共2分）			
	滴定终点判断不正确		−1分/次（共2分）			
	滴定管读数不正确		−1分/次（共2分）			
	未按操作规程操作		−1分/次（共2分）			
	过失、返工操作		−1分/次（共2分）			
记录（10分）	记录漏项		−1分/处（共2分）			
	记录数据精度不符合要求		−1分/处（共2分）			
	记录涂改		−1分/处（共2分）			
	数据记错		−2分/处（共2分）			
	有意凑改数据		−2分/处（共2分）			
分析结果（30分）	计算过程（10分）		有效数字不正确−1分/处；计算缺一项−1分，共9个计算式			
	精密度（10分）		平行滴定体积不大于1 mL，不扣分；−2分/每超1 mL			
	准确度（10分）		c_{EDTA}=0.019 0～0.022 0 mol/L 不扣分，−1分/每超0.005 mol/L； ρ_{CaCO_3}=200～300 mg/L 不扣分，−1分/每超10 mg			
分析时间（10分）	开始时间		−2分/每延迟5分钟，超时20分钟停止实验			
	结束时间					
合计（100分）	得分		总成绩			
	扣分					

考评员： 年 月 日

《化学检验工》高级工技能试卷

姓名：______________ 准考证号：______________ 单位：______________

说明：

1．本试卷是以《中华人民共和国工人技术等级标准》和《中华人民共和国职业技能鉴定规范》为命题依据。

2．本试卷命题遵循学以致用的原则。

3．本考卷总分为 100 分，得分 60 分及以上为合格，且试题一得分不得少于 36 分，试题二得分不得少于 24 分。

一、硫酸铜（$CuSO_4 \cdot 5H_2O$）含量的测定

（一）说明

1．本题满分 60 分，完成时间 90 分钟。

2．考核成绩为操作过程评分、测定结果评分和考核时间评分之和。

3．全部操作过程时间和结果处理时间计入时间限额。

4．本方法（参照 GB 665—88）是用氧化还原滴定分析法测定硫酸铜的含量。

5．方法中所用试剂应为分析纯试剂；所用水应为蒸馏水或同等纯度的水；所用容量仪器等应校正；若温度不在 20℃，结果需进行温度补正（仪器校正和温度补正值由鉴定站提供）。

（二）操作步骤

称取 0.8 g 样品，称准至 0.000 1 g，置于碘量瓶中，溶于 60 mL 水中，加 5 mL 硫酸溶液（20%）及 3 g 碘化钾摇匀。用硫代硫酸钠标准溶液[$c(Na_2S_2O_3)$=0.1 mol·L^{-1}]滴定，临近终点时（溶液呈亮黄色）加 3 mL 淀粉指示液（10 g·L^{-1}），继续滴定至溶液呈淡蓝色，加 10 mL 10% KCNS 溶液，再滴定至溶液蓝色消失。平行测定三次。

（三）数据记录

内　　容	1	2	3
称量瓶和试样的质量（第一次读数）			
称量瓶和试样的质量（第二次读数）			
试样的质量 m/g			
硫代硫酸钠标准溶液的浓度 c/（mol·L^{-1}）			

内　　容	1	2	3
滴定消耗 $Na_2S_2O_3$ 标准溶液的体积 V/mL			
滴定管体积校正值/mL			
溶液温度校正值/（$mL \cdot L^{-1}$）			
实际滴定消耗 $Na_2S_2O_3$ 标准溶液的体积 V/mL			
$CuSO_4 \cdot 5H_2O$ 的质量分数/%			
$CuSO_4 \cdot 5H_2O$ 质量分数平均值/%			
平行测定结果的极差/%			
极差与平均值之比/%			

（四）结果计算

硫酸铜含量按下式计算：

$$w = \frac{c \cdot V \times 0.2497}{m} \times 100\%$$

式中，V—— 硫代硫酸钠溶液的用量，mL；

c—— 硫代硫酸钠标准溶液的浓度，$mol \cdot L^{-1}$；

m—— 试样质量，g；

0.249 7 —— 每毫摩尔 $CuSO_4 \cdot 5H_2O$ 相当的克数。

二、工业循环冷却水中总铁含量的测定

（一）说明

1．本题满分 40 分，完成时间 100 分钟。

2．考核成绩为操作过程评分、测定结果评分和考核时间评分之和。

3．全部操作过程时间和结果处理时间计入时间限额。

4．本方法（引用 ZBG 76001—90）是用邻菲罗啉分光光度法测定工业循环冷却水中总铁的含量。用抗坏血酸将试样中的三价铁离子还原成二价铁离子，在 pH 为 2.5～9 时，二价铁离子可与邻菲罗啉生成橙红色配合物，在最大吸收波长 510 nm 处，用分光光度计测其吸光度。本方法选择 pH 为 4.5 条件下生成配合物。

5．本方法适用于含 Fe^{2+} 0.02～20 $mg \cdot L^{-1}$ 工业循环冷却水中总铁含量的测定。

6．除非另有说明，限用分析纯试剂和蒸馏水或同等纯度的水。

7．若水样中不含铁的难溶化合物等杂质，则可省去“加 1.0 mL（1+35）硫酸溶液……冷却至室温”等步骤。

8．根据水样中铁的含量确定移取的体积。

（二）操作步骤

1．工作曲线的绘制

分别取 0.00 mL（空白）、1.00 mL、2.00 mL、4.00 mL、6.00 mL、8.00 mL、10.00 mL 铁标准溶液于 7 个 100 mL 容量瓶中，加水至约 40 mL，加 0.50 mL（1+35）硫酸溶液调 pH 接近 2，加 3.0 mL 抗坏血酸溶液，10.0 mL 乙酸-乙酸钠缓冲溶液，5.0 mL 邻菲罗啉溶液，用水稀释至刻度摇匀。放置 15 min，用分光光度计于 510 nm 波长处，以试剂空白做参比溶液，测量吸光度。记录读数。

2．总铁的测定

取 5.0～50.0 mL 水样两份于 100 mL 锥形瓶中（体积不足 50 mL 的要补水至 50 mL），加 1.0 mL（1+35）硫酸溶液，加 5.0 mL 40.0 g・L^{-1} 过硫酸钾溶液，置于电炉上，缓慢煮沸 15 min，保持体积不低于 20 mL，取下冷却至室温，用（1+3）氨水溶液或（1+35）硫酸溶液调 pH 接近 2，然后全部转移到 100 mL 容量瓶中，再按工作曲线的绘制操作步骤，在相同条件下测量水样的吸光度。记录读数。

（三）数据记录

容量瓶编号	含铁 0.010 mg・mL^{-1} 标准溶液							水样	
	0	1	2	3	4	5	6	7	8
移取的体积/mL	0.00	1.00	2.00	4.00	6.00	8.00	10.00		
100 mL 溶液含铁量/μg	0	10	20	40	60	80	100		
吸光度									

（四）数据处理及结果计算

以测得的标准系列的吸光度为纵坐标，相对应的 100 mL 溶液含铁量（μg）为横坐标绘制工作曲线。

从工作曲线上查出所测水样吸光度对应的含铁量。

水样中总铁含量 x 以 mg・L^{-1} 表示，按下式计算：

$$x=\frac{m}{V}$$

式中，m —— 工作曲线上查得的以 μg 表示的含铁量；

V —— 移取水样的体积，mL。

测定次数	1	2
水样中铁的含量/（mg・L^{-1}）		
测定结果（算术平均值）/（mg・L^{-1}）		
平行测定结果的绝对差/（mg・L^{-1}）		

姓名：________ 准考证号：________ 单位：________

《化学检验工》高级工技能考核 评分标准

一、试题一《硫酸铜含量的测定》评分记录表

开始时间： 结束时间： 日期：

序号	评分点	配分	评分标准	扣分	得分	考评员
（一）	称样					
1	台秤的使用	2	未调零，扣 0.5 分 称量操作不对，扣 1 分 读数错误，扣 0.5 分			
2	分析天平称量前准备	2	未检查天平水平、砝码完好情况，扣 0.5 分 未调零，扣 1 分 天平内外不洁净，扣 0.5 分			
3	分析天平称量操作	6	称量瓶放置不当，扣 1 分 开启升降枢不当，扣 1 分 倾出试样不符合要求，扣 1 分 加减砝码操作不当，扣 1 分 读数及记录不正确，扣 1 分 开关天平门不当，扣 1 分			
4	称量后处理	3	砝码不回位，扣 1 分 不关天平门，扣 1 分 天平内外不清洁，扣 0.5 分 未检查零点，扣 0.5 分			
（二）	滴定					
1	滴定前准备	6	洗涤不符合要求，扣 1 分 没有试漏，扣 1 分 没有润洗，扣 1 分 装液操作不正确，扣 1 分 未排空气，扣 1 分 没有调零，扣 1 分			
2	滴定操作	12	加指示剂操作不当，扣 1 分 滴定姿势不正确，扣 1 分 滴定速度控制不当，扣 1 分 锥形瓶洗涤不合要求，扣 1 分 摇瓶操作不正确，扣 1 分 半滴溶液的加入控制不当，扣 2 分 滴定后补加溶液操作不当，扣 0.5 分 终点判断不准确，扣 2 分 读数操作不正确，扣 1 分 数据记录不正确，扣 1 分 平行操作的重复性不好，扣 0.5 分			

序号	评分点	配分	评分标准	扣分	得分	考评员
3	滴定后处理	4	不洗涤仪器，扣1分 台面、卷面不整洁，扣1分 仪器破损，扣2分			
（三）	分析结果	10	考生平行测定结果极差与平均值之比大于允差，小于1/2倍允差，扣5分 考生平行测定结果极差与平均值之比大于1/2倍允差，扣10分			
		15	考生平均结果与参照值对比大于参照值小于1倍允差，扣4分 考生平均结果与参照值对比大于1倍小于或等于2倍允差，扣9分 考生平均结果与参照值对比大于2倍允差，扣15分			
（四）	考核时间		考核时间为90分钟。超过5分钟扣2分，超过10分钟扣4分，超过15分钟扣8分……依此类推，扣完本题分数为止			
合　计		60				

注：1. 以鉴定站所测结果为参照值，允许差为不大于0.1%。

2. 平行测定结果允差值为不大于0.1%。

考评负责人：

二、试题二《工业循环冷却水中总铁含量的测定》评分记录表

开始时间：　　　　　　　　结束时间：　　　　　　　　日期：

序号	评分点	配分	评分标准	扣分	得分	考评员
（一）	配制标准系列溶液					
1	移液管的使用	5	洗涤不符合要求，扣1分 没有润洗或润洗不合要求，扣1分 吸液操作不规范，扣1分 放液操作不规范，扣1分 用后处理及放置不当，扣1分			
2	容量瓶的使用	5	洗涤不符合要求，扣1分 没有试漏，扣1分 加入溶液的顺序不正确，扣1分 不能准确定容，扣1分 没有摇匀，扣1分			
（二）	分光光度计的使用					
1	测定前的准备	4	波长选择不正确，扣1分 灵敏度选择不当，扣1分 不能正确调“0”和“100%”，扣2分			

序号	评分点	配分	评分标准	扣分	得分	考评员
2	测定操作	5	不能正确使用比色皿，扣 1 分 不正确使用参比溶液，扣 1 分 比色皿盒拉杆操作不当，扣 1 分 开关比色皿暗箱盖不当，扣 1 分 读数不准确，扣 1 分			
3	测定后的处理	3	台面不整洁，扣 1 分 未取出比色皿及其洗涤，扣 1 分 没有洗涤容量瓶，扣 1 分			
（三）	标准（工作）曲线的绘制	6	标准（工作）曲线的绘制不适当，扣 6 分			
（四）	测定结果	4	考生平行测定结果极差与平均值之比大于允差小于或等于 1/2 倍允差，扣 2 分 考生平行测定结果极差与平均值之比大于 1/2 倍允差，扣 4 分			
		8	考生平均结果与参照值对比大于 1 倍小于或等于 2 倍允差，扣 2 分 考生平均结果与参照值对比大于 2 倍小于或等于 3 倍允差，扣 4 分 考生平均结果与参照值对比大于 3 倍允差，扣 8 分			
（五）	考核时间	5	考核时间为 100 分钟。超过 5 分钟扣 2 分，超过 10 分钟扣 4 分，超过 15 分钟扣 8 分……依此类推，扣完本题分数为止			
合　计		40				

注：1. 以鉴定站所测结果为参照值，允许差为不大于 0.1%。

2. 平行测定结果允差值为不大于 0.4 mg/L。

考评负责人：

部分习题参考答案

第二章 6. 3.00；1.28；0.0881；5.32 7. ±0.05%；±0.05%；±0.025% 8. ±0.005 g；±0.001 g；±0.002 g 9. −0.05%；−0.2% 10. 相对误差：甲−0.1% 乙 0.08%；平均偏差：甲 0.02% 乙 0.03% 11. 甲合格：98.21% 12. 41.25%；0.015%；1.8×10^{-2}% 13. Q 检验：保留；4d 法：舍弃

第三章 10. 200g 11. 0.263 $mol\cdot L^{-1}$；0.526 $mol\cdot L^{-1}$ 12. 0.1202 $mol\cdot L^{-1}$ 13.（1）0.022 40；0.009 687（2）0.005 060；0.006 197 14. 0.962 4 $mol\cdot L^{-1}$ 15. 10.21 g；0.106 6 $mol\cdot L^{-1}$ 16. 2.8 mL 17. 84.66% 18. 0.098 00 $mol\cdot L^{-1}$ 19. 48.75% 20. 25.79% 21. 1.77% 22. 53.88%

第四章 9. 4.79；10.26；4.05；9.79 10. 4.00；3.55；11.24；0.70；3.88；12.12；10.08；9.63 11. 8.72；5.28；5.28；7.00；8.31 12. 51 g 13. 0.082 80 $mol\cdot L^{-1}$；8.43 14. 10.88；5.05 15. 0.110 6 $mol\cdot L^{-1}$ 16. 0.19～0.29 g 17. 0.962 4 $mol\cdot L^{-1}$ 18. 92.35% 19. 84.66% 20. 85.99% 21. w_{NaOH} =40.00%；$w_{Na_2CO_3}$ =5.30% 22. w_{NaOH} =4.47%；$w_{Na_2CO_3}$ =71.70% 23. 19.08% 24. 36.37% 25. 67.59%；29.72% 26. 1.837 g/100 mL 27. 92.7

第五章 10. 1.2 11. 2.9～5.1 12.（1）403.1 mg；（2）509.8 mg 13.（1）0.010 04 $mol\cdot L^{-1}$；（2）0.000 817 2 g ZnO 14. 97.61% 15. 11.79% 16.（1）377.9 $mg\cdot L^{-1}$；（2）245.7 $mg\cdot L^{-1}$，111.3 $mg\cdot L^{-1}$ 17. $w_{Fe_2O_3}$=12.99%，$w_{Al_2O_3}$=8.34% 18. 8.86% 19. 1.439% 20. w_{Al}=9.31%，w_{Zn}=40.02% 21. 12.57% 22. 48.99% 23. 83.53% 24. 9.59% 25. 8.34% 26. 2.22%

第六章 14.（1）0.012 29 mol/L（2）0.073 74 mol/L（3）0.004 118 g/mL；（4）0.005 888 g/mL（5）0.009 358 g/mL 15.（1）0.006 936 g/mL；（2）0.009 919 g/mL；（3）0.034 52 g/mL 16.（1）0.18 V；（2）0.12 V 17.（1）1.32 V；（2）1.38 V；（3）1.44 V；（4）1.50 V；（5）1.56 V；18.（1）1.40 V；（2）1.46V 19.（1）0.755 V；（2）1.36 V 20. 1.31 V 21. 0.23～0.50 V 22. 60.45% 23. 50.30% 24. 35.93%；10.05% 25. 3.55% 26. 30.00g 27. 0.050 00 g/mL 28. 0.091 05 mol/L 29. 0.175 2 mol/L；0.022 24 g/mL 30. 14.42% 31. 33.54% 32. 64% 33. 0.792 5 mg

第七章 6. NaCl 45.87%；KCl 54.13% 7. 10^6 倍 8. 0.097 92 g 9. 0.116 8 $mol\cdot L^{-1}$ 10. 85.60% 11. 54.29% 12. 0.056 42 $mol\cdot L^{-1}$ 13. KIO_3 14. $AgNO_3$：0.074 48 $mol\cdot L^{-1}$；NH_4SCN：0.070 93 $mol\cdot L^{-1}$ 15. 5.8L 16. 5.2%

第八章 9.（1）0.264 6；(2) 0.231 6；(3) 0.343 0；(4) 0.181 1；(5) 0.362 2 10. 3.0 mL 11. $AgNO_3$ 溶液中 12. 99.25% 13. 0.274 7 g 14. (1)4.35×10^{-7}；(2)0.010 mg；(3)0.002 mg 15. 98.76% 16. 4.5 mL 17. P_2O_5：14.81%；P：6.47% 18. CaO：82.59%；BaO：17.41% 19. 0.19g 20. 0.1%

第九章 12.（1）1.301（2）1.00（3）30.222（4）0.097 13.（1）89%（2）0.8%（3）42.2%（4）20.9% 14. 7.5×10^{-5} $mol\cdot L^{-1}$ 15. 1.2 L/（mg·cm）；6.7×10^4 L/（mol·cm） 16. 0.111,77.4%；0.333,46.5% 17.（1）0.145；(2)4.83×10^3 L/（mol·cm）,0.014 6 L/（mg·cm）(3)0.435,36.7% 18.（2）52.7 mg/L 19. 9.8 mg/L 20. 89.28%

参考文献

[1] 高职高专化学教材组编．分析化学．4 版．北京：高等教育出版社，2013.

[2] 符斌，李华昌．分析化学实验室手册．北京：化学工业出版社，2012.

[3] 汪尔康．21 世纪的分析化学．北京：科学出版社，2001.

[4] 张慧波，韩忠霄．分析化学．大连：大连理工大学出版社，2006.

[5] 黄一石，乔子荣．定量化学分析．北京：化学工业出版社，2004.

[6] 赵凤英，胡堪东．分析化学．北京：中国科学技术出版社，2005.

[7] 陶仙水．分析化学．北京：化学工业出版社，2005.

[8] 吴华．无机及分析化学．大连：大连理工大学出版社，2011.

[9] 武汉大学．分析化学．4 版．北京：高等教育出版社，2004.

[10] 吴性良，朱万森，马林．分析化学原理．北京：化学工业出版社，2004.

[11] 张云．分析化学．上海：同济大学出版社，2003.

[12] 孙毓庆．分析化学．北京：科学出版社，2003.

[13] 王红云．分析化学．北京：化学工业出版社，2003.

[14] 葛兴．分析化学．北京：中国农业大学出版社，2004.

[15] 夏玉宇．化验员实用手册．2 版．北京：化学工业出版社，2005.

[16] 华东理工大化学系，四川大学化工学院．分析化学． 5 版．北京：高等教育出版社，2003.

[17] 刘建华．分析化学．上海：上海交通大学出版社，2001.

[18] 钟国清．大学基础化学．北京：科学出版社，2009.

[19] 王国惠．水分析化学．北京：化学工业出版社，2006.

[20] 陶仙水．分析化学．北京：化学工业出版社，2005.

[21] 胡伟光，张风英．定量分析化学实验．北京：化学工业出版社，2004.

[22] 王萍．水分析技术．北京：中国建筑工业出版社，2000.

[23] 奚旦立，孙裕生，刘秀英，等．环境监测．北京：高等教育出版社，1995.

[24] 华东理工大学分析化学教研组，成都科学技术大学分析化学教研组．分析化学． 4 版．北京：高等教育出版社，2002.

[25] 司文会．现代仪器分析．北京：中国农业出版社，2005.

[26] 黄一石．仪器分析．北京：化学工业出版社，2002.

[27] 卢小曼．分析化学．北京：中国医药科技出版社，1999.

[28] 武汉大学．分析化学实验．4 版．北京：高等教育出版社，2001.

[29] 高职高专化学教材编写组．分析化学实验． 2 版．北京：高等教育出版社，2002.

[30] 叶芬霞．无机及分析化学实验．北京：高等教育出版社，2004.

[31] 国家质量技术监督局职业技能鉴定指导中心组编．化学检验．北京：中国计量出版社，2001.

[32] 夏玉宇．化验员实用手册．2 版．北京：化学工业出版社，2005.
[33] 楼书聪，杨玉玲．化学试剂配制手册．2 版．南京：江苏科学技术出版社，2002.
[34] 张铁垣．化验工作实用手册．北京：化学工业出版社，2003.
[35] 劳动和社会保障部培训就业司职业技能鉴定中心．分析工（中级）．北京：地质出版社，2000.
[36] GB/T 601—2002. 化学试剂标准滴定溶液的制备.
[37] GB/T 4348.1—2013. 工业用氢氧化钠　氢氧化钠和碳酸钠.
[38] GB 535—95.硫酸铵
[39] GB 6909.1—86. 锅炉用水和冷却水分析方法硬度的测定.
[40] .GB 1616—2014. 工业过氧化氢.
[41] GB/T 11896—1989．水质　氯化物的测定.
[42] GB 11893—89. 水质总磷的测定
[43] GB/T 14427—2008 锅炉用水和冷却水分析方法　铁的测定

附 录

附录一 常用酸碱溶液的相对密度、质量分数与物质的量浓度

1．酸

相对密度（15℃）	HCl		HNO_3		H_2SO_4	
	w/%	c/mol·L^{-1}	w/%	c/mol·L^{-1}	w/%	c/mol·L^{-1}
1.02	4.13	1.15	3.70	0.6	3.1	0.3
1.04	8.16	2.3	7.26	1.2	6.1	0.6
1.05	10.2	2.9	9.0	1.5	7.4	0.8
1.06	12.2	3.5	10.7	1.8	8.8	0.9
1.08	16.2	4.8	13.9	2.4	11.6	1.3
1.10	20.0	6.0	17.1	3.0	14.4	1.6
1.12	23.8	7.3	20.2	3.6	17.0	2.0
1.14	27.7	8.7	23.3	4.2	19.9	2.3
1.15	29.6	9.3	24.8	4.5	20.9	2.5
1.19	37.2	12.2	30.9	5.8	26.0	3.2
1.20			32.3	6.2	27.3	3.4
1.25			39.8	7.9	33.4	4.3
1.30			47.5	9.8	39.2	5.2
1.35			55.8	12.0	44.8	6.2
1.40			65.3	14.5	50.1	7.2
1.42			69.8	15.7	52.2	7.6
1.45					55.0	8.2
1.50					59.8	9.2
1.55					64.3	10.2
1.60					68.7	11.2
1.65					73.0	12.3
1.70					77.2	13.4
1.84					95.6	18.0

2. 碱

相对密度（15℃）	$NH_3 \cdot H_2O$		NaOH		KOH	
	w/%	c/mol·L^{-1}	w/%	c/mol·L^{-1}	w/%	c/mol·L^{-1}
0.88	35.0	18.0				
0.90	28.3	15				
0.91	25.0	13.4				
0.92	21.8	11.8				
0.94	15.6	8.6				
0.96	9.9	5.6				
0.98	4.8	2.8				
1.05			4.5	1.25	5.5	1.0
1.10			9.0	2.5	10.9	2.1
1.15			13.5	3.9	16.1	3.3
1.20			18.0	5.4	21.2	4.5
1.25			22.5	7.0	26.1	5.8
1.30			27.0	8.8	30.9	7.2
1.35			31.8	10.7	35.5	8.5

附录二　弱酸和弱碱的解离常数

1. 酸

名　　称	温度/℃	解离常数 K_a	pK_a
砷酸 H_3AsO_4	18	$K_{a1}=5.6\times10^{-3}$	2.25
		$K_{a2}=1.7\times10^{-7}$	6.77
		$K_{a3}=3.0\times10^{-12}$	11.50
硼酸 H_3BO_3	20	$K_a=5.7\times10^{-10}$	9.24
氢氰酸 HCN	25	$K_a=6.2\times10^{-10}$	9.21
碳酸 H_2CO_3	25	$K_{a1}=4.2\times10^{-7}$	6.38
		$K_{a2}=5.6\times10^{-11}$	10.25
铬酸 H_2CrO_4	25	$K_{a1}=1.8\times10^{-1}$	0.74
		$K_{a2}=3.2\times10^{-7}$	6.49
氢氟酸 HF	25	$K_a=3.5\times10^{-4}$	3.46
亚硝酸 HNO_2	25	$K_a=4.6\times10^{-4}$	3.37
磷酸 H_3PO_4	25	$K_{a1}=7.6\times10^{-3}$	2.12
		$K_{a2}=6.3\times10^{-8}$	7.20
		$K_{a3}=4.4\times10^{-13}$	12.36
硫化氢 H_2S	25	$K_{a1}=1.3\times10^{-7}$	6.89
		$K_{a2}=7.1\times10^{-15}$	14.15
亚硫酸 H_2SO_3	18	$K_{a1}=1.5\times10^{-2}$	1.82
		$K_{a2}=1.0\times10^{-7}$	7.00
硫酸 H_2SO_4	25	$K_a=1.0\times10^{-2}$	1.99
甲酸 HCOOH	20	$K_a=1.8\times10^{-4}$	3.74

名　　称	温度/℃	解离常数 K_a	pK_a
醋酸 CH_3COOH	20	$K_a=1.8\times10^{-5}$	4.74
一氯乙酸 $CH_2ClCOOH$	25	$K_a=1.4\times10^{-3}$	2.86
二氯乙酸 $CHCl_2COOH$	25	$K_a=5.0\times10^{-2}$	1.30
三氯乙酸 CCl_3COOH	25	$K_a=0.23$	0.64
草酸 $H_2C_2O_4$	25	$K_{a1}=5.9\times10^{-2}$	1.23
		$K_{a2}=6.4\times10^{-5}$	4.19
琥珀酸$(CH_2COOH)_2$	25	$K_{a1}=6.4\times10^{-5}$	4.19
		$K_{a2}=2.7\times10^{-6}$	5.57
酒石酸 CH(OH)COOH	25	$K_{a1}=9.1\times10^{-4}$	3.04
		$K_{a2}=4.3\times10^{-5}$	4.37
柠檬酸 CH_2COOH	18	$K_{a1}=7.4\times10^{-4}$	3.13
C(OH)COOH		$K_{a2}=1.7\times10^{-5}$	4.76
CH_2COOH		$K_{a3}=4.0\times10^{-7}$	6.40
苯酚 C_6H_5OH	20	$K_a=1.1\times10^{-10}$	9.95
苯甲酸 C_6H_5COOH	25	$K_a=6.2\times10^{-5}$	4.21
水杨酸 $C_6H_4(OH)COOH$	18	$K_{a1}=1.07\times10^{-3}$	2.97
		$K_{a2}=4\times10^{-14}$	13.40
邻苯二甲酸 $C_6H_4(COOH)_2$	25	$K_{a1}=1.1\times10^{-3}$	2.95
		$K_{a2}=3.9\times10^{-6}$	5.54

2. 碱

名　　称	温度/℃	解离常数 K_b	pK_b
氨水 $NH_3\cdot H_2O$	25	$K_b=1.8\times10^{-5}$	4.74
羟胺 NH_2OH	20	$K_b=9.1\times10^{-9}$	8.04
苯胺 $C_6H_5NH_2$	25	$K_b=4.6\times10^{-10}$	9.34
乙二胺 $H_2NCH_2CH_2NH_2$	25	$K_{b1}=8.5\times10^{-5}$	4.07
		$K_{b2}=7.1\times10^{-8}$	7.15
六亚甲基四胺$(CH_2)_6N_4$	25	$K_b=1.4\times10^{-9}$	8.85
吡啶	25	$K_b=1.7\times10^{-9}$	8.77

附录三　常用的缓冲溶液

1. 几种常用缓冲溶液的配制

pH	配制方法
0	1 mol·L^{-1} HCl*
1	0.1 mol·L^{-1} HCl
2	0.01 mol·L^{-1} HCl
3.6	NaAc·$3H_2O$ 8 g，溶于适量水中，加 6 mol·L^{-1} HAc 134 mL，稀释至 500 mL
4.0	NaAc·$3H_2O$ 20 g，溶于适量水中，加 6 mol·L^{-1} HAc 134 mL，稀释至 500 mL

pH	配制方法
4.5	$NaAc \cdot 3H_2O$ 32 g，溶于适量水中，加 6 $mol \cdot L^{-1}$ HAc 68 mL，稀释至 500 mL
5.0	$NaAc \cdot 3H_2O$ 50 g，溶于适量水中，加 6 $mol \cdot L^{-1}$ HAc 34 mL，稀释至 500 mL
5.7	$NaAc \cdot 3H_2O$ 100 g，溶于适量水中，加 6 $mol \cdot L^{-1}$ HAc 13 mL，稀释至 500 mL
7	NH_4Ac 77 g，用水溶解后，稀释至 500 mL
7.5	NH_4Cl 60 g，溶于适量水中，加 15 $mol \cdot L^{-1}$ 氨水 1.4 mL，稀释至 500 mL
8.0	NH_4Cl 50 g，溶于适量水中，加 15 $mol \cdot L^{-1}$ 氨水 3.5 mL，稀释至 500 mL
8.5	NH_4Cl 40 g，溶于适量水中，加 15 $mol \cdot L^{-1}$ 氨水 8.8 mL，稀释至 500 mL
9.0	NH_4Cl 35 g，溶于适量水中，加 15 $mol \cdot L^{-1}$ 氨水 24 mL，稀释至 500 mL
9.5	NH_4Cl 30 g，溶于适量水中，加 15 $mol \cdot L^{-1}$ 氨水 65 mL，稀释至 500 mL
10.0	NH_4Cl 27 g，溶于适量水中，加 15 $mol \cdot L^{-1}$ 氨水 197 mL，稀释至 500 mL
10.5	NH_4Cl 9 g，溶于适量水中，加 15 $mol \cdot L^{-1}$ 氨水 175 mL，稀释至 500 mL
11	NH_4Cl 3 g，溶于适量水中，加 15 $mol \cdot L^{-1}$ 氨水 207 mL，稀释至 500 mL
12	0.01 $mol \cdot L^{-1}$ NaOH**
13	0.1 $mol \cdot L^{-1}$ NaOH

* Cl^-测定有妨碍时，可用 HNO_3。

** Na^+对测定有妨碍时，可用 KOH。

2. 不同温度下，标准缓冲溶液的 pH

温度/℃	0.05 $mol \cdot L^{-1}$ 草酸三氢钾	25℃饱和酒石酸氢钾	0.05 $mol \cdot L^{-1}$ 邻苯二甲酸氢钾	0.025 $mol \cdot L^{-1}$ KH_2PO_4 + 0.025 $mol \cdot L^{-1}$ Na_2HPO_4	0.008 695 $mol \cdot L^{-1}$ KH_2PO_4 + 0.030 43 $mol \cdot L^{-1}$ Na_2HPO_4	0.01 $mol \cdot L^{-1}$ 硼砂	25℃饱和氢氧化钙
10	1.670	—	3.998	6.923	7.472	9.332	13.011
15	1.672	—	3.999	6.900	7.448	9.276	12.820
20	1.675	—	4.002	6.881	7.429	9.225	12.637
25	1.679	3.559	4.008	6.865	7.413	9.180	12.460
30	1.683	3.551	4.015	6.853	7.400	9.139	12.292
40	1.694	3.547	4.035	6.838	7.380	9.068	11.975
50	1.707	3.555	4.060	6.833	7.367	9.011	11.697
60	1.723	3.573	4.091	6.836	—	8.962	11.426

附录四　常用基准物质的干燥条件和应用

基准物质		干燥后组成	干燥条件/℃	标定对象
名称	分子式			
碳酸氢钠	$NaHCO_3$	Na_2CO_3	270～300	酸
碳酸钠	$Na_2CO_3 \cdot 10H_2O$	Na_2CO_3	270～300	酸
硼砂	$Na_2B_4O_7 \cdot 10H_2O$	$Na_2B_4O_7 \cdot 10H_2O$	放在含 NaCl 和蔗糖饱和液的干燥器中	酸
碳酸氢钾	$KHCO_3$	K_2CO_3	270～300	酸

基准物质		干燥后组成	干燥条件/℃	标定对象
名称	分子式			
草 酸	$H_2C_2O_4 \cdot 2H_2O$	$H_2C_2O_4 \cdot 2H_2O$	室温空气干燥	碱或 $KMnO_4$
邻苯二甲酸氢钾	$KHC_8H_4O_4$	$KHC_8H_4O_4$	110～120	碱
重铬酸钾	$K_2Cr_2O_7$	$K_2Cr_2O_7$	140～150	还原剂
溴酸钾	$KBrO_3$	$KBrO_3$	130	还原剂
碘酸钾	KIO_3	KIO_3	130	还原剂
铜	Cu	Cu	室温干燥器中保存	还原剂
三氧化二砷	As_2O_3	As_2O_3	室温干燥器中保存	氧化剂
草酸钠	$Na_2C_2O_4$	$Na_2C_2O_4$	130	氧化剂
碳酸钙	$CaCO_3$	$CaCO_3$	110	EDTA
锌	Zn	Zn	室温干燥器中保存	EDTA
氧化锌	ZnO	ZnO	900～1 000	EDTA
氯化钠	NaCl	NaCl	500～600	$AgNO_3$
氯化钾	KCl	KCl	500～600	$AgNO_3$
硝酸银	$AgNO_3$	$AgNO_3$	280～290	氯化物
氨基磺酸	$HOSO_2NH_2$	$HOSO_2NH_2$	在真空 H_2SO_4 干燥器中保存 48 h	碱

附录五　金属配合物的稳定常数

金属离子	离子强度	n	$\lg\beta_n$
氨配合物			
Ag^+	0.1	1，2	3.40，7.40
Cd^{2+}	0.1	1，…，6	2.60，4.65，6.04，6.92，6.6，4.9
Co^{2+}	0.1	1，…，6	2.05，3.62，4.61，5.31，5.43，4.75
Cu^{2+}	2	1，…，4	4.13，7.61，10.48，12.59
Ni^{2+}	0.1	1，…，6	2.75，4.95，6.64，7.79，8.50，8.49
Zn^{2+}	0.1	1，…，4	2.27，4.61，7.01，9.06
氟配合物			
Al^{3+}	0.53	1，…，6	6.1，11.15，15.0，17.7，19.4，19.7
Fe^{3+}	0.5	1，2，3	5.2，9.2，11.9
Th^{4+}	0.5	1，2，3	7.7，13.5，18.0，
TiO^{2+}	3	1，…，4	5.4，9.8，13.7，17.4
Sn^{4+}	*	6	25
Zr^{4+}	2	1，2，3	8.8，16.1，21.9
氯配合物			
Ag^+	0.2	1，…，4	2.9，4.7，5.0，5.9
Hg^{2+}	0.5	1，…，4	6.7，13.2，14.1，15.1，
碘配合物			
Cd^{2+}	*	1，…，4	2.4，3.4，5.0，6.15
Hg^{2+}	0.5	1，…，4	12.9，23.8，27.6，29.8
氰配合物			
Ag^+	0～0.3	1，…，4	—，21.1，21.8，20.7

金属离子	离子强度	n	$\lg\beta_n$
Cd^{2+}	3	1，…，4	5.5，10.6，15.3，18.9
Cu^{+}	0	1，…，4	—，24.0，28.6，30.3
Fe^{2+}	0	6	35.4
Fe^{3+}	0	6	43.6
Hg^{2+}	0.1	1，…，4	18.0，34.7，38.5，41.5
Ni^{2+}	0.1	4	31.3
Zn^{2+}	0.1	4	16.7
硫氰酸配合物			
Fe^{3+}	*	1，…，5	2.3，4.2，5.6，6.4，6.4
Hg^{2+}	1	1，…，4	—，16.1，19.0，20.9
硫代硫酸配合物			
Ag^{+}	0	1，2	8.82，13.5
Hg^{2+}	0	1，2	29.86，32.26
柠檬酸配合物			
Al^{3+}	0.5	1	20.0
Cu^{2+}	0.5	1	18
Fe^{3+}	0.5	1	25
Ni^{2+}	0.5	1	14.3
Pb^{2+}	0.5	1	12.3
Zn^{2+}	0.5	1	11.4
磺基水杨酸配合物			
Al^{3+}	0.1	1，2，3	12.9，22.9，29.0
Fe^{3+}	3	1，2，3	14.4，25.2，32.2
乙酰丙酮配合物			
Al^{3+}	0.1	1，2，3	8.1，15.7，21.2
Cu^{2+}	0.1	1，2	7.8，14.3
Fe^{3+}	0.1	1，2，3	9.3，17.9，25.1
邻二氮菲配合物			
Ag^{+}	0.1	1，2	5.02，12.07
Cd^{2+}	0.1	1，2，3	6.4，11.6，15.8
Co^{2+}	0.1	1，2，3	7.0，13.7，20.1
Cu^{2+}	0.1	1，2，3	9.1，15.8，21.0
Fe^{2+}	0.1	1，2，3	5.9，11.1，21.3
Hg^{2+}	0.1	1，2，3	—，19.65，23.35
Ni^{2+}	0.1	1，2，3	8.8，17.1，24.8
Zn^{2+}	0.1	1，2，3	6.4，12.15，17.0
乙二胺配合物			
Ag^{+}	0.1	1，2	4.7，7.7
Cd^{2+}	0.1	1，2	5.47，10.02
Cu^{2+}	0.1	1，2	10.55，19.60
Co^{2+}	0.1	1，2，3	5.86，10.72，13.82
Hg^{2+}	0.1	2	23.42
Ni^{2+}	0.1	1，2，3	7.66，14.06，18.59
Zn^{2+}	0.1	1，2，3	5.71，10.37，12.08

*离子强度不定。

附录六　标准电极电位（18～25℃）

半反应	$E^{\ominus}$/V
F_2（气）$+2H^++2e$══$2HF$	3.06
O_3+2H^++2e══O_2+H_2O	2.07
$S_2O_8^{2-}+2e$══$2SO_4^{2-}$	2.01
$H_2O_2+2H^++2e$══$2H_2O$	1.77
$MnO_4^-+4H^++3e$══MnO_2（固）$+2H_2O$	1.695
PbO_2（固）$+SO_4^{2-}+4H^++2e$══$PbSO_4$（固）$+2H_2O$	1.685
$HClO_2+2H^++2e$══$HClO+H_2O$	1.64
$HClO+H^++e$══$1/2Cl_2+H_2O$	1.63
$Ce^{4+}+e$══Ce^{3+}	1.61
$H_5IO_6+H^++2e$══$IO_3^-+3H_2O$	1.60
$HBrO+H^++e$══$1/2Br_2+H_2O$	1.59
$BrO_3^-+6H+5e$══$1/2Br_2+3H_2O$	1.52
$MnO_4^-+8H^++5e$══$Mn^{2+}+4H_2O$	1.51
Au（Ⅲ）$+3e$══Au	1.50
$HClO+H^++2e$══Cl^-+H_2O	1.49
$ClO_3^-+6H^++5e$══$1/2Cl_2+3H_2O$	1.47
PbO_2（固）$+4H^++2e$══$Pb^{2+}+2H_2O$	1.455
$HIO+H^++e$══$1/2I_2+H_2O$	1.45
$ClO_3^-+6H^++6e$══Cl^-+3H_2O	1.45
$BrO_3^-+6H^++6e$══Br^-+3H_2O	1.44
Au（Ⅲ）$+2e$══Au（Ⅰ）	1.41
Cl_2（气）$+2e$══$2Cl^-$	1.359 5
$ClO_4^-+8H^++7e$══$1/2Cl_2+4H_2O$	1.34
$Cr_2O_7^{2-}+14H^++6e$══$2Cr^{3+}+7H_2O$	1.33
MnO_2（固）$+4H^++2e$══$Mn^{2+}+2H_2O$	1.23
O_2（气）$+4H^++4e$══$2H_2O$	1.229
$IO_3^-+6H^++5e$══$1/2\ I_2+3H_2O$	1.20
$ClO_4^-+2H^++2e$══$ClO_3^-+H_2O$	1.19
Br_2（水）$+2e$══$2Br^-$	1.087
NO_2+H^++e══HNO_2	1.07
Br_3^-+2e══$3Br^-$	1.05
HNO_2+H^++e══NO（气）$+H_2O$	1.00
$VO_2^++2H^++e$══$VO^{2+}+H_2O$	1.00
$HIO+H^++2e$══I^-+H_2O	0.99
$NO_3^-+3H^++2e$══HNO_2+H_2O	0.94
ClO^-+H_2O+2e══Cl^-+2OH^-	0.89
H_2O_2+2e══$2OH^-$	0.88

半反应	$E^{\ominus}/V$
$Cu^{2+}+I^{-}+e=CuI$（固）	0.86
$Hg^{2+}+2e=Hg$	0.845
$NO_3^{-}+2H^{+}+e=NO_2+H_2O$	0.80
$Ag^{+}+e=Ag$	0.799 5
$Hg_2^{2+}+2e=2Hg$	0.793
$Fe^{3+}+e=Fe^{2+}$	0.771
$BrO^{-}+H_2O+2e=Br^{-}+2OH^{-}$	0.76
O_2（气）$+2H^{+}+2e=H_2O_2$	0.682
$AsO_2^{-}+2H_2O+3e=As+4OH^{-}$	0.68
$2HgCl_2+2e=Hg_2Cl_2$（固）$+2Cl^{-}$	0.63
Hg_2SO_4（固）$+2e=2Hg+SO_4^{2-}$	0.615 1
$MnO_4^{-}+2H_2O+3e=MnO_2$（固）$+4OH^{-}$	0.588
$MnO_4^{-}+e=MnO_4^{2-}$	0.564
$H_3AsO_4+2H^{+}+2e=HAsO_2+2H_2O$	0.559
$I_3^{-}+2e=3I^{-}$	0.545
I_2（固）$+2e=2I^{-}$	0.535
Mo（Ⅵ）+e=Mo（Ⅴ）	0.53
$Cu^{+}+e=Cu$	0.52
$4SO_2$（水）$+4H^{+}+6e=S_4O_6^{2-}+2H_2O$	0.51
$HgCl_4^{2-}+2e=Hg+4Cl^{-}$	0.48
$2SO_2$（水）$+2H^{+}+4e=S_2O_3^{2-}+H_2O$	0.40
$Fe(CN)_6^{3-}+e=Fe(CN)_6^{4-}$	0.36
$Cu^{2+}+2e=Cu$	0.337
$VO^{2+}+2H^{+}+e=V^{3+}+H_2O$	0.337
$BiO^{+}+2H^{+}+3e=Bi+H_2O$	0.32
Hg_2Cl_2（固）$+2e=2Hg+2Cl^{-}$	0.267 6
$HAsO_2+3H^{+}+3e=As+2H_2O$	0.248
$AgCl$（固）$+e=Ag+Cl^{-}$	0.222 3
$SbO^{+}+2H^{+}+3e=Sb+H_2O$	0.212
$SO_4^{2-}+4H^{+}+2e=SO_2$（水）$+2H_2O$	0.17
$Cu^{2+}+e=Cu^{+}$	0.159
$Sn^{4+}+2e=Sn^{2+}$	0.154
$S+2H^{+}+2e=H_2S$（气）	0.141
$Hg_2Br_2+2e=2Hg+2Br^{-}$	0.139 5
$TiO^{2+}+2H^{+}+e=Ti^{3+}+H_2O$	0.1
$S_4O_6^{2-}+2e=2S_2O_3^{2-}$	0.08
$AgBr$（固）$+e=Ag+Br^{-}$	0.071
$2H^{+}+2e=H_2$	0.000
$O_2+H_2O+2e=HO_2^{-}+OH^{-}$	−0.067
$TiOCl^{+}+2H^{+}+3Cl^{-}+e=TiCl_4^{-}+H_2O$	−0.09
$Pb^{2+}+2e=Pb$	−0.126
$Sn^{2+}+2e=Sn$	−0.136

半反应	$E^{\ominus}$/V
AgI（固）+e═Ag+I^-	−0.152
Ni^{2+}+2e═Ni	−0.246
H_3PO_4+$2H^+$+2e═H_3PO_3+H_2O	−0.276
Co^{2+}+2e═Co	−0.277
Tl^++e═Tl	−0.336 0
In^{3+}+3e═In	−0.345
$PbSO_4$（固）+2e═Pb+SO_4^{2-}	−0.355 3
SeO_3^{2-}+$3H_2O$+4e═Se+$6OH^-$	−0.366
As+$3H^+$+3e═AsH_3	−0.38
Se+$2H^+$+2e═H_2Se	−0.40
Cd^{2+}+2e═Cd	−0.403
Cr^{3+}+e═Cr^{2+}	−0.41
Fe^{2+}+2e═Fe	−0.440
S+2e═S^{2-}	−0.48
$2CO_2$+$2H^+$+2e═$H_2C_2O_4$	−0.49
H_3PO_3+$2H^+$+2e═H_3PO_2+H_2O	−0.50
Sb+$3H^+$+3e═SbH_3	−0.51
$HPbO_2^-$+H_2O+2e═Pb+$3OH^-$	−0.54
Ga^{3+}+3e═Ga	−0.56
TeO_3^{2-}+$3H_2O$+4e═Te+$6OH^-$	−0.57
$2SO_3^{2-}$+$3H_2O$+4e═$S_2O_3^{2-}$+$6OH^-$	−0.58
SO_3^{2-}+$3H_2O$+4e═S+$6OH^-$	−0.66
AsO_4^{3-}+$2H_2O$+2e═AsO_2^-+$4OH^-$	−0.67
Ag_2S（固）+2e═2Ag+S^{2-}	−0.69
Zn^{2+}+2e═Zn	−0.763
$2H_2O$+2e═H_2+$2OH^-$	−0.828
Cr^{2+}+2e═Cr	−0.91
$HSnO_2^-$+H_2O+2e═Sn+$3OH^-$	−0.91
Se+2e═Se^{2-}	−0.92
$Sn(OH)_6^{2-}$+2e═$HSnO_2^-$+H_2O+$3OH^-$	−0.93
CNO^-+H_2O+2e═CN^-+$2OH^-$	−0.97
Mn^{2+}+2e═Mn	−1.182
ZnO_2^{2-}+$2H_2O$+2e═Zn+$4OH^-$	−1.216
Al^{3+}+3e═Al	−1.66
$H_2AlO_3^-$+H_2O+3e═Al+$4OH^-$	−2.35
Mg^{2+}+2e═Mg	−2.37
Na^++e═Na	−2.714
Ca^{2+}+2e═Ca	−2.87
Sr^{2+}+2e═Sr	−2.89
Ba^{2+}+2e═Ba	−2.90
K^++e═K	−2.925
Li^++e═Li	−3.042

附录七　一些氧化还原电对的条件电极电位

半反应	$E^{\ominus'}$/V	介　质
$Ag(II)+e=Ag^{+}$	1.927	4 $mol \cdot L^{-1}$ HNO_3
$Ce(IV)+e=Ce(III)$	1.74	1 $mol \cdot L^{-1}$ $HClO_4$
	1.44	0.5 $mol \cdot L^{-1}$ H_2SO_4
	1.28	1 $mol \cdot L^{-1}$ HCl
$Co^{3+}+e=Co^{2+}$	1.84	3 $mol \cdot L^{-1}$ HNO_3
Co(乙二胺)$_3^{3+}$+e=Co(乙二胺)$_3^{2+}$	−0.2	0.1 $mol \cdot L^{-1}$ KNO_3
		+0.1 $mol \cdot L^{-1}$ 乙二胺
$Cr(III)+e=Cr(II)$	−0.40	5 $mol \cdot L^{-1}$ HCl
$Cr_2O_7^{2-}+14H^{+}+6e=2Cr^{3+}+7H_2O$	1.08	3 $mol \cdot L^{-1}$ HCl
	1.15	4 $mol \cdot L^{-1}$ H_2SO_4
	1.025	1 $mol \cdot L^{-1}$ $HClO_4$
$CrO_4^{2-}+2H_2O+3e=CrO_2^{-}+4OH^{-}$	−0.12	1 $mol \cdot L^{-1}$ NaOH
$Fe(III)+e=Fe^{2+}$	0.767	1 $mol \cdot L^{-1}$ $HClO_4$
	0.71	0.5 $mol \cdot L^{-1}$ HCl
	0.68	1 $mol \cdot L^{-1}$ H_2SO_4
	0.68	1 $mol \cdot L^{-1}$ HCl
	0.46	2 $mol \cdot L^{-1}$ H_3PO_4
	0.51	1 $mol \cdot L^{-1}$ HCl+
		0.25 $mol \cdot L^{-1}$ H_3PO_4
$Fe(EDTA)^{-}+e=Fe(EDTA)^{2-}$	0.12	0.1 $mol \cdot L^{-1}$ EDTA
		pH=4～6
$Fe(CN)_6^{3-}+e=Fe(CN)_6^{4-}$	0.56	0.1 $mol \cdot L^{-1}$ HCl
$FeO_4^{2-}+2H_2O+3e=FeO_2^{-}+4OH^{-}$	0.55	10 $mol \cdot L^{-1}$ NaOH
$I_3^{-}+2e=3I^{-}$	0.544 6	0.5 $mol \cdot L^{-1}$ H_2SO_4
$I_2+2e=2I^{-}$	0.627 6	0.5 $mol \cdot L^{-1}$ H_2SO_4
$MnO_4^{-}+8H^{+}+5e=Mn^{2+}+4H_2O$	1.45	1 $mol \cdot L^{-1}$ $HClO_4$
$SnCl_6^{2-}+2e=SnCl_4^{2-}+2Cl^{-}$	0.14	1 $mol \cdot L^{-1}$ HCl
$Sb(V)+2e=Sb(III)$	0.75	3.5 $mol \cdot L^{-1}$ HCl
$Sb(OH)_6^{-}+2e=SbO_2^{-}+2OH^{-}+2H_2O$	−0.428	3 $mol \cdot L^{-1}$ NaOH
$SbO_2^{-}+2H_2O+3e=Sb+4OH^{-}$	−0.675	10 $mol \cdot L^{-1}$ KOH
$Pb(II)+2e=Pb$	−0.32	1 $mol \cdot L^{-1}$ NaOAc
$Ti(IV)+e=Ti(III)$	−0.01	0.2 $mol \cdot L^{-1}$ H_2SO_4
	0.12	2 $mol \cdot L^{-1}$ H_2SO_4
	0.10	3 $mol \cdot L^{-1}$ HCl
	−0.04	1 $mol \cdot L^{-1}$ HCl
	−0.05	1 $mol \cdot L^{-1}$ H_3PO_4

附录八 难溶化合物的溶度积常数（18℃）

难溶化合物	化学式	K_{sp}	
氢氧化铝	$Al(OH)_3$	2×10^{-32}	
溴酸银	$AgBrO_3$	5.77×10^{-5}	25℃
溴化银	$AgBr$	4.1×10^{-13}	
碳酸银	Ag_2CO_3	6.15×10^{-12}	25℃
氯化银	$AgCl$	1.56×10^{-10}	25℃
铬酸银	Ag_2CrO_4	9×10^{-12}	25℃
氢氧化银	$AgOH$	1.52×10^{-8}	20℃
碘化银	AgI	1.5×10^{-16}	25℃
硫化银	Ag_2S	1.6×10^{-49}	
硫氰酸银	$AgSCN$	4.9×10^{-13}	
碳酸钡	$BaCO_3$	8.1×10^{-9}	25℃
铬酸钡	$BaCrO_4$	1.6×10^{-10}	
草酸钡	$BaC_2O_4\cdot3\ 1/2H_2O$	1.62×10^{-7}	
硫酸钡	$BaSO_4$	8.7×10^{-11}	
氢氧化铋	$Bi(OH)_3$	4.0×10^{-31}	
氢氧化铬	$Cr(OH)_3$	5.4×10^{-31}	
硫化镉	CdS	3.6×10^{-29}	
碳酸钙	$CaCO_3$	8.7×10^{-9}	25℃
氟化钙	CaF_2	3.4×10^{-11}	
草酸钙	$CaC_2O_4\cdot H_2O$	1.78×10^{-9}	
硫酸钙	$CaSO_4$	2.45×10^{-5}	25℃
硫化钴	$CoS(\alpha)$	4×10^{-21}	
	$CoS(\beta)$	2×10^{-25}	
碘酸铜	$CuIO_3$	1.4×10^{-7}	25℃
草酸铜	CuC_2O_4	2.87×10^{-8}	25℃
硫化铜	CuS	8.5×10^{-45}	
溴化亚铜	$CuBr$	4.15×10^{-9}	（18～20℃）
氯化亚铜	$CuCl$	1.02×10^{-6}	（18～20℃）
碘化亚铜	CuI	1.1×10^{-12}	（18～20℃）
硫化亚铜	Cu_2S	2×10^{-47}	（16～18℃）

难溶化合物	化学式	K_{sp}	
硫氰酸亚铜	$CuSCN$	4.8×10^{-15}	
氢氧化铁	$Fe(OH)_3$	3.5×10^{-38}	
氢氧化亚铁	$Fe(OH)_2$	1.0×10^{-15}	
草酸亚铁	FeC_2O_4	2.1×10^{-7}	25℃
硫化亚铁	FeS	3.7×10^{-19}	
硫化汞	HgS	$4\times10^{-53}\sim2\times10^{-49}$	
溴化亚汞	Hg_2Br_2	5.8×10^{-23}	
氯化亚汞	Hg_2Cl_2	1.3×10^{-18}	
碘化亚汞	Hg_2I_2	4.5×10^{-29}	
磷酸铵镁	$MgNH_4PO_4$	2.5×10^{-13}	25℃
碳酸镁	$MgCO_3$	2.6×10^{-5}	12℃
氟化镁	MgF_2	7.1×10^{-9}	
氢氧化镁	$Mg(OH)_2$	1.8×10^{-11}	
草酸镁	MgC_2O_4	8.57×10^{-5}	
氢氧化锰	$Mn(OH)_2$	4.5×10^{-13}	
硫化锰	MnS	1.4×10^{-15}	
氢氧化镍	$Ni(OH)_2$	6.5×10^{-18}	
碳酸铅	$PbCO_3$	3.3×10^{-14}	
铬酸铅	$PbCrO_4$	1.77×10^{-14}	
氟化铅	PbF_2	3.2×10^{-8}	
草酸铅	PbC_2O_4	2.74×10^{-11}	
氢氧化铅	$Pb(OH)_2$	1.2×10^{-15}	
硫酸铅	$PbSO_4$	1.06×10^{-8}	
硫化铅	PbS	3.4×10^{-28}	
碳酸锶	$SrCO_3$	1.6×10^{-9}	25℃
氟化锶	SrF_2	2.8×10^{-9}	
草酸锶	SrC_2O_4	5.61×10^{-8}	
硫酸锶	$SrSO_4$	3.81×10^{-7}	17.4℃
氢氧化锡	$Sn(OH)_4$	1×10^{-57}	
氢氧化亚锡	$Sn(OH)_2$	3×10^{-27}	
氢氧化钛	$TiO(OH)_2$	1×10^{-29}	
氢氧化锌	$Zn(OH)_2$	1.2×10^{-17}	18～20℃
草酸锌	ZnC_2O_4	1.35×10^{-9}	
硫化锌	ZnS	1.2×10^{-23}	

附录九　常用指示剂

1. 酸碱指示剂

指示剂	pH值变色范围	颜色		浓度
		酸色	碱色	
百里酚蓝（第一次变色）	1.2～2.8	红	黄	0.1%（20%乙醇溶液）
甲基黄	2..9～4.0	红	黄	0.1%（90%乙醇溶液）
甲基橙	3.1～4.4	红	黄	0.05%水溶液
溴酚蓝	3.1～4.6	黄	紫	0.1%（20%乙醇溶液），或指示剂钠盐的水溶液
溴甲酚绿	3.8～5.4	黄	蓝	0.1%水溶液，每100 mg指示剂加0.05 mol・L^{-1} NaOH 2.9 mL
甲基红	4.4～6.2	红	黄	0.1%（60%乙醇溶液），或指示剂钠盐的水溶液
溴百里酚蓝	6.0～7.6	黄	蓝	0.1%（20%乙醇溶液），或指示剂钠盐的水溶液
中性红	6.8～8.0	红	黄橙	0.1%（60%乙醇溶液）
酚红	6.7～8.4	黄	红	0.1%（60%乙醇溶液），或指示剂钠盐的水溶液
酚酞	8.0～9.6	无	红	0.1%（90%乙醇溶液）
百里酚蓝（第二次变色）	8.0～9.6	黄	蓝	0.1%（20%乙醇溶液）
百里酚酞	9.4～10.6	无	蓝	0.1%（90%乙醇溶液）

2. 常用混合指示剂

指示剂组成	配制比例	变色点	颜色		备注
			酸色	碱色	
1 g・L^{-1}甲基黄溶液 1 g・L^{-1}次甲基蓝酒精溶液	1+1	3.25	蓝紫	绿	pH=3.4绿色 pH =3.2蓝紫色
1 g・L^{-1}甲基橙水溶液 2 g・L^{-1}靛蓝二磺酸水溶液	1+1	4.1	紫	黄绿	
1 g・L^{-1}溴甲酚绿酒精溶液 1 g・L^{-1}甲基红酒精溶液	3+1	5.1	酒红	绿	
1 g・L^{-1}甲基红酒精溶液 1 g・L^{-1}次甲基蓝酒精溶液	2+1	5.4	红紫	绿	pH =5.2红紫，pH =5.4暗蓝 pH =5.6紫
1 g・L^{-1}溴甲酚绿钠盐水溶液 1 g・L^{-1}氯酚红钠盐水溶液	1+1	6.1	黄绿	蓝紫	pH =5.4蓝绿，pH =5.4暗蓝 pH =6.0蓝带紫，pH =6.2蓝紫
1 g・L^{-1}中性红酒精溶液 1 g・L^{-1}次甲基蓝酒精溶液	1+1	7.0	蓝紫	绿	pH =7.0紫蓝
1 g・L^{-1}甲酚红钠盐水溶液 1 g・L^{-1}百里酚蓝钠盐水溶液	1+3	8.3	黄	紫	pH =8.2玫瑰红 pH =8.4紫色
1 g・L^{-1}百里酚蓝50%酒精溶液 1 g・L^{-1}酚酞50%酒精溶液	1+3	9.0	黄	紫	从黄到绿再到紫
1 g・L^{-1}百里酚酞酒精溶液 1 g・L^{-1}茜素黄酒精溶液	2+1	10.2	黄	紫	

3．金属离子指示剂

名　称	颜色		配制方法
	化合物	游离态	
铬黑 T（EBT）	红	蓝	1．称取 0.50 g 铬黑 T 和 2.0 g 盐酸羟胺，溶于乙醇，用乙醇稀释至 100 mL。使用前制备 2．将 1.0 g 铬黑 T 与 100.0 g NaCl 研细，混匀
二甲酚橙	红	黄	2 g/L 水溶液（去离子水）
钙指示剂	酒红	蓝	0.50 g 钙指示剂与 100.0 g NaCl 研细，混匀
紫脲酸铵	黄	紫	1.0 g 紫脲酸铵与 200.0 g NaCl 研细，混匀
K-B 指示剂	红	蓝	0.50 g 酸性铬蓝 K 加 1.250 g 萘酚绿，再加 25.0 g K_2SO_4 研细，混匀
磺基水杨酸	红	无	10 g/L 水溶液
PAN	红	黄	2 g/L 乙醇溶液
Cu-PAN（CuY+PAN）	Cu-PAN 红	CuY-PAN 浅绿	0.050 mol/L Cu^{2+}溶液 10 mL，加 pH =5～6 的 HAc 缓冲溶液 5 mL，1 滴 PAN 指示剂，加热至 60℃左右，用 EDTA 滴至绿色，得到约 0.025 mol/L 的 CuY 溶液。使用时取 2～3 mL 于试液中，再加数滴 PAN 溶液

4．氧化还原指示剂

名　称	变色点	颜色		配制方法
	$\varphi^{\ominus\prime}$/V	氧化态	还原态	
二苯胺	0.76	紫	无	1 g 二苯胺在搅拌下溶于 100 mL 浓硫酸中
二苯胺磺酸钠	0.85	紫	无	5 g/L 水溶液
邻菲罗啉-Fe（Ⅱ）	1.06	淡蓝	红	0.5 g $FeSO_4 \cdot 7H_2O$ 溶于 100 mL 水中，加 2 滴硫酸，再加 0.5 g 邻菲罗啉
邻苯氨基苯甲酸	1.08	紫红	无	0.2 g 邻苯氨基苯甲酸，加热溶解在 100 mL 0.2% Na_2CO_3 溶液中，必要时过滤
硝基邻二氨菲- Fe（Ⅱ）	1.25	淡蓝	紫红	1.7 g 硝基邻二氨菲溶于 100 mL 0.025 mol·L^{-1} Fe^{+}溶液中
淀粉	—	—	—	1 g 可溶性淀粉加少许水调成糊状，在搅拌下注入 100 mL 沸水中，微沸 2 min，放置，取上层清夜使用（若要保持稳定，可在研磨淀粉时加 1 mL HgI_2）

5．沉淀滴定法指示剂

名　称	颜色变化		配制方法
铬酸钾	黄	砖红	5 g K_2CrO_4 溶于水，稀释至 100 mL
硫酸铁铵	无	血红	40 g $NH_4Fe(SO_4)_2 \cdot 12H_2O$ 溶于水，加几滴硫酸，用水稀释至 100 mL
荧光黄	绿色荧光	玫瑰红	0.1 g 荧光黄溶于乙醇稀释成 100 mL
二氯荧光黄	绿色荧光	玫瑰红	0.1 g 二氯荧光黄溶于乙醇，用乙醇稀释至 100 mL
曙红	黄	玫瑰红	0.5 g 曙红钠盐溶于水，稀释至 100 mL

附录十　一些化合物的相对分子质量

化合物	相对分子质量	化合物	相对分子质量
$AgBr$	187.78	$FeCl_3$	162.21
$AgCl$	143.32	$FeCl_3 \cdot 6H_2O$	270.30
AgI	234.77	FeO	71.85
$AgNO_3$	169.87	Fe_2O_3	159.69
Al_2O_3	101.96	Fe_3O_4	231.54
$Al_2(SO_4)_3$	342.15	$FeSO_4 \cdot H_2O$	169.93
As_2O_3	197.84	$FeSO_4 \cdot 7H_2O$	278.02
As_2O_5	229.84	$Fe_2(SO_4)_3$	399.89
$BaCO_3$	197.34	$FeSO_4 \cdot (NH_4)_2SO_4 \cdot 6H_2O$	392.14
BaC_2O_4	225.35	$HClO_4$	100.46
$BaCl_2$	208.24	HF	20.01
$BaCl_2 \cdot 2H_2O$	244.27	HI	127.91
$BaCrO_4$	253.32	HNO_2	47.01
$BaSO_4$	233.39	HNO_3	63.01
$CaCO_3$	100.09	H_2O	18.02
CaC_2O_4	128.10	H_2O_2	34.02
$CaCl_2$	110.99	H_3PO_4	98.00
$CaCl_2 \cdot H_2O$	129.00	H_2S	34.08
CaO	56.08	H_2SO_3	82.08
$Ca(OH)_2$	74.09	H_2SO_4	98.08
$CaSO_4$	136.14	$HgCl_2$	271.50
$Ca_3(PO_4)_2$	310.18	Hg_2Cl_2	472.09
$Ce(SO_4)_2 \cdot 2(NH_4)_2SO_4 \cdot 2H_2O$	632.54	H_3BO_3	61.83
CH_3COOH	60.05	HBr	80.91
CH_3OH	32.04	H_2CO_3	62.03
CH_3COCH_3	58.08	$H_2C_2O_4$	90.04
C_6H_5COOH	122.12	$H_2C_2O_4 \cdot 2H_2O$	126.07
$C_6H_4COOHCOOK$（苯二甲酸氢钾）	204.23	$HCOOH$	46.03
CH_3COONa	82.03	HCl	36.46
C_6H_5OH	94.11	$KAl(SO_4)_2 \cdot 12H_2O$	474.39
$(C_9H_7N)_3H_3(PO_4 \cdot 12MoO_3)$（磷钼酸喹啉）	2 212.74	$KB(C_6H_5)_4$	358.33
CCl_4	153.81	KBr	119.01
CO_2	44.01	$KBrO_3$	167.01
CuO	79.54	K_2CO_3	138.21
Cu_2O	143.09	KCl	74.56
$CuSO_4$	159.61	$KClO_3$	122.55
$CuSO_4 \cdot 5H_2O$	249.69	$KClO_4$	138.55

化合物	相对分子质量	化合物	相对分子质量
K_2CrO_4	194.20	$Na_2S_2O_3$	158.11
$K_2Cr_2O_7$	294.19	$Na_2S_2O_3 \cdot 5H_2O$	248.19
$KHC_2O_4 \cdot H_2C_2O_4 \cdot 2H_2O$	254.19	$NH_2OH \cdot HCl$	69.49
KI	166.01	NH_3	17.03
KIO_3	214.00	NH_4Cl	53.49
$KIO_3 \cdot HIO_3$	389.92	$Na_2B_4O_7 \cdot 10H_2O$	381.37
$KMnO_4$	158.04	$NaBiO_3$	279.97
KNO_2	85.10	NaBr	102.90
KOH	56.11	Na_2CO_3	105.99
KSCN	97.18	$Na_2C_2O_4$	134.00
K_2SO_4	174.26	NaCl	58.44
$MgCO_3$	84.32	NaF	41.99
$MgCl_2$	95.21	$NaHCO_3$	84.01
$MgNH_4PO_4$	137.33	NaH_2PO_4	119.98
MgO	40.31	Na_2HPO_4	141.96
$Mg_2P_2O_7$	222.60	$Na_2H_2Y \cdot 2H_2O$（EDTA 二钠盐）	372.26
MnO_2	86.94	NaI	149.89
$(NH_4)_2C_2O_4 \cdot H_2O$	142.11	P_2O_5	141.95
$NH_3 \cdot H_2O$	35.05	$PbCrO_4$	323.19
$NH_4Fe(SO_4)_2 \cdot 12H_2O$	482.20	PbO	223.19
$(NH_4)_2HPO_4$	132.05	PbO_2	239.19
$(NH_4)_3PO_4 \cdot 12MoO_3$	1 876.35	Pb_3O_4	685.57
NH_4SCN	76.12	$PbSO_4$	303.26
$(NH_4)_2SO_4$	132.14	SO_2	64.06
$NiC_8H_{14}O_4N_4$（丁二酮肟镍）	288.91	SO_3	80.06
$NaNO_2$	69.00	Sb_2O_3	291.52
Na_2O	61.98	Sb_2S_3	339.72
NaOH	40.01	SiF_4	104.08
Na_3PO_4	163.94	SiO_2	60.08
Na_2S	78.05	$SnCl_2$	189.62
$Na_2S \cdot 9H_2O$	240.18	TiO_2	79.88
Na_2SO_3	126.04	$ZnCl_2$	136.30
Na_2SO_4	142.04	ZnO	81.39
$Na_2SO_4 \cdot 10H_2O$	322.20	$ZnSO_4$	161.45

附录十一　常用元素国际相对原子质量

（按照原子序数排列，以 ^{12}C 为基准）

元素		原子序数	相对原子质量	元素		原子序数	相对原子质量	元素		原子序数	相对原子质量
符号	名称			符号	名称			符号	名称		
H	氢	1	1.007 94（7）	Kr	氪	36	83.798（2）	Lu	镥	71	174.967（1）
He	氦	2	4.002 602（2）	Rb	铷	37	85.467 8（3）	Hf	铪	72	178.49（2）
Li	锂	3	6.941（2）	Sr	锶	38	87.62（1）	Ta	钽	73	180.947 9（1）
Be	铍	4	9.012 182（3）	Y	钇	39	88.905 85（2）	W	钨	74	183.84（1）
B	硼	5	10.811（7）	Zr	锆	40	91.224（2）	Re	铼	75	186.207（1）
C	碳	6	12.010 7（8）	Nb	铌	41	92.906 38（2）	Os	锇	76	190.23（3）
N	氮	7	14.006 7（2）	Mo	钼	42	95.94（1）	Ir	铱	77	192.217（3）
O	氧	8	15.999 4（3）	Tc	锝	43	[97.907]	Pt	铂	78	195.078（2）
F	氟	9	18.998 403 2（5）	Ru	钌	44	101.07（2）	Au	金	79	196.966 55（2）
Ne	氖	10	20.179 7（6）	Rh	铑	45	102.905 50（2）	Hg	汞	80	200.59（2）
Na	钠	11	22.989 770（2）	Pd	钯	46	106.42（1）	Tl	铊	81	204.383 3（2）
Mg	镁	12	24.305 0（6）	Ag	银	47	107.868 2（2）	Pb	铅	82	207.2（1）
Al	铝	13	26.981 538（2）	Cd	镉	48	112.411（8）	Bi	铋	83	208.980 38（2）
Si	硅	14	28.085 5（3）	In	铟	49	114.818（3）	Po	钋	84	[208.98]
P	磷	15	30.973 761（2）	Sn	锡	50	118.710（7）	At	砹	85	[209.99]
S	硫	16	32.065（5）	Sb	锑	51	121.760（1）	Rn	氡	86	[222.02]
Cl	氯	17	35.453（2）	Te	碲	52	127.60（3）	Fr	钫	87	[223.02]
Ar	氩	18	39.948（1）	I	碘	53	126.904 47（3）	Ra	镭	88	[226.03]
K	钾	19	39.098 3（1）	Xe	氙	54	131.293（6）	Ac	锕	89	[227.03]
Ca	钙	20	40.078（4）	Cs	铯	55	132.905 45（2）	Th	钍	90	232.038 1（1）
Sc	钪	21	44.955 910（8）	Ba	钡	56	137.327（7）	Pa	镤	91	231.035 88（2）
Ti	钛	22	47.867（1）	La	镧	57	138.905 5（2）	U	铀	92	238.028 91（3）
V	钒	23	50.941 5	Ce	铈	58	140.116（1）	Np	镎	93	[237.05]
Cr	铬	24	51.996 1（6）	Pr	镨	59	140.907 65（2）	Pu	钚	94	[244.06]
Mn	锰	25	54.938 049（9）	Nd	钕	60	144.24（3）	Am	镅	95	[243.06]
Fe	铁	26	55.845（2）	Pm	钷	61	[144.91]	Cm	锔	96	[247.07]
Co	钴	27	58.933 200（9）	Sm	钐	62	150.36（3）	Bk	锫	97	[247.07]
Ni	镍	28	58.693 4（2）	Eu	铕	63	151.964（1）	Cf	锎	98	[251.08]
Cu	铜	29	63.546（3）	Gd	钆	64	157.25（3）	Es	锿	99	[252.08]
Zn	锌	30	65.409（4）	Tb	铽	65	158.925 34（2）	Fm	镄	100	[257.10]
Ga	镓	31	69.723（1）	Dy	镝	66	162.500（1）	Md	钔	101	[258.10]
Ge	锗	32	72.64（1）	Ho	钬	67	164.930 32（2）	No	锘	102	[259.10]
As	砷	33	74.921 60（2）	Er	铒	68	167.259（3）	Lr	铹	103	[260.11]
Se	硒	34	78.96（3）	Tm	铥	69	168.934 21（2）				
Br	溴	35	79.904（1）	Yb	镱	70	173.04（3）				

注：录自 2003 年国际相对原子质量表，（　）表示原子量最后一位的不确定性，[　]中的数值为没有稳定同位素元素的半衰期最长同位素的质量数。

附录十二　标准滴定溶液的温度补正值[①]

温度/℃	1 000 mL溶液由t℃换算为20℃时的补正值/（mL/L）							
	水和0.05 mol/L以下的各种水溶液	0.1 mol/L和0.02 mol/L的各种水溶液	盐酸溶液 $c(HCl)$=0.5mol/L	盐酸溶液 $c(HCl)$=1mol/L	$c(1/2H_2SO_4)$=0.5mol/L 氢氧化钠溶液 $c(NaOH)$=0.5mol/L	$c(1/2H_2SO_4)$=1mol/L 氢氧化钠溶液 $c(NaOH)$=1mol/L	碳酸钠溶液 $c(\frac{1}{2}Na_2CO_3)$=1mol/L	氢氧化钾-乙醇溶液 $c(KOH)$=0.1mol/L
5℃	1.38	1.7	1.9	2.3	2.4	3.6	3.3	
6℃	1.38	1.7	1.9	2.2	2.3	3.4	3.2	
7℃	1.36	1.6	1.8	2.2	2.2	3.2	3	
8℃	1.33	1.6	1.8	2.1	2.2	3	2.8	
9℃	1.29	1.5	1.7	2	2.1	2.7	2.6	
10℃	1.23	1.5	1.6	1.9	2	2.5	2.4	10.8
11℃	1.17	1.4	1.5	1.8	1.8	2.3	2.2	9.6
12℃	1.1	1.3	1.4	1.6	1.7	2	2	8.5
13℃	0.99	1.1	1.2	1.4	1.5	1.8	1.8	7.4
14℃	0.88	1	1.1	1.2	1.3	1.6	1.5	6.5
15℃	0.77	0.9	0.9	1	1.1	1.3	1.3	5.2
16℃	0.64	0.7	0.8	0.8	0.9	1.1	1.1	4.2
17℃	0.5	0.6	0.6	0.6	0.7	0.8	0.8	3.1
18℃	0.34	0.4	0.4	0.4	0.5	0.6	0.6	2.1
19℃	0.18	0.2	0.2	0.2	0.2	0.3	0.3	1

① 《化学试剂标准滴定溶液的制备》（GB/T 601—2002）。

温度/℃	1 000 mL 溶液由 t℃换算为 20℃时的补正值/（mL/L）							
	水和 0.05 mol/L 以下的各种水溶液	0.1 mol/L 和 0.02 mol/L 的各种水溶液	盐酸溶液 $c(HCl)$=0.5mol/L	盐酸溶液 $c(HCl)$=1mol/L	$c(1/2H_2SO_4)$=0.5mol/L 氢氧化钠溶液 $c(NaOH)$=0.5mol/L	$c(1/2H_2SO_4)$=1mol/L 氢氧化钠溶液 $c(NaOH)$=1mol/L	碳酸钠溶液 $c(\frac{1}{2}Na_2CO_3)$=1mol/L	氢氧化钾-乙醇溶液 $c(KOH)$=0.1mol/L
20℃	0	0	0	0	0	0	0	0
21℃	−0.18	−0.2	−0.2	−0.2	−0.2	−0.3	−0.3	−1.1
22℃	−0.38	−0.4	−0.4	−0.5	−0.5	−0.6	−0.6	−2.2
23℃	−0.58	−0.6	−0.7	−0.7	−0.8	−0.9	−0.9	−3.3
24℃	−0.8	−0.9	−0.9	−1	−1	−1.2	−1.2	−4.2
25℃	−1.03	−1.1	−1.1	−1.2	−1.3	−1.5	−1.5	−5.3
26℃	−1.26	−1.4	−1.4	−1.4	−1.5	−1.8	−1.8	−6.4
27℃	−1.51	−1.7	−1.7	−1.7	−1.8	−2.1	−2.1	−7.5
28℃	−1.76	−2	−2	−2	−2.1	−2.4	−2.4	−8.5
29℃	−2.01	−2.3	−2.3	−2.3	−2.4	−2.8	−2.8	−9.6
30℃	−2.3	−2.5	−2.5	−2.6	−2.8	−3.2	−3.1	−10.6
31℃	−2.58	−2.7	−2.7	−2.9	−3.1	−3.5		−11.6
32℃	−2.86	−3	−3	−3.2	−3.4	−3.9		−12.6
33℃	−3.04	−3.2	−3.3	−3.5	−3.7	−4.2		−13.7
34℃	−3.47	−3.7	−3.6	−3.8	−4.1	−4.6		−14.8
35℃	−3.78	−4	−4	−4.1	−4.4	−5		−16
36℃	−4.1	−4.3	−4.3	−4.4	−4.7	−5.3		−17

注：本表数值是以 20℃为标准温度以实测法测出。表中数值以 20℃为分界，室温低于 20℃的补正值为“+”，高于 20℃的补正值为“−”。

本表用法示例：如 1L 硫酸溶液[$c(1/2)H_2SO_4$=1 mol/L]在 20℃时，其体积修正值为−1.5 mL，故 40.00 mL 换算为 20℃时的体积为：

$$V_{20} = 40.00 - \frac{1.5}{1\,000} \times 40.00 = 39.94\ (\text{mL})$$